NF文庫
ノンフィクション

海軍空技廠

太平洋戦争を支えた頭脳集団

碇 義朗

潮書房光人新社

はじめに

この本の題名である「海軍空技廠」は、本文の中にもあるように、正確には海軍航空技術廠のことで、昭和七年四月から終戦の昭和二十年八月まで、十三年五ヵ月間存在した日本海軍の、というより戦前、戦後を通じてわが国最大の航空研究機関を指す。

もっとも、その名称は、組織の拡大や時代の移り変わりによって三度、変わっており、設立時は航空廠、そして昭和十四年四月に航空技術廠（空技廠）、昭和二十年二月に第一技術廠（一技廠）となったが、この間のもっとも華々しい時代ともいうべき空技廠を本の題名とした。

したがって、本文中には、その時代に応じて航空廠、空技廠、一技廠と使い分けてある。

日本海軍航空隊のルーツともいうべき、神奈川県追浜の横須賀航空隊に隣接して開設された航空廠は、海軍航空の発展につれて施設、人員ともに拡大の一途をたどり、一技廠となった戦争末期には作業部として十三部を持ち、金沢に設けられた支廠もふくめて職員約一千七百名、工員三万一千七百名にふくれ上がっていた。ここで飛行機やエンジンの試作、審査、改造や整備、試作を発注した民間会社の指導・監督、新兵器や特攻兵器の研究開発など負い切れない仕事をかかえて、次第に敗色が濃くなっていく日本の運命を必死に支えていたのである。

とくにやつぎばやに研究テーマをあたえられ、期限を切られ、悪い生活環境であったにもかかわらず、使命感に燃えて全力でぶつかっていった彼らの活躍には見るべきものがあった。

この本を書くにあたって、多くの空技廠関係者にインタビューしたが、彼らが四十年もむかしのことを、あたかも昨日のことのように情熱をもって語り、しかも空技廠での仕事に誇りを抱きつづけていることに強い感銘をうけた。

この本には、主として戦前、戦中を通じて空技廠でどんなことが行なわれ、どんな人が活躍したかについて（それはごく一部に過ぎないが）書いてあるけれども、それだけだったら単なるノスタルジーに過ぎず、敗戦で消滅した空技廠とともに、それらの一切の努力は空しいことになってしまう。

ところが、空技廠で中心となって働いた人びとの多くが、戦後、その貴重な知識と体験をひっ下げてさまざまな分野で重要なはたらきをし、今日の日本の発展に大きな貢献をしている。

その技術は、戦後つくられた飛行機、あるいはジェット・エンジンなどに直接生かされているのはもちろんだが、それよりもむしろ技術の転移というかたちで、間接に生かされたこ

海軍空技廠——目次

第二部　繁栄への曙光

写真提供／空技廠関係者
月刊雑誌「丸」編集部

海軍空技廠——太平洋戦争を支えた頭脳集団

第一部　不屈の人材組織

1 押し寄せる時代の波〈海軍航空界のパイオニアたち〉

開拓者精神に燃えて

追浜は鎌倉のむかし、源範頼(のりより)が兄頼朝に追われ、小舟に乗ってひそかにこの浜に上陸し、漁夫の家にかくまわれていたという伝説の地で、北方に狭い水道をへだててそびえる夏島の松の緑と、浜の白砂の対比が美しい風光明媚の地だった。

夏島の南西には、かつて明治の元勲伊藤博文の別荘があり、明治のなかごろ、金子堅太郎、伊東巳代治らとともに憲法の草案をつくったゆかりの地でもあったが、そのころの追浜は、海路によるほかは、田浦にでるにも、山越えの悪路を数キロも歩かなければならない交通不便なところだった。

だが、飛行機という新しい時代の波が、この陸の孤島ともいうべき静かな追浜を、しだいに騒々しい土地に変えることになった。

追浜の前方海面は、四季をつうじて波が静かで、水上機の離着水に格好であったところから、明治四十五年、海軍航空術研究委員会の創設とともに、この地に研究所が建てられた。

とはいっても研究所とは名ばかりで、ここで海軍士官に飛行機の操縦訓練をおこないながら、飛行機そのものに慣れていこうというにすぎない。だから、発足当時は小さな木造格納庫と委員会事務所が各一棟と、滑走台一基というお粗末なものだった。

委員会事務所の二階が士官私室になっており、独身の士官連中はここに起居していた。若い彼らは、土曜、日曜ともなると金沢まで足をのばし、その昔、伊藤公が夏島に閉じこもって明治憲法を起草していた間、気分転換と称して、しばしば小舟を漕いで飲みにいったという「東屋」とか「千代本」に押しかけては、元気を発散させていた。

まだほんのヨチヨチ歩きの、たよりない飛行機とパイロットたちであったが、大正三年（一九一四年）夏にはじまった第一次世界大戦によって、はやくも彼らは実戦の洗礼をうけることになった。

大正三年八月二十三日、日本は日英同盟のよしみでドイツに宣戦を布告、当時、ドイツ軍の東洋での重要な基地になっていた中国大陸の山東省青島（チンタオ）を攻撃するため陸海軍を出動させた。この出動には、発足まもない日本海軍の航空兵力も参加、さらに一ヵ月おくれて陸軍飛行隊も陸上基地に進出した。

といえばいかにも勇ましいが、海軍がモーリス・ファルマン水上機三機、陸軍がおなじく「モ」式陸上機四機とニューポール式一機という、たわいのない勢力だった。

陸軍航空隊は、飛行中隊と気球中隊とで編成され、その内容は飛行機五機のほか繋留気球二組が参加したが、海軍はまだ航空隊とか飛行隊という正式の名称はなく、操縦が金子養三少佐以下士官六名、整備が花島孝一機関大尉（のち中将、第四代海軍航空廠長）以下下士官兵四十名弱の陣容であった。

これにあとから加わった第二陣をふくめると、パイロットは十一名、整備隊は約百名にのぼる。しかも、海軍はこのために、運送船「若宮丸」を改造して水上機母艦にした。たった二機のためにこれだけの勢力をさしむけたのだから、技術の幼稚さはべつとして、その熱意たるやそうとうのものであった。

伝説に彩られた追浜。明治45年、海軍航空術研究委員会の研究所がこの地に設けられ、海軍航空は黎明を迎えた

日本で徳川好敏陸軍大尉が、輸入されたアンリー・ファルマン機で三分間三千メートルの初飛行をしてから、まだ三年十ヵ月であったが、開拓者精神にもえた陸海軍のパイロットたちは、主翼に描いた真紅の日の丸もさっそうと、いまから見れば、オモチャのようなたよりない飛行機で出動した。

青島攻撃の陸海軍機の主任務は偵察だったが、それだけではもったいないと、すぐ爆撃をはじめた。といっても、もともと飛行機は偵察用である。飛行機用の爆弾もなければ、投下装置も爆撃照準器もなかったから、すべて現地で考案して実戦で使いながら改良をくわえるという、らんぼうなやり方だった。

青島戦は地上部隊の要塞占領によって、わずか二ヵ月で終わり、航空部隊の戦果そのものは大したことはなかったが、照準器の改善や爆撃法の研究をはじめ、追浜の研究訓練では考えおよばなかった運用の実際について、多くの教訓と示唆をえたことは、大きな収穫だった。

さらに特筆しなければならないのは、この二ヵ月あまりの作戦行動中の飛行回数は四十九回、総飛行時間七十一時間、一回平均飛行時間数一時間三十分におよんだが、一度の小事故もなかったことだ。

追浜での訓練では、一回の飛行平均時間はせいぜい十五分内外にすぎなかったにもかかわらず、しばしば事故を起こして不時着することも少なくなかったが、それにくらべると、人員機材ともに数倍も酷使しながら無事故に終始したことは、航空の将来に強い自信と希望をいだかせる結果となった。

こうして航空部隊は、ぶじ内地に帰還したが、加藤第二艦隊司令長官は十一月二十三日付で、つぎのような感状を授与し、その功績をたたえた。

「わが海軍航空隊は、九月五日以来、しばしば敵陣を犯して青島上空を飛翔し、海陸防備の状況、艦艇の動静を偵察して、作戦上有利な報告をもたらし、また爆弾投下によりて敵の心胆を寒からしめたる功績顕著なるを認む。よってここに感状を授与するものなり」

海軍航空隊設置される

一機、一兵をもうしなうことなく帰還した海軍航空部隊は、解散すると、ふたたびもとの研究会の姿にもどって、追浜で研究と訓練の毎日をすごすことになったが、海軍部内では、航空に関する意見の大きな変化が起こっていた。

それは、海軍省内に航空隊を設置すべき時期がきたという気運が盛り上がったことで、いまの航空術研究委員会をいっそう強化すべしとするべつの意見もあったが、結局は航空隊派の意見が大勢をしめた。飛行機のような進歩の早いものには十分な予算増額をかちとることが必要で、それには航空隊設置の方が有利だ、というのがその主な理由だった。

そこで、それまでの海軍航空術研究会を発展的に解消させ、かわって海軍航空隊を設置することになり、大正五年春の大隈重信内閣による第三十七国会で、航空隊設備費約六十三万円、航空隊維持費に約三十五万円の予算支出が認められた。

この結果、大正五年（一九一六年）四月一日、かねてから海軍航空術研究委員会の研究所が設けられ、日本海軍最大の基地である横須賀軍港に近い追浜の地に、横須賀航空隊が開設された。

初代航空隊司令には、航空術研究委員会設置の当初から、先任委員として追浜で指導研究にあたり、欧米各国の戦時航空界の視察から帰朝早々の、山内四郎大佐がえらばれた。

横須賀航空隊、略して横空の開隊と同時に発布された海軍航空隊令の第一条には、「海軍航空隊は、これを横須賀軍港におき、なお必要に応じ他の軍港、要港およびその他要所におく。海軍航空隊は、その所在の地名を冠す」

と記述され、このあとひきつづき航空隊が開設されることを示しているが、とくに第二十三条には、「横須賀海軍航空隊は前諸条のほか、将校、機関将校に航空術に関する事項を教授し、かつその進歩改良をはかるところとす」とし、航空隊第一号として当然とはいえ、教育ならびに実験航空隊的性格をあたえている。

横空開隊にともなう予算が認められたことにより、静かだった追浜周辺の様相は一変した。狭い水道近くの丘陵は崩して埋めたてに使われ、白砂青松の美しい浜辺は姿を消してしまった。夏島もその半ばを削りとられて陸上飛行場にかわり、滑走路、鉄筋コンクリート製格納庫、事務所、修理工場、病舎などがぞくぞく建設された。

この後、しばらくの間、横空は唯一の海軍航空隊であったが、大正九年十二月に佐世保、同十一年十一月に霞ヶ浦、一ヵ月おいて大村にそれぞれ航空隊が開設され、大戦後の不景気による予算削減にともなう拡充計画のおくれに悩みながらも、しだいに海軍航空隊としての陣容がととのっていった。

大正十三年末の人事異動で横須賀航空隊司令に市川大治郎中佐、大村は山田忠治中佐、佐世保は和田秀穂中佐と、いずれも航空畑ではそうそうたるメンバーが就任したが、霞ヶ浦航空隊司令の小松直幹少将を補佐する副長兼教頭となった、山本五十六大佐の場合は異色の人事だった。

それまでは、まったく航空に無縁だった山本大佐にとって、霞空勤務はいわば航空に身を投じた第一歩であった。ここで山本は、毎日、午前中は練習機の操縦を習い、午後は隊内をまめに巡回して歩き、夕食後は球突き、トランプなどをつうじて若い士官たちとの接触につとめ、巡検後、私室に帰って残務整理をおこない、寝るのは午前一時をすぎるのはザラという精力的な勤務ぶりだった。

山本にとって霞ヶ浦での生活は、当人に航空への目を開かせる重要な端緒となったばかりでなく、後年の日本海軍航空の発展、さらには日本そのものの運命にも大きな影響をあたえた重大なできごとだったといえよう。

昭和五年（一九三〇年）は海軍軍縮に関するロンドン条約が調印された年であるが、五月に海軍航空隊令の改正があり、横空と霞空の所掌事項がかわった。このうち横空に関するものは、

一、主として飛行機の応用操縦、および機上作業、ならびに気球に関する航空術の教授および研究

二、高等科学生、偵察学生、および予科練習生の教育、ならびにこれに必要な航空術一般の研究調査

三、航空戦技（整備関係を除く）に関する研究調査

となっているが、このことはつぎに述べられている理由によって、横空にとってきわめて重大な意味を持っていた。

明治45年11月2日の河野三吉・金子養三両大尉による海軍初飛行を記念して、昭和12年に建てられた記念碑

「大正十一年十一月以来、飛行機に関する航空術教育と研究はもっぱら霞空隊の所掌となり、横空隊はわずかに気球に関することのみを所掌していたのが、この改正により、霞空隊は主として基本操縦に関する事項を所掌し、横空隊が航空術に関する高等教育、および機上作業各術科の教育訓練ならびにその研究にたずさわることとなった。

したがって、このとき以降、横空隊はその所掌事項の関係上、飛行機および関係諸兵器の実験研究ならびに航空兵術に関しても、研究調査をおこなうことになり、航空に関する最高の教育はもちろん、術科および用兵の研究機関として、海軍航空の指導的地位を確立するにいたった。

しかもその内容は、砲・水雷術における砲術学校、水雷学校に比し、いっそう充実したものとなった。すなわち横空隊は教育機関であると同時に、最新鋭の強力な実戦兵器を備えた実施部隊たる性格をも具備していたので、所要の研究はそのつど煩雑な掣肘を受けることなく、随時、迅速に実施しえたのである。

これは、他の術科学校のとうてい企及しえない傑出した特色であって、同隊の実験研究の成果が海軍航空の躍進的向上にはたした役割は顕著なものであった」(『日本海軍航空史・軍備篇』時事通信社刊)

編者は最大級の賛辞をこの制度改正にたいして呈しているが、二年後に横空に隣接して航空廠（のちに航空技術廠と改称）が設置され、両者がそれぞれことなった性格をもちながら、密接な連係のもとに共同作業をおこなうことによって、その成果はよりいっそう大きなものとなるのである。

2　海軍航空の幕ひらく〈海軍航空廠設立の功労者たち〉

時の流れの中で

横空と密接不可分の航空廠が設立されるについては、かなりの紆余曲折があった。

海軍は航空関係の実験機関として昭和四年四月に横須賀工廠に航空機実験部を、さらに翌五年十二月には航空発動機実験部を設置したが、航空機実験部の廠舎は、横須賀工廠造兵部構内の機雷実験部に間借りし、しかも実験作業は、横空で実施するという中途半端なものだった。

実験機関にくらべると、技術研究機関の設立はずっと早く、横空開隊の二年後の大正七年、東京築地の海軍造兵廠の構内に航空機試験所を設け、軍用航空機の機構や材料の研究、ならびに試験をはじめた。

航空機試験所はその後、大正十二年春、新たにできた技術研究所に包含されることになるが、ちょうどこの年の九月に発生した関東大震災で、風洞をはじめとする築地の施設が焼失したのを機に、前年に開設されたばかりの霞空のある霞ヶ浦に移転して技術研究所航空研究部と改称された。

霞ヶ浦の航空研究部には、新設の一・二メートルおよび二・五メートル風洞をはじめ、航空機用各種材料の試験設備などもあり、航空技術に新しい夢をたくした優秀な大学卒業者がぞくぞくと入ってき、のちに、航空廠が設置されたときの中堅技術者が育成された。

しかし、航空技術の実験と研究の機関がそれぞれ別個に存在し、しかも、研究機関である技術研究所航空研究部が艦政本部の所管といったようなバラバラな状態では、航空本部が思うように運用することはできない。また、進歩の速度が十年、二十年とゆっくりしている軍艦と、それこそ日進月歩の航空機とではテンポがまるでちがう。

横須賀工廠内にある航空機と発動機の各実験部にしても同様で、各種の実験飛行を実施部隊である横空に依頼することはあきらかに不適当だった。研究機関には、専属の飛行実験部門をもつことの必要性が痛感されたのは当然である。

そこで、これらの施設を統合して、一貫した航空技術の実験研究機関をつくるべしという意見が、航空機実験部長市川大治郎少将、三代目の技術研究所航空研究部長となった宮坂助次郎少将らによって、しきりに唱えられたが、おもしろくないのは技術研究所、というよりその上部機関である艦政本部だった。

もともと、艦政本部は独立した海軍航空本部ができるさいにもいろいろ邪魔をしているが、こんどもいくつかの理由を楯に反対した。

中央研究機関としては、たんに航空という狭い範囲にたてこもらないよう、ひろく他方面の研究機関と密接に連係を保つべきで、航空も海軍の総合技術の一環として存在しなければならない。また、東京帝国大学などとつねに密接な連絡をとる必要から、東京近郊を離れた場所に大規模な施設をつくるのは不利だ、などがそれであった。

新参者の航空が、みるみる勢力を拡大していくのにたいするヤッカミ、といえなくもなかったが、時の流れには抗しえず、航空本部長安東昌喬中将、同総務部長前原謙治少将らの強力な推進により、海軍大臣財部（たからべ）彪大将の決裁をへて、昭和五年十二月に設立準備に着手するところまでこぎつけた。

安東中将は、もともと艦隊の参謀長など軍令畑を歩んできた人で、航空にかかわるようになったのは霞ヶ浦航空隊司令が最初だった。

積極的な人で、司令でありながら操縦を習ったり、車の運転を習ったりした。水上隊や陸上隊などひろい隊内の視察は、自分で車を運転してまわり、横須賀鎮守府長官のところで所轄長会議があるときは、これも自分で飛行機を操縦して行くという指揮官先頭ぶりであった。

そのくらいだから、初代山本英輔中将のあとを継いで、すぐ二代目航空本部長になったが、その在任は昭和三年十二月から、三代目松山茂中将と交代する六年十月まで約三年の長きにわたり、昭和五年十二月に技術部長となった山本五十六少将とは、霞空時代の司令――副長コンビであった。

二人の海軍士官

航空本部長が安東中将から松山中将にかわるすこし前、東側の海に面した横須賀航空隊の背後の崖をよじ登る、二人の海軍士官の姿があった。紺の軍服の襟章が、一人は金筋二本に桜が三個、もう一人は金筋一本に桜が三個あるところから大佐と大尉としれた。

二人は横須賀海軍工廠発動機実験部長花島孝一機関大佐と、同部員の近藤俊雄造兵大尉だった。

花島大佐は機関学校をトップクラスで出た秀才で、はやくから航空の将来に着目していた人である。かねてから航空技術研究機関の拡充の必要性を痛感し、上京のたびに、海軍省内のあらゆる部局をまわっては、その実現を熱心に説いてまわった。

だから、航空廠設立の直接の功労者は、部内にあっては安東、前原両提督、部外にあっては花島大佐というのが衆目の一致するところだった。

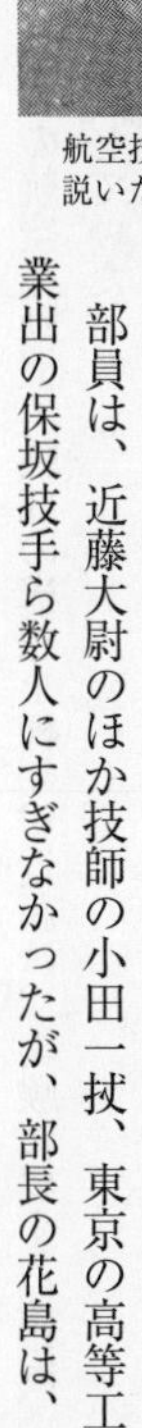

航空技術研究機関拡充を説いた花島孝一機関大佐

当時、航空発動機実験部は、田浦にあった造兵部飛行機工場の裏側の二階の一室を間借りして、仮りの事務所としていた。とはいってもたったの二部屋で、おまけに、階段を登り降りするたびにユラユラゆれ動くお粗末な木造の建物だった。

部員は、近藤大尉のほか技師の小田一拭、東京の高等工業出の保坂技手ら数人にすぎなかったが、部長の花島は、この古ぼけた部屋で、将来の航空発動機実験部の構想を練り、近藤は、実験に要する施設、装置、器具の調達に精をだしていた。

そうこうしているうちに、海軍の航空実験および研究機関を横空のそばに集結するということになり、新しい用地の選定の実地検分にと、花島と近藤のときならぬハイキングとなったわけだ。

高さは数十メートルにすぎなかったが、崖はけわしく、おまけにひどい藪で二人は難儀した。

頃は夏、さえぎる雲のないまっ青な空から太陽は容赦なく照りつけ、かきわけたスキにつかまりながら登る足もとに、突如あらわれたマムシに驚かされたりしながら、丘の頂上に達すると、急に視界が開けた。

眼下の滑走路には航空隊の飛行機が並び、ときたま崖をこするようにして上昇していく飛行機の爆音に、驚いた鳥が飛びたったりした。

「近藤君、どうだい。ここらへんに運動場、こっちに発動機工場をつくろうじゃないか」

ひろげた航空写真と見くらべながら、さも楽しいといった風情で花島はいった。

「そうですな、ここなら崖にはさまれているし、人家寄りの崖は高さ、長さ、奥行きとも十分だから、騒音の点でもいいでしょう」

並んで腰をおろしながら、二人はひとしきり構想を語りあって丘を降り、こんどは新しい施設の建設が予定されている航空隊の隣接地区に行ってみた。波打ちぎわはごく普通の海岸で、しばらくいくと練炭置場があり、そのむこうは身の丈を越す夏草が茂っていて、その草の上に崖が見えた。

この場所に、航空研究機関を統合設置するについては、ずいぶん激しい議論が闘わされたと、近藤大尉は聞いていた。中でも、研究所のような施設は、爆音のやかましい航空隊のとなりに設置すべきではなく、築地にある海軍技術研究所のように、むしろ東京の静かな場所でなければならないとする意見は、かなり根強いものがあったようだ。

しかし、近藤は建設予定地に立って思った。

〈やはり海軍航空の研究機関としては、航空隊のとなりに置くべきだ。とくに実験部の場合は、操縦桿を握る友だちがすぐそばにいて直接やりとりができることが必要だ。離れていた方が研究のピークは高まるかもしれないが、患者を診(み)る医者の活動のようなことは、東京と追浜に離れていては絶対にできないだろう〉

その意味で、航空隊のとなりに実験研究機関を持ってくるようにしたのは正解であった。

航空廠令発布される

発動機実験部だけではなく、統合を予定されていた各機関も、それぞれ追浜への集結にそなえて活発に準備をすすめていたが、そのうちに総合航空実験・研究機関を「航空廠」と呼ぶことがきまり、昭和七年四月一日に航空廠令が発布された。

それによると所掌としては、「航空兵器の設計および実験、航空兵器およびその材料の研究、調査および審査ならびにこれに関する諸種の技術的試験を掌るほか、必要に応じ航空兵器の造修購買を掌る」とあり、組織としては総務部のほか科学部、飛行機部、発動機部、兵器部、飛行実験部などとなっている。

その後、航空軍備の拡充、技術の進歩、用兵上の要求などによって、航空廠の設備と組織は拡大されていくが、開設時の各部の所掌事項はつぎのようなものであった。

総務部（略）

科学部（主として旧技研航空研究部の業務を継承）＝主として飛行機の性能の研究、調査、航空機材料の基本的研究、調査、航空兵器の試験および審査

飛行機部（主として旧横須賀工廠造兵部飛行機工場の業務を継承）＝主として飛行機の設計、飛行機材料に関する実験研究および調査、航空機機体の造修、飛行機の兵装に関する計画

発動機部（主として旧横須賀工廠発動機実験部の業務を継承）＝主として航空機用発動機の設計、航空機用燃料および潤滑油の実験、研究および調査、発動機造修に関する計画等

兵器部＝主として航空兵器材料の実験、研究、調査、航空兵器の弾道の研究および実験、航空機用射撃兵器（機銃関係を除く）、光学兵器、計器、火工兵器、電気兵器および航空機発着装置の造修に関する計画、航空兵器の試験、検査および審査等

飛行実験部（主として横須賀工廠航空機実験部の業務を継承）＝主として航空機の飛行

によっておこなう実験研究、調査および審査、航空機の事故、故障の研究および調査等

医務部＝航空衛生の研究に関すること

初代航空廠長には枝原百合一少将、以下総務部原五郎大佐、科学部多田永昌機関少将、飛行機部和田秀穂大佐、発動機部花島孝一機関大佐、飛行実験部市川大治郎少将、兵器部中村藤蔵大佐、医務部原隼人軍医中佐、会計部本田増蔵主計大佐が、それぞれ部長に任命された。

枝原少将は、兵学校、海軍大学校をいずれも首席で卒業した明晰な頭脳の持ち主である。おまけに日本海海戦には少尉候補生として旗艦「三笠」に乗り組んで参加、有名な「三笠」艦上の絵の中に、東郷元帥といっしょに描かれていることを誇りとしていた人で、あまり航空のことは知らないが、むしろ管理能力や、新設の機関としてむずかしい海軍内の他部門との折衝などの手腕を、期待されての廠長就任と見ていい。

飛行機部長の和田大佐は、兵科出身でありながら、技術にもっとも深く首を突っこんだ人だった。

総務部長の原大佐と発動機部長の花島機関大佐は、のちに、それぞれ第三代および第四代航空廠長になった人だが、原大佐には航空母艦建造をめぐって秘められた逸話がある。

大正十二年に最初の空母「鳳翔」を完成した日本海軍は、ワシントン軍縮会議にもとづいて工事を中止した主力艦のうち、巡洋戦艦「赤城」と戦艦「加賀」を空母に改造する計画を立てた。しかし、なにぶんにも経験の浅い空母とあって計画の実施は難航した。

「赤城」「加賀」の空母改造は、大正十四年秋に着手されたが、当時、このことを知った英国駐在の原五郎中佐は、かねて懇意にしていた英国海軍航空局の空母関係担当ラットランド中佐が、ちかく現役を退いて民間会社に就職したがっているのを知り、日本に来て仕事をしないかと熱心にすすめた。

ラットランド中佐は、英海軍飛行将校としてジェットランド海戦のさいは水上機母艦「エンガデン」の飛行長だったが、偵察機を操縦してドイツ艦隊に接触して適切な無線報告を味方艦隊に送り、接敵運動を容易にした功で、デスチンギッシュト・サービス・クロスを授与された勇士だった。

ラットランドが、その後も空母「アーガス」「フューリアス」などの飛行長を歴任し、空母の艤装について豊富な経験の持ち主であることに目をつけた原は、「赤城」「加賀」の改造計画審議にあたって彼を利用すべきであると考え、説得をかさねて来日の決心をさせるのに成功した。

原からこの報告をうけた大使館付武官小林躋造少将（のち大将）は、英海軍省を訪ね、ラットランド中佐が退役した後、日本海軍で利用したいと正式に申し入れた。英海軍は当時の日英同盟のよしみもあり、なるべく他の国に秘密でという条件で納得したので、民間会社の三菱商事の技師として採用し、海軍と三菱が契約をして三菱が技術情報をあたえるという形をとることになった。

したがって、このことが外部に知れないよう海軍側でも気をつかい、来日したラットランドとの連絡は、海軍の主務者が週に一回、平服で彼の自宅を訪ね、書面による質疑応答をかわすようにした。

ラットランドの意見は、「赤城」「加賀」の完成にきわめて有力な資料となったが、三菱商事との二ヵ年の契約を終えたラットランドは、その後、アメリカに渡って、いまでいうマーケットリサーチのような仕事をはじめた。

しかし、数年後に消息不明となり、日本側でもその後のようすは知るよしもなかったが、三十数年後の英国の新聞にたまたま載った記事によると、第二次世界大戦後、米国政府の要請で英本国内で軟禁され、数年後、強度の神経衰弱で死亡したという。

どうやら、スパイの嫌疑をうけたものと想像されるが、当時、海軍側の「赤城」「加賀」改造計画主務者の一人だった桑原虎雄中将（当時少佐）は、自著（『海軍航空回想録・草創篇』航空新聞社刊）の中で、つぎのように述べている。

「それが英国のためか、日本を含む外国のためかまったく不明である。日本に絶対に関係なしと弁護するだけの確たる根拠もない。私的にも彼と親交のあった原五郎中将、岡新中将らすでに逝き、この問題の真偽を正す方法がないことは彼のため遺憾にたえない」

原中将は、昭和十一年十一月から二年間、航空廠長の任にあったが、その後、舞鶴司令長官として在職中に病没している。

桑原中将がラットランドについて同情的なのは、じつは彼自身、危険な情報活動にかかわった体験を持っていたからだ。

日本海軍が最初に航空母艦をつくろうとしていたとき、上海にはじめて英国空母「フューリアス」が入港した。海軍ではなんとかしてそれを見たいのだが、英海軍は見せてくれない。そこで、当時、大尉で軍艦からの飛行機発進の研究に熱意を持っていた桑原が上海に行き、石炭づみの苦力に変装してフューリアスに乗りこんで写真を撮ってきた。

もちろん大っぴらには撮れないから、甲板で落とし物を拾うような格好で撮るとか大変な苦心をした。もし見つかれば、桑原一人のスパイ容疑だけでなく、日英両国間の外交上の重大問題になるとあって、身分をあきらかにするようなものはいっさい持たず、つかまる前に自決するつもりでいたらしい。

最初に戦艦「山城」の仮設飛行台から飛びあがったり、空母建造ではパイロット側の代表として艤装の改良に貢献するなど、パイオニアとして大きな功績を残しているにもかかわらず、みずからはけっしてそれを誇ることをしない桑原にかわって、義弟の福島礎雄氏が語ってくれた秘話がある。

桑原は昭和十一年十二月、それより一ヵ月前に第三代航空廠長となった原五郎のもとで、一年間、飛行実験部長をつとめることとなるが、戦時中に病没した原にたいして、戦後も旧海軍関係者たちの精神的支柱として生きつづけ、昭和五十年に八十九歳の天寿を全うして亡くなった。

多田永昌、和田秀穂、花島孝一の三部長は、いずれも第一次世界大戦における青島攻略戦の経験者だが、和田はパイロットとして爆撃に、多田と花島の二人は整備を担当して爆弾搭載および投下装置、爆撃照準器などの考案や取りつけに奮闘した。

部長クラスだけでなく、部員以下のスタッフにも優秀な人材が集められたが、これらの人びとについてはこれからおいおい触れていくことになるが、航空廠の設立は、技術と人材の面で海軍航空技術の進歩に新紀元をもたらすものであった。

3 人を愛し人を信じて〈航空エンジニアの人材大集合〉

海軍委託学生

花島孝一大佐といっしょに敷地検分をして歩いた近藤俊雄大尉は、東京高等師範付属中学校、仙台二高、東京帝大・機械をへて、大正十五年に海軍に入った造兵士官だ。

東京高師付属中では、一年先輩に海軍兵学校に進んだ佐薙毅（のち大佐）がいたが、当時は畑はちがうとはいえ、のちに同じ海軍航空に身を投ずることになろうとは思いもよらなかった。

東京帝大では機械に入ったものの、将来は航空をやりたいと思っていたので、機械よりも航空の講義の方にせっせと顔を出していた。

当時の航空学科には、同期で三菱に行った本庄季郎がおり、一年下には堀越二郎、土井武夫（川崎航空機で「飛燕」「屠龍」など多くの陸軍機を手がけた）、木村秀政らがいた。のちに航空廠発動機部でいっしょになる中田金市は、一年上の物理だった。

大学二年の夏休みに見学にいった荏原製作所で聞かされた言葉が、近藤に海軍に入る決心をさせた。

「われわれのようなところは、大会社に上からおさえつけられ、小会社には下から突き上げられ、中に入って苦しいですよ。それだけでなく、エンジニアは学校で習った学問を使うことはあまりない。たとえばシャフトの太さをきめるにしても、エライ人がひょいと描いた図面の方が、われわれが計算してやったものより正しいから、計算なんかより経験の方が重視されるんです。

おまけに、経済的な制約がいろいろあって、いいものをつくるよりも、安くて売れるものをつくることが優先されますね」

これを聞いて近藤は、なるほど、そんなものかなと思ったが、そこで考えた。

〈俺は安くて良く売れるようなものなんかつくりたくない。ではなにがいいか。兵器だ。兵器は国家存亡のときにそなえているのだから、多少の経済的制約はあるにしても、性能や品質の高いことが優先されるだろう。それには軍のエンジニアになるのがいい〉

委託学生から海軍造兵士官となった近藤俊雄

大正十四年、大学二年の終わりに海軍委託学生の試験をうけ、「海軍造兵学生を拝命」して一年間、航空の委託生となった。

委託学生というのは、卒業後、軍に入ってもらうことを条件に、軍が学費の面倒を見ようという人材確保のための制度で、陸海軍ともこの制度をとっていた。

近藤が航空をえらんだのは、ワシントン軍縮条約の結果、日本海軍が企図していた八八艦隊計画がダメになり、軍艦の量的な制約をおぎなうには、飛行機の質の向上が必要と考えたからだった。

大正十五年、大学卒業とともに海軍に進んだのは、航空エンジン専攻の近藤のほか、機体屋が二人いた。一人はのちに航空廠に入って海軍航空技術界の至宝といわれるようになった島本克巳、もう一人は軍服を着る前に不慮の事故で死んだので、この年、航空に入ったのは近藤と島本の二人だけとなった。

海軍では造船、造機、魚雷、鉄砲などの委託学生十数人といっしょに、海軍士官としてのひととおりの教育をうけたが、教育の総仕上げともいうべき神奈川県辻堂海岸での演習で、血を吐いて一年間、休んだ。

病名は左肺内部浸潤。このため実習は次の期といっしょになり、連合艦隊司令部付として「赤城」や「陸奥」に乗ったり、霞ヶ浦で操縦練習をやったりした。

「赤城」と「陸奥」には合計十ヵ月ほど乗ったが、とくに空母「赤城」での実習は、航空エンジニアたらんとする近藤にとってえがたい体験だった。ここには、のちに中攻の名指揮官といわれた得猪治郎（戦死後、中佐）や、終戦時マッカーサーが降りてきても厚木航空隊は引き渡さないといってがんばった小園安名（のち大佐）らがいて、休日には軍艦を降りていっしょにカッターを漕いだり、旅行したり、若き日の楽しい思い出にこと欠かなかった。

霞ヶ浦の操縦訓練は兵科の第十九期飛行学生といっしょで、源田実（のち大佐、戦後参議院議員）、上海事変で日本海軍最初の撃墜を記録した戦闘機隊の隊長となった生田乃木次（のち少佐で退役）、太平洋戦争の末期に特攻部隊の指揮官として辛酸をなめた玉井浅一（のち大佐）、中攻隊の名指揮官であり名パイロットだった入佐俊家（戦死後、少将）、それに長谷川（旧姓田村）英次（のち大佐、後出）ら、そうそうたる航空士官の卵たちがいた。

源田は、それまでは大鑑巨砲主義が主流の海軍ではいいやつはこないといわれた航空に、トップとしてはじめてやってきた男で、はやくから将来を嘱望されていた。

兵科の飛行学生の中で、近藤がもっとも魅かれたのは得猪治郎だった。新婚まもない得猪の借家を訪れた近藤は、彼の饗応ぶりにど胆をぬかれた。

簡素な室内にはお膳すらないので、どうするかなと見ている目の前に、得猪は新聞紙を敷いてその上に茶碗を並べ、酒を出した。それも「オレには虫がついていて、女房にうつしてはいかんと思っているんだが」などといいながら、平然としているのだ。

新婚早々でまだ世帯道具をととのえる間がないんだとか、恥ずかしいんだがといった弁明はいっさいしないし、タタミの上でジカに酒食をもてなすことを苦にするようすがいっこうにみえない得猪に、さすが兵学校出にはエライやつがいると感心した。

操縦は乱暴で、横須賀航空隊ではまわりをハラハラさせたナンバーワンだったが、勉強家で頭も度胸も人並み以上のものがあった。

その得猪は、日華事変でみずから立案した、悪天候を利用しての中攻による単機奇襲の実行を期して出撃し、敵戦闘機の攻撃に遭(あ)ってついに還らなかった。

万感胸にせまる

病気、艦隊実習、操縦練習などをへて、近藤がじっさいに働いて海軍から給料をもらったのは、昭和四年に霞ヶ浦の海軍技術研究所航空研究部に入ってからだった。しかし、やらされたのはプロペラで、エンジンをやりたいのにプロペラなんかやらされるんだったら、委託学生を返上しますよとゴネたが、結局はプロペラの破壊テストや空中における馬力測定などを、一年間やらされる羽目になった。

そのあと昭和五年六月、横須賀海軍工廠の中に新設された発動機実験部に配属されて、待望のエンジンがやれるようになったが、ここで近藤は生涯の師ともいうべき実験部長の花島孝一大佐とはじめて出会った。

花島はその後、航空廠発動機部長、さらには航空廠長になったが、この間、近藤はずっと花島の薫陶をうけ、技術者あるいは研究者としての物の見方、考え方だけでなく、彼自身の人間形成にも大きな影響をうけることとなった。

近藤の花島についての思い出はかぎりなくあるが、中でも忘れられないのは、近藤が二年間のドイツ駐在から帰朝したときのできごとだ。

昭和十年夏、近藤は航空本部の駐在監督官として、機体側監督官の山名正夫技師（のち技術中佐）とともにドイツに赴いた。監督官といっても、とくにきまった仕事があるわけではなく、ドイツの工場を見て歩いたり、現地の航空学会に出席したりして、外国の最新のエンジン知識を吸収するのが仕事、といっていいくらいのものだった。

昭和十年といえば、ヒトラーのナチスドイツ華やかなりしときで、この夏にはベルリンでオリンピックが開かれた年だ。到着早々オリンピックにぶつかった近藤は、これ幸いと通し切符を買って連日見にいき、水泳の前畑、マラソンの孫、南、トラックの村社（むらこそ）、棒高飛びの大江、西田ら日本選手の活躍に胸を焦がした。

ドイツ滞在中の近藤（この間に少佐になった）のもっとも大きな仕事は、ダイムラーベンツの水冷エンジンのライセンスを買うようにしたことだった。そのきっかけは、ベルリンでの航空学会のさいに見学したダイムラーベンツ社の水冷エンジンに、技術的な興味を抱いた近藤の報告書で、これを読んだ山名技師が、

「近藤さん、日本にはいま、水冷エンジンのいいのがない。おれが水冷エンジンの飛行機を設計したいと思ってもできないから、ひとつ日本で買ってもらうようにしようじゃないか」

と、持ちかけた。

そんなことから海軍がライセンスを買って愛知時計で国産化し、山名は約束どおり航空技術廠（昭和十四年四月に航空廠が改称された。略称空技廠）でみずから設計した艦上爆撃機「彗星」にこのエンジンを装備した。

不思議なことに、あれほどたがいに信頼しあっていたにもかかわらず、二年間のドイツ滞

在中に、近藤と花島の間には一度も手紙のやりとりがなかった。

近藤にすれば、自分の書いた報告はしょっちゅう花島部長のところにとどいているはず。仕事のようすはそれで見てもらえばよく、個人的な消息など必要なしという考えだった。

二年間の駐在を終えて、アメリカ経由で帰国すべくハンブルグを出港するとき、船室の中ではじめて花島あてに手紙を書いた。

乗ったのは大西洋航路の豪華船「ブレーメン」号。埠頭からは軍楽隊の演奏するセンチメンタルなロングサインのメロディーが流れてくる。三十五歳の若い少佐も、さすがに万感胸にせまるものがあり、「これから日本に帰ります……また一所懸命がんばります」といったことを涙ながらに書きつづった。

アメリカからは日本郵船の「平安丸」で、昭和十二年十一月末の朝はやく東京湾に入り、横浜・富岡の検疫所沖にひとまず停船した。ひさしぶりの母国を見るべく甲板に出た近藤は、紺のマントを着た人を乗せた和船を船頭が漕いで、船の方に近づいてくるのを発見した。

〈いまごろ、何の用だろう？〉

いぶかしく思ってなおも見ていると、船につけた和船から、一人の海軍士官が甲板にあがってくるではないか。

「花島さん！」——かけよった近藤は、花島の手を取るようにして自分の部屋に招じ入れた。なにしろ二年ぶりとあって、あとからあとから話はつきない。フト気づくと、船の機関の音がまったくしないので、桟橋についたのかもしれないと甲板に出てみて驚いた。とっくに船はついていて、桟橋は出迎えの人でごったがえしていた。あとでみると、その中に近藤の父や妻、それに親戚の者などが子供づれで大勢きていた。このことを船で同室だったさる高名な人に話したら、

「あんたは、その花島さんという人に、一生、足をむけて寝ることはできませんよ」といわれた。

　近藤がドイツから帰って一年後の、昭和十三年十一月、前任者の原五郎中将にかわって花島が航空廠長になった。近藤は、従来どおり航空エンジンの研究をやりながら、発動機修理工場の主任を兼務することになったが、それまで研究ひとすじだった近藤にとって、じっさいのエンジンに接する機会をあたえられたことは、彼のエンジン観を一変させた。

　発動機修理工場には、各航空隊、実施部隊から故障したエンジンが送られてくる。すぐとなりの製図工場から図面を持ってきて、分解されたエンジンと見くらべてみると、これまで知らなかった生きているエンジンの実態がよくわかった。

〈おれのいまの一日の進歩は、大きなステップで階段をかけのぼっているようなもので、今後ともこんなチャンスはめったにないだろう〉

　そう思いながら、近藤は充実した日々を送ったが、少将の廠長になっても、花島の近藤にたいする態度はすこしもかわらなかった。

　昼休みになると、花島はしばしばやって来ては、修理工場前のコンクリートの広場で、近藤を相手にキャッチボールをした。いい年をした少将の廠長と少佐のキャッチボール風景は、

はた目にもなごやかに見えたが、すこしも上下のへだてをしない花島に、近藤は人生の師の姿を見る思いがした。

人柄に魅かれて

航空廠建設のさいの努力とともに忘れてならないのは、花島の人材を集めるにさいしてのなみなみならぬ努力だ。

このために花島は、北は北海道帝大から西は九州帝大まで、全国の大学や専門学校を歴訪して、これはと思う人物を航空廠につれてきた。そして、これらの人たちはいずれも花島の人柄に魅かれて航空廠入りを決意したが、エンジン燃料研究の大家である中田金市技術中佐もその一人だった。

中田は東京帝大・物理出の技術士官だが、彼の航空廠入りについては、花島と東京帝大教授の寺田寅彦の二人が関係している。

母校である熊本の第五高等学校の先輩である寺田寅彦にあこがれた中田は、東京帝大に入って二年目に寺田から物理実験の指導をうけた。そして三年になったとき、海軍の飛行船が爆発して船体が焼失するという事故が起きた。

これよりさき、第一次世界大戦中、連合国の沿岸哨戒に従事した英国の小型軟式飛行船SS型の優秀な性能に目をつけた海軍は、ビッカース社から一機買うことにした。

この船体は、SS型飛行船の原型に水上の着水および繋留柱の利用ができるように改造がくわえられてあり、とくに吊舟をジュラルミンでつくってあったことは、日本で最初のジュラルミンを使った航空機という点で画期的なものだった。

海軍では、これを一号飛行船とよび、大急ぎで追浜の飛行場の一隅に木骨キャンバス張りの仮格納庫を建て、到着の一ヵ月後には船体の組み立てを終えた。

発注から三年あまりたった大正十一年五月十一日、大西瀧治郎大尉（のち中将、軍令部次長）の操縦で進空式がおこなわれ、その後も引きつづいて各種の実験が実施されたが、船体外皮の老化からガス洩れが多くなったので、やむなく解体されることになった。

事故は、その準備中の七月十日午前に起こったもので、格納庫内での水素ガスの引火爆発によって船体は焼失した。

原因調査のため、海軍技術研究所航空班主任の上田良武大佐（のち中将）を委員長とする査問会および調査会が設けられ、東京帝大航空研究所でも、原因調査に協力することになった。

爆発の原因が物理的現象と考えられるところから、理学部の寺田研究室でも調査に協力することになり、中田や同級の中谷宇吉郎（のち北大教授）らが、原因探求のための実験を担当した。

まもなく中田は卒業したが、中谷は引きつづき大学に残って研究をつづけた。中田は海軍の飛行船事故調査会の嘱託となり、四年後に事故原因についての結論が出たところで失職した。

たまたま東京市立二中（現上野高校）に口があり、先生をやりながら、一週間に一度は寺田研究室に出入りしていたが、あるとき寺田から、

「こんどできた海軍航空廠というところで、燃焼の研究をやる実験屋を探しているが、君、いかないか」といわれた。燃焼というのは化学屋のやることだと思っていた物理屋の中田は、

「先生、僕は化学はあまり得意じゃないんですが」と答えた。

「燃焼というのは、ちょうど物理と化学の中間の問題なんだよ。そういう中間の分野に、非常におもしろい研究のテーマがあるのだから、ぜひ君やれよ。航空廠の発動機部長さんがみえて、だれかいい人はいないかとたのまれたんだが」と、寺田はかなり熱心だった。

よく聞いてみると、その発動機部長は花島という人で、かつて中尉のとき海軍選科学生として寺田教授の指導をうけたことのある、いわば中田にとっては寺田門下の兄弟子にあたることがわかった。

航空廠入りを決意した中田は、区切りのいい三月に学校をやめ、昭和八年四月に航空廠に入ったが、発動機部長室に挨拶に行くと、花島は温顔をほころばせながらいった。

「中田さん、いま発動機は燃焼の問題で行きづまっている。だから、基礎的な研究をしっかりやって、いい発動機をつくりたい。ひとつ世界一の燃焼実験室をつくってくれませんか」

中田は花島の期待の大きさに恐縮したが、あるとき話のハズミで、だれが中田を推薦したかを花島に聞いたところ、「私は寺田先生の御意見をうかがって、推薦状をいただきました」といって、中田の性質にいたるまでこと細かに書かれた寺田教授の手紙を見せてくれた

（寺田寅彦は専門の理学の分野だけでなく、文筆や書画にも多彩な才能をみせたが、没後に刊行された寅彦全集第十三巻に、この手紙の全文が収められている）。

それだけに人をもらうために学校を訪れるときは、礼装をして最上級の勲章をさげていくと、あとから聞かされた。人を愛し人を信ずる花島の真摯な態度に、中田はこのうえない心服の念を抱いたが、部下である中田にたいしても、「中田さん」とさんづけで呼ばれるのには恐縮した。

しかし、花島は大学出の士官や技師にたいするのと違って、後輩である機関学校出身の士官にたいしてはきびしく接した。それは寺田寅彦を崇拝する理学者とは異なる、軍人としての花島の一面であった。

「きびしさが違ったのは、この人たちをよく育てなければいかんという気持からだったのではないか。すると僕らのような大学出は、花島さんにとって、やはり他人にすぎなかったのかなと、ちょっぴりひがんだりした。

ほんとうのところは、寺田先生の門下生として自分は兄弟子でこいつは弟弟子、というより、同じ研究仲間と考えておられたような気がする」

中田はこう語るが、昭和十二年暮れに亡くなった寺田寅彦の徳を偲んで、門下生たちが「寅彦会」をつくって、年に一度集まるようになったが、「私も弟子だから」といっ

海軍航空廠で燃焼研究に打ち込んだ中田金市

て、花島もかならず出席したという。

そんな花島が上にいたから、発動機部にはアカデミックな雰囲気が強くただよっていた。視察にきたエライ人の目には、まるで大学の研究室のように映ったらしいが、「花島さんはそれを非難とうけとらず、むしろそれを目ざしてやっているのだから、そう見られるということは自分の思いどおりにいっている証拠だと、ニヤリとされたのではないか」と中田は想像する。

こうした雰囲気は、なにも発動機部にかぎったことではなく、戦争が激しくなった後期にはかなり失われたとはいえ、航空廠――航空技術廠をつうじて共通するものであったようだ。

東京帝大航空研究所所員と航空学科教授を兼務し、のちに流体力学、とくに層流翼の世界的権威として知られるようになった谷一郎は、昭和十一年以降、海軍航空廠（空技廠）で定期的に開かれた官民合同の風洞水槽関係研究会について、つぎのように述べている。

「この研究会は、空技廠の科学部が中心となり、飛行機部や飛行実験部の関係者と、民間航空機製作会社の担当者を集めて開かれたもので、たんに風洞や水槽の実験技術にかぎられることはなく、航空力学の全領域にわたるシンポジウムというべきものであった。大学や陸軍関係は任意参加だったが、東大航研はとくに最初から協力をもとめられていた。

試作飛行機に関する風洞水槽の模型実験、または実物の飛行試験の結果の検討が重要課題のひとつであって、秘密のものは提示されなかったに相違ないが、それにしても私たちには、はじめて見る生のデータが多かった。

そしてそれは、とくに私にとって、航空力学の基礎的な知識がどのような形で、飛行機の試作や改良に用いられるかを学ぶ教範でもあった。

また、研究会が回をかさねるにしたがって、早急に解決が望まれる問題が提起され、つぎの研究会の宿題となることもあった。

科学部長や業務主任による司会はざっくばらんで、研究発表者に拍手をおくることもなく、また質疑応答も、遠慮のないものが多かった。発表者が海軍であっても、遠慮や追従はすくなかった。この開放的な空気は、空技廠に独特のものであったようで、その意味では学会の講演会よりかざり気がなく、より学問的ですらあった。

くわえて、学会では発表しにくい内容もふくまれていたから、当時として最適の情報交換が実現されたといってよい。

この研究会を回想するとき、主催者側の科学部長広瀬正経、杉本修、塚原盛、本宿哲郎。科学部部員島本克巳、越野長次郎、多田政忠、溝口正夫、前川力、河本俊平、菅野三男。飛行機部部員疋田遼太郎、新蘿一郎、北野多喜雄。民間会社側からは研究主務者小野正三（川西）、片岡正治（中島）、小沢泰代（愛知）、松藤龍一郎（三菱）。さらに、空技廠のほとんどすべての風洞の生みの親ともいうべき西井潔造兵少佐などの名前を忘れることはできない」

（『海鷲の航跡』海空会編）

4 作戦の基礎は技術に〈思想を持った提督と航空燃料〉

思想を持った提督

花島中将を尊敬する一人、川村宏矣機関大佐が海軍機関学校を卒業したのは大正十年。あたかもワシントン軍縮条約で日本海軍が対英米五・五・三の比率を強いられて風雲急をつげた年であるが、川村自身は、候補生から機関少尉に任官して元気いっぱい艦隊勤務についた。そろそろ中尉に進級しようかという大正十三年、駆逐艦「蓼」に乗っていた川村に、横須賀工廠にいた先輩が、「これを読んでみろ」と雑誌をかしてくれた。いまの日本金属学会誌の前身にあたる「金属研究」で、雑誌を開いて川村は愕然とした。鉄を焼いてたたいたり伸ばしたり、金属の研究とは鍛冶屋の学問ぐらいの知識しかなかった川村にとって、材料の記事というよりは、複雑な立体幾何学とも思われる図表が満載されたこの雑誌は、ちょうど、いまの原子力とか電子炉が出てきたようなもので、すべてが驚くことばかりだった。

そのころから、材料研究が物理的かつ理論的な裏づけをもっておこなわれるようになりつつあったが、思いもよらない内容は、とうてい川村の理解のおよぶところではなく、このことにひどいショックを覚えた。だが、海軍の船体兵器の研究にはこれがわからなければ役に立たないと考えた川村は、人にたよらずに、自分みずからその研究にあたろうと決意した。

若さの特権で、いわば、おれがこれからの日本海軍の材料研究の分野を切り開いていくのだという、大いなる気負いでもあったが、その年の十二月、中尉任官とともに霞ヶ浦海軍航空隊整備学生となり、ここで副長山本五十六大佐に出会ったことが、彼の進路を決定的なものにした。

当時、すでに大鑑巨砲時代の将来に見切りをつけ、陸上基地から発進する長距離爆撃機による渡洋作戦の構想を持っていた山本は、木骨羽布張りではなく、もっと大型でしっかりした飛行機でなくてはダメだと考えていた。

東北帝大で金属材料研究を行なった川村宏矣

整備学生として飛行機のことがしだいにわかってくるにつれ、川村も、材料の面から飛行機を一日もはやく木製から金属に変えなければ役にたたないと感じるようになった。たまたま、川崎航空機がドイツから買ったドルニエ・ワール飛行艇が霞ヶ浦に着水したのを見て、その確信はいっそう深まった。

このころ、金属製飛行機の将来性について世界的な関心の高まりがあり、とくに第一次大戦で敗れたドイツで発明されたジュラルミンは、新しい航空機用材料として注目をあびつつあった。

こうした諸々の状況が、川村をしてさらに材料研究の必要を痛感させ、ジュラルミンを主とした「航空機用軽合金の研究」という論文を書かせたのである。川村は論文に「日本海軍の航空戦力増強の基本は、まず強力な軽合金の研究が第一歩である。その研究を進めるため、東北帝国大学金属工学科に選科学生として派遣されたい」との願書をそえ、山本副長に提出した。

川村にとって幸いだったのは、霞空の機関長にのちに航空廠初代科学部長となった多田永昌大佐がおり、病みあがりの花島大佐も、保養のかたちで比較的ヒマな配置にいたことだ。

山本は、多田や花島に、川村の論文や希望について意見を聞いたらしい。学究肌の多田や花島は、基本的なことをしっかり勉強しなければいいものはできないと考えていたし、山本にはエンジニアのいうことを極力、理解しようという度量があり、いい飛行機はまず材料研究から出発し、エンジンなり、機体なりの設計技術を向上させるべきだという点で、三人の意見は一致した。

十一月は海軍の人事異動の月。川村が整備学生の教程を終えて隊付となった翌日、士官室の別れの宴会が開かれたが、突然、副長からお呼びの声がかかった。

副長と聞けば、航空隊中がピリッとするこわい存在の山本とあって、恐る恐る前に進みでると、となりには花島もいる。〈ハテ、何か失敗をやらかしたか〉といよいよ恐縮する川村に、山本があたたかく言った。

「君は東北帝大の本多博士（光太郎、世界的な金属材料の権威）のところに行って金属の研究をしてこい。しっかりやるんだぞ」

こうして川村は、昭和三年四月から三年間、東北帝大に在学することになったが、夏休みには艦隊実習を命じられた。長らく大学に行っていてカビが生えてはいけないから潮風にあたれというわけだが、指定乗艦である空母「赤城」に着任してみると、艦長は川村の東北帝大行きにかかわりのあった山本大佐だった。

山本は一年三ヵ月の霞空副長勤務のあと、大正十四年十二月一日の異動で駐米日本大使館付武官となって二年を彼地にすごし、帰朝後、かねての念願ともいうべき「赤城」艦長に補されたのであった。

「よく来たな、元気か」

着任の挨拶にきた川村を、気軽に艦長室に招じ入れながら、山本は川村にいった。

「いま、『赤城』ではエンジンのバルブが溶けたり、ピストンが割れたりして飛べない飛行機がけっこうある。百機飛ばそうとしたら、七十機しか飛ばないのでは作戦に影響する。そういうところをよく見て、材料学的には何を研究しなければならないかを、しっかり把握してもらいたい」

山本は、このあと少将に進級して航空本部技術部長となるが、兵科将校でありながら、現在起きつつある技術上の問題点を、じつによくつかんでいるのに川村は驚かされた。

三年間の東北帝大での勉学を終え、昭和七年四月一日に新設された海軍航空廠に配属された川村は、またしても山本に接する機会を持つことになった。

三年にわたる航空本部技術部長の要職を勤め上げた山本は、昭和八年十月に第一航空戦隊司令官に転出した。旗艦は空母「赤城」、かつて山本が艦長だったフネだ。

演習の合間に艦隊が横須賀に入港すると、山本はつごうの許すかぎり航空廠を訪問し、しかも大方のオエラ方には興味のない材料研究室にまで足を運んだ。

「どうだ、研究は進んでいるかね」

霞空以来の旧知の仲とあって、発動機部長の花島を同道した山本は、隔意のない態度で川村に接し、かなり専門的な質問を発したりした。作戦がいくらよくても兵器の質と量のともなわない作戦は成りたたない、したがって作戦の基礎は技術にある、山本はそういう確たる思想をもっていた数少ない提督の一人だった。

名を棄てて実を取る

霞空ではじめていっしょに勤務した後、山本と花島は二度と共通の配置につくことはなかったが、実務を通じてしばしば接触を持ち、いくつかの重要な決定の実現に協力している。そのなかでも大きいのが、燃料研究を新設の航空廠でおこなうようにしたことだ。

もともと日本海軍では、燃料に関して全般については軍需局が取りしきり、その研究は燃料廠でおこなうという制度になっていた。しかし、元来が艦船用燃料の研究を主とする燃料廠では、航空用燃料の研究などはとかく軽視されがちで、まして急速な航空エンジンの進歩に先行する燃料の研究などはのぞむべくもなかった。

昭和四年十二月、京都帝大の選科学生を終えた嘉納吉彦機関大尉（のち中佐）を航空燃料研究のため、畑違いの徳山燃料廠に転出させることにしたのは、事態を憂慮した横須賀工廠発動機実験部長花島孝一大佐の配慮であった。

花島同様、航空燃料の研究体制に欠陥を認めた嘉納大尉は、今後の必要な研究は新設される航空廠でおこなうべしとの意見書を書いて、航空本部、艦政本部、軍需局などに提出した。嘉納と気脈が通じあっている花島はすぐ同意してくれたが、燃料の研究では日本の最高峰と自認していた燃料廠研究部長河瀬真少将の強硬な反対にあった。

このころ、軍需局と燃料廠では、艦船燃料を目的とする石炭直接液化の研究成果を過大に宣伝し、海軍全般に軍用燃料の研究は万全であると信じさせていた矢先だったから、飛行機屋に燃料研究をまかせるなどもってのほかというわけだ。

霞ヶ浦航空隊副長時代の山本五十六大佐

このため事態はこじれ、ついに軍需局と航空本部間の問題に発展したので、昭和六年八月、航空本部技術部長の山本が首席部員桜井忠武大佐（のち少将、四代目航空廠航空機部長）をしたがえての、じきじきの燃料廠視察となった。

研究部長河瀬少将は、しきりに石炭液化の成果を山本に吹聴したが、廠内視察中に山本は小声で、「おれは燃料廠のいうことは信用しない。花島君や貴様の意見どおり努力する。それから、この暮れには貴様を航空に引きとってやる」と、嘉納にそっとささやいた。

その後、航空廠設立とともに花島が部長をつとめる同廠発動機部に燃料研究班が設けられ、山本が約束したとおり昭和七年五月には嘉納の転勤が実現した。

その後、嘉納は、発動機部の物理・化学関係のチーフとして燃料の面から航空エンジンの進歩改良に大きな寄与をするようになったが、航空燃料研究体制については後日談がある。燃料廠研究部長河瀬少将が山本航空本部技術部長にしきりに吹聴した石炭液化ガソリンが、航空燃料としてあまり期待できないことがしだいにあきらかになったので、航空廠発動機部の燃料研究班では別の研究をはじめた。

石炭液化の問題は、石油の将来が危ぶまれる現在でも、石油にかわる液体燃料をえる有力手段として、世界中でさかんに研究されているが、コストと資源の点で、石炭液化がほとんどかえりみられないいまと違って、石炭がエネルギーの主役であったかつての日本では、大いに嘱望された技術ではあった。

しかし、エンジンの側からすると、シリンダー温度が高くなって面白くない現象をいろいろ起こすこと、それに、いまでも問題になっている手間のかかる生産工程からくるコスト高などの難点があり、その解決のメドが立たなかったのである。

そこで嘉納らは、石炭を一度重油化して、それにもう一度、水素添加してガソリンをえる、複雑な工程の石炭液化にかわる新しい航空燃料製造の研究をはじめた。それはおなじ石油でも、海軍で用途のすくない灯軽油分を水素分解する方法で、これだと一工程でガソリンがえられるので、製造工程もずっと簡単になり、コストも安くなる。

小型の水素分解装置をつくってはじめた航空廠燃料研究班の研究が有望らしいと知れると、それまで航空燃料には無関心で石炭液化に熱中していた燃料廠もついに折れ、共同研究ですすむことになった。

燃料研究班が発動機部の中にあったこと、上に花島のような正しい技術眼とすぐれた研究管理の手腕をそなえた人がいたことなどが、嘉納らの研究をスムースに運ばせた。

新しい燃料ができると、中田らの燃料研究グループですぐに実験して成果をたしかめることができたし、寺田寅彦門下の物理屋でもある部長の花島も、なにかにつけて力になってくれたからだ。

共同研究の成果として、やがて原料油にたいして八十パーセントの航空ガソリンがつくれる水素分解方式が実用化され、この方式による大々的な分解装置が四日市の第二海軍燃料廠に建設されただけでなく、陸軍や民間会社でも、おなじ方式による設備がぞくぞく建設されるようになった。

こうした実績が航空廠燃料研究陣の実力を認めさせることとなり、燃料廠側も航空燃料の研究に協力するようになった。

だが、燃料廠のある徳山は中央から遠く離れすぎているので、とかく航空への認識のズレを生じがちであり、しかもノッキング対策や水素添加の問題など、おなじ研究課題を二ヵ所で別々に研究するという不都合があった。

そこで、航空燃料を専門に研究する航空燃料研究所を航空廠に近いところに建設することを、花島が強力に主張し、昭和十一年の航空燃料研究所新設の上申となった。

このときも上田宗重軍需局長が難色をしめしたが、花島が上田局長と、航空本部長になっていた山本との間を奔走して、この案の上申を実現した。

航空所管を目的とした航空燃料研究所新設案は、その後、軍需局側の面子をたてて、徳山燃料廠の研究部を、航空廠に近い大船に移転して海軍燃料廠実験部を設立し、航空廠の燃料研究班と合体するということで実現した。

航空廠側としては名を棄てて実を取ったかたちとなったが、これがのちに第一海軍燃料廠となり、戦局の発展につれて、いやおうなしに航空燃料一本に研究をしぼらざるをえなくなったことを思えば、けっきょくは花島らの考えどおりに事ははこんだといえよう。

その先見と努力はすばらしいものだが、まだ大鑑巨砲主義が全盛の中で、艦船用燃料を一手ににぎる軍需局と燃料廠の強大な勢力に対抗して、航空燃料の研究を軍需局の主導から航空所管にうつすということは、いかに花島の情熱と努力をもってしても、実現は容易でなかったはずだ。

この時期、山本五十六中将のような識見、力量ともにそなわった人物が航空本部長の職にあったことは、たんに花島のためのみならず、日本の航空燃料界にとっても大変なプラスであった。

ふつう、航空に無縁なオエラ方は、航空といえばすぐ戦闘機とか爆撃機を連想する。航空に関係する人でも、一般にはエンジンとかプロペラどまりで、材料とか燃料といった素材面まではなかなか思いいたらないものである。

山本についてはすでに多くの人によって語られ、その評価はかならずしも一定しないが、こうした面をみるかぎり、やはり傑出した人物といっていいだろう。

5　近代化へのスタート〈技量卓抜なテストパイロット〉

航空機試作三ヵ年計画

前年末に海軍航空廠設立の決裁をとりつけることに成功した航空本部は、昭和六年には、はやくもその航空廠を想定した航空機試作三ヵ年計画の策定に入っていた。

このころの航空本部は、艦政本部第二部から独立して創設されてからまだ四年そこそこで、海軍省内でもほんの一部局にすぎなかった。

煉瓦造りの海軍省の建物の正面から入って、大臣室後方にある三つの小部屋が航空本部で、その一つに技術部があった。技術部内は部長室と部員室にわかれ、部長が山本五十六少将、首席部員が桜井忠武機関大佐（のち四代目航空廠航空機部長、中将）だったが、この年の六月に、計画主任として和田操中佐が着任した。

本部長安東昌喬中将と技術部長山本少将の間では、それまでの、外国機の模倣や外人技術者の指導にたよっていた安易な海軍航空機の開発を、わが国の技術者たちがみずからの手によっておこなうよう改めるという画期的な方針について、すでに意見が一致していたが、山本は桜井、和田両部員に、その具体的立案を命じた。

和田は桑原虎雄中将より二期あとの海軍兵学校三十九期の、生粋の兵科将校だが、早くから航空に関心を持ち、大正四年から五年にかけて、桑原より一期あとの第五期航空術研究委員として操縦を習い、その後、海軍の選科学生として東京帝大航空学科を大正十年に卒業している。

航空本部にくる前には広海軍工廠航空機部で設計した八九式飛行艇（H2H1）の設計主任をつとめ、実地の経験もあるところから適任と見て、山本が引っぱったものだ。

和田が、広工廠で八九式飛行艇の設計を開始した昭和四年ごろは、横須賀工廠造兵部飛行機工場でも、佐波次郎機関少佐（のち少将）の設計による一四式水上偵察機の改造がおこなわれるなど、海軍内部での飛行機設計が盛んだった。

佐波も和田同様、東京帝大航空学科の選科学生として学んだ経験があり、彼が大学の課程を終えて田浦の造兵部飛行機工場勤務となってまもなく、発動機実験部長の花島に挨拶にいったところ、

「佐波君、きみは今後、飛行機の設計あるいは製作に関係していくことと思うが、技術は人格の反映であるということを肝に銘じておきたまえ。最高の技術は崇高な人格から生まれるものだから、人格を無視して技術は論じられないことをよくよく考えて、海軍の航空技術のためにつくして欲しい」といわれた。

佐波も、のちに航空本部技術部部員となり、戦闘機担当として、九六式艦上戦闘機（九六艦戦）や零戦の開発に重要な役割を演ずることになるが、和田にしても佐波にしても（花島もそうだが）、軍人でありながら、いったん大学で学んだことにより、技術を深く知っており、しかも人間的にもすぐれていたことが、海軍航空技術のレベルを高めるのに、大きなプラスとなっている。

この試作計画は、新設の航空廠を中心にして三菱、中島、愛知、川西その他全航空機および関連メーカーを総動員して、海軍の用兵作戦上の要求をみたす飛行機とそのエンジン、重要兵器などを開発しようというもので、昭和七年度にはじまり昭和九年度をもって、一区切りとした海軍として最初の長期計画だった。

この計画にもとづく試作機には、つぎのようなものがあり、制式化された機体の多い点で、それ以前はもとより、以後にも例を見ない画期的な成功だった。

昭和七年試作計画＝七試艦上戦闘機、七試艦上攻撃機、七試三座水上偵察機（九四式水偵）、七試双発艦上攻撃機（九三式陸攻）、九二式艦上攻撃機（一三式艦攻の改良型）、七試大型陸上攻撃機（九五式陸攻）

昭和八年試作計画＝八試特殊爆撃機（九四式艦爆、当初の計画にはなかった）、八試複座戦闘機、八試水上偵察機（九五式水偵）、八試特殊偵察機（八試中型攻撃機と改称）

昭和九年試作計画＝九試単座艦上戦闘機（九六式艦戦）、九試艦上攻撃機（九六式艦攻）、九試夜間偵察機（九六式水偵）、九試中型陸上攻撃機（九六式陸攻）、九試中型飛行艇（九九

式飛行艇）、九試大型飛行艇（九七式大艇）、九六式艦上爆撃機（九四式の改良）、九試潜水艦偵察機（九六式小型水偵）

これらは、単独発注もしくは二社ないし三社競争試作のかたちがとられていたが、この計画は昭和六年十月に安東中将の後をついで三代目航空本部長となった松山茂中将と山本技術部長によって決裁され、実施にうつされることになった。

三式艦上戦闘機。海軍最初の艦上戦闘機で、設計は英国のグロスター・ガンペットを基にしている

昭和七年早々、前年に起きた満州事変が中国中部にも飛び火し、上海事変の勃発となったことが、両提督に、この計画推進をいっそう急がせる決意をかためさせた。

この事変は一月二十九日に発生し、約三ヵ月後に停戦となり、正式には、五月五日の停戦協定調印によって比較的短期間におさまったが、派遣された「加賀」「鳳翔」「能登呂」の各母艦搭載の三式艦上戦闘機、一三式艦上攻撃機、一四式三号および九〇式三号水上偵察機が戦闘に参加し、日本海軍としては初の空中戦を体験するなど、戦術的にも技術的にも、第一次大戦時の青島攻略戦以上の多くの戦訓をもたらした。

とくに二月二十六日の戦闘では、生田乃木次大尉の指揮する「加賀」戦闘機隊が、米人ロバート・ショートの操縦するボーイングF４B戦闘機を撃墜したが、艦攻隊の指揮官小谷進大尉が、敵弾をうけて機上戦死するというショッキングなできごとがあった。

敵一機に対してこちらは戦闘機、攻撃機各三機で、戦闘機隊に攻撃機隊を援護しなければならないハンデがあったにせよ、数の上ではこちらが圧倒的に優勢だったにもかかわらず、苦戦したうえに指揮官の戦死。これはあきらかに敵ボーイング戦闘機の性能が、こちらの三式艦戦を上まわっていることをしめしていた。

三式艦戦は、イギリスのグロスター・ガンベット艦上戦闘機のイミテーションで昭和三年の制式採用、一三式艦攻にいたっては、英国人技師スミスの設計で大正十三年の制式採用であった。いずれも外国技術の模倣か、そのものといった飛行機で、しかも進歩のはやい航空技術から見れば、完全に時代おくれの機体だったのである。

余談になるが、ボーイングを撃墜したのが戦闘機隊か、旋回機銃を装備した攻撃機隊かについては、海軍部内でも論議のわかれるところとなったが、戦闘機隊による撃墜を主張する生田大尉は、これを不服として海軍をやめてしまった。

一流設計者への登龍門

航空本部技術部の桜井、和田両部員によって立案された、いわゆる「海軍航空機試作三ヵ年計画」は、昭和七年四月一日の航空廠設立とともにスタートした。

七試には艦戦および艦攻が三菱と中島、三座水偵が愛知と川西のそれぞれ競争試作、ほかに単社指定で三菱の双発艦攻、航空廠の一三式艦攻の改良型および特殊爆撃機（特爆）、広工廠の七試大攻などがあった。

このうち、制式となったのは、川西の三座水偵（九四式）、三菱の双発艦攻（九三式、ただし陸攻として）、広工廠の大攻（九五式）の三機種だが、大量につくられて活躍したのは川西の九四式三座水偵だけで、九三式双発艦攻および九五式大攻はほんの少数機しかつくられなかったから、この年の試作は成功率がきわめて低かった。

しかし、九五式大攻と、制式にはならなかったとはいえ三菱の七試艦戦の両機は、のちに、日本海軍のもっとも特徴的な機種といえる零戦や中攻（九六式および一式）を生む、技術上の基盤となった点で特筆すべき機体だ。

七年四月、開設早々でまだあちこちでさかんに工事がおこなわれていた海軍航空廠に、三菱、中島、川西をはじめ、民間航空各社の代表者と七試の設計担当者たちが招集され、海軍航空の自立をめざす計画の細部説明にさきだって、新任の航空廠長枝原百合一中将と航空本部総務部長前原謙治少将から、こもごも激励演説がおこなわれた。

「軍縮条約によって、軍艦のトン数および大砲の口径と数を制限されたわが海軍にとって、今後、航空機の威力に期待するところはきわめて大きい。しかし、その航空機の設計や試作は、その多くをいままで外国の技術に依存してきた。それではいつになっても彼らをぬくことはできないし、まして、艦隊の劣勢をおぎなって敵に打撃をあたえる強力な航空機を生み出すことはできない。

われわれが今日、みなさんにしめした七試試作機群の計画は、たとえ苦しくとも、われわれ自身で考え、やりとげなければならない至上命令であり、われわれの航空技術が、みずからの足であゆみはじめる歴史的な第一歩でもある。

わが海軍は、みなさんの技術と努力に期待し、祖国にたいする愛情を信ずる。

われわれもおよぶかぎりの努力をし、ともに手をたずさえてこの計画の成功を誓おうではないか」

比較的しずかな調子の枝原にたいし、感激屋の前原は自分の言葉に酔って感情がたかぶり、ついに泣きだすといったありさまで参会者たちを驚かせたが、それも海軍側の熱意のあらわれとして感銘をあたえた。

七試計画のうち、艦戦は三菱、中島両社に試作が発注されたが、陸軍に制式となったばかりの九一式戦闘機の改造型でお茶をにごそうとした中島にたいし、三菱は異常な熱意でこれに応じた。

当時、陸海軍の戦闘機をひとりじめして好況だった中島とちがって、目ぼしい制式機のなかった三菱は、経営的にもかなり追いつめられていたからだ。

三菱七試の設計主務者には、入社五年目、二十九歳の堀越二郎技師が抜擢された。

海軍から、計画要求としてしめされた要目の主なものは、最大速度百八十ノットから二百ノット（三百三十五キロから三百七十キロ）、上昇時間三千メートルまで四分以内、翼幅制限十・三メートル以内などで、ボーイングと戦った三式艦戦が百二十四ノット（二百三十五キロ）、それより新しい九〇式艦戦が百五十五ノット（二百九十キロ）、上昇時間三千メートルまで五分四十五秒、陸軍の九一式戦闘機が時速三百キロ、上昇時間三千メートルまで四分、まだ試作機の段階にあった川崎航空機の九二式戦闘機が時速三百二十キロ、三菱が、参考にアメリカから買ったカーチスP6の改良型ですら、時速三百十七キロ（いずれも最大速度）にすぎなかったのにくらべると、かなり高いものだった。

しかもこれは、一般に陸上戦闘機にくらべて性能が劣って当然と考えられている艦上戦闘機なのである。

設計主務として、はじめて一本立ちしたばかりの堀越技師は、この荷の重い七試艦戦の設計チームの編成にあたって服部譲次課長にたのんで、入社二年目ではあるが有能でファイトもある久保富夫技師をつけてもらった。

29歳の若さで七試艦戦設計主務となった堀越二郎

堀越は、かねてから新しい金属製低翼単葉構造をやってみたいと考え、広海軍工廠飛行機部部員の岡村純造兵少佐から単葉主翼構造に関するワグナービーム構造の計算書をかりてあったが、七試でそれを試みるにさいし、強度計算の担当者がほしかったからだ。

岡村造兵少佐は、大正十年、東京帝大船舶工学科卒の技術士官で、昭和三年、航空学科卒の堀越にとっては先輩、同じく大正十年に、選科学生として航空学科を卒業した和田中佐とは大学同期ということになる。

岡村は広工廠のあと航空廠飛行機部設計主任、技術少将になってから同飛行機部長などを歴任している、堀越にとっては力強い先輩であった。

昭和六年四月、東京帝大航空学科から三菱航空機に入った久保富夫は、設計室の最初の印象をこう語る。

「河野（文彦、のち三菱重工会長）さんが設計係長で、フランス人ベルニッシュ技師の指導で古い型の偵察機をやっていた。本庄（季郎、九六式、一式陸攻などの設計者）さんはユンカースの技師の指導で陸軍の爆撃機を、河野さんと同期の松原さんという人は、イギリス人技師の指導で複葉の雷撃機をやっていた。

ちょうどこの年、山本五十六が将来は航空だ、どうしても国産技術でなければいかんといいだした。

技術的には木製羽布張りから金属機へ、複葉機から単葉機へ、そして、外国人の技術指導やライセンス生産から純国産へと、日本の航空技術のあらゆるものがいっきょに転換しようという時期だった。

だからすべてが新しく、自信もへったくれもない。先輩だって、新しいものについては自信がないから教えられない。だから自分で勉強して、手さぐりでやっていくよりしかたがないと思った」

久保も、新しいことをやりたいと願っていたやさきだったので、堀越の七試艦戦チームへの誘いは渡りに船であった。

飛行機の設計はまず基礎型の決定からはじまるが、いったんは全金属製の低翼単葉でいくときめていた堀越も、具体的に設計に入る段になって迷っていた。

どんな構造にしたらいいのかよくわからないし、当時入ってきた海外の情報によれば、アメリカのカーチス・ホーク、イギリスのホーカー・フューリー、イタリアのフィアットなどの戦闘機は、いぜんとして複葉だったし、単葉にしても日本陸軍の九一式戦闘機のような、高翼に支柱つきのパラソル型が主流をしめており、わずかにヨーロッパで、全金属片持ち低翼単葉・固定脚型式の陸上戦闘機の研究開発に、手をつけた会社が現われたにすぎなかったからだ。

〈戦闘機設計の大勢、とくに艦上戦闘機についてはまだとうぶん、複葉機がつづきそうだが……〉

三菱七試艦戦設計チームに加わった久保富夫

決断のつきかねた堀越は、たまたま航空本部技術部の戦闘機担当であり、東京帝大航空学科の先輩にもあたる佐波次郎機関中佐に会ったさい、この件についてたずねた。

「堀越君、これからはたとえ格闘戦を要求される戦闘機でも、陸上機はかならず低翼単葉の方向に進むと思う。どこの国でも、まだ実用戦闘機として採用になっていないが、だからといって、われわれがこれを避ける理由はどこにもない。艦上戦闘機も陸上戦闘機のあとを追って遠からず単葉化され、複葉および高翼単葉支柱式戦闘機の時代は、おそかれはやかれ過去のものになるよ。

見たまえ、堀越君。私ならこんな型にする。もちろん低翼単葉だ。そして逆ガル・タイプ（かもめが翼をひろげた形のさかさま）とする。翼の最低部を左右二本の支柱で結んで強度を持たせ、そのかわり張り線は使わない。こうすれば、片持ち式による重量増加があていど避けられる。

これは海軍の当事者としてでなく、あくまでも先輩エンジニアとしてのサゼッションにすぎないがね」

佐波は、かねて自分がいだいていたアイデアをすらすらと紙の上に描いてみせた。

人はしばしば右か左かの岐路で、判断のつきかねることがある。そんなとき、たまたま他人の言葉やフトした示唆によって決心がかたまることも少なくない。佐波の言葉は、そんな作用を堀越の意思決定にもたらした。

迷いにピリオドをうち、晴ればれとした表情で感謝の言葉をのべる堀越を、佐波は、「目前の小さな成功のために小細工をせず、明日の日本航空技術のために大きな仕事をやろう」といってはげました。

こうして、新戦闘機の基本型は低翼単葉にきまったが、じっさいに堀越がやったのは、支柱を使った逆ガル型の佐波案よりもう一歩進んだ、外面にまったく支柱のない完全な片持ち式であった。

この主翼の外皮はジュラルミン張りではなく羽布張りではあったが、七試艦戦の経験で、金属構造に自信をつけた久保は、その後、本庄の八試特偵、九試陸攻（九六式陸攻）、堀越の九試単戦（九六式艦戦）、そして河野のキ15（陸軍九七式司令部偵察機）など、三菱の主力機の金属構造をつぎつぎに手がけ、やがて陸軍百式司令部偵察機の設計主務者として、わが国におけるトップクラスの飛行機設計者の仲間入りをはたすことになるが、七試艦戦は久保にとって、いわば一流設計者への登龍門になったわけだ。

勇気あるヒューマニスト

昭和八年二月末、設計開始から一年たらずで三菱七試艦戦は完成し、ひと足さきに完成していた中島機とともに、航空廠飛行実験部戦闘機担当操縦者小林淑人大尉（のち大佐）、横須賀航空隊戦闘機分隊長岡村基春大尉（のち大佐）らの手によってテスト飛行がおこなわれた。

比較審査は、六月から約一ヵ年にわたっておこなわれたが、両機とも要求性能を満足するにいたらず失格となった。しかし、三菱の七試艦戦は不合格とわかったのちも二号機によってテストがつづけられた。

これは新しい型式の機体について自分で勉強しようという海軍側担当者小林、岡村両大尉の熱意によるもので、このことは、のちの九試単戦から九六式艦戦、そして十二試艦戦から零戦へとつづくすばらしい飛躍に関して、重要な意味を持っている。

とくに、不合格によってもたらされる、ともすれば起こりがちな〝やはり低翼単葉はダメなんだ〟とする軽はずみな結論を押さえたという点で、小林大尉の積極性と冷静な技術的見識は、高く評価されるべきだろう。

小林大尉はまた、軍人としてもパイロットとしても立派であったばかりでなく、勇気あるヒューマニストとして有名なエピソードの持ち主でもあった。

昭和五年、小林大尉が操縦術の研究のため、イギリス空軍の戦闘機実験飛行隊(Hornchurch Air Corps)に派遣されていたときのことだ。

もとより、選ばれていっただけに優秀な技量の持ち主であった小林大尉は、たちまちイギリス将校たちの注目するところとなったが、ある日、彼の真価を見せるできごとが起きた。

いつものように特殊飛行の研究に余念がなかった彼の搭乗機、アームストロング・ホイットワース・シスキン戦闘機のエンジンが、とつぜん、火を発したのである。

黒煙とともに、激しい火炎がコクピットを襲った。下で見ていたイギリス人たちも事故に気づき、パイロットがすみやかに脱出してパラシュート降下してくれることを念じた。ところが、いっこうにとび出してくるようすがない。さては機内でやられてしまったのでは?とだれもが不安にかられた。

このとき、機上の小林大尉は炎と闘っていた。

〈熱い! はやく脱出しなければ! だが、ここで脱出すれば、機は安定を失って民家の密

ば……〉

集している町の上に落ちる。できるだけ持ちこたえて、町はずれまで機を持っていかなけれ

間断なく炎がほおをなめ、コクピット全体が熱くなってきた。操縦桿を握った右手、スロットルにそえた左手、ともに手袋をとおして皮膚が焼けてきた。しかし、小林大尉はたえた。煙と炎をはきながら、なおも正常な姿勢で飛びつづける飛行機を見て、地上では手に汗をにぎっていた。

やがて、黒いものが黒煙の中からとび出し、パラシュートがパッと開いた。ほとんど同時に、主を失った飛行機は、郊外にゆるくひろがった牧場に落ちていった。

服はあちこち焦げ、全身にやけどを負って降下してきた小林大尉を見て、イギリス人たちは素直に感動した。新聞は彼の勇気ある行動をたたえ、〝キャプテン・コー〟の名は、イギリス空軍の人びとの間に尊敬とともにひろがった。

「私の知るかぎり重厚な人柄とともに、抜群の技量、正確な操縦をもって操縦者、整備員はもとより、飛行実験部の計測員たちからも小林大尉のように敬愛された操縦者はめずらしかった。また、武士のたしなみという言葉はこの人の風格をよく表わしていると思う」（堀越技師の言葉、堀越二郎・奥宮正武共著『零戦』・日本出版協同社刊）

「小林淑人大尉は、私が航空に生涯を託した出発点、霞ヶ浦海軍航空隊に入隊したときの主任教官であり、第一分隊長であった。この人は、私の脳裏にもっとも強い印象を残した航空先輩の一人である。

柔道の達人であり、体操、相撲などでも抜群の技を持っていたが、反面、尺八をたしなみ、剛健な性格の中に風流を解する余裕をたくわえていた。

ぞくに〝源田サーカス〟といわれるものの中味は、海軍の編隊特殊飛行、アクロバット・チームと解釈することとしたいが、この編隊特殊飛行も、そもその元祖はこの小林大尉である。背面錐揉みというむずかしい操作を、日本海軍ではじめて試みたのもこの人であり、戦闘機をもってする特殊飛行で、この人に開発されたものは多い」（源田実著『海軍航空隊始末記・発進篇』・文藝春秋社刊）

いずれも小林大尉をたたえてやまないが、源田がのべているように、編隊特殊飛行は、航空廠飛行実験部にくる前、横須賀航空隊の戦闘機分隊長だった小林大尉がはじめたものだ。

分隊長の小林大尉が編隊長として、間瀬平一郎、青木与の両下士官パイロットを列機とした三式艦戦の三機編隊で、巴宙（ともえ）返り、編隊宙返り、低空の艦橋掃射演技などのアクロバット飛行技術を完成し、当時、各地でさかんにおこなわれた報国号献納式の会場で、それを披露しては人気を博した。

昭和八年になると、岡村基春、源田実両大尉が横空戦闘機分隊長となり、航空廠飛行実験部にうつった小林大尉のあとをついだが、飛行機も三式艦戦から、よりスマートな九〇式艦戦にかわり、飛行ぶりもいっそうはなやかになって、「岡村サーカス」あるいは「源田サーカス」の異名は、マスコミにのって全国にひろまった。

小林大尉とともに、七試艦戦に強い関心をよせていた岡村大尉は、非常に強い性格の持主で、理論よりもウデでこいといったところがあった。したがってテストも積極果敢、あらゆる特殊飛行をためしてみなければ気がすまなかったようだ。

昭和九年の二月はじめ、寒風ふきすさぶ追浜の飛行場を離陸した岡村大尉は、きわめてむずかしい飛行をこころみようとしていた。

適当な高度から、まずふつうの特殊飛行をひととおりやった後、機を二重横転（ダブルロール）に入れた。これは、実用機ではまず使うことのない特殊飛行であり、小林大尉は不必要であると判断してテストしなかった項目だった。

不幸にして、二重横転の途中から、機は水平錐揉みに入り、必死の操作にもかかわらず、姿勢の回復は絶望となった。もはやこれまでと判断した岡村は、コクピットをけって脱出した。このときなにか左手にはげしくぶつかるのを感じたが、ぶじパラシュート降下することができた。だが、地上に降り立ったとき、その左手の指のうち三本が失われていた。

普通ならこのようなことは起こりえないのだが、機が垂直軸を中心にして回転していたので、脱出したさいに左手がプロペラに叩かれたためであった。もしこれが、もう少しタイミングが悪かったらと考えると、まさに危機一髪の事故だった。

手の指三本ですんだことは不幸中の幸いだったが、このため岡村は、機銃の発射ハンドルを握ることができなくなり、戦闘機での射撃のできない身となってしまった。

岡村大尉負傷の報に、堀越技師は見舞いに、名古屋からかけつけた。厳密にいえば、この事故は岡村のやりすぎから起こったもので、設計者に直接責任はないが、不採用となった飛行機に、なお情熱をそそいでくれた好意にたいするすまなさからだった。

病室をおとずれ、恐縮してわびる設計者を制して岡村はいった。

「いいよ、いいよ、堀越さん。あれは、おれの操縦未熟なのさ。指三本で死なずにすんだのだから安いもんだ。それより、七試でいろいろやってみて、これからは、やはり低翼単葉の時代だと思うようになった。

堀越さん、あんたの設計方針はまちがっていない。これからもがんばって、もっといい飛行機をつくってくださいよ」

うらみごとをいうどころか、逆にはげまされて、堀越はかえす言葉もなかった。

三菱七試艦戦は、さきに社内試験飛行での事故で、一号機が失われているので、これで、二機の試作機がいずれも事故で消えさったことになるが、小林と岡村といった当時の日本海軍の戦闘機パイロットのトップレベルにあった人たちによって、テストされたことは幸運だったといえる。

もし、海軍側の意志決定に重要な影響をおよぼす地位にあったこの二人に、正しい将来への洞察と熱意がなかったら、のちの九六式艦戦や零戦の出現はかなり遅れたかもしれない。

6　寄せられた熱き期待〈陸上攻撃機を発想した先覚者〉

中島知久平大尉の卓見

七試の中で、これも成功作とはいえなかった七試大型陸上攻撃機（九五式大攻）もまた、のちの九六式陸攻、一式陸攻など一連の陸上攻撃機に発展するベースになった点で、見のがすことのできない機体であった。

七試の中から九三式、九五式の二種の陸攻が制式採用になっているが、このうち三菱の単独試作となった九三式陸攻は、もともと艦上攻撃機として計画されたものだ。

一トン爆弾もしくは五十三センチ魚雷を搭載できる高性能艦攻を、という艦隊の要望であったが、大出力エンジンがなかった当時としては、この要求を満たすには双発にしなければならなかった。

双発艦攻というこれまでにない飛行機とあって、自信のなかった三菱は、ブラックバーン社の指導で、ハンドレーページ式前縁スロットつきの、複葉双発機を試作した。しかし、母艦用として主翼を極力、短縮した（それでも翼幅十九・二メートルの大型機になった）ので左右の安定が悪く、そのうえ、できたばかりの七試空冷六百馬力エンジンの故障がかさなって、実験はスムースに進まなかった。

とくに、つねにエンジン開発が機体におくれていた当時のほとんどの試作機の例にもれず、エンジンの故障対策に長時日をついやして、実験が終わったころには、完全に時代おくれになってしまった。

九試双発艦攻は、上海事変後の逼迫した中国方面の情勢にそなえ、審査中にもかかわらず昭和八年から九年にかけて、三菱ですでに十一機も生産されたので、昭和十一年一月、いちおう、九三式陸攻として採用された。

艦攻はむりだが、陸攻としてならということだったが、その陸攻としても実用にはならず、館山航空隊に配属されて双発陸上機の操縦練習用に使われ、それも一年そこそこで廃機になった失敗作だった。

そもそも双発艦攻という企画そのものが、当時の技術や用兵の点からみてむりだったのであるが、ただ、この飛行機にとって唯一の救いは、さんざん苦労させられた七試空冷六百馬力エンジンが、航空廠発動機部と試作当事者の三菱とのたゆまぬ努力の結果、優秀な「金星」エンジンに生まれかわったことだ。

「金星」は、のちに九六式陸攻に装着されてその大成功の一因となっているが、不幸な機体だった九三式陸攻の残した唯一の技術的遺産であった。

企画に難のあった九三式陸攻にたいし、九五式陸攻の方は明確な用兵上の意図をもってつくられた機体であり、のちの日本海軍独得の陸上攻撃機の始祖となった点で大きな意義をもっている。

陸上基地から発進して、洋上遠く数百カイリを進攻して敵艦隊を攻撃できる飛行機、すなわち陸上攻撃機をつくろうという発想を具体化したのは、昭和六年に航空本部長に就任した松山茂中将によるものだが、それまでにも何人かの先覚者たちによって提唱されていた。

わが国で、最初に魚雷を搭載する飛行機を提唱したのがだれかは意見のわかれるところだが、桑原虎雄中将の『海軍航空回想録・草創篇』によると、「飛行機を将来兵器として夢みた人がどのくらいあったかは不明であるが、筆者の知るかぎり、すくなくとも飯田久恒中佐（のち中将）、山内四郎少佐（のち中将）、山本英輔少佐（のち大将）、金子養三中尉（のち少将、階級はいずれも日露戦争当時のもの）らは、かなり積極的な考えをもっており、中でも金子中尉のごときは、まず第一に雷撃機の研究に着手すべきで、これができれば将来駆逐艦以上の威力があると論じていた」とあり、当時の金子養三中尉ということになる。

その後、大尉に進級した金子は、日露戦争の旅順封鎖作戦に参加して、味方の甚大な犠牲を目撃したことから、明治四十五年に創設された海軍航空術研究委員会の委員に選ばれると、雷撃の研究に着手すべきであると熱心に提唱していた。

金子は第一次大戦の青島攻略戦に、こんどは飛行機パイロット（当時少佐）として参加したが、敵艦を眼前にしながら撃破できずにくやしい思いをしたので、雷撃の重要性をいっそう強調するようになった。

これに同調したのが中島知久平機関大尉（のちの中島飛行機創始者）で、海軍航空術研究委員会の一員でもあった中島機関大尉は、大正三年一月、造兵監督官としてフランスに出発するにさいし、「大正三年度予算配分ニ関スル希望」と題する長文の意見書を、研究委員会の委員長である山内四郎中佐に提出した。

彼はその中で、日本のような貧乏国が戦艦の建造で英米のような大国とその数を競うのは大きな誤りで、国の財力に応じた国防を考えるべきであること、幸いにして近来出現した飛行機は、努力しだいで急速に発達し、戦艦を無能力化しえる可能性があること、したがって、今後は飛行機の研究開発を最重点とすることなどを詳細にのべている。

一九一五年（大正四年）、イタリアのドゥーエ陸軍中佐は、航空兵力を主軸とする作戦をおこなうべき意見具申をして、上司の忌諱にふれて罰せられたが、航空の将来性にたいする自説をまげず、六年後には有名な空軍の独立作戦に関する論文を発表して世界に一大センセーションをまき起こした。アメリカでは一九二〇年（大正九年）にミッチェル陸軍大佐が空軍万能・戦艦無用論をとなえ、過激な言動で軍規を乱すものとして現役を追われ、世の大きな話題になった。

中島機関大尉の意見は、ドゥーエやミッチェルよりもはやく、天候がすこしでも悪いと飛べない飛行機の未開の時代に、将来かならず急速な進歩をとげて海軍の決戦兵器になると断定した、その大胆な意見におどろく者や尚早な偏見となじるもの、「中島は誇大妄想狂になった」と悪口をはくものなど反応はさまざまだったが、外国のように処罰されることがなかったのは日本海軍のリベラルなところだ。

「彼は普通の人の考えつかないことをかなり突っこんで考え、自説は容易にゆずらない信念の人であるが、いっぽうでは線の太い男らしいところが長所で、不平をもらしたり、他人の悪口をいうようなことは絶対になかった。

彼の航空優先の意見が時期尚早であったかどうかはべつとして、海軍当局が八八艦隊政策（戦艦八隻、巡洋戦艦八隻をもって連合艦隊の主力とする計画）を再検討すべきであると要望したことは、非常な卓見であった」

中島の意見書について、桑原虎雄中将はこういっているが、その内容は、

第一、航空機構造ノ研究
第二、飛行術ノ研究
第三、応用作業（戦術的用法）ノ研究
第四、第二、第三ノ実施ニ要スル設備

の四項目である。

さすがに機関科士官だけあって、中島の意見は、後出の草鹿龍之介少佐より技術的にくわしくハードウェアよりであるが、中でも第一の「航空機構造ノ研究」で、魚雷発射用飛行機、機雷投下用飛行機、偵察用飛行機、航空機駆逐用飛行機（筆者注、戦闘機）の研究開発を提言し、はやくも飛行機の多面的な使い方に着目していたことは非凡というべきだ。

中島知久平機関大尉の意見書を評価した桑原虎雄

中島機関大尉が約一年のフランス駐在から帰ると、金子大尉は、中島とはかって、航空術研究委員会に雷撃実験の準備に着手するようさかんに提案した。

さいわい二人の要望はいれられ、航空術委員会ではその第一段階として、横須賀工廠造兵部に水雷艇用十四インチ短魚雷の改造を依頼するいっぽう、中島機関大尉に実験用の飛行機を設計させた。

試作機は二機つくられたが、ダイムラーベンツ百三十馬力ではいかにも非力で、重い魚雷を搭載すると離水もできなかった。つづいて中島は、サルムソン二百馬力と百六十馬力装備の二機を設計試作したが、こんどは、機体の強度に不安があって飛行が許可されなかった。中島機とはべつに、ファルマン百馬力機でも実験を試みられたが、三人乗りのところをパイロット一人とし、燃料も一時間分だけに制限するなど重量軽減の効果で飛び上がったものの、旋回すると高度が低下するので危険きわまりなく、これも失敗に終わった。

いずれもエンジンのパワー不足で、もっと高出力の飛行機の必要性が痛感されたが、大正六年になって、思わぬところからそれが解決されることとなった。

かねてから、日本の軍事航空のいちじるしい立ち遅れを憂慮していた山下汽船の山下亀三郎社長が、新鋭機の購入費用として、陸海軍に五十万円ずつ献金したのだ。

海軍は、その金でイギリスからショート三百二十馬力水上偵察兼攻撃機十機と、ソッピース・クック一雷撃機三機、フランスからテリエー飛行艇十機を発注したが、雷撃実験は、その中でももっとも高出力エンジンを装備したショート機で再開された。

第一回は、桑原虎雄大尉の操縦で十四インチ魚雷を搭載しておこなわれたが、さすが馬力が大きいだけに楽々と離水し、しかも空中操作にもなんら異常は認められなかった。

その後、数回の投下実験がいずれも好成績をおさめたことから、十四インチ魚雷発射に自信をつけた海軍は、さらに十八インチ魚雷の発射実験へと進んだが、この一連の実験についで航空関係者以外でもっとも強い関心をよせたのは、当時、水雷学校教官、教育局局員などを歴任した松山茂中佐だった。

松山中佐は、毎日のように投下実験を見にきているうちに、飛行機による魚雷発射が有望だと思うようになり、それを口にするようになった。

陸攻の生みの親

こうして動きだした日本海軍の航空雷撃は、大正十年に招聘したイギリスのセンピル飛行団(団長センピル大佐)による雷撃講習により、大きな進歩をとげた。

それを機材面からささえたのが大正十三年に完成した一三式艦上攻撃機で、この年の暮れには横須賀航空隊に四機が配属されて雷撃の基礎訓練が開始され、陸上、艦上をとわず日本海軍攻撃隊の濫觴(らんしょう)となった。

それから三年たった昭和二年十二月はじめ、約四ヵ月にわたる高等用兵に関する研究が、海軍大学校でおこなわれたが、このとき海軍大学校教官で霞ヶ浦航空隊戦術教官も兼務していた草鹿龍之介少佐（のち中将）が、注目すべき発言をしている。

研究に参加した特別講習員は永野修身中将（のち元帥）、高橋三吉少将（のち大将）、寺島健少将（のち中将）ら日本海軍の中枢に位置する人ばかり十名ほどで、この講習期間中に、約一週間の霞ヶ浦航空隊の見学実習があった。

このとき、草鹿少佐は、講習員にたいして「帝国海軍航空部隊の使命」と題する講義をしているが、この中に、海軍の作戦にしめる航空機の使命のひとつとして「陸上に基地を有する大攻撃隊の来襲艦隊に対する徹底的爆撃」をあげている。

これは、それまでの雷撃機が航空母艦からの発進を考えているのにたいして、はっきりと陸上に基地を有するといっている点で、のちの陸上攻撃機思想の最初のあらわれともいうべきものだ。

講義の中では飛行機の有利な点だけでなく、航続力や搭載量が少なく、天候気象の影響をうけやすいことなど欠点もあげていたが、これらの点について、当時の霞空隊司令枝原百合一少将（のち中将、初代航空廠長）は、草鹿少佐の講義テキストの余白に、つぎのような趣旨のそえ書きをしている。

「航続力も搭載力も近時増大しつつある。独（筆者注、ドイツ）は軍艦なくして海戦することができると考えているらしい。すなわち国土を空母として使用し、攻撃機を飛ばし群蜂の利鋭をもって敵海軍を撃破するという考えである。航空偉力は日に月に進歩しつつあって停止するところをしらぬ有様である。現在は各国いずれも航空工業方面に開拓の余地大である。有力な飛行機を作ることはきわめて大切と認められる。また、これによりて用兵上にも軍備上にも変革がくることが予想される。この点に着目し、早くこれを成就できる確信を持ったものが覇者となりうるであろう。これは遠い将来のことではなかろう。先鞭をつけたいものである」（『日本海軍航空史(1)用兵篇』時事通信社刊）

〝国土を空母として〟うんぬんの表現は、なにやら現代のわが国の総理大臣の発言に似てほほえましいが、枝原少将がこれより五年後に新設された航空廠の廠長として、陸上攻撃機の開発をとくに重視したであろうことが容易に想像できる。

昭和五年はじめ、空母「赤城」の副長松永寿雄中佐は、「有終」という雑誌に「海防と航空」と題する意見をのせ、国防上大型攻撃機の必要を力説している。

「わが海軍は世界三大海軍のひとつだが、五・五・三の比率では攻めるにも守るにもどうかと思われる。もし英米を同時に相手とするようになれば、十対三の窮地に追いこまれることになりかねない。

そうした場合、日本を絶対不可侵とするには、陸海軍の他に優勢な航空兵力を必要とする。旧兵術家は、航空といえば一も二もなく偵察機か戦闘機だけを連想する傾向があるが、海防上もっとも重要な空中兵力は大型攻撃機である。

この種の飛行機の威力は年々、急な勢いで増大しつつあり、現に昨年秋、イタリアで完成されたカプロニ六千馬力爆撃機などは、十五トンの爆弾をつみ、時速百マイルで二百カイリ飛ぶといわれている。

わが国の沿岸や島々の要所に、この種の大型機を多数配備し、なお二、三の航空母艦でその間隙をおぎない、これらの飛行機の活動圏をもってわが国の沿岸数百カイリの海面を包括させれば、艦隊をふくむいかなる敵も、威力の大きい爆弾や魚雷をつんだ大型攻撃機の大集団で殲滅することができる。

航空機で海上の艦隊を撃滅しようというのは空想にすぎないといわれるかもしれないが、兵器の威力と飛行機の性能の進歩と充分な数さえそろえることができれば、それは十分に可能である。

さらにこの種の航空兵力を活用するためには、広い地積、または水域と物資の補給を必要とするから、海を越えてやってくる敵航空部隊は、わが国土を根拠とし、補給修理が思いのままのわが航空部隊には敵うべくもない。だから、たとえ数ヵ国の陸海軍と空軍をもって日本を侵略しようとしても、優勢な航空兵力さえあれば恐るるにたりない」

日本列島を不沈空母(?)に見たてているところは枝原少将同様であるが、この意見が海軍部内むけのものではなく、一般国民の目にも触れる雑誌に発表されたところに、陸上基地から発進する大型攻撃機という用兵思想が、海軍の中でかなり普遍的なものになっていたと想像される。

そうした経緯と背景のなかでの、昭和六年十月の松山茂中将の航空本部長就任、昭和七年四月の枝原百合一中将の航空廠長就任は、まさに陸上攻撃機誕生のための格好のお膳立てであった。

日英米の主力艦艇の保有を制限するロンドン軍縮条約は、昭和六年一月一日に発効となったが、戦艦だけでなく重巡洋艦や航空母艦までが制限の対象となったため、間接的に艦上機の使用も制約をうけざるをえなくなった。そこで松山中将は、空母搭載機以外の方法で、艦隊の作戦に協力する飛行機はできないものかと考え、技術部長の山本五十六少将と協議した結果、技術部計画主任の和田操中佐を呼んでその研究を命じた。

航空本部にくるまでは、広海軍工廠飛行機部飛行機設計課長だった和田中佐は、それまでの飛行艇設計の経験から、飛行艇の型式では機体が鈍重となって、直接艦隊作戦に協力できる攻撃機にはならないが、陸上機ならその可能性はあると判断した。

和田は技術部内での研究をもとに、大型飛行艇と大型陸上機とを技術的に比較した詳細な報告書をつくりあげ、山本に提出した。

かねてから陸上基地から発進する大型攻撃機の構想をいだいていた松山、山本両提督にもとより異存はなく、航空本部の意見として軍令部その他の首脳とはかった結果、同意がえられたところから、大型陸上攻撃機の試作が、海軍の方針として決定された。

当時、軍令部に、かつて海軍大学校での特別講習に参加した提督連に、〝陸上に基地を有する大攻撃隊の来襲艦隊に対する徹底的爆撃〟論をぶった草鹿龍之介中佐（当時少佐）が、第二課勤務であったことも、和田案をスムースに実施にこぎつける力となった。

「松山本部長は、航空にはズブのしろうとだったが、水雷学校の校長時代にも航空関係の人

航空本部総務部で軍備計画を担当した佐薙毅大佐

たちを呼んでよく勉強していた。

だから水雷戦術についての、それまでの艦艇の夜襲による肉薄攻撃より、アシのある大型飛行機で、遠くから雷撃する方法に切りかえるという着想を持っていた。それがのちの九六式陸攻や一式陸攻に発展した。

山本さんは、むしろ戦闘機に積極的だった。つぎの戦闘機の要目はこうでなければいかんと高い要求を出し、それにたいして、母艦の飛行甲板が低翼単葉の高性能機には短すぎるといわれれば、『赤城』『加賀』の飛行甲板をかえたり、機関をかえてスピードが出るようにするなど母艦を改造させてしまったが、これは山本さんが技術部長だったからこそできた」

のちに山本が航空本部長になったとき、航本総務部で軍備計画をやっていた佐薙毅大佐の言葉からもうかがえるように、〝陸攻の生みの親〟は松山中将というのが正しいように思われる。

海軍の輿望をになって

全海軍の輿望をになった大型陸上攻撃機は七試計画に組み入れられ、当時、大型全金属機の設計ではわが国で随一の経験と技術を持っていた、広海軍工廠飛行機部に単独指定で試作が発注された。

試作にあたっての要求は、爆弾または魚雷二トンを搭載、巡航速度九十ノット（百六十七キロ）、航続距離二千カイリ（三千七百キロ）で、広工廠では設計主任の岡村純造兵少佐が主務となり、それまでつちかってきた飛行艇による大型金属機設計のノウハウを、すべてそそぎこんだ野心作をつくりあげた。

昭和八年三月に完成した試作一号機は、かなり厚翼の片持ち式中翼単葉、外翼後縁の、ほとんど全幅にわたって取りつけられたユンカース式二重翼型（ドッペル・フリューゲル）補助翼、固定脚、二枚垂直尾翼の機体に、これも広工廠設計の九四式水冷九百馬力エンジン二基を装備し、正規全備重量十一トンであった。

最初の試験飛行は、同年五月、横須賀で航空廠飛行実験部小田原俊彦少佐（のち少将、戦死）の操縦でおこなわれたが、舵は重く運動性が鈍いきらいはあったものの、性質は素直で安定性は高く、性能はほぼ要求を満たしていることが確認された。

その後も、飛行実験部員の曾我義治大尉によって引きつづき実験がおこなわれたが、日本の試作機につきもののエンジントラブルがほとんどなかったかわりに、ある条件下で尾部にフラッターが発生する現象に悩まされた。

胴体縦通材の不連続が原因であることをつきとめたものの、その対策に時間がかかり、昭和十年に実験が終わったころには、次年度の計画に入っていた三菱の八試中攻が完成して、巡航速度百二十ノット（二百二十二キロ）を出したので性能的に時代おくれになってしまった。

昭和十一年六月、いちおう、制式機に採用されて九五式陸上攻撃機となり、海軍として初の大型陸攻（全幅三十一・六八メートル、全長二十・一五メートル）であるところから「大攻」とよばれた。

大攻は広工廠で四機、三菱で二機つくられたが、昭和十一年、編隊移動中に伊豆熱川沖で一機が墜落して失われた。残った五機は、昭和十二年、進出した済州島基地で出動待機中に、一機の失火から爆弾による誘爆ですべて焼失し、一つの型式が一瞬にしてこの世から姿を消すという悲劇の機体となった。

なお、大攻の生産機数については諸説あり、三菱の二機については一致しているが、広工廠のは六機ともいわれ、雑誌『東郷』三十七号所載の和田中将の記事中には約十機と書かれている。

昭和十年六月から、航空本部第一課長草鹿龍之介大佐のもとで航空隊の編成、定員、法規などの作業をやっていた佐薙毅少佐（のち大佐）には、この九五式大攻について忘れられない思い出がある。

昭和七年の上海事変以来、くすぶりつづけていた日中両国間の関係は、いっこうに改善の兆（きざ）しが見えず、昭和十一年にも数々の事件が起きたが、なかでもこの年の九月に起きた北海事件——海南島にちかい広東省北海で起きた中山兵曹殺害事件を海軍は重視し、一部の艦艇を南支に派遣するいっぽう、虎の子の九五式大攻六機と中攻（九六式陸攻）四機をもって編成された第十一航空隊を、台湾に派遣した。

事件が悪化した場合には、大攻と中攻の航続力をもって、敵航空基地南昌をたたく作戦だったが、作戦行動ともなれば、司令以下海軍大学校をでていない野武士ばかりではたよりないと、航空本部長の山本中将が、海大を優秀な成績ででている佐薙を隊付、司令補佐ということで、航空本部在籍のまま十一空につけたのである。

佐薙は、台湾に進出する大攻で任地にむかうことになっていたが、出発直前になって予定が変更になり、民間の定期航空を利用して行くことになった。

中国大陸のようすが、しだいに険悪化しつつあるので、そのうち中国の定期航空で日本人を乗せない事態となるかもしれないから、いまのうちに乗って内陸の状況をよく見ておけ、台湾へは、それから赴任すればよろしいという軍務局の指示だった。

そのとおりにして台湾に着いた佐薙は、内地から編隊移動中の大攻の一機が伊豆沖で墜落したこと、その飛行機の搭乗リストに佐薙ものっていたことなどを知らされ、危ういところでかわしてくれた運命の女神に感謝した。

三菱七試艦戦と九五式大攻は、ともに事故で全機が失われた不幸な機体ではあったが、のちに九六式艦戦や零戦などの傑作機を生むすて石となった七試艦戦同様、大攻を二機製作することによって、広工廠の技術ノウハウ（主として機体構造上の）を吸収した三菱が、九六式艦戦や九六式陸攻の設計に大いに役だてた点で、七試の中では唯一の成功作だった川西の三座水偵（九四式水上偵察機）に劣らない意義を持つ機体だった。

記念すべき一号機

七試では、新設の航空廠でも、計画外ではあるが艦上攻撃機を試作している。設計主務は航空廠飛行機部の鈴木為文技師で、それまでは、広工廠のひとり舞台の感があった海軍部内の飛行機設計に新しい流れが生まれ、やがて、それが広工廠の設計を吸収して、主流に発展するもとになった点で見のがすことのできない機体だ。

七試では三菱と中島に艦攻の試作を命じた海軍だったが、昭和七年に制式化された八九式艦攻があまりかんばしい出来でなかったところから、確実な次期後継機をえる必要にせまられ、三菱、中島両社の七試艦攻とは別枠で、大正十三年制式の一三式の改造型艦攻の試作を航空廠でおこなうことにした。

意欲満々の航空廠鈴木技師は、一三式艦攻の改造という条件を無視して、まったくの新規の設計にしてしまった。

木製主翼、鋼管熔接胴体の古い構造様式を踏襲してはいたが、複葉の翼組、折りたたみ支柱、脚支柱などはずっと簡素化され、全体的にまのびした感があった一三式艦攻にくらべると、ひとまわり小型の引きしまった機体だった。

試作機は昭和七年末にはやくも完成したが、装備した九一式六百馬力エンジンが不調で試験飛行も思うにまかせず、のちに愛知時計が引きついで改造をくわえたものが九二式艦上攻撃機として制式採用となった。

九二式艦攻は広工廠と愛知、渡辺鉄工所（のちの九州飛行機）などで約九十機（一説には

八九式艦攻の後継として期待された九二式艦上攻撃機。発動機の不調を抱えながら日華事変で水平爆撃に活躍

百三十機）つくられ、一時は八九式艦攻にかわって艦上攻撃隊の主力となったが、ガス洩れや冷却器の水洩れなど、エンジン関係の故障が多いところから、「使いものにならない」として、昭和十年にはいっせいに母艦からおろされてしまった。

ところが、昭和十二年に起きた日華事変の初期に出動した九二式艦攻は、雷撃ならぬ水平爆撃に優秀な成果をあげ、大いに面目をほどこした。

しょせんは、つぎの九六式艦攻が出現するまでのつなぎにすぎなかったが、航空廠飛行機部の設計第一号として記念すべき機体だった。

それに、コンパクトでなんとなく味のあるそのかたちは、のちの零観（零式水上観測機）とともに、その性能や戦績には関係なく、筆者にとってもわすれがたい飛行機のひとつである。

「空廠特爆」の意義

昭和六年から七年にかけて、航空廠で設計したもう一つの機体、「空廠特爆」とよばれた六試特爆もまた、日本海軍初の急降下爆撃機として、のちの海軍爆撃機発達のもとになった重要な意味を持つ機体である。

日本海軍が、一発必中を期した急降下爆撃の研究に着手したのは、洋上を自由に回避する艦艇に対して、水平爆撃ではどうやってもそれがむりなことが明らかになった、昭和のはじめころとみられる。

まだ、急降下爆撃用につくられた機体がなかったので、最初は三式艦戦を使って実験がおこなわれたが、この実験を提唱したのは、昭和三年十二月から昭和六年十月まで航空本部長の職にあった安東昌喬中将だった。

最初の急降下爆撃の実験は、昭和四年、横須賀航空隊の杉本丑衛大尉（のち中将、戦死）によっておこなわれたが、このころアメリカでは、戦闘機だけでなく二座水偵による降下爆撃も研究していたようで、当時、駐米大使館付武官補佐官としてワシントンにいた佐薙毅大尉がそれを目撃している。

佐薙大尉は、大正十五年暮れ、安東中将が霞ヶ浦航空隊司令（当時、少将）だった当時、偵察学生だったこともあって、航空関係の補佐官としてワシントン勤務となったが、ニューヨーク監督官だった杉本修機関少佐（のち少将、航空廠科学部長、飛行機部長などを歴任）といっしょに、愛車ポンティアックを運転して、アメリカの飛行機工場や各地の施設などを見てまわったりしていた。

まだ対日感情があまり悪化していなかったので、どこも比較的オープンに見せてくれた。チャンスボート社では、二人乗りのコルセア水上偵察機を開発中で、佐薙は偵察学生だった体験から、この機体に強い関心をいだいた。

駐米日本大使館のある、ワシントンのポトマック河をはさんだ対岸には、アナコスチア海軍基地（いまはなくなった）があり、こちら側のポトマック公園からは訓練や実験がよく見えた。

佐薙もよく公園に行ってはそのようすを観察していたが、アメリカ人たちが〝ダイブ・ボンビング〟とよんでいる降下爆撃の演習をさかんにやっている機体をよく見ると、チャンスボート社が開発したO2U水上偵察機だった。

〈フーン、二座水偵で降下爆撃がやれるのか〉

佐薙は、さっそくチャンスボートO2Uコルセア水上機が優秀な機体であること、これで降下爆撃ができることなどを報告書にまとめて航空本部に送った。

のちに中島飛行機がこの飛行機の製作権を買ってつくった九〇式二号水偵は、原型のよさをうけついですぐれた機体となり、日華事変では大活躍をした。もともと二座水偵は、対潜水艦爆撃の必要から浅い角度ではあるが、降下爆撃に比較的なれていたこともあり、九〇式二号水偵が艦隊に供給されはじめた昭和七年以降、四十五度付近の降下爆撃訓練がおこなわれるようになった。

戦闘機と二座水偵による急降下爆撃、対潜警戒機による緩降下爆撃は、そのどちらも水平爆撃よりはるかに命中精度が高いことに期待をかけた海軍は、昭和七年には、横須賀航空隊と航空廠が協同で、特殊爆撃法の研究を開始するいっぽう、すでに着手されていた航空廠の六試特爆の設計を急ぐことになった。

急降下爆撃機という新しい機種の研究に、アメリカに派遣された海軍技術研究所航空研究部の長畑順一郎技師は、帰朝すると、すぐに六試特爆の設計主務を命じられた。

昭和七年四月、航空廠設立とともに同廠飛行機部にうつった長畑技師は、機体構造こそ横空・航空廠合同の研究に使われたイギリスのブリストル・ブルドッグ戦闘機（改造して特殊爆撃練習機となった）を参考にしたが、胴体と下翼の間がはなれ、しかもスタッガーとよばれる上翼より下翼が前にある逆食いちがい式という特異な型式の複葉単座機を設計した。

あまりにも変わったかたちの飛行機が成功した例はきわめてすくないが、この空廠特爆も御多分にもれず操縦性、安定性不良に悩まされ、昭和七年秋、一号機が急降下テスト中に引き起こし不能で墜落してしまった。二号機によって引きつづきおこなわれたテストでも改善の見こみはなく、試作は不成功に終わった。

航空廠は、その後も中島飛行機と協力してこれを七試特爆、八試特爆と改良発展を試みたが、いずれもモノにならなかった。しかし、その後、航空廠飛行機部で十三試艦爆「彗星」や、十五試陸上爆撃機「銀河」などの進歩的な機体を設計するようになったのは、この空廠特爆などの経験もひと役買っていたと考えていいだろう。

7 航空技術者への里程〈有識工員という名前の技術者〉

妙な名称の若手技術者

昭和八年春、航空本部技術部に二人の若手技術者が入った。一人は、東京帝大船舶工学出の三木忠直（のち技術少佐、戦後、鉄道技術研究所で東海道新幹線の車体開発）、もう一人は、東北帝大機械出の川田雄一（のち技術少佐、戦後、東京都立工科短期大学長）で、機体屋とエンジン屋が一人ずつだった。

海軍の予算の関係で、航空本部に文官としての定員がいっぱいだったので、いちおう、有識工員として入れておき、将来、航空廠が拡張されて定員ができしだい、研究員としてそちらにうつすふくみがあった。

有識工員とは妙な名だが、海軍が大学・高専出身の工員につけた仮称で、昭和六年四月に、横須賀工廠発動機実験部で三名を採用したのが最初であった。

この三名が採用されたとき、発動機実験部長花島機関大佐は、

「君らは大学を卒業しているけれども、海軍には定員という定めがあって、技手や技師として採用することはできない。君らは事業費のゆるす範囲で工員として採用したので、将来の待遇改善は考慮はするが、現在は工員の地位に甘んじてやっていかねばならない。もしこれに不満ならばやめてもらうほかはない」(『日本海軍航空史(3)制度・技術篇』)
と彼らに言明し、この年の六月から、一般工員と区別して有識工員とよばれるようになったという。

昭和七年四月、航空廠設立にともなって発動機実験部も航空廠に吸収されたが、航空軍備の急激な拡大のため技術者がたりなくなった。

それまでは技術者、とくに大学出の技術要員は委託学生制度だけでまにあっていたが、需要の増大にたいして委託学生の枠を急にふやすことはできないので、航空本部は苦肉の策として、枠が比較的フリーな工員として大学卒を採用し、航空廠の実験や研究に従事させた。

有識工員は工員とおなじ作業服を着て、給料も日給ばらいだが、腕章でそれとわかり、たとえ現場にあっても、その知識には尊敬がはらわれていたらしい。

当時の大学の理工科系学生の間では、航空技術や海軍そのものに憧れをいだいていた者がすくなくなかったから、必要とする有識工員の採用には不自由しなかったようで、この有識工員は、ある期間たつと技手、技師に昇進の道が開かれていた。

また、後には技師は志願によって技術科士官に任用されることになったので、有識工員出身者の多くは技術士官になった。三木や川田もその一人だが、昭和八年当時は、不況で就職もままならなかったときで、三木が航空本部に入ったのも、技術部長の山本五十六少将と海兵が同期だったという叔父のつてによるものだった。

このころの航空本部技術部は部長が山本少将、首席部員和田操中佐（のち中将、航空技術廠長）、次席中村止機関中佐（のち少将）、予算部員多田力三機関中佐（のち中将、航空廠発動機部長、第一海軍技術廠長）、杉本修機関中佐（のち少将、航空廠科学部長、飛行機部長）、塚田英夫少佐（のち大佐、航空廠飛行機部長）、宮川義平少佐（のち大佐、現暁興業株式会社会長）ら軍人の航空屋のほかベテラン技術者十数人がいたが、海軍省内の航本関係の部屋は狭いので、技術関係の部員たちの多くは、省内の庭に仮設されたバラックで執務していた。

このバラックには、各機種やエンジン担当者たちがいっしょに入っていたが、建物にちなんでバラック会という会をつくって、担当の仕事以外に意志の疎通をはかったり、勉強しあったりしていた。

松山本部長も山本技術部長も、ときどきふらっとこのバラックに姿を見せ、仕事の話だけでなく世間話やブリッジに時をすごし、とくに山本部長は、バラック会の会合などにも気軽に参加するなど、たいそう伸びやかなムードだったようだ。

民間会社もそうだったが、海軍でも大学あるいは専門学校を卒業して入った者には、ひととおり現場実習をおこなうのがならいだった。

そこで、前の年にできたばかりの航空廠より技術的に充実していた広工廠飛行機部に実習に行くことになり、バラックにいた先輩の東京帝大航空出身の庄司元三造兵大尉が三木の、同機械出身の吉川春雄造兵大尉が川田のそれぞれ実習計画を立ててくれた。

実習は飛行機をつくるいろいろなプロセスをすべて体験させるよう、機械工場、鋳物工場、組立工場、製図工場などを二、三ヵ月ずつ回るようになっていた。

当時の広工廠飛行機部では、主として小型水上機を設計していた横須賀工廠造兵部飛行機工場(航空廠設立とともに同廠に吸収され飛行機部となった)にたいして、九一式飛行艇、九五式大攻などもっぱら大型機を得意とし、エンジンのほうも九〇式、九一式など水冷エンジンを試作から生産まで一貫してやっていた。

だから、大学を出たばかりの三木や川田らの実習にはうってつけだったが、あまり実際の仕事にはタッチせず、時間があれば図書室にいったりして比較的自由に勉強することができた。

実習といえば、三木が現在住んでいる逗子の自宅の書斎には、当時、実習でつくった九一式飛行艇の木製四枚ペラの模型がある。プロペラ製作の工程を体験するため、実際の図面にもとづいて、本物と同じように積層したマホガニーを削り、塗装も実物と同じやり方でつくりあげたスケール模型であるが、なかなかのできばえと見うけられた。

三木にとって実習で思い出ぶかいのは、ロールバッハ式の飛行機構造を学ぶため、三菱から出向できていた平山広次技師といっしょに勉強したことだ。

平山は三木より二年はやい昭和六年の東京帝大船舶工学科出身であるが、地味な工作関係の道を選んだ努力家で、のちに平山鋲とよばれ、九六式艦戦や九六式陸攻からはじまって、日本のあらゆる高性能機の機体表面の板張りに使われるようになった沈頭鋲の考案者である。

このころ、三菱は海軍の一社指定で八試特偵を試作中で、この機体構造に広工廠でつくっていた九五式大攻を参考にさせようという海軍側の配慮から、三菱名古屋航空機製作所海軍機体工作課の平山技師の派遣となったものだ。

三木と平山は、約一年、広工廠でいっしょにすごしたが、これが縁で戦後、三木が鉄道畑にかわってモノレールをやったとき、三菱重工名古屋製作所で自動車の車体製造関係を担当していた平山に、車体をつくってもらった。

川田も三木と同じような実習過程をたどったが、エンジンのほうは技術的な問題が起きると調査をやったり、計測器の故障をなおしたり、もうすこし実地に首をつっこんだようだ。

約一年半の実習を終えて広工廠から航本にもどった二人は、判任官待遇の特務計画助手となったが、川田はここではじめて学卒らしい仕事をした。

昭和８年、有識工員として航本に入った川田雄一

このころ、アメリカのライトサイクロン・エンジンに、新技術が採用されて注目をひいていた。クランク軸が捩り振動で折れるのを防ぐための、振動を吸収するダイナミックダンパーだが、これがどういう効果があるのか、当時の海軍ではだれもわからないので、川田がダイナミックダンパーをつけたときとつけないときの捩り振動のちがいを、計算でだしてレポートにまとめた。

それが「ライトサイクロンのダイナミックダンパーに関する研究」として、航空本部技術部の研究報告第一号となった。

川田と三木は昭和十一年に航空廠にうつり、発動機部と飛行機部に分かれて、それぞれ航空技術者としての道を歩むことになるが、人事交流のさかんだった上の方はともかく、航本に有識工員で入って、のちに航空廠にまわったためずらしいケースだった。

航空技術者の三タイプ

海軍で航空技術にかかわった人々を分類すると、大きく三種類に分けることができる。

第一はいわゆる、海軍兵学校や機関学校出身の士官で、国立大学に選科学生として派遣されて委託教育をうけた者。第二は大学、専門学校在学中に海軍が造兵委託学生あるいは生徒として採用した者、二年現役、あるいは文官から武官に転官した者などをふくむ技術士官。第三は大学、専門学校、海軍技手養成所出身の文官（技師、技手）などで、和田中将、花島中将、のちに空技廠飛行機部長になった塚田英夫大佐などは、第一の代表的人物であり、近藤俊雄技術少将、岡村純技術少将らは第二の、そして川田や三木は、第三のグループに相当する。

余談になるが、三木や川田らの実習計画を立ててくれた庄司、吉川両造兵大尉は、のちに技術中佐になってそれぞれイタリアおよびドイツ駐在監督官となったが、大戦末期の昭和十九年春、まず吉川中佐が潜水艦で帰国途中に敵の攻撃にあって消息を絶ち、庄司中佐はドイツ潜水艦で帰国途中、ドイツが降伏し、この潜水艦が連合国側に投降することになったので捕虜となるのを恥じ、同僚の友永英夫中佐（技術）とともに艦内で自決した。

吉川、友永両中佐の最期については、昭和四十六年のＮＨＫテレビによって記録映画「Ｕボートの遺書」が放映されているが、二人の従容とした死は〝さすがは日本海軍士官〟と、ドイツや連合国軍人たちの尊敬をうけたと伝えられる。

庄司、吉川両中佐は、ともに第二の海軍委託学生出身の士官であるが、これとはべつに二年現役士官という制度もあった。

この制度は技術者の不足をおぎなうため昭和十三年から設けられたものだが、昭和十四年には一部の文官を技術科士官に転官させることがきまり、第一回は航空系から技師十五名、技手十九名が武官に転官した。

三木もその技師から武官への転官組で、海軍に入った経歴を考慮して、いきなり造兵大尉（のち技術少佐）になった。

川田の場合は、病気で技師になるのが一年ほどおくれたこともあって、三木よりはすこし複雑な経緯をたどっている。昭和十二年ごろ高等官待遇の嘱託になったあと、三木に一年おくれて技師になった。陸軍に召集でとられるといけないというので二年現役の造兵中尉となり、のち文官にもどったが即日召集。それではと転官することを決意して本職の武官になり、昭和十八年に技術少佐に進級している。

武官への転官にあたっては、砲術学校などにいってピストル射撃から陸戦訓練などをやり、あと艦隊実習もあって、海軍士官として最小限の教育をうけるが、この期間たまたま病気で入院した三木は、それをやらずにすんだ。あとで三木が聞いたところによると、技術士官はダラダラしているとなぐられた者もいたという。

中田金市技術中佐、山名正夫技術中佐らも三木、川田らとおなじ昭和十四年の第一回転官組で、乗艦実習のとき、「なんでわれわれのような技術士官までが乗艦実習をやらねばいかんのですか」と聞いたら、「君たちに海軍の礼儀を教えるんだ」といわれた。

軍艦が訓練を終えて軍港に入ると、上陸する。一刻も早く陸（おか）に上がりたいものだから、われさきにと内火艇に乗る。適当なところに座ると、「そこはダメだ。一番エライ人が座るところだ」と怒鳴られた。

「乗る順序は、まず下の者から乗って、最後にエライ人が艫（とも）の方に座る。降りるときはエライ人がさきなんだ。そういう躾を身につけさせるための実習なんだ」

あとから、指導教官からそう注意をうけた。

フレキシブルな人事

海軍の技術官には、造船科、造機科ならびに造兵科などがあり、造機少佐とか造兵大尉とか区別して呼んでいたが、昭和十七年からは造機、造兵をいっしょにして技術科としたので、たとえば川田、三木のように、最初はそれぞれ造兵中尉、同大尉だったのが、昭和十七年以降に進級していずれも技術少佐になっている。

日本海軍で、最初のジェットエンジン開発を担当した永野治技術中佐（現石川島播磨重工相談役）の場合は、川田や三木より一年おくれの昭和九年、東京帝大機械から海軍に入ったが、造兵科の委託学生だったので、途中から武官になった二人より昇進ははやく、半年間の艦隊実習、操縦訓練などをへて年内に造兵中尉となっている。

永野技術中佐が海軍の委託学生になったのは昭和七年だが、このころはまだのんびりしていた時代で、航空の拡充が叫ばれていたわりには技術者の養成がたちおくれており、この年、航空エンジン関係の委託学生は永野一人だった。

永野のつぎのクラスからは二人となり、その二、三年後あたりから、戦時色が強くなりだして急にふえたが、軍縮による予算削減の影響もあって、航空廠設立当時の技術者確保には、上層部もかなり苦労したようだ。

花島中将や杉本少将らが、学校その他をまわって積極的に人を集めて歩いたのも、そのあらわれであり、有識工員制度にいたっては、制度の弾力的運営という点で一大ヒットといえよう。

戦争末期、航空技術廠の技術士官の約半数が、この有識工員出身者によってしめられたが、ほかの技術系士官もふくめて、戦後、各方面に散った海軍の技術者たちが、日本の技術および産業の発展におよぼした功績についてはこの本の随所に述べてあるが、いまなお現役で活躍している人びともけっしてすくなくない。

技術系士官といえば、陸軍とちがって技術がすぐれていなければ軍艦といっしょに沈められてしまう海軍は、もともと技術を重視していたし、機関科士官は半分はエンジニアのようなものだったから、航空に技術者がたりなかったころは、これらの人たちがかなりそれをカバーした。

もうひとつ見のがせないのは、海軍の人事運営が、きわめてフレキシブルであったことだ。

「海軍のよかったところは、陸軍のように歩兵・騎兵・砲兵といった兵科別の色わけがなく、人事局の裁量で水雷、砲術などから、航空に人材を投入することができた点だろう。そこで松山中将のような航空本部長がでたり、枝原中将や前原中将のような航空廠長が実現したし、ミッドウェーで戦死した山口多聞中将のような航空戦隊司令官がでた」

航空本部勤務のあと、昭和十二年から十三年にかけて、人事局で航空関係の人事を担当したことのある佐薙大佐はこう語っている。

8　銀翼は朝日に輝いて〈期待をうわまわった八試特偵〉

艦爆王国への出発点

　航空機試作計画第二年目にあたる昭和八年は、前年度試作機のテストやフォローなどがあるところから、試作機の種類は少なく艦上爆撃機（愛知と中島）、艦上複座戦闘機（三菱と中島）、二座水上偵察機（愛知、川西、中島）および三菱一社指定の特殊偵察機の四種だけだった。

　このうち、複座艦上戦闘機は六試複戦につぐ二度目の試作で、三菱、中島両試作機ともなかなかのできばえであったが、この機種にたいする用兵側の否定的な空気から不採用となり、水上偵察機は中島機が九五式水偵として採用になったものの、九〇式水偵の焼きなおしにすぎなかったりで、ともにとくに取りあげる意味はない。

　八試特殊爆撃機は、それまで〝特爆〟とよばれていた急降下爆撃機に、海軍として、はじめて艦上爆撃機という正式の機種名称があたえられた記念すべき機体だった。

愛知、川西をやぶって中島に栄冠が輝いた二座水偵とは逆に、艦爆は愛知が中島にまさって九四式艦爆となった。とはいうものの、これは愛知がドイツから輸入したハインケルHe66型（一人乗り）を二人乗りに改造し、エンジンを「寿」二型改四百八十馬力に換装したにすぎず、国産技術による自立を建前とする五ヵ年計画の趣旨に反するが、海軍での歴史が浅く、まだ使える機体がないところから、連合艦隊のたっての要望で、とくに例外を認められたものだ。

ハインケルHe66型は、愛知と技術提携していたハインケル社が、愛知の要求に応じてドイツ空軍の制式機となっていたHe50型急降下爆撃機を改良したもので、やや古い感じはまぬがれなかったものの、すでに実績のある機体だったから、確実に成功するという点ではうってつけだ。

設計は、愛知の五明得一郎、小林喜通技師らで、試作発注が昭和八年七月、一号機領収が九年二月末だから、ざっと七ヵ月の超スピード開発だった。

すぐに航空廠にうつされて飛行実験部でテストがおこなわれたが、操縦性、安定性ともに良好、機体の強度も充分で垂直降下も可能であり、本格的な急降下爆撃機として使えると判定され、この年の十二月にははやくも九四式艦上爆撃機として制式採用となった。

九四式艦爆の出現以前は、九〇式水偵を車輪付の陸上機に改造したのを急降下の訓練に使っていたが、訓練中に主翼付根にヒビが発見されたところから、降下角度を緩降下におさえざるをえなかったいきさつがあり、垂直降下の体験は、パイロットにとってかなり強烈だったようだ。

「訓練中、正直に垂直にちかい降下をして引き起こすと、一時、視界がまっ暗になった。これは飛行機が弧を画いて起き上がるときの遠心力が、心臓の圧力に優って、一時、頭に血がいかなくなるのだなと思った。おなじく内臓にも影響しているらしく、訓練が終わって昼食につくのだが、どうしても充分にとることができなかった。しかし、そんなことは張りきっていた当時の若さにはなんでもなかった」（海空会編『海鷲の航跡』原書房刊）

航空廠でテストを担当した飛行実験部員安延多計夫大尉（のち大佐）の回想であるが、十二Gにたえられるというがんじょうな機体は、戦闘機なみの特殊飛行も可能だった。

固定機銃の他に後席に旋回銃一梃を持ち、複座戦闘機としても使えそうなところが、同じ八試の複座戦闘機を不採用としたことに関連がありそうに思われる。

九四式艦爆は、昭和十二年にかけて百六十二機生産され、日華事変の初期には実戦にも使われたが、愛知としては、量産化された初の自社製機体で、以後九六式、九九式、「流星」へとつづく艦爆王国を築く出発点となった。

制式にはなったものの、愛知の九四式艦爆は、輸入機の完全な焼きなおし、九五式水偵も、ルーツをたどればチャンスボート・コルセアであり、どちらも自前の技術にはほど遠い機体だったが、八試特殊偵察機だけはちがっていた。

厳密な意味では、この八試特偵こそ外国人技師の指導や外国の模倣から脱却して、日本人自身の頭によって考え、かつつくられた最初の機体なのである。

三菱発注への経緯

海軍が八試特偵の試作を三菱一社指定としたのは、大型全金属製の機体については、広海軍工廠につぐ豊富な経験を持っていたからだ。

三菱が大型全金属機を最初に学んだのは、大正十一年、海軍がドイツのロールバッハ技師に発注した全金属製飛行艇の技術習得のため派遣した和田操大尉の一行に、自社の技師三名を同行させたときだった。

海軍から行ったのは、和田大尉のほかに野田哲夫、長畑順一郎両技師と工員もふくめて総勢約二十名、これに三菱の三名と陸軍からも二名がくわわっていた。

第一次大戦の敗戦国だったドイツは、国内での軍用機製造を禁止されていたので、海軍が援助してつくらせたデンマークの工場で組み立てられたロールバッハ飛行艇（R艇）は、双発の片持ち式高翼単葉全金属製という、当時としては画期的な野心作だった。

しかも、このR艇では、新しい航空機用材料としてドイツが発明して、世界的に注目を浴びていたジュラルミンが全面的に使われ、ワグナー式とよばれる金属薄板の特性をいかした主翼構造（ワグナー式張力場構造）が採用されていた。

R艇はあまりにも理想を追いすぎた設計のせいで、けっきょくは研究機の範囲をでなかったが、広工廠と三菱でも製作されたことによって、金属構造設計や工作についての新技術がしっかり吸収され、のちの設計近代化のもとになった記念すべき機体だ。

R艇で学んだ技術をもとに、のちに広工廠飛行機部の和田中佐、岡村造兵少佐らが設計したのが三発単葉全金属製の九〇式一号飛行艇であり、この設計試作にさいして広工廠は豊富な模型実験による構造設計上の計算資料を準備したことが、九一式飛行艇、九五式大攻、九九式中艇とつづく海軍設計の機体だけでなく、八試特偵、九六式陸攻をはじめとする民間会社の設計にも、たいへんに役だっている。

和田大尉らのロールバッハ技術習得のための渡独と前後して、海軍は石川登喜次造機大佐（のち少将）以下住友金属工業の技術者をくわえた軽金属技術調査団をドイツに派遣し、ジュラルミンの研究をおこなわせると同時に、その製法に関する技術提携を結ばせた。

その後、住友はジュラルミン製造工場を大阪につくり、零戦に採用されて有名になった超々ジュラルミンESDを開発するまでになるが、いまでも飛行機のもっとも一般的な構造材として使われている75Sは、このESDの流れをくむものだ。

当時、無名だったロールバッハ技師の独創技術に将来性を見出したこと、ジュラルミン製造にいちはやく着手したことなどは、日本の航空技術の先覚者たちの先見性として、よくぞと思わざるをえない。

こうして、三菱は広海軍工廠飛行機部とともに大型全金属機の技術では、わが国でトップレベルにあったが、ロールバッハとはべつにユンカースとも技術提携を結び、ユンカースの飛行機をモデファイした陸軍九二式および九三式重爆撃機、九三式双発軽爆撃機などをつくって金属機の技術吸収につとめていた。

これだけのバックグラウンドがあれば、八試特偵の試作には十分すぎるほどだったが、海軍は三菱に大型全金属機の経験をさらにつませるため、広工廠設計の七試大攻(九五式陸攻)の生産を、三菱にうつすことにした。

八試計画の第一弾として、海軍が八試特偵または八試沿偵(沿岸偵察機)とよばれた――の試作を三菱に発注するについては、ちょっとした経緯があった。

広工廠設計のいわゆる「大攻」は、前にも書いたようにいささか鈍重で、艦隊決戦に協力する陸上攻撃機としては、もうすこし小型で軽快な機体が有利だという考えをもっていた和田中佐は、三菱航空機名古屋製作所の後藤直太所長に会い、自分の構想を話して試作を引きうけてくれるようにたのんだ。

後藤の答えは、予期に反して「うちにはそのような飛行機をやった経験がないから、自信はもてない」という拒否ともとれる発言だった。

「新規の仕事だから、経験のないのは当然でしょう。三菱の設計陣の中から、もっとも優秀と思われる者を一人きめてください。そうすれば、あとは海軍が援助して、なんとかしますから――」

二日がかりの和田のねばり強い説得に、後藤所長もついに折れ、昭和八年一月早々の発注となった。

三菱は八試特偵の設計主務者として、陸軍機設計班で、ドイツから輸入したユンカースK37型双発爆撃機の改造設計をやっていた本庄季郎技師をえらんだ。

本庄は航空廠発動機部の近藤俊雄（当時少佐）とは東京帝大工学部の同期、大正十五年、航空出のまだ三十二歳の気鋭の飛行機設計者で、七試艦戦の設計主務者となった一期下の堀越二郎とともに、三菱のような老舗（しにせ）としてはたいへんな抜擢だった。

当時、三菱はユンカースK37型双発爆撃機や四発のG38旅客機を参考に、陸軍むけの爆撃機を試作していたところから、とうぜん、八試特偵の設計にあたっても、パイプを使ったユンカース式翼構造を採用するものと考えられたが、和田は八試特偵には広工廠で設計した七試大攻のような翼構造を採用すること、それ以外のことはいっさい設計主務者にまかせると、きわめて簡単な注文をつけただけだった。

「大攻より小型で空中性能のよい飛行機を設計してもらいたい。これに成功したら、これを基に、爆弾および魚雷をつめるものを第二次の設計として注文する」

和田は自分の構想を率直にそうつたえた。

八試特偵の設計主務者となった本庄季郎

「ニッポン号（筆者注、九六式陸攻の改造機で、昭和十四年に世界一周飛行に成功した）の操縦者で、のちに東京空港長になった中尾純利氏が、胸の病いで東京村山の保生園に入院中、見舞いにいった私に、つぎのような話をしてくれた。

『八試中攻（特偵）という飛行機は、海軍航空本部が飛行機の試作をするというより、飛行機設計者の試作として三菱に注文したもので、設計主務者にたいし、先輩連中はあまり口を出さず、できるだけ、その主張どおりにさせるようにという達しがあったと聞いている。君は運のよい人なんだよ』

私は、この話を聞いて、三菱の上司ばかりでなく、海軍の関係者首脳が若い設計者を陰からはげまし、応援していたことを知った」(『海鷲の航跡』「中攻・零戦と零観」本庄季郎)

この記述を見ても、八試特偵の試作にあたって、海軍がかなり神経をつかっていたことがわかる。

だから、山本技術部長の意にそって、和田中佐がしめした三菱にたいする要求は、巡航速度百二十ノット(二百二十二キロ)以上、航続距離千八百カイリ(三千三百三十キロ)以上のほか、重量をできるだけ減らすために乗員はパイロット、通信士、機関士各一名の計三名とし、スペリー式自動操縦装置装備、脚は引きこみ式とするなど、ごくゆるやかなものだった。

航続距離の要求だけが突出しているが、これは性能をこの一点にしぼった研究機とすることにより、兵装あるいは用兵上の要求による設計者の負担を、できるだけ軽くしてやろうという配慮だったのである。

設計は主務者の本庄のほか久保富夫、日下部信彦、加藤定彦らの各技師によって進められたが、海軍の指示にしたがって、七試大攻(まだ制式になっていない)の構造方式を参考にしながら、それまで本庄が陸軍機設計で経験をつんだユンカース式の構造も、適当にミックスした設計となった。

「エンジニアリングのセンスでは右にでる者はない」と久保が激賞する本庄のバランス感覚は抜群で、外形的にも構造的にも、きわめて垢ぬけた試作機ができあがった。

八試特偵試作機の初飛行は、昭和九年四月、約一年前、七試艦戦のテスト中に事故でパラシュート降下した会社の梶間義孝操縦士によっておこなわれたが、性能は速度、航続力とも要求をはるかに上まわり、大きな不具合もなかったので、約一ヵ月後には、海軍側に領収されることになった。

驚異的な性能

以下は、この日の領収飛行に立ちあった航空廠飛行実験部曾我義治大尉（のち大佐）の記述である。

「昭和九年五月十六日、風もなくしずかに晴れわたった朝、私たちテストパイロットの一行は、横須賀から飛行機で、岐阜の各務原飛行場に降りたった。青々とした芝生を一面にしきつめた広い飛行場の一隅に、スマートな、しかも俊敏そのもののような双発単葉の飛行機が、ふたつの垂直尾翼をピンと上方にはねあげ、銀翼を朝日にかがやかせて待っていた。

私たちは、今日、この飛行機をテストして製作者の三菱から海軍側に引きとるためにやってきたのだ。すでに会社側では十分な試験飛行をおわっており、だいたいの成績はわかっていたが、あらためて、海軍側でテストしてから引きとる慣例になっていた。

テストのために派遣されたパイロットは、海軍航空廠飛行実験部員である私と、近藤勝治少佐(のち大佐)の二人であった。まず、この飛行機の実験責任者である私が飛ぶことにした。いつものように、機体、発動機、翼などを十分に点検してから機上の人となった。

同乗者は会社の整備士が一人。エンジンの調子を十分にチェックしたのち、地上滑走にうつる。この滑走試験中、さらにエンジン、操縦装置、ブレーキのききぐあい、プロペラの調子などいろいろテストしてみると、バカに性のいい飛行機のように思われた。

いよいよ離陸である。離着点についてから、私はひと息いれた。離陸のため、徐々に発動機の回転を増していく。

回転を増すにつれて、飛行機はすべるように前進する。風防をとおして快適なエンジン音に耳を傾けていると、いつのまにか飛行機は地上をはなれ、空中に浮かんでいた。

たちまちのうちに高度は千メートルになる。機首を水平にもどして、いよいよテストにはいる。操縦輪を前後、左右に操作して三つの舵を動かしてみると、その軽快さ、ききぐあいは、まったく申しぶんなしだ。まるで軽快な戦闘機を操縦しているような感じだ。

――さて操縦性に問題はなく、つづいて全速試験、上昇試験、失速試験、急旋回試験などをひととおりおえてから、片舷飛行をやってみる。この飛行では正規満載の重量(七トン)より軽くしてあるせいもあるが、片側の発動機をデッド・スローにしぼっても、らくらくと片舷飛行ができる。

片舷飛行というのは、双発の飛行機が、正規満載の重量で、かならずできるように要求されるが、なかなかできないものなのである。

ここで特筆すべきことは、この飛行機の最高速力が高度千メートルでかるく計器百二十ノットをだしたことである。計器で百三十ノットであるから、じっさいにはもっとでていることになる。この数字は、いまからみればなんでもないが、当時のわが海軍の戦闘機の速力に匹敵し、攻撃機としては、型やぶりなものであった。のちの実験で、この飛行機の最高速力は、百三十八ノットと確認された。

――だいたいの試験をおえてから、最後の着陸にうつった。離陸のときは放っておいても、飛行機が自分でのぼっていくように思われたが、着陸もおなじように、だまっていても約束どおりの三点着陸をするというぐあいであった。

こんなステキな飛行機は、はじめての体験である。なにもかもO・K――そのころはこんな言葉はなかったが、とにかく、なにもかもO・Kであった」（曾我義治「そのとき私は名機の条件を知った」、雑誌『丸』昭和四十三年三月号）

曾我が長い航空生活（六千回、五千時間）の中で、もっとも楽しかった思い出のひとつとしているだけに、ベタ褒めであるが、ようするに飛行ぶりはグライダーのようになめらか、速度と操縦性は戦闘機なみというのだからむりもなかった。

海軍が三菱に発注した八試特殊偵察機。敵艦隊を洋上に迎え撃つ長大な航続力を持った中攻の礎をつくった

曾我大尉につづいて試乗した近藤勝治少佐も同意見で、領収飛行後、翌六月には機体は追浜の航空廠飛行実験部にうつされてテストがつづけられたが、テストが進むにつれて、つぎつぎにその驚異的な性能が判明し、海軍を喜ばせた。

とくに海軍関係者の絶賛をあびたのは、試作機の主目的であった航続性能で、巡航速度百十ノット（二百三キロ）で航続距離が二千三百八十カイリ（約四千四百キロ、過荷重時）は、約二十二時間も飛べることになり、それまでつくられた海軍機中で最高だった。

航空廠では前年（昭和八年）十月に異動があって、廠長が枝原中将から前原中将にかわり、総務部長三並貞三大佐、飛行機部長市川大治郎大佐、飛行実験部長山田忠治大佐らがあらたに着任したが、八試特偵の成功は、新任の前原謙治廠長にとって、このうえないプレゼントだった。感激屋の前原が、どれほど喜んだかは想像にかたくない。

八試特偵成功の報告をうけた航空本部の山本技術部長もたいへんな喜びようで、追浜に空輸されるのが待ちきれず各務原をおとずれて、曾我大尉の操縦でその飛行ぶりを味わった。

このとき、設計者の本庄も同乗したという。

期待にこたえて

航空廠でのテスト結果にもとづいて、その後、開かれた八試特偵の審査会議では、九三式陸攻、七試大攻（九五式陸攻として制式になったのは、昭和十一年）ともにあまり期待できないから、むしろ、この飛行機を再設計して次期陸攻にすべし、とする飛行実験部の意見が採用され、昭和九年度試作計画の中に、九試中型陸上攻撃機として組みいれられることになった。

当初の和田中佐の構想どおり、それまで双発陸上機の研究機にすぎなかった八試特偵に、次期中型攻撃機の資料をえるための実験機という、はっきりした目的があたえられ、名称も八試特殊偵察機から八試中型陸上攻撃機にあらためられた。

速度と航続力に、卓越した性能をしめしただけでなく、フラップ、引きこみ脚などの近代的装備を持った八試中攻のさっそうたるデビューにより、わずか一年ちがいの試作であるにもかかわらず、広工廠の七試大攻がひどく時代おくれに感じられるようになり、広工廠から引きついで、三菱で生産がはじまっていた七試大攻は、二機が完成したところで打ちきられてしまった。

この一事をもってしても、本庄の設計思想がいかにすぐれていたかがわかるが、同時に、当時の一年が航空技術の進歩にとってどれほど大きい意味を持っていたかが想像されよう。

八試中攻は、構造的には初の全金属製であったことと、本庄技師の主務者としての初仕事ということもあって、かなりの重量超過となり、エンジンが非力だったので、上昇力などはむしろ七試大攻に劣ったが、速力や航続力などですばらしい性能をしめした原因は、機体の外側に出っぱる兵装艤装を省略した実験機であったことや、重量増大をおぎなってあまりあるすぐれた空力設計にあった。

本庄が大学を卒業して三菱に入った大正十五年、海軍の野田哲夫技師も入社した。

野田技師は、明治四十四年、東京帝大理学部卒の、本庄にとっては大先輩にあたる。野田の三菱入社は、もちろん三菱の技術陣強化の意味もあったが、第一の目的は、三菱が建設を計画していた民間初の空力実験用風洞の設計および指導のためだった。

当時、日本には海軍技術研究所霞ヶ浦出張所に、海軍がドイツからまねいたゲッチンゲン大学教授のウィーゼルスベルゲル博士の指導でつくられた、一・二五メートル、二・五メートルの二つの風洞があるだけだった。

そこで三菱では、海軍出身の野田技師を霞ヶ浦に出張させ、ウィーゼルスベルゲル博士の指導もうけながら、民間としては初の風洞試験装置を完成させた。

この風洞は、霞ヶ浦海軍技研の二・五メートルのものよりやや小ぶりの二メートル風洞で、野田技師が海軍時代に使って気づいた諸々の欠点を改良した理想的な風洞だった。大学卒業後、技師見習として入社した本庄もただ一人の助手見習として、その設計を手つだった。

この風洞の完成によって、それまではとかく不完全で、風洞実験の結果と、実機の飛行試験による性能との間に大きな食いちがいがあるのがあたり前と考えられていたのが、よく一致するようになり、風洞実験結果にたいする信頼性が高まった。

自分が設計にかかわった風洞を使って実験できたのだから、本庄の八試特偵はタイミングがよかったが、この空力的洗練による成功は、その後の本庄の飛行機設計に大きな自信をあたえ、本庄流ともいうべき設計のひとつの型をつくりあげた。

「飛行機の安定性と操縦性および操縦舵面の効きと、その操舵力の問題についても、従来の誤った考え方をすて、私の新しい方針を実行してみたが、結果は非常によく、予想どおりで、すべて成功した。

この方針の一つは、従来の設計統計値より水平尾翼の尾翼容積（縦安定度に関係する値のひとつで、水平尾翼面積を大きくするか、胴体長を大きくすると、この値も大きくなる）を従来の値の一・五倍か、それ以上に大きくすること、その二は、舵面の平面形を梯形を基準とし、舵面舷長と安定板舷長の比をどこも一定にすること、その三は、舵面舷長を従来の慣例よりずっと小さくすること。その他数項である。

そして、この私の方針は、学生連盟のグライダー数機の試作によってたしかめたのち、九六式陸攻、一式陸攻としだいに徹底的に理想を実現し、予想どおりの好結果をえた」（『海鷲の航跡』本庄季郎）

なお、同じ三菱の堀越二郎技師が設計した零戦も、一式陸攻とまったく同一寸法比の昇降舵と補助翼をとり入れて成功しているが、本庄が周囲の反対をおして八試に採用したB9という翼型断面同様、この細い操縦舵面についても、それまで重くて効きの悪い舵面で苦しんだ先輩、後輩たちから、はじめは猛烈に反対された。

それが、敢然と自分の意見をとおして実施にふみきることができたのは、三菱の服部譲次設計課長が「私が軍と会社の意向にしたがって、君に八試中攻の設計主務を命じたということは、技術上の採否を君がおこなえということなのだ。他人の意見を参考にすることはけっこうだ。しかし、最後の決断は君自身がおこなわねばならない」といって励ましてくれたおかげだったと、本庄は『海鷲の航跡』の中で述べている。

いずれにしても、海軍も三菱も八試特偵をつうじて本庄を一流の設計者に育てあげようと、あたたかく見まもってくれたフシがうかがわれ、その期待にみごとにこたえた本庄もりっぱだった。

9　名演技のフィナーレ〈大英断が九試単戦成功の要因〉

航空本部の大英断

日本海軍として最初の長期計画ともいうべき航空機三ヵ年試作計画は、昭和七年、八年と計画がすすむにつれて、試作を担当した民間各社の設計試作能力に、それまでとは格段の進歩をもたらした。

このことから、計画三年目にあたる昭和九年度試作では、とうぜん大きな成果が期待されたため、試作の機種はそれまで最高の八機種にたっした。そしてこの中から、九六式艦戦、九六式陸攻、九七式大艇など、海軍航空にとっても記念すべき優秀機を輩出した。

とくに九六式艦戦と九六式陸攻の両機、および九七式大艇の三機種は、日本航空技術がみずからの足で歩みはじめたことをしめす代表作であり、その先陣をうけたまわったのが、九六式艦戦の前身である九試単戦であった。

この九試にかぎって「艦戦」といわずに「単戦」としたのは、艦上機としての諸々の制約越二郎技師は推測する。
員沢井秀夫少佐の意見具申によっておこなわれたと、三菱九試単戦の設計主務者となった堀
機的な性格をあたえた航空本部の指導方針によるものだが、この大英断は航空本部の主務部
をのぞくことにより、速度と上昇力にすぐれた戦闘機をつくらせようという、たぶんに実験

「さきに海軍は七試試作機にたいして、その当初の長期達成の方針にもかかわらず、いざとなるとそのまま実用に持っていけるようあせった傾向があった。それがわざわいして、その当時の日本の設計技術水準からみて設計者に多大の負担をかける結果となり、制式機に採用された民間会社設計機は、わずかに九四式水上偵察機一機種だけという結果に終わったのであった。

そこで、海軍側では、八試特偵や九試単戦のようにその基礎形や構造様式が、それまでのものに比して一変すると考えられたものにたいしては、あまり設計者を束縛しない方針をとることに変更したのである。

沢井少佐はこの間の空気を善導し、着艦要求の制限をなくしたうえに、航続性能や寸法制限などにたいする要求をも緩和して、主として速力、上昇力に画期的な進歩を期待するという海軍の基本方針を立案したものと想像する」（堀越・奥宮共著『零戦』）

こうした背景のもとに、三菱、中島の両社にたいして九試単戦が発注されたのは昭和九年

二月で、海軍側からしめされた計画要求は、つぎのようなあっさりしたものだった。
最高速度＝高度三千メートル付近で、百九十ノット以上
上昇力＝高度五千メートルまで六分三十秒以内
航続力＝燃料搭載量（固定タンク）二百リットル以上
兵装＝七・七ミリ固定機銃二梃、無線装置は受信機のみ
寸法制限＝幅十一メートル以内、長さ八メートル以内

苦しい状況の中から

この競争試作にあたり、ライバルの中島飛行機は、さきの七試のときに同社製の陸軍九一式戦闘機の小改造でお茶をにごしたように、またしても手ぬきで応じた。

陸軍九一式、海軍九〇式および九五式と、陸海軍戦闘機を独占していた余裕からで、当時、陸軍次期戦闘機として試作したキ11試作戦闘機の操縦席まわりを海軍式に改造し、エンジンを海軍指定の「寿」五型につみかえたものを中島九試単戦として提出した。

七試のときと同様、経営的に行きづまっていた三菱は、中島とは対照的に必死で、何がなんでもこの競争試作をかちとらなければならない状況にあったから、七試艦戦で設計主務を経験した堀越技師をふたたび起用し、これにとぼしい技術陣の中から久保富夫、曾根嘉年ら東京帝大航空出の若手技師を、二名もつけるという力のいれようだった。

このころ、世界の航空技術者たちは、申しあわせたように片持ち式低翼単葉の陸上戦闘機

の設計にとりくんでいた。
九試単戦が、試作から実用化にいたる一九三五年から三六年（昭和十年から十一年）当時の世界の戦闘機を見わたすと、ハインケルHe112、デボアチンD510、モラン・ソルニエ406、フォッカーD21、セバスキーP35、カーチスP36、ソ連のイ16など、いずれも片持ち式低翼単葉機だった。

日本陸軍の最後の複葉戦闘機を設計した土井武夫

ひるがえって日本の状況はどうかというと、戦闘機では中島、三菱につぐ第三の航空機メーカーだった川崎航空機が昭和九年二月、つまり海軍九試単戦の試作指示がでたときに、陸軍キ5試作戦闘機を完成させている。

設計主務者は、三菱の堀越と同窓の土井武夫技師であるが、このキ5もそれより一年前にできた堀越の海軍七試艦戦同様、細部設計の未熟さゆえに失敗作となった。

「いまからみれば、なんでこんな飛行機をと思われるようなシロモノだったが、こんな時代をへて飛燕（三式戦）や五式戦（以上川崎）、九六式艦戦や零戦（以上三菱）などが生まれたのだ」と土井は語っているが、この失敗にこりた土井は、つぎの陸軍九五式の競争試作では慎重をきして複葉に逆もどりし、これが陸軍最後の複葉戦闘機である九五式戦闘機となった。

このときの競争試作で敗れたのが張線式低翼単葉の中島キ11だったが、中島はこの失敗作を、こんどは海軍九試として焼きなおして提出するいっぽうでは、純片持ち式低翼戦闘機の研究をすすめており、これがのちの陸軍九七式戦闘機の原型になった機体である。

もっとも、陸軍が複葉の九五式戦闘機の後継機として次期戦闘機（九七式）の競争試作を三菱、中島、川崎の三社に発注したのは、三菱九試単戦一号機の完成から十ヵ月以上もたった昭和十年の末だった。

多少の時期の前後はあるにせよ、このころは世界の戦闘機が高速化をめざして片持ち式低翼単葉にしていたのはまぎれもない事実だったが、それらはどれも、艦上機にくらべて制約条件のゆるやかな陸上戦闘機であり、艦上戦闘機はグラマンF2Fやホーカー・フューリーなどのように、いぜんとして複葉を固守していた。

しかも多くの低翼単葉機は翼面荷重と馬力荷重との均衡がとれず、上昇性能が悪いとか旋回半径がなみはずれて大きいとか、安定・操縦性に欠陥があるとか、まだ未完成品という感じのものばかりだった。

現に昭和十三年、前年に勃発した日華事変に投入するため、海軍がドイツのハインケルHe112とアメリカのセバスキー2PA両戦闘機を少数機、緊急輸入したことがあったが、じっさいテストした結果は失望に終わっている。

ハインケルHe112について、テストした航空廠の飛行実験部陸上機班長兼戦闘機主務の柴田武雄少佐（のち大佐）は、「一旋回すると三百メートルも高度が落ち、おまけに急旋回しようとすると外側の翼が失速して急にひっくりかえる（不意自転）、ひどい飛行機だった」と語り、セバスキー2PA複座戦闘機にいたっては、あまりの運動性の悪さに戦闘機としては使いものにならず、陸上偵察機に任務がえとなるしまつだった。

同ようするに、これらの低翼単葉機は高速を主眼に設計されたもので、不意自転が起きるような急激な操作までは考えられていなかったとみるべきで、日本の戦闘機パイロットの操縦感覚からすると、ダル（鈍い）で使いにくいという評価になったものだ。

ハインケルHe112がメッサーシュミットMe109との競作でやぶれた機体だったこと、セバスキー2PAが輸出専用の機体であったことなど、いずれも自国内での評価もかんばしくなかった機体だったことも事実だが、とくに運動性と、それにふさわしいデリケートな操縦感覚を要求した日本の戦闘機パイロットには不むきだったのである。

美しいものは性能もいい

昭和十年の年があけるとライバルである中島九試単戦は、三菱よりひと足さきに完成した。前年に完成したアメリカ陸軍のボーイングP26と同じ形と構造を持った低翼単葉機で、翼幅の中ごろから胴体前上方および整形覆いをつけた固定脚にスチールワイヤーを張ったものだった。

この形態はシュナイダーカップ・レースの水上機にあらわれ、ついでアメリカの陸上レーサーに流行したもので、完全片持ち式低翼単葉より軽くできると多くの航空技術者に信じられていた。

「中島の九試単戦はだいぶいいらしい。最高速度はかるく二百ノットをこえたそうだ」

三菱の設計室では、若いエンジニアたちがライバルの情報に競争心をたぎらせた。そしてわずかにおくれはしたが、設計開始から十ヵ月後の昭和十年一月に第一号機を完成した。

ほっそりした胴体に、逆ガルタイプの主翼の組みあわせがよく似あい、見るからに軽快で高性能を思わせる機体は、沈頭鋲や皿頭の鋲止めナットなどの、新しい構造手法を取りいれた機体表面は突起がなく、不出来なところはパテと塗料で入念に修正したこともあって、七試艦戦のときとは段ちがいの美しさだった。

堀越二郎が設計主務者となった九試単戦。海軍の要求をしのぐ傑作機となり、以後外国機の導入は打ち切られた

沈頭鋲というのは文字からも想像されるように、頭が出っぱらないリベット（鋲）のことで、ドイツのユンカース式リベットにヒントをえた三菱の平山広次技師の考案になる傑作だった。

外板が薄い場合は、あらかじめ皿型の凹み（ディンプル）をつくっておかなくても、リベットの皿状の頭が外板を押して必要な凹みをつけることができるのに気づいた平山技師が、苦心の末に完成したもので、この九試単戦以降、ほとんどの日本機に使われるようになり、性能向上に大きく貢献した。

「美しいものは性能もいい」

堀越は生前よくそう語っていたが、スマートな外観をもった三菱九試単戦の各務原飛行場でおこなわれた初飛行は、はたしてすばらしいものであったが、このときの印象を、航空廠飛行機部員だった巌谷英一造兵大尉（のち中佐）は、つぎのようにのべている。

「本機の誕生当時（昭和十年一月ないし二月）、たまたま愛知時計の監督官だった筆者（その後、まもなく三菱担当となった）は、艦爆（筆者注、九四式）の領収飛行のためにしばしば各務原にいったので、その試飛行を見たが、そのとき心にうけた衝動は、後年、ドイツのアウグスブルグでMe262型ジェット戦闘機の快速にはじめて接したときと同じく、身うちになにかゾクゾクするものを感じた。

すなわち、人間がとてつもなく偉大なものに接したときうけるあの畏敬の気持であった。

また本機に関するエピソードとして、いま想い出しても腹の底からくすぐったいような笑いがこみあげてくるのは、航空廠の本機にたいする設計性能審査の経緯である。

三菱は本機にたいしておこなった抵抗減少対策に自信を持っていたので、性能計算書に実機の最小抵抗係数を内輪に見積もっても〇・〇二五程度（最大速度四百十キロ／時）として航空廠科学部に提出した。

科学部は従来の粗面を持った飛行機の観念から、

『これはあまり甘すぎる。せいぜい四百キロ／時くらいのところだ！』と判定した。

ところが、ちょっと飛んでみると、高度三千メートルで二百三十ノット（四百三十キロ／

時）をかるくこすというので、海軍当局は、ちょっとこまったような立場になり、ときの名古屋首席監督官山本順平大佐は、両者の間に立って微苦笑しながら、そっと航空廠にたいし、『指導だとか審査だとかえらそうなことは、今後いってもらうまい』などと一本取ってといそうだった。

なにしろ、当時、世界的優秀機として三菱が購入したフランスのデボアチン510戦闘機も、これと前後してイギリスから船着したホーカー・ニムロッド艦戦（複葉、ロールスロイス・ケストレル水冷発動機装備）も、まがぬけて見えるしまつだった」（『航空技術の全貌・上』）

三菱九試単戦の完成とほぼ同じ時期、川崎の土井武夫技師らが設計した陸軍キ10（のちの九五式戦闘機）の試作一号機もできあがり、同じ各務原飛行場でテストがおこなわれた。どちらの会社も、工場に隣接したテスト用の飛行場をまだ持っていなかったためである。

元来、ライバルの会社間にあっては、たとえ飛行場であっても他社の飛行機にちかづくことはもとより、技術者同士の私語もゆるされない、というのが当時のムードであり、まして陸軍機と海軍機とあっては、たがいの技術交流などもってのほかのはずだった。

しかし、土井と堀越は大学同窓のよしみもあって、そうした垣にとらわれず、顔をあわせるたびに「君のところはどうなってる？」「うちはこうやっている」などと、たがいに情報を交換しあっていた。

陸軍九五式の次期戦闘機の競争試作で、川崎のキ28が低速時の翼端失速に悩まされていたとき、キ33（三菱九試単戦を陸軍むけに改造して提出した試作機）では主翼に二度四十分の捩り下げをつけていることをそっと教えてくれたのも堀越で、このおかげでキ28の翼端失速の傾向はなおった。

九試単戦とキ10以前に、堀越と土井は七試単戦とキ5という同じような低翼単葉の戦闘機を設計したが、それぞれの社内事情のちがいから、堀越は引きつづき低翼単葉で進み、土井は一歩後退して、複葉機としなければならなかった。

賛嘆の拍手を浴びて

会社のテストパイロット梶間操縦士によっておこなわれた社内テストでの好成績から、海軍ははやく領収して中島九試との比較をおこないたいという希望を持っていた。

だが、あまりにも空気力学的にすぐれた揚抗比の大きい設計だったために、操縦桿を引いて機首を起こそうとしてもなかなか接地せず、横空や航空廠のある追浜飛行場では着陸困難と判断されたため、引きつづき各務原でテストをすることになった。

航空廠から出張してきた飛行実験部首席部員小林淑人少佐は、三月中旬から岐阜の長良川ホテルに泊まりこんで連日、テストにとりくんだが、小林少佐が機体になじむにつれて、この新型戦闘機はそのすぐれた能力を発揮しはじめた。

そして、ついに正規全備重量での最高速度は高度三千二百メートルで二百四十三・五ノット（約四百五十キロ）、上昇時間五千メートルまで五分五十四秒という、おそらく世界でもトップクラスと想像される高性能を記録した。

川崎の土井技師も堀越といっしょにそのテストぶりを見たが、複葉で九百五十馬力Ｖ型液冷エンジンのいかついキ10にくらべ、六百馬力空冷星型エンジンの低翼単葉全金属製のスンナリした九試単戦は、いっきょに数年の飛躍を感じさせるものがあった。

一夕、土井は長良川ホテルに席を設けて小林少佐や堀越と歓談したが、イギリス留学の経験を持つ紳士の小林は、技術者の意見によく耳を傾け、これからの戦闘機は、スピードを第一とすべきであるとする堀越や土井の意見に賛意をしめした。

横須賀航空隊の士官室では、戦闘機分隊長の源田大尉をはじめとする戦闘機乗りの猛者たちが、つたえ聞く新戦闘機の高性能ぶりについてにぎやかに話をかわしていた。

「三菱の九試単戦が、どえらい性能をしめしているらしいが、ほんとうかな」

「なんでも小林さんの操縦で二百四十ノットだしたというが、それがほんとうなら要求を五十ノットも上まわったことになる。デボアチン（Ｄ５１０）やＰ26（アメリカ陸軍）にくらべたって三十ノット以上もはやい。そんなこと、あるわけがないだろう」

「メーターが狂ってたのか。それとも各務原の空気が薄いんじゃないか？」

「いや、小林さんがやっているのだからまちがいはないだろう。すると日本海軍は世界でもっとも速い戦闘機を持ったことになるが、どうもまだ信じられん」

これまで、つねに外国機の後ばかり追いかけてきた国産機が、いっきょに諸外国の水準をぬく性能をしめしたというのだから、すぐには信じられないのも当然だろう。

異例の成功をおさめた一号機のあとを追って、三菱では、すぐに二号機を完成させた。この二号機ではエンジンを換装したほか、逆ガルタイプだった主翼を中央翼が水平になった普通のタイプに改め、機体が浮いていつまでも接地しないバルーニング現象をおさえて着陸距離を短縮するため、日本では初の試みである開き下げ翼（スプリット・フラップ）を装備するなど、多くの改良がくわえられてあった。

小林少佐によるテストが開始されてから二ヵ月後の五月、注文主である海軍側に公式にできぐあいを見せる、いわゆる官試乗がこの二号機によっておこなわれた。海軍側からは航空廠長の前原謙治中将をはじめ関係者多数が、この新鋭機の飛行ぶりを見ようと各務原にやってきた。

ころはよし、さわやかな五月晴れ。機体に輝く多くの目がみつめる中で、小林少佐の操縦する九試単戦二号機はかろやかに離陸、すぐに高度をとった。

いままでの戦闘機には見られなかったすばやい上昇に、人々の間からホッとため息ともつかぬ賛嘆の声がもれた。

高度をとった九試単戦は、ころあいを見はからって特殊飛行にうつった。スピードがあるので運動に迫力がある。くわえて「岡村サーカス」「源田サーカス」の先生である小林少佐は操縦の達人だ。むずかしい特殊飛行の妙技を、まるで操縦の教科書のようにつぎつぎに展開する。

　キラリキラリと銀翼をひるがえして虚空に舞う機影が、一瞬、消えたと思われたとたん、矢のように低空を飛行場に進入してきた。

　加速がついているのでスピードは一段と速く、美しいシルエットに見とれるまもなく、豪快な爆音を残して急角度の上昇にうつる。

　これまで、わが国の戦闘機ではやれなかったズーム・アンド・ダイブの迫力に、前原中将は、白手袋をグッと握りしめたまま、身を乗りだすようにしてその機影を追った。

　最後に、九試単戦は新技術を披露して、その名演技のフィナーレを飾ったが、それがいっそうこの新戦闘機の優秀性を印象づけた。

　ひととおりの飛行演技を終えて着陸進入してきた九試単戦の翼後縁には、あらたに装備されたフラップが開いており、極度にエンジンをしぼった機体は、それまでの俊敏さがまるでウソに思えるほどに静かに降りてくる。

　みごとな三点着陸で機が地上に静止したとき、人びとは、われにかえったように賛嘆の拍手を惜しまなかった。

　前原中将はテストを終えてもどってきた小林少佐を心からねぎらい、感動のおももちで関係者一同に祝辞をのべた。

「本日の飛行は、まことに目をみはるようなすばらしいものであった。わが国にもこのような飛行機の設計ができ、現にここにあるということは信じられないくらいうれしい。まるで外国にきているのではないかと錯覚するほどである。

おもえば、海軍航空自立の方針がうちだされ、試作計画がきめられてから、わずか三年目にしてこのような優秀な飛行機をつくりあげたことは、先人の基礎の上に積みあげてきた関係者一同の努力のたまものである。とりわけ、直接、本機の設計にあたった三菱の堀越技師以下の労を多とする」

元来が感激屋で演説ずきの前原中将の言葉は、いつもオーバーなところがあったが、この日は、だれもがそれを素直にうなずけるほどに、九試単戦の飛行ぶりはきわだった印象を人びとにあたえたが、それには伏線があった。

三ヵ年計画スタートのはじめから、航空廠では、発達いちじるしいアメリカの航空技術の導入につとめていたが、なかでも最大の収穫は、米軍飛行機計画要領書の入手と、ノースロップ・ガンマ爆撃機の購入だった。

ノースロップ・ガンマは全金属製低翼単葉の、当時もっとも進歩した設計で、その金属構造とともにすすんだ艤装は、輸入した外国機もふくめて、そうとう目がこえていたはずの航空廠の技術者たちも唖然とさせた。

九試単戦二号機に採用されたスプリット・フラップも、すでにこの飛行機にはついていたし、防音効果のある風防を閉じると、操縦席内はウソのように静かになった。

このとき、まだつくられていた複葉の旧式な八九式艦攻とならんで置かれたノースロップ・ガンマを見た前原は、「これはいかんわい」とつぶやいたまま考えこんでしまったという。

「九試以降の海軍航空技術の飛躍は、じつにこの一語からスタートしたのであった。ノースロップ・ガンマの美しい銀色の姿態から、われわれ技術屋がうけた威圧感は、後年のB29からうけたそれ以上のものがあった」(『航空技術の全貌・上』巌谷英一)

「このノースロップ・ガンマは構造、工作ともになかなかよくできていた。とくに三菱、中島両社の関係者には、次期艦攻および艦偵のよい参考資料として、詳細に見学がゆるされ、設計および工作上えるところが少なくなかった。この飛行機は、時期といい、品質といい、わが陸海軍が輸入したサンプル機の中で最大の収穫をあたえてくれたもののひとつだった」(『零戦』堀越二郎)

これらの言葉から、外国技術にたいする技術者たちの素直な敬意がうかがえるが、三菱九試単戦の成功の報は、ただちに各国駐在の海軍武官室に打電され、参考のためにサンプル機を輸入する交渉はすべてうち切られてしまった。

もはや、われわれに外国から学ぶものなしと判断されたからだが、これが大きな考えちがいであったことは、のちの結果をみればあきらかだった。

日本がすぐれていたのは、空力および軽量構造についての設計技術だけで、生産および製造技術、部品の品質や機能をもふくむ艤装などについては、はるかに劣っていたのだ。

とくに、飛行機の艤装についての軽視は目をおおうばかりで、艤装上の欠陥から、あたらその優秀な性能を発揮することができなかった飛行機がいかに多かったことか。

「飛行機艤装とは、機体、発動機、プロペラおよび搭載兵器を補助し、これら固有の機能および相互の機能を充分に発揮させるにようする装置および部品であって、たとえば、防御装置、降着装置（脚、車輪、制動器およびタイヤ）、発動機架、兵器搭載装置、燃料系統、潤滑油系統、油圧系統および防氷装置である」

『航空技術の全貌・上』（原書房刊）の中で、航空廠飛行機部員だった堀輝一郎技術少佐は、飛行機艤装についてこう定義しているが、昭和十四年および昭和十七年の二回にわたって、航空廠でおこなった制式機機体の故障、欠損の原因調査統計によると、原因の七十三パーセントが艤装関係のものであり、そのなかで飛行機を大破にいたらしめた事故原因もかなりあったという。

また、試作機にたいする航空廠飛行実験部の飛行実験中の要改善、改修事項の八十五パーセントが艤装関係の事項であったと堀技術少佐はのべており、いかにこの方面の技術のおくれが、日本の航空兵力にとってマイナスであったかがわかる。

日本に、飛行機の艤装の必要性を認識させたのが前記のノースロップ・ガンマで、航空廠飛行機部でこの飛行機の艤装調査を担当した若い田村福平技師（のちサイパンで戦死）を中心に、数名の研究員による専門の研究班が発足したが、海軍全体の、というより日本全体のこの分野についての認識があさかったため、最後まで、十分な陣容強化にはいたらなかったというのが実情である。

本来ならば、飛行機部、発動機部などと並んで艤装部というのがあっても不思議ではないほど重要な、艤装についての無関心と技術陣容の弱体が、戦争末期の飛行機の稼動率の極端な低下となってあらわれた。

こうした艤装面の弱さは、九試単戦とて例外ではなく、空力設計と軽量設計の成功から優秀な性能がえられた裏には、エンジンの問題をはじめ艤装上に多くの脆弱さをはらんでいたのである。

10 戦闘機無用論の台頭〈日本海軍攻撃重視思想の欠陥〉

予行演習

九試単戦とともに、九試中の最大の収穫となった九試中攻は、八試特偵の延長上にできあがった機体で、設計主務者の三菱本庄季郎技師にとっては、八試はいわば九試のための予行演習のようなものだった。

しかも、海軍がその八試でいっきょに実用化をねらわず、要求をゆるやかにして特定の性能発揮が容易なように、設計側に自由度を大きくあたえた実験機としたことが、九試単戦同様に好結果をもたらしたのである。

ただ、この飛行機の成功が海軍部内に攻撃機の戦闘能力の過信をもたらし、戦闘機など不要とするいわゆる戦闘機無用論に発展したことは、大型機の性能向上のピッチが、小型機のそれを上まわった当時の世界的趨勢であったとはいえ、残念なできごとだった。

もちろん、これは用兵者である海軍側にかかわることで、九試中攻を開発した三菱設計陣に責任はない。逆にこの飛行機の基本設計がいかにすぐれていたかを物語っているといえるが、それは八試ができそこないだったからだと、本庄はのべている。

八試のときは本庄にとって設計主務者として初の体験だったため、設計的に未熟なところが多かったが、その最大のものは、機体の重量超過と重心位置の後退だった。

昭和九年四月に完成した八試中攻（当時はまだ特偵とよばれていた）は、計画重量（自重）三千八百二十キロにたいして実測値四千二百三十キロ。つまり一割以上、四百十キロも重かったし、重心位置も計画より十二パーセントちかくも後退していたのである。

もうひとつは操縦装置の剛性不足で、飛行中に舵を動かすと、補助翼や方向舵、昇向舵など動翼にあたる風圧でやわい操縦系統が間のびしてしまい、操縦桿をいっぱいにとっても、舵は予定の半分の角度も動かないということがあった。

このため、操縦系統の補強や重心位置調整のために積んだバラスト（重り）などのため自重がさらにふえて四千五百キロにもなってしまった。ふつうなら大失敗のはずだが、それでもらくに飛べたし、後には重心位置がかなり後退したままでも、実用上飛行にさしつかえないことがわかってバラストをおろしてしまった。

「この飛行機は、このようにできそこなったために、かえって、そのよい点が強調された面もあった。

すなわち、こんなに自重が増したにもかかわらず、まだ、当時の同種飛行機と比較し、そうとうな搭載量をあまし、航続力は、断然他を引き離していたこと、また操縦装置の剛性不十分から出発したにもかかわらず、操縦性がきわめてよいといわれたことなどがそれである」(『日本傑作機物語』酣燈社刊、本庄季郎「九六式陸上攻撃機」)

八試でのこうした体験と、機体が重くできてしまったことが、九試の設計にさいして、本庄技師に精神的にも設計的にも大きな余裕をあたえた。しかも、八試で空気力学的に洗練された飛行機の実験結果と、風洞実験でえられる特性とがよく一致するという確信がえられたので、あとはよい性質を残しながら、それまでにあきらかになった欠点をなおしていけばよかった。

細い胴体や大きな翼幅の先細翼など、八試の基本設計はそのまま踏襲し、八試中攻で使われていた主翼後縁のユンカース式波板外板は廃止、九試単戦同様に全面に沈頭鋲を採用するなど、有害抵抗をへらして速度と航続力を増大するための細心な努力がはらわれた。

大事をとって、エンジンは八試同様、実績のある広工廠製九一式水冷六百馬力とした九試中攻の試作一号機が完成したのは昭和十年七月、九試単戦の六ヵ月あとだった。

八試にくらべると胴体がやや太くなり、並列の複操縦席となった機首の風防まわりなどが外観上の大きな変化だったが、あらたに胴体の上面と下面に装備された隠顕式銃座が、研究機から実用機にかわった九試の性格の片鱗をうかがわせていた。

試験飛行は、九試単戦をやった会社側の梶間操縦士だけでは手不足なので、海軍から、とくに航空廠飛行実験部の佐多直大大尉が各務原に派遣され、協力することになった。

乗員三名のほかはいっさいの兵装を省略していた研究機の八試にたいし、乗員はパイロット二名をふくむ七名にふえ、八百キロ魚雷もしくは爆弾を積んだうえに隠顕式銃座を装備するという盛りだくさんの要求にこたえなければならない九試では、性能低下はとうぜんと考えられていたが、テストがすすむにつれて、その予想は完全にくつがえされた。

最高速度は八試の三十ノット増し、高度千五百メートルで百七十ノット（三百十二キロ）を発揮、操縦性がやや鈍重になったほかは、性能はぐんと上まわるという結果がでたのである。

軍による正規の領収飛行は、それからすこしのちの八月中旬に、八試のときとおなじ近藤勝治中佐と曾我義治少佐（いずれも進級）によっておこなわれた。

それは、焼きつくような陽ざしがひろい飛行場一面に照りつけ、北方に見える長良川上流の山岳部には、大きな積乱雲がたちはだかる暑い日だった。

「九試中攻は操縦席が二つあるので、私（曾我）が正操縦席に、近藤中佐が副操縦席にすわり、試験飛行を開始した。離陸後数分で、高度は千五百メートルにたっした。水平飛行にうつると、速度計は静かに百十ノットをさしている。

私は、やや急激な旋回で反転し、機首を飛行場にむけてから、全速試験にうつった。

操縦輪をかるく前に押しながら、スロットルを静かに全開した。風防の外では、水冷エンジンが独特のうなり声をあげている。そしてまもなく、速度計は百六十二ノットをさした。

針は、なおこきざみにふれている。これは八試の最高速度をはるかにこす快速だ。

私は自分の眼を疑い、計器に狂いがあるのではないかとさえ思うほどだった。

またたくまに飛行場の上空にもどってきた。直上を横ぎるとき、地上でわれわれを見まもっている会社の人びとが、蟻のように小さく眼にはいる。やがて、機を巡航速度にもどして操縦桿を近藤中佐にわたし、ホッとひと息いれた」(『丸』昭和四十三年三月号)

近来のビッグニュース

こうして、官試乗を好成績のうちに追えた九試中攻一号機は、佐多大尉によって追浜に空輸されてテストが続行されたが、百七十ノット(三百十五キロ)の最高速度とともに、二千七百カイリ(五千キロ)にたっする大航続力は、双発の実用陸上機としては、世界に例をみないものであった。

設計主務者の本庄技師は八試中攻をできそこないといったが、その理由のひとつである重量過大がじつは大きく幸いしていた。

九試中攻の自重は、兵装などの実用機としての要求がふえたにもかかわらず、八試と大差なくできあがった。もちろん、二度目とあって八試の経験をいかした構造設計の進歩によるものだが、重すぎた八試があたかも九試の重量増加分を見こんであったのとおなじ結果となったのだ。

しかも、これに空力的なリファインがくわわったから、設計的にみれば性能向上はとうぜんで、七式大攻以来、海軍が夢にえがいていた長距離陸上攻撃機が、ここにようやく生まれようとしていることを物語っていた。

試作一号機と二号機は、九一式水冷六百馬力エンジンに、八試とおなじ木製四枚羽根の固定ピッチプロペラだったが、三号機では、ようやく実用化のメドがついた三菱製の空冷式「金星」二型六百八十馬力にかわり、四号機では、試験的に三枚羽根のハミルトン・スタンダード可変ピッチプロペラが装着され、速度はさらに数ノット向上した。

この可変ピッチプロペラは住友金属工業がアメリカのハミルトン社の技術導入によってつくったもので、はからずも九試中攻が、日本で最初に可変ピッチプロペラを装着した飛行機となった。

八試特偵をさらに発展させ、実用化を目指した九試中型陸上攻撃機。本機の成功は戦闘機無用論に拍車をかけた

「〝九試中攻完成〟の報は、全海軍に一大センセーションをまきおこし、かつての、戦艦『陸奥』『長門』が完成したときの興奮にもにた大きな感銘と心強さをあたえ、近来のビッグニュースとしてひろがっていった」

海軍側の実験担当操縦者だった曾我少佐は、当時の感動をこうのべているが、全海軍の輿望をになった九試中攻は、翌昭和十一年六月に九六式陸上攻撃機として制式採用された。

九六式陸攻は、九五式陸攻が大型陸上攻撃機を略して「大攻」とよばれたのにたいし、中型陸上攻撃機を略して

「中攻」とよばれたが、その近代的な姿態と高性能には、戦闘機パイロットたちをも魅了するものがあったようだ。

「そのころ、布張りの複葉機を見なれたわれわれの頭上を、双発単葉全金属の九六陸攻が、さながら大空を圧してはばたく大鵬のごとく美しい流線形と、高速を誇示して飛翔する威容には、しばし羨望のため息をついたものであった」

当時、大村航空隊戦闘機分隊長だった相生高秀大尉（のち中佐、戦後、海上自衛隊幕僚長）の言葉であるが、太平洋戦争末期には最新鋭の「紫電改」戦闘機で編成された三四三空「剣部隊」の副長となった相生大尉の乗機は、九六式陸攻にくらべれば、旧式もいいところの九〇式艦戦だったのである。

そのころ、日本海軍の第一線戦闘機の主力として使われていた、複葉の九〇式二号艦戦の最大速度は百五十五ノットで、九六式陸攻一一型のそれは百八十八ノットであった。

制式となった時期が、六年もちがうのだからとうぜんとはいえ、攻撃機の方が戦闘機よりずっと速いという妙な結果となってしまった。

九〇式の性能向上型である九五式艦戦ですら、最大速度は大差なく、新鋭の九六式艦戦は速度は向上したものの出現して日があさく、未知数の部分が多かったというのが当時の状況だったが、このことが日本海軍をして、重大な用兵上の判断のあやまちをおかさせる結果となった。

戦闘機無用論の火の手

そもそも、攻撃重視の思想に偏していた日本海軍は、戦闘機の実戦上の価値について、それほど重視していたわけではなかった。

艦隊戦闘においては爆撃や雷撃をおこなう攻撃機こそが航空の主役であり、戦艦部隊の上空直衛という、いってみれば防御的な側面しかみられなかった戦闘機は、脇役的な存在にすぎないとして、むしろ軽視する風潮があった。

イギリス空軍を見習っていた日本海軍は、しばしば若手の士官をイギリスに派遣していたが、昭和四年十一月、横空分隊長となった亀井凱夫大尉（のち少将、戦死）もその一人だった。

亀井大尉はイギリス空軍戦闘機隊で学んだ新しい訓練法を導入し、かつ戦闘機の有用性を力説したので、海軍部内の戦闘機にたいする認識はすこしあらたまった。このため、昭和五年の横空には戦闘機飛行隊長亀井大尉、これもイギリス留学から帰ったばかりの戦闘機分隊長小林淑人大尉にくわえて、飛行長酒巻宗孝少佐（のち中将、昭和十三年十一月から十四年十月まで航空廠飛行実験部長）の強力な戦闘機トリオが出現し、戦闘機重視の機運をもりあげた。

昭和六年に、イギリス空軍から教官をまねいて空戦と射撃について臨時講習をおこなったのは、そのあらわれであった。

だが、講習そのものの効果は認められたものの、第一次大戦のロンドン防空の経験にもとづくイギリス空軍の戦闘機用法では、海上戦闘にはあまり役にたたないのではという意見もでて、せっかくもりあがりかけた戦闘機重視の気運に水をさす結果となった。

そこへ、昭和八年ごろから艦上戦闘機の能力には疑問があるとする、いわゆる「戦闘機無用論」がひそかに、そして急激に台頭しはじめるのだ。

戦闘機無用論の火の手は、攻撃機がわだけでなく、戦闘機のがわからも上がったが、戦闘機軽視の風潮は日本海軍だけでなく、陸軍もそうだったし、さらには世界的なものであった。昭和八年から十年（一九三三年から一九三五年）にかけての、爆撃機の性能および火力の向上、とくに編隊による防御火網の構成が、相対的に戦闘機の威力を低下させた、というのがその根拠だった。

海軍の戦闘機無用論の急先鋒となったのは、横空の岡村、源田両大尉、艦隊の小園安名大尉ら、当時の戦闘機乗りを代表する若手士官たちだったが、おなじ戦闘機の実施部隊としていっぽうの雄であった大村航空隊では、戦闘機は有用であるとして反対の気運が強かった。その中心的人物となったのは大村空分隊長柴田武雄大尉で、柴田大尉は源田大尉とは海兵同期の、昭和七年には霞空でいっしょに教官をやった仲でもあった。

当時、ある映画会社が米人ロバート・ショートの操縦するボーイング戦闘機と、日本海軍戦闘機との空戦場面を撮るというので、柴田がショートのボーイング機のかわりに一〇式艦戦を、源田が三式艦戦をそれぞれ操縦して、霞空飛行場上空で空戦の演技をやったこともあり、いずれ劣らぬ海軍戦闘機界の若き星たちであった。

だから、おなじ戦闘機乗りとしてのライバル意識も旺盛なものがあり、その後、横空と大村空にわかれてしばらくたったころ、戦闘機無用論が台頭した。しかもその主唱者が源田大尉ら戦闘機乗りだと知って、柴田は憤然として反撃を開始した。

まず〝攻撃目標が速くなって弾があたらない〟とする横空の戦闘機無用論の根拠を粉砕すべく、柴田は射撃訓練時の吹き流し標的を改良することにより、訓練機が吹き流し曳行機を射撃するおそれをなくし、攻撃の自由度を増大する方法を熱心に研究した。

その後、空母「加賀」飛行隊長になった柴田（少佐に進級）は、自身で開発したこの新型標的を、昭和十二年初頭の戦技でつかい、艦隊随一の成績をあげた。

この実績をひっさげて連合艦隊の研究会に出席した柴田は、戦闘機の威力が大きいこと、そして有用であることを力説した。

戦闘機無用論に異を唱えた柴田武雄大尉

戦闘機有用論の支持者もけっして少なくはなかったが、その声は無用論にくらべて弱く、しかも、十一年六月に九試中攻が九六式陸攻として制式採用になってからは、彼らの立場はいっそう苦しいものとなった。

海軍部内の戦闘機無用論に、もっとも大きな影響をあたえたのは、当時の横空戦術教官三和義勇少佐だった。

三和少佐は、横空高等科学生にたいし、戦闘機が攻撃機をその攻撃実施前に有効に阻止できないことは演習などでしばしば実証されているから、搭載機数にかぎりがある母艦には、戦闘機のかわりに艦爆や艦攻を多くつんで攻撃力を増すべしと力説した。

これが、進歩的な戦術思想として学生たちの共感をよび、岡村、源田両大尉らとともに横空を戦闘機無用論の牙城にしてしまったが、こうした気運は海軍上層部にも波及し、昭和十一年から戦闘機搭乗員の養成が極度にへらされ、また下士官戦闘機搭乗員の多くが、艦爆搭乗員に転換させられてしまった。

のちに空技廠飛行実験部で「銀河」や「橘花」などのテストを担当した高岡迪少佐は、第二十六期飛行学生として昭和九年十一月から十年七月まで、横山保、進藤三郎、橋爪寿雄（少佐、太平洋戦争初期の二式大艇によるハワイ空襲で戦死）らと霞ヶ浦航空隊で操縦訓練をうけたさい、「これからの戦争は攻撃第一、したがって艦攻こそ海軍航空の主力だ。よって戦闘機などいらない」と教官から洗脳されたという。

〈そんなものかな〉と思って、専攻機種をきめるさい「希望ナシ」と書いて提出したら、自動的に艦攻にまわされた。将来、中攻が完成したらそのパイロットになるという、暗黙の了解のもとであった。

そのうちに、日本海軍としては新しい機種である艦爆ができたところから、「艦爆の履修をやれ」ということになり、横須賀で九四式艦爆を自分で研究しながら飛ぶようになったのが、テストパイロットになるキッカケになったという。

このころはまだ九六式陸攻はできていなかったが、戦闘機無用論派がさらに力をえたのは、九六式陸攻ができてからで、昭和十二年四月におこなわれた佐世保鎮守府の防空演習がそれを決定的なものとした。

大いなる矛盾

この演習の攻撃軍には、鹿屋の中攻隊、防御軍には、大村の戦闘機隊がなり、結果は中攻隊の空襲大成功、戦闘機隊はまったく手がでないというさんざんなものだった。

この演習に、防御側の戦闘機隊指揮官として参加した大村空の相生大尉は、このときの模様をつぎのようにのべている。

「艦隊主力を目標に、水平爆撃の体勢で全速直進してくる九六式陸攻にたいし、私のひきいる九〇式艦上戦闘機三機編隊が、五百メートルの優位高度を保持して反航接敵し、その直上からきり返して急角度の後上方攻撃をくわえ、爾後、余力のあるかぎり反覆後上方攻撃を実施する計画であった。ところが、そのテストはあまりにもあっけなく終わってしまった。

九六式陸攻の直上から、急降下して第一撃の射撃体勢に入り、しゃにむに射程内に肉薄して一連射（擬射）をあびせたものの、たちまちのうちに射程外に引きはなされ、全力をふるって突進したが、もはや追いつくすべはなく、再度の攻撃は断念せざるをえなかった。

かくて艦隊および航空関係者多数の眼前で展開されたテストは、従来の常識をくつがえす空前の驚異として、全海軍に大きな反響をまきおこしていった」（昭和四十四年一月一日発行、

日飛ニュース）

制式になったばかりの、最新鋭機である九六式陸攻と、第一線機とはいえすでに使い古した退役まぎわの旧式戦闘機を戦わせて、結果を論ずること自体がナンセンスであるにもかかわらず、「九六式陸攻は無敵である」との印象があまりにも強すぎた。

とうぜんのことながら、中攻隊の意気は大いにあがり、飛行隊長新田慎一少佐（のち中佐、戦死）を筆頭とする攻撃機がわの戦闘機無用論に、さらに有力な根拠をあたえる結果となった。

演習終了後、開かれた研究会では、「今後、航空機の開発は大型機に有利に展開し、速力も大型機が小型機をしのぐことは必至で、戦闘機は、いずれ無用の長物化するだろう」と威勢のいい意見が攻撃機がわからのべられ、あげくに空母不要論までとびだすしまつだった。

たいする戦闘機がわも、戦闘機の有用であることを主張して一歩もゆずらなかったが、なにせ多勢に無勢であり、しかも演習の印象が強烈だったことから、大勢は戦闘機無用論派が制することとなったのである。

しかし、最新鋭の九六式陸攻と旧式な九〇式、あるいは九五式艦戦とを戦わせて比較することの矛盾に気づいた人が、海軍の上層部にもすこしはいた。

その一人が、昭和十一年四月から航空本部教育部長の要職にあった大西瀧治郎大佐だった。

この年の暮れ、大村航空隊戦闘機飛行隊長に攻撃機操縦出身の池上二男少佐（のち大佐）

が任命されたが、大西大佐は赴任する池上をとくによんで、戦闘機の専門家でない池上をその隊長にする意図をつたえた。

「君も知ってのとおり、いま、しきりに戦闘機無用論がいわれている。大村航空隊には、ちかいうちに九六式艦上戦闘機が配属になる。これは九〇式や九五式とちがって全金属製単葉の最新鋭機だ。

君をその初代隊長にえらんだのは、この九六式艦戦をもってしても、なお戦闘機は無用かどうか、専門外の人間の方が客観的な判断から正当な意見がでやすいと思ったからだ。どうか、そのつもりで意見をまとめてもらいたい」

大西大佐の意をうけて、大村航空隊に着任した池上は戦闘機隊の訓練を見ておどろいた。

昭和十二年度の大村空戦闘機隊の訓練研究項目は、「各種姿勢を通ずる全弾射撃」であったが、戦闘機にとって生命ともいうべき機銃射撃を、普通は一回、一銃あたり二十発ていど、それもほとんどG（遠心力）のかからない状況でやっているのだ。

そして、2Gぐらいのでをかけるとたちまち弾がでなくなる。これではじっさいの空戦のときとあまりにもちがいすぎる。そこで横須賀航空隊から機銃の専門家にきてもらって指導をうけ、半年たらずの間に一年分の機銃弾を撃ちつくすほどの、猛烈な射撃訓練をやりながら改良をくわえた。

このため、Gをかけた場合の機銃の故障もすくなくなり、まもなく勃発した日華事変で大きな成果をあげることになるが、昭和十二年四月の佐世保鎮守府防空演習のさいに、防空戦闘機隊を指揮した池上少佐は、この演習を冷静に判断した結果として、つぎのようにのべている。

「演習で戦闘機隊の不首尾であったことは、戦闘機の性能不足や搭乗員の練度不充分によるものではなく、主として警戒組織、警戒通達、戦闘機指揮通信の不備に起因していたことは明白だった。

戦闘機無用論は戦闘機自体の問題ではなく、これを指揮しまた助ける情報の収集と、その通達方法の不完全によるものであった。そこで大村では、戦闘機無用論には耳を傾けず、各種姿勢をつうじ、その全弾射撃という研究項目に精励した。

日華事変では、航空作戦で制空権をえることが全作戦の鍵であり、攻撃隊も戦闘機をともなわないでは、進攻しえないことが実戦において証明され、戦闘機無用論はいっきょに霧散した」(『日本海軍航空史・(1)用兵篇』)

つまり池上少佐の指摘は、戦闘機というハードウェアに問題があるのではなく、むしろその用法やつかいこなすのに必要な防空システムに問題ありというものだが、日本海軍は援護戦闘機の用法では世界にさきがけて大きな成功をおさめたものの、防空システムの改善の方はなおざりにされ、ソフトウェアの面では最後まで遅れっぱなしだった。

有名な〝イギリスの戦い〟で、劣勢な戦闘機隊をレーダーをふくむ防空システムによって有効につかい、ドイツ空軍の猛攻を粉砕したイギリスとは大ちがいだが、ハードウェア偏重と周辺技術開発やシステム構築の軽視は、当時の、日本の軍備の本質的な欠陥だったともいえる。

戦闘機についての疑問は海軍だけでなく、陸軍にもあった。陸軍では戦闘機無用論といわず、陸主戦従といったらしいが、そのよってきたるところは海軍と似たりよったりで、陸軍戦闘機隊のメッカである明野飛行学校も、一時は火が消えたようになったらしい。

前述のように、海軍もこの佐世保鎮守府管下の防空演習の前年から、すでに具体的な戦闘機兵力の削減にはいっており、事態はこのましくない方向に進展していた。

海軍が飛行学生を戦闘機、攻撃機、偵察機など専修機別にわけるようになったのは昭和四年、源田実、生田乃木次、玉井浅一（のち大佐、最初の特攻隊副長）、入佐俊家（のち少将、戦死、艦攻の大家）ら、話題の人物を輩出した第十九期からだが、昭和十年までの七年間の卒業者二百十八名のうち戦闘機専修者は四十三名、つまり全員の十九・七パーセントだった。

これは一期あたり四名から九名の割合だったが、戦闘機の削減がきまった昭和十一年末、卒業の学生は三十五名のうち、戦闘機専修者はわずか二名という極端な減少ぶりだった。さすがにその後はわずかにふえたが、それでも十一年末から十三年七月までの卒業員数百二十名のうち戦闘機専修者十五名で、比率は十二・五パーセントだった。

下士官兵の飛行練習生についてははっきりしたデータはないが、その比率はほぼ飛行学生にちかいものと考えられ、これは昭和十二年七月に勃発した日華事変にたちまちひびいただけでなく、のちの太平洋戦争にまで影響がおよんだ。

とくに、小隊長以上の飛行機隊指揮官の不足は深刻で、戦闘機隊の場合は指揮官の戦死する率が高かったところから、経験のあさい士官をあてざるをえなかったのは、戦闘機無用論の後遺症といっていいだろう。

戦闘機無用論とともに、時をおなじくして出現した新機種、艦上爆撃機の威力過信もまた、戦闘機にいちじるしい影響をあたえた。

前にのべたように、多くの戦闘機搭乗者が艦爆にかわっただけでなく、母艦搭載機の比率変更となってあらわれ、昭和十二年度からは、艦攻をふやすため戦闘機をへらす措置がとられた。

しかもその戦闘機たるや、九六艦戦はエンジン問題その他で、まだ充分な部隊編成にいたらず、戦闘機の生命ともいうべき機銃の性能も射撃訓練も、実戦にはいささか心ぼそい状態にあった。

昭和十二年七月にはじまった日華事変に、海軍は、戦闘機兵力の削減が軌道にのりはじめた最悪の事態の中で突入しなければならなかったのである。

11 運不運を分けるもの〈九試中艇と九試大艇その明暗〉

成功の要因

九六式艦戦、九六式陸攻と、日本海軍に新紀元をもたらした九試計画には、もうひとつの大成功作である川西一社指定の九試大型飛行艇、略して九試大艇がある。

しかし、九試大艇には、九試中攻のまえに八試中攻があったように、ステップとして八試大艇があり、その延長上にできあがった機体といえる。ただし、三菱一社指定の八試特偵とちがって正規の試作計画にはふくまれず、その内容は設計図と木型（木でつくった実機の模型）のみという変わったものだった。

つまり、実機はつくらなくてもいいが、金をだしてやるから大型飛行艇の設計演習をやれという、親切な海軍の配慮であった。

アメリカ海軍を仮想敵と考えていた日本海軍は、南洋諸島を拠点として、洋上遠くアメリカ艦隊をキャッチするための高性能飛行艇を欲していた。

このころ、日本海軍が作戦につかえる飛行艇としては、イギリスのショート社設計の九〇式二号飛行艇が三機と、海軍で設計して川西で生産中の九一式飛行艇（川西で十七機、広海軍工廠で三機生産）があるだけで、あとは旧式の八九式飛行艇と、つかいものにならない九〇式一号飛行艇が一機のこっているだけの貧弱な陣容だったからだ。

九一式飛行艇は、R式（ドイツ人ロールバッハ技師の設計）、一五式、八九式など、飛行艇技術の経験豊富な広海軍工廠航空機部が、失敗に終わった三発単葉の九〇式一号飛行艇のあとに設計したもので、のちに第六代航空技術廠長になった和田操中佐や、同飛行機部設計主任となった岡村純造兵少佐ら広工廠設計陣の、それまでの技術の集大成ともいうべきものだった。

九一式飛行艇は、三発だった九〇式一号を双発にしてひとまわり小型化したような設計だったが、もっとも大きな特徴は、主翼に「ワグナーの張力場ウェブ理論」による箱型構造を採用したことで、この方法は主翼だけでなく機体の他の部分にも応用でき、金属製飛行機のもっともすぐれた構造様式として、以後の日本の金属製飛行機の構造は、すべてこの理論にもとづくものとなった。

それまでの飛行機の構造は、強い骨格で強度をもたせ、外側に張られた羽布や外板はたんなる整形のためとしか考えられていなかったが、ドイツ人ワグナーが金属板をつかって外板そのものにも強度をうけもたせることにより、軽くてじょうぶな構造とすることを思いつき、その計算理論を発表した。

いかにもドイツ人らしい難解な論文だったが、そのすぐれた点に注目して日本にもたらしたのは、ロールバッハ技師が設計した全金属製大型機の技術調査のため、大正十一年にドイツにいった和田操大尉だった。

和田大尉は、海軍兵学校出の純然たる兵科士官だったが、ドイツ行きの前年、選科学生として東京帝大航空科をでただけあって、その技術眼はさすがというべく、みずからもたらしたワグナー張力場ウェブ理論にもとづく構造を、広工廠設計の九〇式一号および九一式飛行艇、九五式大攻などに採用した。

そしてこの技術は、九五式大攻の生産をつうじて三菱が学んだが、同様に九一式飛行艇を生産した川西航空機にも流れた。

川西では、すでに九〇式二号飛行艇の生産によってショート飛行艇の技術を学んだが、九一式飛行艇の生産は、イギリス人たちとはまたひと味ちがうドイツ式設計をも吸収することとなり、自前の飛行艇設計のお膳だてはすっかりととのっていた。

そこに海軍からの設計トレーニング的な八試大艇の試作発注があり、引きつづきの九試大艇だったから、成功はすでに約束されたようなものといっていい。

海軍が、これだけ川西にたいして好意的だったのには、それなりの理由があった。三菱や中島にくらべると、創設も新しくまだ弱体だった川西を、大型飛行艇メーカーとして育てたいという意図があったからで、海軍から常務取締役として有坂亮平中佐を送りこんだり、すこしおくれて橋口義雄造兵少佐を設計課長として入社させたりしたのもそのあらわれだった。

人事面だけでなく、海軍の指定工場に認定するとともに、練習機や水上偵察機などの量産を発注することによって、経営面でもバックアップした。

このことが、ずっと後になって初代航空廠長枝原百合一中将の顧問就任、さらには二代目航空廠長前原謙治中将の副社長就任（のち社長）につながり、戦局の進展とともに、経営の実権を完全に海軍に握られてしまうことにつながるが、そこまでは川西のトップも読みきれなかったし、ときの流れでもあった。

有坂常務、橋口設計課長を送りこんだ海軍が、川西にしめした九試大艇の要求性能は、九名の乗員と哨戒に必要な兵器を積んで、百二十ノット（二百二十キロ）の巡航速度で二千五百カイリ（四千六百二十五キロ）以上飛べることと、最高速度は百六十ノット（二百九十六キロ）以上、上昇力は高度三千メートルまで十五分以内、攻撃力は航空魚雷を二本積むことができる、などであった。

九試大艇の正式な設計開始は、試作命令をうけた昭和九年一月十八日ということになるが、じっさいは前年から着手していた八試の延長のようなものだった。

「けっしてやさしい数字ではなかったが、当時の気持としては要求性能のいかんにかかわらず最高のものをつくろうと考えていたから、とくに気負うこともなかった」

実質的に開発の中心人物となった川西の菊原静男技師は、こう語っているが、海軍としても川西としてもはじめて手がける四発大型機だけに、小型単戦や双発の九試中攻などよりずっとおくれ、設計開始から約二年後の昭和十一年七月十四日に一号機が完成した。

スパン（翼幅）四十メートル、それまで、主翼上に組まれたやぐらの上ときまっていたエンジンを主翼前縁にうつし、プロペラを水面からはなすため主翼を胴体からやや上げて支柱で取りつけるようにした九試大艇は、夏の太陽に映えるま新しいジュラルミンの肌のせいもあって、ほれぼれするような美しさだった。

九試大艇完成の報は、いちはやく海軍航空本部にもとんだが、この知らせをだれよりも待ちのぞんでいたのは、すでに少将から中将に進級し、航空本部技術部長から本部長になっていた山本五十六だった。

数日後、山本は、武庫川尻の川西航空機鳴尾製作所にやってきた。まだ飛行はできなかったが、川西ではスベリ（滑走路のこと、陸上から傾斜して海中に突きだしたコンクリート部分）から飛行艇を海中にいれ、海に浮かべてみせた。吃水が沈み、静かに海上にうかぶ九試大艇の姿態はいちだんと映えた。

「ご苦労だった」――そういって山本は関係者をねぎらい、みじかい時間の視察ではあったが満足して帰った。

この飛行艇の設計にさいしては大型飛行艇の先進国であるアメリカに出張したこともあり、もと海軍軍人だった設計課長の橋口にとって、最高の感激だった。

第一回の試験飛行は七月二十五日だった。試験飛行にさ

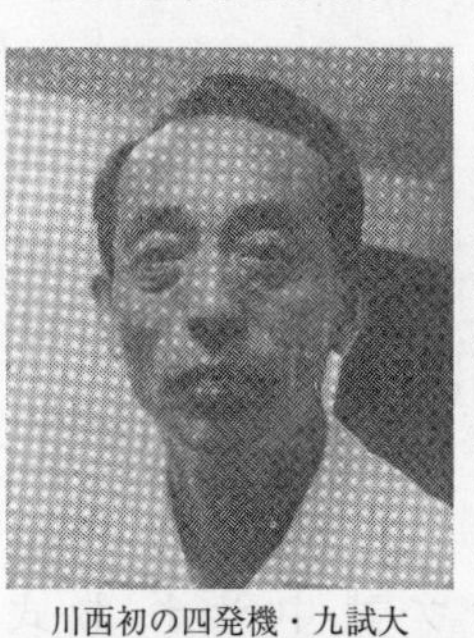
川西初の四発機・九試大艇設計主務者の菊原静雄

きだち、組立工場前で進水式がおこなわれた。海軍がわからも関係者が列席し、型どおりの神主のお祓いや玉串奉奠のあと、船の進水式にならって、設計責任者の橋口の手によって艇首にシャンペンがぶつけられた。いっせいに拍手がわいたが、じつはこのシャンペン、本物は高いからとシャンペン・サイダーでまにあわせたものだった。

最初の試験飛行は、九試中攻のときとおなじ航空廠飛行実験部水上班長近藤勝治中佐によっておこなわれたが、この試験飛行で菊原にとってもっとも気がかりだったのは、艇底ステップの位置だった。ステップというのは、離水のときの水の切れをよくするため艇体の底の中途につける段のことで、この位置をどこにもっていくかで飛行艇の水上運動の性格がかわる。

ステップが重心よりうしろにいくほど、機首をさげようとする傾向が強くなり、前のめりの姿勢になり、ステップ位置を前にもっていくと、機首をあげてジャンプする傾向があらわれる。

もちろん、九試大艇のステップ位置決定までには、試験水槽での模型実験がくりかえしおこなわれたが、ほんとうにどこがいいかは、飛んでみなければわからない、というのが実状だった。

そこで実験でほぼ最良と思われるステップ位置はきめたものの、飛んだ結果で改造することをあらかじめ見こんで、ステップはややみじかめに前の方とし、あとでつぎたしができるように、三百ミリと五百ミリの二種のステップとおなじ厚さのブロックを用意して慎重を期した。

最初の飛行は、つぎたしのないままおこなわれた。案の定、着水直後にゴボーンとジャンプした。

テストパイロットの近藤中佐は大型機操縦のベテランで、海軍きっての名パイロットといわれた人だ。いくらつぎたしをつけようかとの設計の質問に、即座に「長いのがよかろう」と答えた。

さっそく待機していた工員に五百ミリステップのつぎたし工事をやらせ、すぐ飛んでみた。こんどは前のめりもジャンプもせず、スムースに離着水できた。

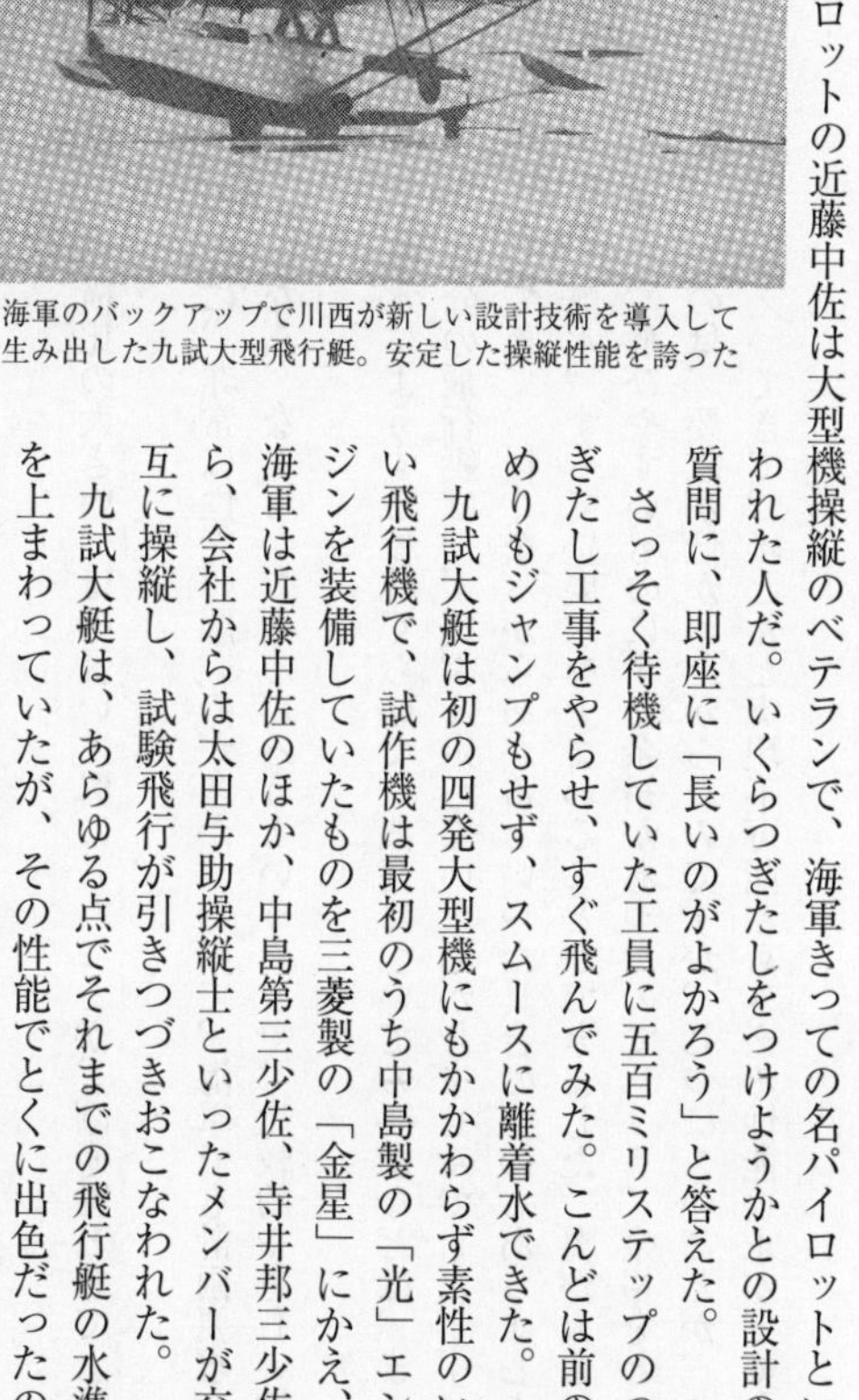

海軍のバックアップで川西が新しい設計技術を導入して生み出した九試大型飛行艇。安定した操縦性能を誇った

九試大艇は初の四発大型機にもかかわらず素性のいい飛行機で、試作機は最初のうち中島製の「光」エンジンを装備していたものを三菱製の「金星」にかえ、海軍は近藤中佐のほか、中島第三少佐、寺井邦三少佐ら、会社からは太田与助操縦士といったメンバーが交互に操縦し、試験飛行が引きつづきおこなわれた。

九試大艇は、あらゆる点でそれまでの飛行艇の水準を上まわっていたが、その性能でとくに出色だったのは上昇力で、海軍側の要求であった高度三千メートルまで十五分はらくに達成し、高度五千メートルですら十三分で到達するという驚異的な数字を記録した。

航続距離に重点を置いて縦横比の大きい、ほそ長い主翼にしたことが、副産物として上昇力を大きくしたものであった。

「それまでの飛行艇は、一般に、非常に性能の悪いのが多かったので、海軍でも計画要求をきめるとき、まあこのぐらいなら、なんとかできるだろうということで、比較的やさしい性能要求でした。

離着水の要求にしても、離水にようする秒時ぐらいで、波高についての要求などは、まったくなかったのです。その時分の飛行艇は、ずいぶん走らないとあがりませんでした。ずっと走ってきたら、燃料がへってきて、軽くなるからあがるといった具合のものもありました。

航続距離、速力、上昇率、離水、すべてに要求を上まわることができました。翼が大きいので、わりあい操縦しやすく、飛びやすいものにする余裕があったのでしょう。余裕をとっても十分に要求を満足できたのは、要求が低かったからなのですが、じつはこのことが、つぎの二式大艇のときに逆にかえってきて、ほとんど実現不可能ともみえる性能要求ができました」

菊原が語る九試大艇成功の要因であるが、思ってもみなかった九試大艇の好成績によろこんだ海軍は、さらに三機の増加試作機をくわえて実用試験をかさねた結果、昭和十三年一月、九七式飛行艇として制式採用がきまった。

もうひとつの飛行艇

九試には、川西一社指定の九試大艇のほかに、もうひとつの飛行艇があった。

九試中型飛行艇、略して九試中艇はR式（ドイツ人ロールバッハ技師の設計）以来、飛行艇ではもっとも経験豊富な広海軍工廠の設計試作部門が、航空廠にうつってから手がけた最初の飛行艇だった。

設計は、主として広工廠以来のベテラン岡村純造兵中佐らによっておこなわれ、試作は航空廠ではやれないので、引きつづき広工廠が担当し、試作責任者は大戦末期、赴任先のドイツから帰国途中にドイツの降伏を知り、便乗していたドイツ潜水艦内で自決した庄司元三造兵大尉（のち中佐）だった。

九百五十馬力の三菱製空冷「震天」エンジン装備の双発機で、パラソル型の主翼支持法をとった全体のレイアウトは、四発と双発の違いと、ひとまわり小ぶりな点をのぞけば、川西の九試大艇とそっくりだった。

経験ゆたかな設計陣の手になっただけに、さすがに空中性能にはみるべきものがあったが、ポーポイズや艇首の波かぶりなど水上性能に難があり、その改良に手を焼くことになった。しかもまずいことに、民間とちがって生産性とかコストといった問題には不得意な軍工廠の設計とあって、構造が複雑でつくりにくく、そのうえ機能部品の故障も絶えなかったから、テストは難行した。

さらに不運なことには、昭和十三年七月二十三日午前、航空廠飛行実験部の土橋頼実大尉操縦の試作一号機が、集合排気管に孔があいたため、そこから出た炎で主翼の桁中央部があぶられて溶け、空中で翼が二つ折れにたたんだ形になって追浜沖の海中に突入し、実験関係者全員が殉職するといういたましい事故を起こした。

殉職者のなかには、みずから考案した「補助翼の効き」計測装置をテストするために同乗していた海軍航空技術界の至宝といわれた島本克巳造兵少佐もいた。

話は事故の前日、七月二十二日にさかのぼる。この日は俸給日（当時は給料とはいわずこういっていた）だった。飛行実験部で計測や実験を担当していた本江豊治技手（のち技師）は、独身の気らくさで、もらったばかりの俸給をふところに、同僚の稲手技手、浅岡技手、科学部の広田技師とつれだって、終業後、横浜の本牧にくりだした。

途中で会った航空廠の仲間もくわわって、何軒かのハシゴ酒でしたたか酔い、最後のカフェーで飲みなおしていたとき、だれかが店の前にとまっていた車に小便をひっかけた。

それまでにも、だいぶ悪さをしていたので、腹にすえかねた店のマダムが注意すると、酔った勢いでからんだのがいけなかった。

ほんとうに怒ったマダムが警察に連絡すると、すぐ管轄の寿警察署から巡査がやってきた。

比較的酔っていなかった本江が、ことの重大さに気づいて謝ると、本江をのぞく三人をのせて走りさろうとした。あわてた本江が、「まってくれ、オレがまだいるぞ」と言うと、「そんなら、お前も乗れ」と、四人とも警察署につれていかれた。

器物損壊ならびに暴力行為？　の現行犯逮捕ということで、その晩はズボンのバンドを取りあげられて一人ずつ分散留置となったが、翌朝、本江だけが留置場から出された。

「お前はなにもやっていないのに、仲間にかわって謝った。たいへん態度がよろしいから釈放してやる。だがな、こんな飲んべえ連中とつきあっていたら、いい嫁さんこないぞ」

「あとの連中はどうなるんです？」

「あいつらは、あとで憲兵隊に引きわたす。お前だけ帰ってよろしい」

そんなやりとりがあって本江だけ釈放されたが、当時は有名なゴーストップ事件によって代表されるように警察と憲兵隊の仲が悪く、ことごとに対立していたから、本来ならもっと寛大にあつかわれてしかるべき酒の上の過ち（あやま）にたいしても、警察がわの対応は過剰反応ともいえるきびしいものだった。

残された三人のことが気にはなったが、それでも生まれてはじめての留置場での一夜から解放されたうれしさに、いそいそと航空廠にもどってみると、たいへんな事件が起きていた。そうとは知らぬ本江が、飛行実験部長の吉良俊一大佐に一部始終を報告すると、吉良大佐はやおら言った。

「オーそうか、そいつはひどい目にあったな。よしよし、三人の身柄は憲兵隊にもらいうけにいかせるから心配するな。それはいいが、いまたいへんなんだぞ。飛行艇が墜ちて捜索をやっているんだ」

それを聞いて、本江は飛びあがるほどびっくりしたが、吉良大佐はそんな混乱の最中にもかかわらず、三人を引きとりに飛行実験部の吉武機関少佐を憲兵隊にいかせた。

吉良大佐は桑原虎雄大佐のあとをうけて、十二年暮れに飛行実験部長になったが、日本で最初に空母への着艦実験をやった人だけに、さすが太っ腹だった。

厳密にいえば、最初にやったのは元イギリス海軍大尉で三菱のテストパイロットをしていたジョルダンだが、すでに着艦経験のあるジョルダンにたいして、吉良はまったくの初体験だったから、そのプレッシャーはそうとうなものだったと想像される。

しかもこの着艦実験には、日本海軍はじまって以来のこととあって東郷平八郎、井上両元帥をはじめ多数の高官が見にきていたのだ。

大正十二年三月五日、竣工まもない空母「鳳翔」上で、飛行長吉良大尉による初の着艦実験がおこなわれた。

第一回は成功だったが、二回目にオーバー気味となってやりなおしを試みたがまにあわず、ワイヤーを引っかけたまま海中に落ちた。しかし、吉良大尉はぶじでそのまま実験を続行し、さらに三回の着艦を成功させた。

びしょ濡れの姿のまま、落ちついて墜落の状況を報告し、しかも平然と実験をつづけようとするようすをみて、東郷元帥が「たのもしい人たちじゃな」とつぶやいたのを、吉良の前に飛行実験部長だった桑原中将（当時、大尉）は耳にした。

吉良大尉は、この功績によって海軍大臣表彰をうけたが、実験の成果が航空母艦の実用性について海軍に確信をいだかせ、軍縮条約によって廃棄の運命にあった「赤城」「加賀」を空母への改造にふみ切らせることとなった。

憲兵隊には、できるだけ階級が上でハッタリをきかせた方がいいので、吉武少佐は略章をつり、手袋をはめたいかめしい格好で、身元引受人として赴いた。さぞ三人とも心ぼそい思いをしているだろうと思いながらいってみると、なにやらドアの内側からにぎやかな話し声が聞こえる。

「あれ？　あの声はたしかにウチの連中だが……」

けげんに思いながら中に入った吉武少佐は、事情を聞いて大笑いになった。つれていかれたさきの憲兵隊の隊長が、留置された浅岡技手の学生時代のかつての配属将校だったという奇遇からすっかり打ちとけて、「なんだ、警察の野郎、そんなひでえことをしやがったか。ヨーシ、俺があとで仇をうってやる」と隊長みずから気炎をあげながら、みんなでお茶を飲んでワイワイやっていたのだ。

これで憲兵隊の方も円満におさまり、カフェー事件も一件落着となったが、墜落事故はそれどころではなかった。

実験もふくめて、飛行の搭乗割は前日にきまる。明日、何なにの実験をするから、操縦はだれ、計測はだれ、整備はだれというように、九試中艇の二十三日の実験も搭乗割はすべてきまっており、その中に留置場に入れられた広田技師、稲手、浅岡両技手らが入っていた。ところが、飛行時刻になっても帰ってこないのでかわりの人が乗って殉職した。稲手の上司の吉田技師もその一人で、おなじ計測班の本江の部下四人とともに変わりはてた姿で海中から引き揚げられた。

薄幸な運命

飛行実験部には、本江より一年後に入った整備担当で仲良しの西良彦技手（のち技師）がいたが、九試中艇が墜落して大さわぎの最中に本江らがいないので、心配した計測班長の池田吉二技師が、西のところにやって来て聞いた。

「西君、うちの連中がだいぶ出てきていないが、どうかしたのか？」

「サア、私はなにも知りませんが」

西も気にしていたところへ、ひょっこり本江だけが帰ってきたのだ。

吉良飛行実験部長にことの仔細を報告した本江は、事故のあったことを知らされて仰天した。

乗っていた十一人が全員死亡という大惨事で、さっそく飛行実験部の葬儀委員に任命された本江は、殉職者の人別にいかなければならなかった。

西をはじめ、若い連中はとてもたえられないからと逃げてしまい、けっきょくは、責任者として本江がこの残酷な役目を引きうけることになった。

遺体は医務室に安置されていたが、これまでにも、何度か経験して航空事故のひどさはよく知っていた本江も、これほど大量の犠牲者を見たのははじめてだった。

しかも焼けこげ、バラバラになった肉片が事故の悲惨さを物語っていた。

軍医が「この手はこっちだ、この足はそっちだぞ」などといいながら、遺体をつぎたしてなんとか形をととのえている。その間にも、引き揚げられた機体の中から、新たに発見された遺体が運ばれてくる。

〈修羅場とはこのことか……〉

呆然としながらも、気をとりなおした本江は、吉田技師や自分の部下を確認しようと遺体をのぞきこんだが、なかには顔の変形がひどくて、金歯などの特徴からかろうじて判別できた者もいた。

遺体がすべてそろったところで納棺、そして遺族との悲しい対面、葬式のあと火葬に付したが、数が多いので横須賀の火葬場だけではまにあわず、鎌倉にも持っていくことになった。

ところが、火葬場に出発するまぎわになって、医務室から腕が一本とどいた。それを一人の棺の中におさめようとすると、遺族が、「これはウチの息子の腕かどうかわからない」といって入れさせようとしない。それを軍医が、死体検分をしてたしかめたのだからまちがいないといって納得してもらうのにひと苦労する場面もあった。

なかには、「ウチの子は小さいとき、『お母さん、火葬場で、カマに入れられて燃やされたら熱いでしょう。ボクはそんな熱いところに入るのはイヤだよ』といっていた」と、さめざめと泣く母親もいてまわりの人びとの涙をさそった。

悲惨な試作一号機の事故にもかかわらず、海軍は九試中艇をあきらめなかった。川西の九試大艇にたいする〝官側〟のメンツがあったし、あわよくばコストの安い双発機で四発大艇に匹敵するものを、という欲ばった考えに固執した結果、九試大艇より二年もおくれて、九九式飛行艇（H5Y）としてなんとか制式機にしてしまった。

しかし、川西の九七式大艇にくらべて性能も劣るうえに、生産性やコストの問題には不得意な軍工廠の設計とあって、構造が複雑でつくりにくく、機能部品の故障が絶えないなど、悪い面ばかりがめだった。そのうえ、装備エンジン「震天」の生産を三菱がやめてしまったこともあって、総数二十機で打ちきられてしまった。

順調な運命をたどった川西九試にくらべて、薄幸の飛行艇だったが、理想を追いすぎるあまり生産性や整備性、コストの追及などがあまい海軍の部内設計機共通の欠点は、その後も、空技廠設計の艦上爆撃機「彗星」（D4Y1）や陸上爆撃機「銀河」（P1Y1）にも見うけられ、生産を担当させられた民間会社や配備された実施部隊を悩ませることになった。

12 幾多の犠牲のうえに〈最も危険な職場・飛行実験部〉

忘れられない大惨事

本江豊治技師が航空廠に入ったのは昭和十年、松崎敏彦、仙頭一郎、富沢豁、海法泰治らがいっしょだった。本江は北陸の金沢高等工業機械工学科出身で、この年、航空廠には大学、高工卒が三十名以上も入った。

配属は飛行実験部で、部長は山田忠治少将。明治四十五年、大尉時代に河野三吉大尉(のち中佐、航空機試験所長)、中島知久平機関大尉(のち中島飛行機を創設)らとともに操縦を習うため米国留学した、日本海軍でもっとも古い飛行機パイロットとして知られた人だ。

この偉大なる部長(十一年十二月に桑原虎雄少将にかわった)のもとで、当時の飛行実験部にはのびのびとした空気がただよっていたが、ご多分にもれず、本江も一年間は日給二円十五銭の有識工員で、ふだんは工員とおなじナッパ服を着ていた。

一年たつと徴兵で陸軍に入り、見習士官となった。技術をいかせというので名古屋造兵廠に実習にいき、弾薬庫や鉄砲の薬莢づくりなどをやらされた。日本で最先端をいっていた海軍航空廠から、陸軍にきてみると、明治年間に制式になった三八式歩兵銃のような古いものをいまだに使っていたり、飛行機だって海軍にくらべて旧式の感がまぬがれず、しかもそれをほとんど改良もしないで使っており、これでいいのかなと考えさせられた。

所沢飛行場にも行ったが、ひろいところで長々と滑走して静かに上昇していく、じつにのんびりした光景だった。航空母艦に降りなければならないので、離着陸距離のやかましい海軍にくらべると月とすっぽんほどの差だ。エンジンの始動がまたのんびりしている。始動車を飛行機の前につけ、プロペラ中央先端のカギの部分に引っかけて一台、一台まわしていくのだが、これでは多数機の同時発進などとてもおぼつかない。海軍では手まわしではあったが、機首の横からさし入れるスターターにかわっていた。

「器材のおくれや改良にたいしてあまり文句をいわないところをみると、どうも軍人精神を強調してブツに頼らないことをもってよしとするふうがあるようだ」というのが、本江の陸軍にいだいた印象だった。

これは陸海軍の軍人気質の大きなちがいだったようで、昭和十五年当時、海軍最初の陸偵隊長である千早猛彦大尉と、この道の先輩である陸軍の司偵隊（司令部偵察機の飛行隊）中隊長片倉恕大尉は、おなじ偵察機仲間として、しばしば行動をともにしたが、

「千早大尉は飛行機についてしょっちゅう、文句をいい、改良を要求していたが、海軍というのはそういうところなんだなと思った」と語っている。

本江は一年あまり陸軍にいて、陸軍少尉で除隊、航空廠に帰って昭和十三年に海軍技手になった。飛行実験部は、すべての試作機や、外国から購入したサンプル機などの飛行実験を担当する部門で、離陸、上昇、実用上昇限度、各高度の水平速度、燃料消費量、安定性、操縦性など各種の性能をしらべて評価をするのが主な仕事だ。単座機の場合は、計測もデータの記録もすべてパイロットが一人でやらなければならないが、複座機以上になると計測機器とともに計測員がつき、大型機ともなれば数人の計測員が乗る場合もある。

本江の仕事はこの計測だが、海軍技手になった、十三年当時のメモによると、九九式艦上爆撃機（十一試艦爆）、九〇式二号水上偵察機、十試水上観測機（三菱）、九式中艇（空廠一号）、ダグラスDF飛行艇、フェアチャイルド水陸両用機、九一式飛行艇（川西五号機）など受け持ち機体は多岐にわたっている。

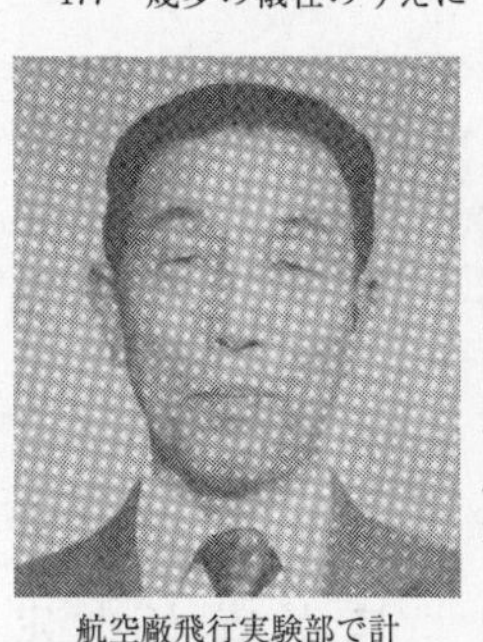

航空廠飛行実験部で計測を担当した本江豊治

たんに未知数の試作機、あるいは新技術のテストであるという理由だけでなく、飛行機そのものの信頼性も低かった時代だから、危ない思いをすることはしょっちゅうだったが、本江にとって忘れられないのは、昭和十二年六月十九日の九〇式一号水偵での事故だ。九〇式一号水偵は複座で、パイロットはのちに毎日新聞社の世界一周機「ニッポン号」の副操縦士だった吉田重雄工手。もと陸軍のパイロットだったが、海軍の訓練をうけて航空廠に入ってきた人である。

この日の試験項目は縦安定試験で、後席には測定のために本江が乗っていたが、東京湾上空を飛行中にエンジンが停止して東京湾の海堡付近の海上に不時着した。着水時の衝撃でフロートの支柱が折れ、機体がじかに浸水してしまった。いちはやく本江は海中に飛びこんで脱出したが、パイロットの吉田がなかなか降りようとしない。

海軍機には尾部浮堰(ふえん)装置があり、重い機体の先端部分が沈んでも、しばらくは浮いていることができた。しかも海上に突きだして浮いている尾部が発見されやすいように赤く塗られていた。しかし、あるていど浮いたあと沈むので、それまでに機体からはなれていないと、海中に没するさいに生じる渦に人間が吸いこまれてしまう。そうなってはたいへんだから、本江がしきりに「早くはやく」とせかせるが、陸軍出身の吉田は泳げないので海をこわがって飛びこめないのだ。

ジャケットを着ているからだいじょうぶだといってやっと飛行機から離脱させたが、浮いているだけでしきりに苦しがっている。そのうち飛行機は沈み、救援の漁船がやってくるのが見えたが、自尊心があるので助けてくれとはいえず、ただ「オーイ」と呼ぶだけだった。あとで吉田が泳げないために危ない思いをしたことがわかり、うかつだったというので、泳げない者を対象に水泳の訓練をするようになった。海軍のパイロットなら泳ぐことはあたり前で、だれもそのことについて格別の関心をはらう者はいなかったのである。

当時、独身だった本江は横浜の金沢八景に下宿していたが、べつにケガもなかったので、救助されたあとすぐ帰ってフロに入っていた。たまたま休んでいた工員が、「本江さん、さっきラジオでうちの飛行機が不時着したというのを聞きましたよ」というので、また事故がおきたのかなと思ってよく聞いてみると、どうも自分たちのことらしい。まさか当の本人が目の前にいるとも知らずに話すのを聞くのは、じつに妙な気分だった。まだ軍の事故をかくすような時代ではなかったが、それからわずか二週間ほどあとに、盧溝橋事件に端を発した日華事変の勃発となり、こうした報道に厳重な管制がしかれるようになった。

このあとも胆を冷やすような危ない目にあったことは何度もあったが、幸い命を落とすようなことがなかった本江は、運がよかったというべきで、頻発した航空事故で彼は多くの先輩、同僚、後輩を失っている。

なかでも最大のものは、昭和十三年夏におきた九試中型飛行艇の墜落事故だが、そのすこし前にも空中事故でパイロット一人が死亡するという惨事があった。

機体は、昭和十三年はじめ、愛知航空機が製造権を導入したドイツのハインケルHe118急降下爆撃機で、海軍が急降下爆撃機の研究のため、サンプル一機をもってテストをおこなっていたものだった。

事故は、急降下テスト中に発生した。

約三千メートルから突っこんだHe118の機体の一部がふっとび、そのまま海上に激突して操縦していた小松良二兵曹長は、機体と運命をともにした。計測のため後席に乗っていた稲手技手は、空中分解の衝撃で風防をやぶって機外にほうりだされ、鋸山付近の松の枝に、落下傘が引っかかってぶら下がっているのが発見された。

ケガの方は落下傘バンドがゆるかったため、松に引っかかったときの衝撃でひどい擦過傷を負ってはいたが、ほかは奇蹟的に無傷にちかかった。それよりもいたましかったのは、墜落の精神的ショックで、記憶喪失になってしまったことだった。

救出されて航空廠の医務室に寝かせたが、事故のことだけは覚えていて、しきりに「小松兵曹長はどうした?」と聞くので、「あんたよりすこしケガがひどいようだから、横須賀の海軍病院に入っている」といっても、疑わしそうに、しきりに窓の外を見ている。

そのとき、たまたま葬儀屋がやってきたのが目に入った。「あ、いつもの葬儀屋がきているじゃないか」というので、本江は、「なにかのまちがいでしょう。心配しないで安静にしていなければいかんです」といってごまかした。葬儀屋は死んだ小松兵曹長の棺おけを持ってきたのだった。

夜になって救急車でいっしょに家に帰ったが、夜中に傷が痛いというので、軍医をよびだして応急処置をしてもらった。本江はそのまま、夜どおしつきそっていたが、朝になると新聞をみせろという。そこでみせる前に本江が開いて見たが、幸い事故についてはどこにものっていなかった。すでに前年、日華事変がはじまっており、軍の航空事故などは記事さし止めとなっていたのである。

ホッとして、稲手に新聞をみせると、「のっていない。じゃ何ともなかったんだ」と納得したようす。とにかく事故がおきると、あとの始末や生存者あるいは遺族にたいする周囲の気くばりは大変なものだった。

稲手技手は二ヵ月くらいしてキズは回復したが、記憶が完全にもどっていないので、事故の前後のようすがどうしても思いだせなかった。それからさらに一ヵ月後、ほかの飛行機の空中試験に同乗していたとき、とつぜん記憶がよみがえり、翼の方から激しい振動があって分解したことを思いだした。補助翼のフラッターが原因で空中分解を誘発したことが、それであきらかになったのである。

しかもそのころ軍需部の倉庫に、ハインケルHe118の金属製補助翼が見つかった。事故機のは木製羽布張りのため強度が弱かったので、別便で送られてきたものだった。だから、とうぜん交換すべきものを、知らずに飛んだために起きた悲劇だった。

試作機としてまだ不完全なHe118を買わされた日本側のミスだが、それでも、のちに航空廠が高速艦上爆撃機「彗星」を設計するさいにかなり参考になったというから、あながち、むだな買い物だったとはいえないだろう。

昭和十二年から正規の輸入がとだえる昭和十五年末にいたる間に、日本海軍はずいぶん多くのサンプル機を外国から買っているが、ハインケル社との関係はとくに深く、He118のほかにもHe112および100D戦闘機、119高速爆撃機などを買っている。しかし、あわよくば国産化をと考えていたHe112および100Dは、けっきょくモノにならず、He119は購入した二機とも、地上における事故で失われるというかんばしくない結果に終わっている。

つらい思い出

本江と大の仲よし、戦時中はもとより、戦後もずっと行をともにすることになった西良彦技師は、本江より一年おくれて昭和十一年に航空廠に入った。所属は本江とおなじ飛行実験部。もちろん、身分は日給二円十五銭の有識工員（最初は有識職工とよんだらしい）で、一年たって工手、さらに工長とすすんで十三年半ばに技手になった。

昭和十四年になると、日華事変の激化にともない、海軍からもシビリアンが応召でどんどん陸軍にとられるようになったので、それではせっかくの人材を失ってしまうと、昭和九年から十三年の間に専門学校、大学から入った技術者を、すべて二年現役の技術士官にする制度ができた。

そこで西も海軍技術少尉となったが、途中、病気などして同僚におくれたのがシャクで、文官にもどしてもらってふたたび技手。技師になったのは、士官になった仲間がそろそろ大尉になろうかという昭和十七年の十一月だった。

かなりまわり道をしたが、仕事そのものはじつにバラエティーにとんでいた。計測専門だった本江にたいし、西は飛行実験部にある機体の整備が主。したがって、本江同様、飛行機にはしょっちゅう乗っていて、多くの事故を目撃し、親しい人びとを失っている。

ハインケルＨｅ１１８急降下爆撃機のテストで殉職した小松良二兵曹長もそのうちの一人で、昭和十二年十月の済州島での九五式大攻の誘爆事故の調査に、西が出張したときのパイロットが小松だった。

それ以来、小松とは縁があり、翌十三年、透明風防をつけた九六式艦戦二号二型（A5M2b）の現地テストのため、陥落直後の南京に出張したときの九六式陸攻の主操（メインパイロット）も小松兵曹長だった。

余談になるがこのときの副操（サブパイロット）が、のちに汪精衛専用機の専属パイロットとなり、女優の森光子との恋仲がうわさになった滝仲孟雄だった。

滝仲は、明治学院出身の第一期予備学生パイロットで、「孟ちゃん」こと滝仲は、西に親しみをしめし、西が病気で入院していたときも見舞いにきてくれた。

縁は不思議なもので、終戦後、西が東京茅場町の焼けビル内の事務所にいたとき、たまたま同じビルにいた滝仲とバッタリ出合った。それからしばらくして、高知にうつった滝仲を、本江が出張のさいにたずねたら、一週間ほど前に亡くなったということだった。

昭和十三年夏の九試中艇の事故は、西にとっても忘れられないつらい思い出のひとつだった。

遺体確認には、西もいくようにいわれたが、変わりはてた同僚の姿を見るのが怖くてついにいかなかった。じっさい、航空事故の悲惨さは想像を絶する。遺体の損壊がひどく、五体満足なことはまずない。そこでなんとか皮膚だけ残っているところを綿でくるみ、包帯でぐるぐる巻きにして、身体の格好をつくる。

遺族対面といっても、顔などほとんどわからず、わずかに皮膚の一部を見せるだけ、といったことも少なくなかった。

しょっちゅう事故があって殉職者がでるので、工作班は棺おけづくりにいそがしかった。そのお棺が十一個ならんだ九試中艇事故のお通夜の席で、西は日産自動車にいった仙台の高等工業の同級生にあった。

「なんだお前、どうしたの?」

驚いて聞いてみると、彼の奥さんの兄さん、つまり義兄が科学部にいてこの事故にあったというのだ。

事故当日、本江ら留置場組の中にいて殉職をまぬがれたうちの一人に、科学部の広田技師がいた。だがその一ヵ月後、広田は九七式艦攻の前身である十試艦攻で、縦方向の復元安定テスト中に、江の島沖の海に墜ちて死んだ。

遺体引き揚げにいった西は、〈この人はやっぱり死ぬように運命づけられていたのか〉と、つくづく人の命のはかなさを思ったが、このときの操縦者だった竹田伊三工手には、ことさらに苦い思い出がある。

西はこの竹田とはよくいっしょに飛んだが、この事故の一週間前にも十試艦攻に同乗した。いまはなくなったが、当時、追浜の飛行場のちかくには火葬場があった。着陸のとき煙突から煙が昇っているのを認めた後席の西が、竹田に、「オイ、お前もいつかあの煙になるんだぞ」と冗談のつもりで言ったら、そのとおりになってしまったのだ。

〈たとえ冗談にもせよ、不吉な言葉をけっして口にすべきではない〉後味のわるい思いは、しばらく西の脳裏から消えなかった。

ざっと十年におよぶ西の飛行実験部生活の間には、西自身もずいぶん危ない目にあってい
る。

昭和七年にはじまった海軍航空自立三ヵ年計画は、大成功をおさめた昭和九年度をもって、
いちおう終わり、昭和十年度からは通常の年度ごとの試作に移行したが、十試計画は他機種
にわたった九試にくらべて、わずか三機種だけだったが、九七式艦攻、九七式艦上偵察機、
零式水上観測機としていずれも制式となった優秀機を生んだ。

話はそのうちの九七式艦攻での西の体験だ。十試艦攻は中島、三菱両社の競争試作だった
が、九式艦攻でそろって落第した両社の技術向上はめざましく、どちらもすてがたいとあっ
て、海軍は中島機を九七式一号艦攻（B5N1）、三菱機を同二号艦攻（B5M1）として、
いずれも制式採用とした。

両機とも片持ち式低翼単葉全金属製で、わずか一年のちがいながら、前年に制式となった
複葉羽布張りの航空廠設計機、九六式艦攻（B4Y1）とは雲泥の開きがあった。

一千馬力級のエンジンに、初の可変ピッチプロペラを装備し、主翼折りたたみ装置など、
すべてが新しいこの十試艦攻は、飛行実験部にもさまざまな新しい経験を強いることになっ
た。

三菱製の九七式二号艦攻での、可変ピッチプロペラのテストをやったときのことだ。

自動車にはトランスミッションがある。あらゆるスピードにたいしてギア比が一定という

のは運転しにくいし、効率が悪いので、スピードやエンジン負荷に応じて、手動または自動でギア比が変わるようになっている。

飛行機もスピードが遅いうちは固定ピッチプロペラですんだが、しだいにスピードが速くなると、一定のピッチではカバーしきれなくなるので、まずプロペラ・ピッチの高低二段切りかえがあらわれた。

九六式陸攻や九七式艦攻も最初はそれだったが、住友金属が、アメリカのハミルトン・スタンダード可変ピッチプロペラを国産化するようになって、この定速プロペラに切りかえられた。

これはプロペラの回転速度が一定になるように、自動的かつ連続的にピッチがかわるもので、定回転プロペラともよばれ、ハミルトン社のはガバナー（調速機）でそれをやるようになっていた。

この日の試験項目は、高度二千メートルでの全速試験、パイロットは下士官あがりの山口正工手だった。もちろん西も同乗し、追浜を離陸した九七式二号艦攻は、進路を西方にとって上昇した。ところが、大船の上空あたりでエンジンが急にとまってしまった。

「西さん、エンジンがとまっちゃった」

前席から山口が、大声でさけんだ。

いわれるまでもなく、すぐ燃料ポンプをついたり、混合気調整のＡＣレバーを動かしたりしてみたが、どうやってもエンジンはかからない。

上からは飛行場が見え、山口はエンジンをとめて降りるのは練習生のときからやっているからだいじょうぶといって、滑空で降りようとした。ところが、いつものクセで、フラップをおろしたからたまらない。急に降下率が大きくなり、高度がグングンさがりはじめた。

「西さん、たりない。とどきそうもないぞ」

ふたたび山口の絶叫。

「あそこだ、あそこに降りろ」

飛行場手前の、まだ埋め立て工事中のところに降りるように指示したが、接地寸前にエンジンがとつぜん動きだした。

幸い、飛行場の端、もうすこしで海に落ちるというところで、かろうじてとまったが、ふと気づいたらモンキーバンドをはずすのを忘れていた。

身体につけたパラシュートを機体に固定するバンドであるが、もしそのままで飛行機が転覆でもしたら、死んでいただろうと思ってゾッとした。

原因は、エンジン整備の工員がキャブレターを混合比の低い方にあわせてあったせいで、混合気がうすいのでエンジンを絞ったとたんに、ストールを起こして

海軍の単発機として初めて引きこみ脚を採用した九七式艦上攻撃機。日華事変末期から活躍、真珠湾攻撃の主力

とまってしまったのだ。上空では空気が冷たいので、一度とまるとエンジンはなかなかかからない。そんなことがわかったのはだいぶあとのことで、九七式二号艦攻とおなじ三菱「金星」エンジンを装備した、九九式艦爆もにたような故障があった。

九七式二号艦攻は、最初三菱で生産していたが、のちに広工廠でもつくるようになった。その広工廠生産機の一、二、三号機を引きとって追浜で分解してみると、主翼の中からスパナが出てきたりした。

その二号艦攻で、担当の鈴木正一少佐（のち大佐）と飛行実験中のことだ。上空にあがったところで、偵察席に乗っていた西は、足元から猛烈な熱気を感じた。まるで炎であぶられている感じで、このままでは胴体が溶けてしまうのではないかと思われるほどだった。

「鈴木さん、たいへんだからすぐ降りよう」

大声で言って飛行場に引きかえしたが、原因はすぐわかった。

この実験ではじめてダミーの魚雷をつんだが、魚雷は胴体下面の照準器をさまたげないよう、胴体中心からすこしずらして取りつけてある。たまたま、それがエンジンの集合排気管の開口部の後方にあったため、熱い排気が胴体と魚雷のせまい隙間をとおる結果となり、胴体下面が熱せられたものとわかった。

機銃、魚雷など兵装関係と、機体関係とはまったくべつであったことから、実験してはじめてわかったことだった。戦闘機にしても、機銃や弾倉などの取りつけのためのスペースや構造は、あらかじめ機体がわで考慮してあったが、じっさいの取りつけや発射実験などは、すべて海軍がわが機体を引き取ってからおこなうようになっていた。

艤装、とくに機銃関係のそれについてのおくれや制度上の盲点についてはあとでのべるが、九七式二号艦攻での西の体験は、そのひとつのあらわれであったといえる。

艤装のおくれは、日本の飛行機全体に共通した欠点だったが、九七式艦攻の主翼折りたたみ機構も例外ではなかった。

第二次大戦中の映画などでみるアメリカ海軍の艦上機は、いずれもパイロットによる機内からの操作で簡単に主翼を折りたたんだり、伸ばしたりしているが、これは油圧関係の艤装が優秀だったからで、日本では設計はできても、じっさいに使いものになるものはできなかった。

中島製の九七式一号艦攻は、試作一号機で油圧作動式の主翼折りたたみ機構を試みたがうまくいかず、けっきょくは人手によって上方に折りたたむ原始的な方法が採用された。

三菱の二号艦攻は、外翼をいったん引きだしてから水平のまま後方に折りたたむ方法をとっていたが、これも失敗で、主翼設計の変更をやって一号艦攻とおなじ方式に改められた。

この方法は構造的には簡単だが、重い主翼をあつかうため大勢の人数と時間をようすることから、分秒を争うような緊急作戦時には不利をまぬがれず、こんなところにも艤装のおくれが影を落としていた。

この人力による主翼折りたたみ機構にかえた一号艦攻は、初期のころ、離陸滑走中にしばしば事故をおこした。

追浜飛行場で、北端の滑走が終わって機体が浮きあがろうというときに、とつじょ、両の外翼がちょうど腕を折るようなかっこうで上がってしまうのを、西は三回も目撃した。幸い一度は火災をおこし、あとの二度は胴体が二つに折れた。いずれも三人ずつ乗っていたが、一人も死なずにすんだ。その原因は、主翼を伸ばしたときに固定するピンを、整備員が入れわすれるという単純ミスだった。

いつの世にもミスはつきものだが、九七式一号艦攻の主翼折りたたみ事故では、責任をとわれて整備の特務少尉が一人クビになった。

だいたい、この九七式一号艦攻は、最初からなにかと問題が多かった機体で、海軍が試作一号機を領収して、追浜で最初の試験飛行をおこなったさいにも、あやうく機体を破壊しかねないトラブルにみまわれている。

追浜に空輸された翌日の、昭和十二年十二月三日から、中島十試艦攻はさきに到着していた三菱十試艦攻とともに、海軍の手による比較試験が開始されたが、これはその初日のできごとだ。

人びとの注目は固定脚の三菱機よりも、海軍の艦上機として、最初の引きこみ脚を採用した中島機により多くそそがれていた。

飛行実験部長桑原大佐をはじめ、航本や航空廠の関係者多数の見まもる中で、雷撃正規状態の中島十試艦攻は、実験部主務部員鈴木正一少佐の操縦でみごとに飛びあがった。脚上げ、そして飛行場を一周してから観衆（?）へサービスの低空飛行をおこなった。

「なかなかスマートだな」

期せずして感嘆の声があがったが、あとがいけなかった。いつまでも旋回して降りるようすがなく、やがて翼をふりはじめたところから、地上でもただごとではないと気づいた。ところが、いまのように「なにか異常が発生しましたかドーゾ」などと、機上との交信が自由にできなかった当時のことで、地上ではさっぱり事情がつかめない。

そのうちに、機上から、「油圧パイプ切れた、脚おりぬ」と書いた紙片が落とされたことから大さわぎになった。ことに過去二年ちかくも苦労して、やっとここまでこぎつけた中島の関係者たちは顔色を失った。

滑走路上に、大きな文字で応急引き下げの要領を書いたり、戦闘機を飛ばして空中から合図をするなど、追浜から木更津上空にかけて一時間にわたる奮闘のすえに、やっと片がわずつ脚をだすことに成功し、貴重な試作機をこわさずにすんだ。

この一件があってから、応急引き下げ装置が改良されたのはいうまでもないが、脚がでたことを目視によって直接確認できるように、主翼上面に赤色の扇形の指示器があらわれるなど、いろいろな対策がくわえられて引きこみ脚にたいする不安が解消された。

航空技術の発達は、そのほとんどがこうした事故の経験をつみあげてなしとげられて来たもので、この中島十試艦攻初飛行の場合は、パイロットの沈着な行動と地上の懸命な協力によってことなきをえたが、とにかく飛行実験部は、航空廠の中でもっとも危険な職場であった。

13 背負った悲しき宿命〈一式陸上攻撃機の悲運の戦歴〉

生涯での最大の教訓

十試では、九七式艦攻のほかに艦偵と水上観測機があったが、このうち艦偵だけが中島一社指定でつくられた。三座の九七式一号艦攻を複座にした感じの、引きこみ脚と固定脚のちがいをのぞけば、ほぼ同じような外形で、性能上もたいして特徴ともいうべきものはなく、艦攻で代用できることがわかって、九七式艦上偵察機として制式となりながら量産はされなかった。

のこる水上観測機は三菱、愛知の競作で、三菱は佐野栄太郎技師、愛知は三木鉄夫技師をそれぞれ設計主務者として、いずれも特徴のある試作機をつくった。

この審査は、水上観測機が海軍にとって新しい機種なので慎重だったことと、三菱試作機の急旋回中の不意自転（オートローテーション）の現象がなかなかおらなかったことなどから大幅にのび、三菱機がまさって制式になったのは昭和十四年十月だった。

制式名は零式名は零式水上観測機で、おなじ十試でありながら艦攻と艦偵が九七式だったのにくらべると、海軍がいかにこの機種の完成にてこずったかがわかる。

しかし、複葉の水上機でありながら極度にリファインされた美しい機体は、零観（ゼロカン）の愛称で親しまれ、完成当時、最新鋭だった九六式艦戦と空戦をやっても、ヒケを取らないほど操縦性にすぐれていたという。

十一試すなわち昭和十一年試作計画では、十試より一機種ふえて四機種となった。すなわち愛知、中島の艦爆、愛知、川西の水上偵察機（夜間偵察）、川西、渡辺の水上中間練習機の競争試作と、三菱にたいする機上作業練習機の一社指定試作であるが、愛知機が採用となった九九式艦爆（D3A）をのぞけば、おなじく愛知製の九八式水偵（E11A）もふくめて不作の年であった。

しかし、可変ピッチプロペラと翼下にユンカースJU87に範をとった起倒式空気制動板（エアブレーキ）を持った、固定脚ながら低翼単葉の九九艦爆の出現をもって、日本海軍の艦上機は、すべて複葉から全金属製低翼単葉機へと、近代化を終えたことになる。

昭和十二年七月七日、桜島の噴煙たなびく鹿児島湾で、九七式一号艦攻（中島）、同二号艦攻（三菱）および九七式艦偵による、空母「加賀」での離着艦公試実験がおこなわれたが、日華事変、ひいては太平洋戦争へとエスカレートする端緒になった蘆溝橋事件が勃発したのもこの日だった。

とはいえ、だれもがまだ大規模な戦闘に発展するとは思っていなかったから、一般国民はもとより、航空廠の中も、比較的のんびりした雰囲気があった。

このころ、山名正夫技師を中心にして、飛行機部および科学部の技術者の有志が、飛行実験部の水上班の指導で、一三式水練、九〇式水練などで操縦訓練をうけていた。

そのうち、試作機の十一試中練ができたので、山名らは実験もかねて一三式や九〇式よりも新しいこの飛行機で操縦を習うようになったが、ある日とつぜん、飛行実験部長の桑原虎雄大佐がやってきて

「山名君、乗せてやろう」といいだした。

桑原大佐といえば航空の大先輩であり、だれ知らぬ人とてない往年の名パイロットではあるが、もうじき少将になろうという人であってみれば、配置上長いあいだ操縦桿を握っていないはずだし、年齢的にもみずから操縦することなどないのがふつうなので、山名は一瞬、返事をためらった。

「………」

「どうした、怖いのかい」

尻ごみする山名にかまわず、桑原はなれたようすで中練の後席（つまり教官席）に乗りこんでしまった。

しかたがないので山名も前席に座ったが、さすがに空にあがると桑原の操縦ぶりは堂に入っていたが、若いころの桑原の操縦訓練にまつわる有名なエピソードがある。

桑原は大尉時代、大正六年暮れから同八年にかけての横空教官時代（横空は大正五年四月一日開隊）、第二期および第三期航空術学生の操縦訓練を担当した。

この中に、のちに第一航空廠長となり、退役後、昭和飛行機の重役になった加藤成禧少将（当時、中尉）がいたが、これはその加藤少将の話である。

「私はあまり器用な方ではなく、はじめての単独飛行のときむりな操作をやったので、三式初歩練習機の張線がバリバリッと音をたてて全部、切れてしまった。

これでは命が危ないと思い、後席に同乗していた桑原教官がすぐ手をかしてくれることを期待したが、いっこうにそのようすがなく、悠然として自分の操縦を見まもっている。

いよいよ墜落かと冷や汗がでたが、失速して機首が突っこもうという寸前、桑原教官が操縦桿を引いて助けてくれた。

『少々危ないくらいで手をかすのはよくない。一回くらいは、不時着して塩水を飲まなければモノにはならんからだ。オレだって死ぬのはいやだから、もうだめだという直前に手を出すさ』

あとでそういわれたが、教育とは教官自身命がけだということを身をもってしめされたのだと思う。私にとって生涯での最大の教訓だった」

加藤は、のちに操縦をあきらめ、頭脳をいかして技術畑に転向して大成したが、山名はそんな危険な思いを味わうこともなく、大教官の指導による訓練飛行をぶじ終了した。

このころ、桑原も山名もともに鎌倉に住み、桑原の家は山名の家から材木座海岸にいく途中にあった。スポーツマンだった桑原は野球がすきで、土曜日になると飛行実験部長室から山名に、「明日は天気がよさそうだから海岸で野球をやろう」と誘いの電話がしばしばかかった。

日曜日の海岸では、散歩にきた航空廠の人たちがとび入りでくわわり、和気あいあいのひとときをすごすというよき時代だったが、この桑原や、航空廠長になってからも昼休みに少佐の近藤俊雄とキャッチボールをした花島のように、海軍には階級をかさに着て威ばったりすることなく、リベラルで謙虚な人もすくなくなかった。

競作がたてまえ

ふたたび話を十試、十一試でそれぞれ制式となって、日本海軍艦上機の主力となった、九七式艦攻および九九式艦爆にもどすと、この両機とも、制式決定の経緯にはいろいろ問題があった。

海軍としては試作機を発注するとき、優秀な飛行機を試作すると同時に、民間会社の技術水準の向上をはかるべく、「一機種の試作を三社、二社もしくは一社に命ずべきかどうかは、その機種完成の緩急いかんと予算の状況とを考慮し、機種ごとに決定すること」とし、できるだけ、二社以上での競作をたてまえとしていた。

そこで、ある機種を二社あるいは三社に発注した場合、それらの間にはっきりした差が認められれば問題はないが、各社の技術レベルが向上して試作機のできばえが似たりよったりになってくると、優劣をきめかねるケースが生じるようになった。

十試艦攻の場合がまさにそれで、三菱、中島の両試作機はともに一長一短ありで、どちらを採用するかきめがたかったので、八月末に航空廠と横空の関係者による採点投票がおこなわれた。

結果はほとんど同点だったので、決定は航本での会議に持ちこまれ、引きこみ脚装置や主翼折りたたみ機構などの点で、「中島機の方が将来性にとむ」との航空廠飛行実験部員の所見で、中島機が優位にたった。だが、この期におよんで、なお海軍としては決断しかねた。「一機種をえらぶとすれば、とうぜん、中島機を採用すべきところであるが、さきの九試で失敗したあとであるだけに、将来の艦攻育成を考えると、三菱機の実用性も確かめておきたいし、また三菱の技術向上も図りたいなどといろいろ考えて苦慮した。

そこでかりに両機種ともに採用して、ある特定の航空隊を三菱艦攻だけで整備するというようなことが、機材補給上できないものかと考え、補給担当主務者に相談したところ、可能だとの回答をえた。

これに力をえてさらに教育、用兵上の検討もくわえてもらい、十試艦攻は中島、三菱両機種が実用機として採用されることになったのである」（海空会編『海鷲の航跡』原書房刊）

航本技術部第一課長だった塚田英夫大佐（当時中佐）が「用兵と技術の接点」と題する一文の中で、この間の事情をこう書いているが、愛知、中島の競作だった十一試艦爆の場合は、中島機の完成が海軍の要求期限におくれたことから、その処理が問題となった。

これは試作の途中で、急降下終速制限を二百四十ノット（四百四十五キロ）から二百ノット（三百七十キロ）に引きさげた海軍側にも責任の一端があった。

中島では、最初二百四十ノットの急降下制限速度にあわせて、車輪を横に回転させて制動板のかわりとする計画をすすめていたが、制限速度があとから二百ノットにさげられたことにより、新しく翼下面に制動板を装備するよう設計変更を余儀なくされたので、定められた試作期限にまにあわなくなったのだ。

いっぽう、ドイツから輸入したユンカースＪｕ87型爆撃機にならって、最初から翼下面の制動板を採用した愛知機の方は、期限にまにあったが、試作機のつねとはいえ、つぎつぎに不具合が発生した。

愛知十一試艦爆の海軍でのテストは、昭和十三年春から飛行実験部松村秀雄大尉主務でおこなわれたが、あるとき松村大尉は宙返りの頂点付近で、猛烈に補助翼をとられ、操縦桿で手首をくじいてしまった。

原因は翼端失速による不意自転で、翼端付近の主翼の前縁部をやや下に折り曲げたような形に成形し、主翼の取りつけ角を翼端にむかって浅く変化させる、捩り下げ（ウォッシュアウト）とおなじ効果をあたえることによって一段落した。

このことがあってまもなく、主務が鈴木正一少佐にかわったが、昇降舵が重いという鈴木少佐の指摘で昇降舵前縁にバランス部分をつけて軽くしたところ、せっかくおさまったはずの自転癖が再発した。しかも、以前よりひどくなったので翼端をいじるだけではまにあわず、いろいろ研究したところ、宙返りとか急横転など、迎え角を大きくとる飛行中の方向安定性不足が原因ではないかと推定された。

対策として、垂直尾翼に大きな背びれをつけたところほぼおさまったが、のちに九九式艦爆の外観上の大きな特徴となった背びれには、こうしたいきさつがあったのである。

このほか急降下制動板も落ちつくまでにかなりてこずっており、この間に中島機もできあがってきたが、すでにかなり改良がすすんでいた愛知機を上まわるという見こみがたたず、やむをえず失格ということにされてしまった。

生きのこって単独審査の形になった愛知十一試艦爆は、審査担当の飛行実験部鈴木少佐、飛行機部山名技師らの熱心な協力によって玉成されていったが、「この中島機失格処置は、はたしてその後の艦爆機発達のために適切であったかどうか、疑問であったと反省している」と、塚田大佐は前出の「用兵と技術の接点」の中でのべている。

なお、十一試艦爆の試作は、愛知、中島両社のほか三菱にも発注されたが、三菱はモックアップの段階で辞退したので、二社の競作となったものだ。

飛躍の時代

昭和七年から九年にいたる三ヵ年試作計画と、これにつづく十試、十一試でほぼ第一線機の近代化を終えた日本海軍は、それまでの外国技術模倣からの脱皮自立を達成して、よりいっそうの飛躍の時代をむかえようとしていた。

すなわち十二試はその第一歩であるが、このあたりから、海軍の民間会社にたいする試作発注方針がかわりはじめた。

民間の主要航空機メーカー、三菱、中島、川西、愛知各社の急速な技術の向上により、前述のように、おなじ仕様にたいして似かよった性能のものがでてくるようになって、競争試作の意味が薄れてしまった。

しかも試作すべき機種はますます増える傾向があるのにたいして、試作能力の方はそう急にはふえない。いっそおなじ機種の競作をやめて、あまった能力をほかの機種の試作にふりむければ、より多くの機種を同時にやれるとの考えから、原則として一機種一社とすることになった。

これは製造がわだけでなく、実験と審査を担当する航空廠や横空、最終的に採否をきめる航空本部にとっても、担当者たちの負担を軽くして、一機種に精力を集中できるメリットがあると考えられた。

ところが、じっさいには、おなじ機種にたいする能力の分散は避けられたものの、全体として試作機の数はかわることはなく、戦争の進展とともに増加の一途をたどったから、航空廠の、とくに飛行実験部、飛行機部、発動機部などの負担が重くなった。

唯一のメリットは、十試艦攻や十一試艦爆のような競争試作にともなうわずらわしさから解放されたことだった。

十二試以降とそれまでの試作とのもうひとつの大きなちがいは、たまたまスタートまもなく勃発した日華事変によって、本格的な航空作戦が展開され、実戦からえられた教訓が、すべてもりこまれるようになったことだ。

だから十二試以降の試作機は、用兵的にも技術的にも現実の戦争を背景にして生まれ、実戦の洗礼をもとにして発達したが、結果的に戦況に対応するための改造型が多くなり、これがその後の混乱の原因となった。

零戦とおなじ十二試として生まれ、零戦とともに太平洋戦争全期をつうじて日本海軍の主力機種として戦った一式陸上攻撃機（G４M１）などは、その典型ともいうべきものだった。

傑作九六陸攻の後継機として、さらなる高性能を要求された一式陸上攻撃機。三菱の四発案は海軍に拒否された

一式陸攻の母体となった十二試陸攻にたいして、九六式陸攻よりすべての点で性能向上を海軍が要求したことはとうぜんだが、日華事変の戦訓から、とくに速度の向上（最大速度高度三千メートルで二百十五ノット）と航続力の延伸（攻撃状態で二千六百カイリ以上）がのぞまれ、さらに胴体尾端の二十ミリ旋回銃座をふくむ対戦闘機火力の強化がもとめられた。

三菱では九六式陸攻でみごとに海軍側の期待にこたえ

た本庄季郎技師を設計主務者に起用したが、なにぶんにも海軍側の要求はレベルが高すぎた。

九六式陸攻にくらべると、最大速度で三十五ノット（六十五キロ）、約二十パーセント増はまだしも、航続距離にいたっては、じつに一千カイリ（約千九百キロ）、約七十パーセント増というおどろくべき飛躍した数字だった。

尾部の二十ミリ銃座は、敵戦闘機による高い被害率をしめした日華事変での九六式陸攻の手痛い戦訓によるもので、高速、長大な航続力、そして重武装という欲ばった要求は、双発機という制約の中で、はたして達成できるかどうかきわめて疑問に思われた。

そんな中での救いはエンジンで、九六式陸攻の「金星」一千馬力にたいして、五十パーセントもパワーアップした三菱「火星」エンジンが使えそうな見とおしがたったことだった。

三菱にたいする十二試陸攻の計画要求書がわたされたのは昭和十二年九月で、要求書をもとに本庄技師らが各種の設計案を検討した結果、軍用機として充分な防弾や消火装置、武装の強化などを取りいれようとすると、双発ではどうやってもむりで、四発機なら可能と考えられた。

この結論をもって、本庄技師は、海軍側との第一回うちあわせにのぞみ、四発機案についての説明をおこなった。

『海鷲の航跡』の中で、このときの模様を本庄は、つぎのようにのべている。

「いろいろ設計案を検討してみたが、八試中攻以来の各種研究と九六式陸攻の経験と洗練によって、要求書各項目を満足する機体はどうにかできると思うが、これでは敵の攻撃にたいする防備が不充分ではないかと思う。

とくに小柄な機体に長い航続力の要求は、機体のいたるところに燃料タンクがあることになり、被弾すれば、そこにはかならず燃料タンクがある状態になる。この弱点をなくすには、四発機にする以外に方法はない。四発機にすれば、燃料タンクと乗員の防弾と消火ができるからである。

四つの発動機がなぜに必要かというと、二つの発動機の馬力を使って、要求書の大きな搭載量と空力性能と兵艤装の要求を満たし、あとの発動機二台の馬力を使って、防弾用鋼板と燃料タンクの防弾と消火装置を運ぶのだと説明した。

それで私は第一案設計として、四発機の全体を紹介します、といって、会議前に黒板にチョークで描いておいた四発機を紹介した。

このとき、会議の議長であった航空本部技術部長の和田操少将は私の説明を聞いて、たいへんな剣幕で私にいった。

『用兵については軍がきめる。三菱はだまって軍の仕様書どおり双発の攻撃機をつくればよいのだ。黒板に描いてある四発機の図面はただちに消せ』

この一言で、私のいちばん重要な意見は論議されることなく棄却されてしまった。

私は軍側から勇気ある発言を期待したが、だれも、なにもいわなかった。ただ会議が終わった後、航空廠飛行機部の山名正夫技師は、私にむかって、『あの四発機は非常によい形をしていた。実機をつくってみたいな』といって、私を慰めてくれた」

汚名を着せられて

和田少将は東京帝大航空学科で学んだこともあり、のちに航空技術廠長になったほどの技術に理解のあった人だったが、やはり根は兵科出身の軍人であった。

ここで注目されるのは、防弾装備にほとんど考慮がはらわれなかったため、実戦に投入されてから、被弾によってかんたんに火災を起こして、「ワンショット・ライター」などという汚名を着せられた一式陸攻について、その責(せめ)が設計側にあるかのごとき評論が、戦後、多くみられたのは誤りだということだ。

日本海軍が陸上攻撃機の防弾について真剣に考えだしたのは、昭和十二年八月、日華事変に投入された九六式陸攻が、当時、海軍部内でさかんだった「戦闘機無用論」への痛烈なしっぺがえしともいうべき、敵戦闘機の攻撃による大きな被害をだしてからである。

新鋭の「中攻」隊は八月十四、十五日の両日、おりからの台風をついて台北と大村両基地から出撃し、〝渡洋爆弾の壮挙〟としてはなばなしく報道されたが、そのじつは、緒戦の三日間で被害率は三十パーセントを超え、鹿屋航空隊飛行隊長新田慎一少佐をはじめ、多数の搭乗員を失うという無残なものだった。

その原因のほとんどが焼夷弾による燃料タンクの火災だったので、この直後から、航空廠で防弾タンクの研究が開始された。

最初のものは燃料タンクの外側を厚いゴム板でおおったもので、七・七ミリ焼夷弾なら火災がおきないことが実験でたしかめられ、さっそく、もっとも犠牲の多かった九六式陸攻への適用が検討されたが、この防弾対策も、採否をきめる第一回技術会議で否決されてしまった。

その理由は、防弾タンクとすることによって自重が三百キロふえるので、そのぶん、燃料あるいは爆弾搭載量をへらすのはしのびないという用兵者たちの意見によるものだった。

設計側にしても、せっかく身をけずる思いで機体の重量軽減をやったものが、いっきょに三百キロも自重がふえるのはたえがたい思いだったから、用兵側が、いらないというものをあえて反対しようとしなかったのもとうぜんだろう。

「おもえば、この防御力に関する最初の会議におけるこの思想、その後もながくつづいたこの思想が、わが海軍機がつぎからつぎへと火を噴いて射ち落とされていった、悲しきできごとを宿命づけたのである」

航空廠飛行機部で、防弾タンクの研究をやった艤装担当の堀輝一郎技術少佐は、『航空技術の全貌・上』（原書房刊）の中でそうのべているが、こういう空気の中で十二試陸攻の計画がスタートしたので、防弾については、たんに要求の最後に「防弾を考慮すること」とつけくわえてあったにすぎなかった。

「三菱の本庄季郎技師が笑いながら私に、

『これ、ナメクジににているでしょう』といって陸攻の基本設計図を見せた。後藤直太所長（注、三菱名古屋製作所長）が横から、
『本庄君はちかごろ、エンテに熱心だから、陸攻もだんだんエンテ型ににてきたね』
と。これが私が十二試陸攻（のち一式陸攻）の相貌にせっした最初である。爾来、三菱では一式陸攻を『ナメクジ』という綽名でよんでいた」（『航空技術の全貌・上』）

当時、航空本部監督官として三菱に駐在していた巖谷英一技術少佐の述懐であるが、一式陸攻の外見上の一大特徴となったこの胴体形状は、本庄技師の独自の理論にもとづくものだった。

後藤所長のいうエンテ（ドイツ語の鴨のこと）とは、水平安定板と昇降舵が機首にある先尾翼式飛行機のことであるが、尾端まで太い葉巻型にした胴体の空気抵抗が、意外にすくないことを、風洞実験によってたしかめていた本庄は、それを十二試陸攻に応用したのである。

前端から四十パーセントに最大断面がある太い「ナメクジ」型の胴体は、空気力学上の見地からだけでなく、要求されたもりだくさんな兵装、艤装を内臓するのに好つごうだった。

とくに胴体が細かった九六式陸攻は、胴体中央を貫通する翼桁のため、機体の前後部の連絡通路がせまくて不便だったが、十二試陸攻の太い胴体はそれを容易にした。

いいことずくめと考えられた葉巻の型胴体であったが、航空廠飛行機部の陸攻審査担当だった三木忠直技術大尉は、これが気にいらなかった。

「本庄さん、これではなかでダンスができるじゃないか。こんな太い胴体になんでするんだ。空気抵抗を小さくするんだったら、もっと細くすべきだし、その方が軽くなる」

「なに、非常にいいかたちにすれば空気抵抗はすくなくなるさ」

「そんなことはない。空気力学的に洗練された機体の空気抵抗で、いちばん大きいのは表面摩擦抵抗だ。胴体を太くすると、表面面積がふえて摩擦抵抗がふえるだけでなく、重量だってふえる。こんなのはナンセンスだ」

本庄は大正十五年、東京帝大航空卒、三木は昭和八年、船舶工学卒だから、本庄は三木にとって八年先輩にあたるが、こと技術上の意見になると先輩、後輩とか、軍と民といった見境がなくなり、激しい議論を闘わすのが技術者のつねだった。

これはおなじ海軍のなか、会社の内部にあっても同様で、多少は自分の面子とか立場といったものもあったろうが、自分の考えが正しいと信ずる以上は火のような議論をぶつけあい、そこは人間だから激昂してくると売り言葉に買い言葉で、ついひどい言葉がとび出すこともある。

「いままで、一度もじっさいに飛行機の設計をやったことのない者が何をいうか！」

三木には本庄がそういっているようにうけとられ、この論議はケンカわかれに終わった。

もちろん、本庄は自分の主張をつらぬいて「ナメクジ」型胴体をすすめ、〈自分たちがいいものを設計してわれわれが実績をしめさなければ、なにをいってもだめ〉なことを痛感した三木は、のちに設計主任として、おもいきり細くてスマートな空気抵抗の小さい胴体の空技廠設計高性能陸上爆撃機「銀河」をつくりあげた。

軍と会社の間で、さまざまなやりとりをかさねながら十二試陸攻の設計はすすめられ、一年後の昭和十三年八月から九月にかけて木型審査、引きつづき出図、そして計画要求書をうけとってから、ちょうど二年後の十四年九月二十日、試作一号機が完成した。

十月末、志摩、新谷両操縦士による社内飛行、さらに官試乗も各務原飛行場でおこなわれ、予期以上の順調な仕あがりに軍も満足、十五年一月に領収された。

試作機のつねとして問題はいろいろあったが、なかでも大きなものは、十二試陸攻の構造上の特徴でもあり、のちのちまでもこの飛行機の泣きどころとなった主翼のインテグラル（造りつけ）式タンクだった。

試作工事を担当した、三菱名航（名古屋航空機製作所）試作工場主任の由比直一技師は語る。

「本機は高性能、とくに長い航続距離が要求されていたので、主翼の構造そのものを燃料タンクとする、いわゆるインテグラルタンク方式が採用された。

主翼の構造材や外板を鋲着するさいに鋲孔を正確にあけ、部材と部材、部材と外板との間にパッキング、油密剤を塗布充填して鋲着するので、なかなかの難工事であった。

試作機の当初から飛行後に漏洩が発見され、たびたび修理をおこなったが、現場での作業なので非常に苦労した。このまま量産に入ればどうなるかと心配したが、担当の平山広次技師が、ユニークな工作法を考案し、みごとに解決することができた」

その平山技師の話はこうだ。

「一式陸攻は翼がインテグラルタンク形式となったため、つくるがわでは頭が痛かった。リベット接合面からのガソリンの洩れがとまらない『ザル』構造だったからだ。

そこで、『ザル』ではだめだ、『袋』にしろとばかり、鋲接合わせ面はなにもせず『ザル』構造のままとし、あとから接着性がよく、耐ガソリン性の強い油密剤を流しこみ、タンクを引っくりかえしたり回転したりして内面に油密剤の『袋』ができるようにした。

最初は、アメリカのデュポン社の『ネオプレン』という輸入品を使ったが、のちに旭硝子にたのんでつくってもらった『ヒシプレン』を使った。

これも枕頭鋲（平山鋲）と同じく、小生の無精性から生まれた、手抜きの燃料タンク製造法といえるかもしれない」

こうして、ガソリン洩れのとまったインテグラルタンクにより、一式陸攻の双発機としては驚異的ともいえる大航続力が実現したが、ずっとあとになって日本本土空襲にやってきたB29が、その撃墜機の残骸からインテグラルタンク形式の主翼構造であることがわかり、本庄技師の卓見が証明された。

ただし、B29は完璧な防弾タンクとなっていて、敵から「ワンショット・ライター」といわれたほど燃えやすかった一式陸攻とは対照的に、火がつきにくい構造だった。

一式陸攻が、被弾によってかんたんに燃料タンクに引火することが大きな問題となりだしたのは、太平洋戦争の前半の天王山ともいうべきガダルカナル争奪戦のころからで、もともと防弾装備が考慮されていないインテグラルタンク構造とあって、対策にはお手あげだった。

しかたがないので、翼下面に厚いゴムを張りつけると同時に自動消火装置を設け、胴体内タンクに防弾鋼板、炭酸ガス吹きこみ装置などを追加装備したが、しょせんは姑息な手段にすぎず、多少の防弾能力の向上とひきかえに性能は低下した。

その後、戦局が悪化して一式陸攻の被害がさらに増大し、第一線部隊からの「たとえ航続力を三分の二に減じても防御力を強化し、完全防弾にすべし」という悲痛な要求から、主翼構造を根本的に設計変更して二桁式とし、ゴム被覆の防弾タンクを内部に収納するようにした三四型（G4M3）がつくられた。

だが、一式陸攻の原設計のよさがすっかりうしなわれ、本庄ら三菱の技術陣にとってははなはだ不本意な結末となった。

一式陸攻が、もし本庄が最初に計画した四発機案ですすんでいたら、と思わざるをえない。話が最後までとんでしまったが、十二試陸攻が一式陸攻にいたる過程でも、海軍側のまよいからもたつきがあった。

十二試陸攻の試作は、日華事変勃発後に開発がスタートしたため、その戦訓が多くとりいれられたが、進攻した九六式陸攻の編隊の最外側の飛行機がもっとも敵戦闘機の攻撃による被害が多かったことから、この十二試陸攻の武装を強化した、多銃式十人乗りの長距離掩護機（翼端掩護機ともよばれた）をつくれとの要望がでた。

さすがに海軍内部でも、これについては意見が対立したが、前線における九六式陸攻隊の犠牲を放置するにしのびずという意見が勝って、この泥縄式の長距離掩護機（略称Ｇ６Ｍ１）の計画が、急遽すすめられることになった。

試作の結果は、設計側としては最初から予測していたことだが、過大な武装のために原設計のバランスが失われて性能が低下し、使用目的にも見とおしの誤りがあることがわかって、約三十機で生産がうちきられた。

実戦には使えなくなったＧ６Ｍ１は、のちに一式大型練習機とよんで陸攻の訓練用に使われたり、落下傘部隊用に改造されたりして、かろうじて使い道をえたが、このとび入りの作業によって本来の目的である陸攻の開発がおくれ、昭和十六年四月に、やっと一式陸上攻撃機（Ｇ４Ｍ１）として制式採用になった。

およそ、この長距離掩護機ほど無意味な、そして設計がわにとって腹だたしい計画はなかったと思われるが、かならずしもナンセンスとして決めつけることはできない。

このころは、爆撃機と同行できるアシの長い掩護戦闘機がなかったので、航続距離の長い双発戦闘機や、Ｇ６Ｍ１のような爆撃機と同型の多銃式翼端掩護機が諸外国でもしきりに計画され、日本陸軍でも、Ｇ６Ｍ１とおなじ思想の百式重爆撃機改造掩護機を試作している。

しかし、そのいずれも成功したものはなく、実戦の結果がこうした機種が役にたたないことを証明し、日本海軍の零戦が出現するにおよんで、掩護戦闘機の思想は一変してしまった。

おなじ十二試としてスタートした零戦が、掩護戦闘機としての真価を発揮したのが昭和十五年七月、十二試陸攻の翼端掩護機型であるＧ６Ｍ１の第一号機完成が同年二月だから、十二試艦戦の実用化がもうすこしはやければ、こうした用兵思想の混乱によるむだは避けられたかもしれない。

14 着眼と努力と情熱と〈よろず承り役飛行機部検査官〉

秘められた体験

航空廠には、文官はべつとして武官になると、じつにたくさんの人の出入りがある。海軍の人事移動はだいたい秋から暮れにかけておこなわれるが、航空廠は海軍航空にとって重要な機関だけに、とくに優秀な人材が集められ、多士済々で経歴もバラエティーにとんでいた。

昭和十年十一月から約三年間、航空廠飛行機部の検査官として在籍した長谷川栄次少佐（旧姓田村、のち大佐）もその一人だ。

福井県出身の長谷川の本職は飛行艇乗りだったが、はじめから航空をこころざして海軍に入ったわけではなかった。中学校が、当時、郷土の生んだ英雄として知らぬ者とてなかった佐久間勉大尉の出身校で、長谷川が小学生のとき殉職した佐久間艦長の銅像ができたが、長谷川たち小学生が歌をうたいながら町中を引いて歩き、山の上にそれが建った。

銅像の除幕式に参列した長谷川は、子ども心にも、〈海軍士官ってのはかっこういいなあ、ボクも海軍士官になって、佐久間さんのように潜水艦に乗るんだ〉と決意し、のちに希望どおり海軍兵学校に進んだが、年度末に提出する希望進路には毎年潜水艦とかいた。

兵学校は五十二期、源田実、柴田武雄、薗川亀郎、生田乃木次、前出の鈴木正一ら多彩な顔ぶれが同期生にいるが、高松宮もいっしょだった。高松宮については阿川弘之氏の『軍艦長門の生涯』（新潮社刊）にもたくさんでてくるが、殿下といっしょというのは、同期生たちにとってありがたいこともあるかわりに、つごうの悪いことも少なくなかった。江田島から練習艦に乗って港にいくと、殿下への菓子や果物などの献上品が少なくなく、生徒たちがそのおすそ分けにあずかった。しかし、なにかにつけて、「お前たちは殿下と同クラスなのだから、悪いことはできんぞ。すこしでも悪いことをしたら、殿下の顔にかかわるからな」と戒められ、うかうかと悪い遊びもできなかった。そのかわりというわけでもないが、なにも知らない殿下をサカナにして、ずいぶん悪いいたずらもやったらしい。

遠洋航海は大正十三年、連合国の一員として第一次世界大戦の戦勝国だった日本の国威おおいにさかんなときで、アメリカ、カナダ、パナマと太平洋をずっとまわって各地で大歓迎をうけた。よき時代の候補生生活を満喫して帰ると少尉、それから水雷学校、砲術学校と、お定まりのコースをへて配属になったのが潜水艦だった。

最初の乗り組みは「イ一号」、当時のもっとも大型で最新鋭の潜水艦で、イ一、二、三号で第七潜水隊を編成していた。終戦時の海軍大臣だった嶋田繁太郎大将が大佐で司令、長谷川の配置は庶務主任。念願の潜水艦乗り組みとなって大いに張りきったが、思いもかけないことで悩むようになった。それは長谷川が身長百八十センチちかい偉丈夫で、思いのほかせまい潜水艦の艦内では行動が不自由なこと、寝るにしてもベッドは足がつかえて窮屈このうえないことだった。もっとも大きいとされていた「イ一号」ですらそうなのだから、もっと小さな潜水艦だったらどうなることやらと、いささか心ぼそくなった。生徒時代から潜水艦、潜水艦といっていたのが、いまになって、身体がむいていないとは言いだせないまま、一年が夢中にすぎたところで、川崎造船所で建造中のイ二三の艤装員長を命じられた。艦長から、「君、一年間、潜水艦生活をやって艤装員に任ぜられたのだからキバれ」と激励され、「ハイ、やります」と大感激の長谷川だったが、やはりいけなかった。

進水三ヵ月後に乗り組み、半年後、軍艦旗をあげて横須賀に回航して訓練にでた。こんどはすこしエラくなって航海長となったが、なんのことはない、小さいフネだから実務は艦長がやるけれども、なにか肩書をつけなければというのが内幕だった。

イ二三で訓練にでてまもないころ、長谷川にとっては決定的な事故がおきた。「合戦準備」の号令がかかると、戦闘準備のためせまい艦内を走りまわらなければならないが、いかに身をちぢめても、大きすぎる長谷川はなにかに額をぶつけて意識を失った。病院から長谷川が艦にもどったとき、艦長が言った。

「君は、兵学校のときから熱心に潜水艦を希望していたようだが、技量うんぬんではなく、君の身体が潜水艦にむかないと思われるので、ほかの配置にかわったらどうか」

自分からは言いだしにくいことを先方から言ってくれたのでホッとして、「じつは私もそう思っていたところでした」と答えた。このときの艦長は、のちにサイパンの第五根拠地隊司令官として戦死した辻村武久少将（当時少佐）だった。ちょうどこのころ、日本海軍がイギリスからF5飛行艇を購入した。それまでは機体重量をできるだけ軽くしなければならないところから、搭乗員は身体の小さい者ばかり採用していたが、F5は外人むきに大きくつくられているので大きい者も必要とあって、長身の搭乗員募集があった。〈これは幸い、どうせ死ぬのなら潜水艦も飛行機もおなじ〉とばかりすぐ応募、そして採用になったのが昭和三年だった。兵学校五十二期の飛行学生は三年三月から十二月までの第十八期十六名と、同十二月から四年十一月までの第十九期十八名の二年にわかれ、長谷川はあとのほうで源田実、生田乃木次、玉井浅一、入佐俊家らがいっしょだった。

飛行学生を終えると、横須賀、館山、横浜と飛行艇の航空隊ばかりをわたり歩いたが、昭和九年の末からは最新鋭巡洋艦「最上」の艤装員として、航空関係の艤装を担当することになった。「最上」の航空艤装にはこれまでにない新しい装置が多く、ことにカタパルト左右射出舷の急速転換、これに関連する運搬装置など、造船と航空の両方にまたがる事柄がすくなくなかったからである。

それから約十ヵ月後の昭和十年九月二十六日、北海道沖で演習中の連合艦隊が台風に遭遇し、駆逐艦の艦体がまっぷたつに折れるという惨事が発生、新鋭艦の「最上」もまた、破壊寸前を思わせる異常な音と振動が発生したため、海軍はじまって以来の演習中止となった、いわゆる「第四艦隊事件」が発生した。

「最上」はさっそく呉に回航されて点検をうけたが、外見こそなにごともなかったように見えたものの、艦内は満身創痍で各部に亀裂が多く発見され、あと二、三時間演習がつづいていたら、沈没した駆逐艦とおなじ運命をたどるところだったのである。

この事故で「最上」は、わずか二ヵ月で第四艦隊をとかれて予備艦となり、大改造がきまった。飛行長だった長谷川は、当時、最上型の三番艦として十二月に連合艦隊編入をめざして、最後の仕上げを急いでいた「鈴谷」に転勤となったが、着任して一ヵ月ほどしたら、「鈴谷」も、「最上」「三隅」同様、大改造することにきまり、またしても飛行長不要となって、十二月に重巡「青葉」への三度目の転勤となった。わずか数ヵ月のうちに三度も転勤とあって、「君は艦長とケンカでもしたのか」と、いぶかしがられたという。

航空廠で偽装標準をまとめた長谷川栄次少佐

余談ながら、第四艦隊事件があったのが昭和十年九月二十六日、そして戦後の昭和二十九年に青函連絡船の洞爺丸が転覆して多数の人命が失われたのも、おなじく九月二十六日。原因は台風によるもの、そして場所もおなじ北海道沖とは、偶然の一致とはいえあまりにも非情な運命のめぐりあわせである。

事故はべつとして、「最上」の航空艤装での実績が認められたのか、長谷川は翌年、ふたたびフネから陸にあがって航空廠へ転勤となった。

廠長室にあいさつにいくと、廠長の原五郎中将が、「オウ、きたか」といって長谷川を迎えた。原中将はかつて長谷川が横空にいた当時の司令だったので、気やすくたずねた。

「飛行機部の検査官なんて、なにやるのかわからんのですが」

「まあそのうちにわかるさ、あせらずにやれよ」

そういって顔をほころばせた原は、飛行機乗りではないが、戦艦「赤城」「加賀」の空母改造計画に重要な役割をはたしたこの方面の権威だった。

第一次大戦後、日本海軍の急激な膨張をおそれた米英両国主導のワシントン会議により、日本は多数の戦艦および巡洋艦を廃棄処分しただけでなく、建造中の主力艦四隻のうち、戦艦「加賀」と巡洋戦艦「赤城」を空母に改造することにした。ずっとあとに、戦艦の使い道がなくなって、「大和」型の三番艦「信濃」を建造途中で空母に改造したように、図体の大きい戦艦は、空母に転用するほかに使い道はなかったのだ。

当時、英国駐在の大使館付武官だった原中佐は、イギリス海軍省航空局で空母関係を担当していたラットランド中佐と懇意にしていたが、空母の艤装について豊富な経験をもつ同中佐を、退役後、日本海軍で利用することを思いついた。このことを他国に感づかれてはまずいので、三菱商事の技師として採用することとし、艦攻本部の藤本造船中佐（のち少将）と桑原虎雄少佐（のち中将）が週に一回、私服で彼の自宅をたずねて情報をとるという方法がとられた。

艦本では、ラットランドの意見も参考にして、空母「加賀」「赤城」を完成させた。三菱商事との二年間の雇用契約を終えたラットランドは、その後、アメリカにわたって事業をはじめたが、数年後に消息不明となった。戦後の昭和三十六年八月の英国の新聞に彼のことがのっていたのを、桑原が偶然みつけた。

「元海軍中佐ラットランド氏は第二次大戦開始後、米国政府の要請により英本国内で軟禁されていたが、今年の春、強度の神経衰弱で死亡した。なんら取り調べをおこなうことなく、数年も軟禁状態をつづけ、ついに死にいたらしめた政府の処置ははなはだ不当で、かつ軍人の名誉を傷つけるものであるとして遺族は政府を相手どり告訴した」という内容だが、この記事からすると、ラットランドはスパイの嫌疑をうけたものと思われる。

これにたいして桑原は、自著『海軍航空回顧録・草創篇』(航空新聞社刊)の中で、「それが英国のためか日本をふくむ外国のためかまったく不明である。日本に絶対に関係なしと弁護するだけのかくたる根拠もない。私的にも彼と親交のあった原五郎中将、岡新中将らすでに逝き、この問題の真偽を正す方法がないことは彼のため遺憾にたえない」とのべている。

すなわち、桑原はラットランドにたいしてきわめて同情的であるが、それは桑原自身の秘められた体験によるものだ。桑原は日本海軍草創期の第四期航空術研究員六人のうちの一人で、大正九年に水上機母艦「若宮」の船首に設けられた滑走台から、はじめて発艦に成功した勇気の持し主だが、大正十二年に完成した最初の空母「鳳翔」の設計にさいしても、重要な寄与をしている。

「鳳翔」の工事がはじまったころ、桑原は結婚まもないころで、鎌倉の大町に住んでいたが、これは当時、桑原家に同居していた義弟の福島磯男氏の話である。

「上海にはじめてイギリスの航空母艦が入ってきたとき、空母をつくろうとしていた日本海軍は、それをなんとか見たいと考えていたが、イギリスは絶対に見せようとしなかった。あるとき海軍省から電話があり、桑原さんの平服を持ってこいといわれた。すぐにそれを持って海軍省にいくと、桑原さんには会えず、かわって応待にでた海軍士官に、『たしかにお預かりします。桑原さんにおとどけしますが、桑原さんはとうぶん帰られないでしょう。非常に重要な仕事でいかれるのだから、もし万一のことがあっても、御家族はうろたえないように』と言われた。

このときはなにもわからなかったが、後年、その服をうけとった某機関大佐に会ったとき、『福島君、あのとき、君にうろたえてはいけないと言ったね。いまだから話すが、あのとき桑原君は、死を覚悟で上海にいき、日本海軍軍人である証拠をいっさい消して苦力に変装し、石灰荷役として英空母にまぎれこんだのです。そして、つまずいたふりをしたりして胸中に隠し持ったカメラで写真を撮った。見つかったら、スパイ事件として日英間の外交上の重大問題になるので、おそらく、つかまる前に自決していたでしょう』と真相を聞かされ、びっくりしたことがある」

桑原は、当時大尉の三年目、中堅の航空士官として横空練習飛行隊長、同航空隊教官、砲術学校教官、水雷学校教官などを兼務していたが、このころから海軍航空の将来に強い情熱を傾けていた先駆者の一人だった。桑原はおよそ自分の功を語りたがらない謙虚な軍人だったが、原廠長とは艦本時代のラットランド事件以来の仲で、長谷川栄次が航空廠に着任したときは少将で、飛行実験部長の要職にあった。

着眼と努力と

長谷川の仕事は、航空廠と実施部隊との間の飛行機のうけわたしや軍需部との連絡など、いわば組織と組織の間に生ずるどちらがやっていいかわからない業務の引きうけ役、あるいは潤滑剤的な役だった。昭和十二年に日華事変がはじまると、現地部隊から言ってくる戦訓への対応は、技術者ではよくわからないので、そのアドバイザー的な仕事もやるようになった。

直接の上司である飛行機部長は、『肉弾』で有名な桜井忠温陸軍少将の弟、忠武少将だったが、着任した長谷川に、その桜井少将は言った。

「君は飛行機の操縦者なのに検査官とは気の毒だが、さいわい兵科将校で海軍のしきたりや常識といったものをよく知っているから、若い技術仕官たちの指導官のようなことをやってくれないか。やはり海軍にいる以上、技術仕官といえども技術だけではいかんからねえ」

そこで永野治、永盛義夫、鈴木順次郎、三木忠直、疋田遼太郎、大築志夫、松平精といった大学をでたての中尉や技師たちの教育のようなこともやった。これまでの部隊とはちがった航空廠での生活もけっこうおもしろかったが、こまったことがひとつあった。それは、飛行機部には操縦の配置がないので、それまで部隊ではたくさんもらっていた航空加俸がもらえなくなり、がくんと収入がへったことだった。

それをさっした岡村純設計課長（のち少将）が、「君は三年も実施部隊に行ってないから、操縦もしたいだろう」といって、飛行実験部兼務の手続きをとってくれた。ここで実験はやらなかったが、会社から領収した水上機や飛行艇を、部隊に引きわたす前にテストする仕事をやって航空加俸をもらうことができた。検査官も搭乗配置につけるべきであるといって人事局とかけあったが、人事局が聞き入れてくれないための岡村のはからいであった。

長谷川にとって、これはよかった。飛行実験部は、陸上も海上も、いずれ劣らぬそうそうたるメンバーがそろっていたし、たがいにパイロットとして話もあった。長谷川は水上のほうだったが、飛行艇の名人といわれた近藤勝治中佐（のち少将）をはじめ、中島第三、峰松巖、寺井邦三、伊藤祐満（いずれものちに大佐）ら顔見知りの先輩たちがいて、わが家に帰ったような気分が味わえた。

昭和13年8月11日、海軍航空廠飛行機部検査係の面々で、前列中央が長谷川栄次少佐

航空廠で長谷川がもっとも力を入れてとり組んだのは、飛行機を搭載する艦船の航空艤装だった。航空関係の艤装は、大砲や水雷などとちがう新しい分野だったので専門家がだれも

おらず、それまでの惰性ですべて艦政本部まかせというのが実情で、たとえばカタパルトをのせるにしても、飛行機を使うがわからの検討がほとんどなされていなかった。「最上」の艤装員をやったときにも経験したことだが、ひとたび艦体ができあがってしまうと、あとから改造について意見をのべてもなかなかなおらないのだ。

したがって、軍艦を建造するさいに、あらかじめそれを考慮に入れて設計するような航空艤装の標準をつくる必要があると、かねてから考えていた長谷川は、艦隊との飛行機のうけわたしの窓口だけでなく、海軍工廠と航空廠の仲介者になって、飛行機とそれを搭載する母艦（空母だけでなく水上機母艦や他の艦船もふくむ）の両方について改善を進言した。

さすがに航空母艦は、飛行機が主人公だけに比較的進んでおり、すでに「航空母艦艤装標準」というのができていた。長谷川より八期先輩で、昭和五年に最初の夜間着艦をやった五人のうちの一人、杉本丑衛少佐（当時、大尉）がこの問題にはもっとも熱心だったが、杉本少佐が少佐時代に書いた空母の艤装標準案が、航空廠の戸棚にあるのを発見した長谷川は、これだと思った。

そこで空母艤装標準案を参考に、空母以外の飛行機搭載艦艤装標準をつくって桜井部長に提出した。一覧した桜井少将は、

「これは君、いいところに気づいたね。かつて杉本君が航空母艦艤装標準をかいたのは知っているが、これで航空母艦と水上機搭載艦にわたって、海軍のすべての航空に関する艤装標準がそろったことになる。僕も気づかなかったのはうかつだったが、どうも水上機乗りは、

軍艦の連中に遠慮してか、すこしも、こういうふうにして欲しいということを言わないから な」といって長谷川の着眼と努力をほめた。

もっとも、水上機の搭乗員たちがあまり意見を言わないのには、航空母艦搭乗員たちとはことなる、彼らの置かれた環境の影響によるところが大きかったようだ。

水上機と陸上機とでは、どだい飛行機乗り気質がちがうのである。陸上機は、母艦にせよ陸上航空隊にせよ、仲間が大勢いるし、自分たちが主役だから大きな顔をしていられる。水上機は搭載艦に二、三人、多くてもせいぜい数人というケースが多く、何々艦の飛行長といったって、母艦や航空隊の若い分隊長より部下はすくない。まわりには砲術屋とか水雷屋のうるさいお姑さんみたいなのがワンサといるし、作戦行動も飛行機のつごうより軍艦のほうが優先されるから、いきおい辛抱強くもなるし、一般の海軍士官なみに紳士が多い。陸上機の方は、あいつは飛行機乗りだと言われればガラの悪い代名詞とうけとられかねないほどに、よく言えば伸びのびしたところがあった。そのちがいがもっともよくあらわれたのは、宴会だった。

昭和五年六月、館山航空隊が開隊されたが、最初は水上機だけだった。水偵隊だけなので小じんまりしていたせいもあるが、「飛行機乗りさんはおとなしい」というのが、はじめて航空隊をむかえた町の人たちの印象だった。宴会の席でも、彼らは終始ジェントルマンだったのである。

翌年、曾我義治大尉（のち大佐、航空廠飛行実験部で九六式陸攻を育成）を隊長に陸上機がやってきたが、こちらは八木勝利（のち中佐）、井手武夫（この年殉職、大尉）ら若い中尉の戦闘機乗りなどもいて、航空隊の空気がガラリとかわった。

「いままでの、水上機の方の宴会とはだいぶちがいますね」

町の人たちはあまりのにぎやかさにびっくりして、こんどはそう言った。

趣味にもそれがはっきりあらわれた。母艦や航空隊はトランプが主なのにたいして、軍艦は碁、将棋となる。航空のトランプずきは、大親分の山本五十六中将の影響で、航空廠でもさかんだった。昼食もそこそこに、士官食堂のあちこちでブリッジがはじまるが、おもしろくてやめられず、仕事そっちのけで熱中することもあった。それが、フネにいくとピタッとやらなくなる。

重大な落とし穴

検査官の仕事はけっこういそがしい。機体やエンジンそのものについては専門の技術者もいるし、担当もはっきりしている。しかし、たとえばパラシュートのような飛行機に付属したものの事故報告は、航空廠では検査官のところにすべて送られてきた。検査官は、飛行機部と発動機部と兵器部にそれぞれ一人ずついたので、送られてきた報告を仕わけして担当部門にまわし、所掌のわからないものは、三人の検査官で合議してしかるべき部署にまわすという、ようするに制度上の不備の一手引きうけをやらされた。

その雑用のような仕事の中で、長谷川にとって忘れられない思い出がある。

昭和十二年十一月、中国戦線で敵戦闘機と空中衝突し、片翼を三分の一ちかく失いながら帰還した、有名な樫村寛一兵曹（のち少尉）の九六式艦戦を、東京原宿の海軍館に展示することになった。機体は芝浦埠頭まで運ばれてきたが、それからさきの作業の引きうけ手がない。

そこで長谷川が、その役を買ってでて、機体を分解して夜中に運び、海軍館に持ちこんで組み立てた。そのとき、樫村機に弾のあたったあとがたくさんあったが、そのままだと小さい孔があいているという程度にしか見えないので一計を案じ、矢をつくって孔に差しこみ、弾のあたったところがわかるようにした。

「田村君（当時の長谷川の姓）、この着想はよかったな。弾痕に矢が刺さっていると、いかにも弾があたったように見えるよ」そう言って、桜井飛行機部長は長谷川をほめた。

けっきょく、長谷川が航空廠に在籍した昭和十年十一月から十三年九月の間にやったことは、制度の不備や役所のセクショナリズムの谷間をうめるといった類いの仕事が多く、それは飛行機部と飛行実験部という航空廠内の組織間だけでなく、航空廠と工廠や艦攻本部、あるいは実施部隊との橋わたし役など広範囲にわたった。しかし、これらの仕事の大部分は、やらなくてもべつにだれに責められる性質のものではなく、もし、長谷川が積極的に動かなければ、不備のままに見すごされてしまうかもしれない仕事を、個人の努力でカバーしたにすぎなかった。

しかし、こうしたところに日本海軍の、組織としての重大な落とし穴があったといえるかもしれない。飛行機を例にとっても、機体の設計には優秀な人材が集中したし、開発も重点的に指向された。エンジンになるとそれが少し落ち、プロペラはもっと看過された。まして飛行機として重要な機体艤装や、エンジンと機体の接点ともいうべきエンジン艤装については、はなはだしく軽視されていた。

航空機銃については、べつにくわしく述べるけれども、機銃そのものの開発に精いっぱいで、弾倉や飛行機に搭載したさいの艤装にまでは、十分に手がまわらなかったのが実情だった。

ようするに、技術が目につきやすいところにかた寄りすぎ、艤装のような地味だが全体の性能発揮に欠かすことのできない部分がいちじるしく軽視、もしくはたち遅れていたのだ。そのため、飛行機はできても故障が多く、稼働率が悪くて結果的に戦力低下につながった。

こうしたアンバランスは、戦闘の面でもあらわれていた。ハワイ空襲では、戦艦は沈めてもドックや重油タンクはやらなかったし、海戦でも軍艦は攻撃するが輸送船は見のがすといったようなことは、裏をかえせば戦闘部隊は重視するが、補給や情報活動、連絡など支援体勢軽視の思想につながる。

それは日本海軍の欠陥というより、日本人全体の思考の底にある本質的なものであるかもしれない。長谷川が航空廠で体験した三年間のできごとは、それらを如実に物語っている。

15 燃える決戦の大空へ〈十二試のハイライト名機零戦〉

二律背反の悩み

十二試のハイライトともいうべき零戦については、これまで設計者の堀越二郎氏をはじめ、吉村昭、柳田邦男氏ら著名な作家によって書かれた本があるし、筆者自身も書いたことがある。雑誌に発表されたものにいたっては無数だし、外人の筆になるものもすくなくない。だから、この本でそれらのものとダブって零戦の開発について述べることは避けるが、空技廠にかかわる部分については触れておかねばなるまい。

昭和十二年十月に、海軍航空本部から正式に交付された、十二試艦上戦闘機の「計画要求書」にもとづいて、三菱、中島の両社では、さっそく大まかな基礎計画や性能概算などを開始した。正式な設計作業に入る前の、いわば検討のためのたたき台とするためであるが、それらが一段落した昭和十三年四月十三日、十二試艦戦計画要求書についての説明審議会が、航空廠飛行実験部の会議室でおこなわれた。

これより前の、一月十七日も官民合同の研究会が開かれているが、設計はそれよりずっと具体的になり、なにが問題で、どこにむずかしいところがあるかなどがかなりはっきりしていた。この間、競争相手となるはずだった中島は、社内事情を理由に辞退したため、三菱一社で試作することになったので、堀越技師を主務とする設計チームへの風あたりが、いちだんと強くなるのはあきらかだった。

参会者は発注もとである航空本部、試作の進行管理と飛行実験を担当する航空廠、実用実験担当の横須賀航空隊、それに実施部隊の代表者ら、ざっと三十名あまり。これに、じっさいの設計開発を担当する三菱の堀越二郎、加藤定彦、曾根嘉年、畠中福泉の四技師もくわわったから、せまい会議室は満員の盛況だった。

計画要求書にもられた性能をひと口にいえば、時速五百キロ以上の高速とすぐれた空戦性能を両立させ、これに良好な上昇力と長い航続力をくわえ、そのうえ二十ミリ機銃を装備するという、速度、航続力、旋回性能、武装などのどれをとっても世界の一流か、それより上の水準をねらっていた。これはいってみれば、短距離ランナーのスピードと、マラソン選手の持続力と、ライト級のフットワークとヘビー級のパンチとを併せ持った、超一流の万能選手をつくれという、とてつもないむり難題であった。

こういうすべての性能を両立しえないために、ドイツは、速度一点張りのメッサーシュミットＭｅ１０９と、航続力と火力を重視したＭｅ１１０双発戦闘機をつくらなければならなかったし、フランスをはじめ、各国でさかんに爆撃機掩護用の多座戦闘機がつくられた時期があったのだ。

日本海軍にしても、ひとつの機体ですべてをこなすことがむりであることを承知していたからこそ、艦上戦闘機とはべつに、双発の「月光」（十三試）や局地戦闘機「雷電」（十四試）を計画したはずだった。

飛行機がどんなものになるかは、それほど細かい設計をやらなくても、要求された性能から機体の重量や翼面積をわりだし、これにエンジン出力やプロペラ効率を考えあわせれば容易に推測できる。いくとおりもの試案をつくり、計算や必要とあれば模型による風洞実験などもくわえ、かなり精密なレベルの性能推算が可能で、たとえ新しい設計手法の導入や技術の進歩を考慮にいれたとしても、それができるかできないか、困難かそうでないかは一目瞭然となる。

十二試艦戦にたいする要求は、堀越技師たちがいかに基礎設計や試算をくり返しても、それらを同時に満足することはむりだった。この検討結果にもとづき、説明審議会の席上で堀越技師は、「航続力と速力、操縦性のうち、何がもっとも重要かをしめしてほしい」といった内容の発言をしているが、この発言をめぐって一波乱がおきた。その主役は柴田武雄少佐と源田実少佐、ともに兵学校五十二期の脂の乗りきった戦闘機乗りだった。

だいたい、この五十二期には柴田、源田のほかに、真珠湾攻撃の空中部隊指揮官だった淵田美津雄（偵察、大佐）、航空廠飛行実験部員として昭和十三年七月二十三日の九試中艇の事故で殉職した土橋頼実（水偵、少佐）、昭和七年の上海事変で米人ロバート・ショートの操縦するボーイング戦闘機を撃墜した「加賀」戦闘機隊の隊長の生田乃木次（当時、大尉）、艦攻のその人ありと知られた入佐俊家（のち少将）、飛行艇の長谷川栄次、源田とおなじくのちに参謀畑にすすんだ薗川亀郎（偵察、大佐）ら、そうそうたる飛行機乗りがいた。

そのなかでも名物男は柴田、源田、薗川の三人で、柴田はネコ、源田はゲン、薗川はカメとそれぞれアダ名があった。柴田は歌はうまかったが、からだも小さかったし、なんとなくネコが鳴いているような印象があったから。源田は名字をつめてゲン、薗川は名前が亀郎からカメだった。薗川は名字よりニックネームの方がとおりがよくなり、三期ぐらい下の者でもカメさんと呼んでいた。薗川の方もいっこうに気にするようすもなく、「ウン、何だい」と返事をした。

柴田と源田はどちらも戦闘機乗りで鼻っ柱が強く、ことごとに意見が対立して仲の悪いのはクラスでも有名だった。「これがクラスがちがっていたら、心では思っても口には出さなかったろう」と、同期の一人である長谷川は語っている。

新型艦戦計画に際し空戦性能第一を唱えた源田実

柴田少佐と源田少佐は、兵学校は同期だが、飛行学生は柴田が第十八期で一年はやく、その後の配置はにたりよったりで、しいてあげれば、柴田が実戦部隊の指揮官だったのにたいして、源田が参謀畑を指向していたということだろう。そして、この十二試艦戦の計画説明審議会の時点で、柴田が航空廠飛行実験部の戦闘機主務、源田が横空の戦闘機飛行隊長という対照的な配置にいた。

堀越技師の質問にたいする海軍側の発言は、けっきょくのところ柴田、源田二人の論争に終始し、なんらの結論をえないままに終わってしまった。この論争についても既刊の本に詳しく書かれてあるので省くが、ようするに源田少佐は空戦性能第一主義をとなえ、柴田少佐は空戦性能は若干低下してもよいから速度と航続力をと、たがいに主張する重点がことなっていた。

源田少佐の主張は、戦闘機は格闘戦に強ければよいとする当時の戦闘機パイロット一般の考えを代表していたが、これには矛盾があった。

零戦に関する記録としては、戦後もっとも早く刊行され、あらゆる記述のもとになっている堀越二郎、奥宮正武共著『零戦』(日本出版協同社刊)によると、このときの源田少佐の発言について、「中支戦線における生々しい戦訓を説明し、『戦闘機、とくに艦上戦闘機は、対戦闘機格闘戦性能を第一義とし、これを確保するために、速力、航続力を若干犠牲とするもやむをえない』と主張した」となっている。

しかし、中支戦線における戦訓は、わが戦闘機の格闘性能の不足をしめすものではなく、柴田少佐が指摘したように、敵戦闘機の攻撃にたいして脆弱な九六式陸攻や艦攻、艦爆を守るアシの長い掩護戦闘機の必要性であったはずだ。

おそらく、会議の席上では両者ともかなり激昂してやりあったと思われるが、もし冷静に両者の言い分を聞いていれば、どちらの主張が正しいかの判断がくだせたのではないか。

会議は、だれも結論をくだす者がないまま、この両者のどちらにも花をもたせた形で終わったが、結果的に、大変な苦労を設計側が背負いこむことになった。

苛酷な要求のすべてにたいして、どれだけ近づけるかはわからないが、ただ一つあきらかなことはできるだけ軽くつくることだった。このため、重量軽減が設計の最重点項目となり、一グラムといえどもおろそかにしない厳重な重量管制方針がとられた。堀越氏は、その著書『零戦』（光文社刊）の中で、「機体全重量の十万分の一までは徹底的に管理する」ことを設計の鉄則としたと述べているが、じっさいに、それがいかに徹底したものであるかは、筆者がカナダで復元中の零戦の胴体をくわしく観察したとき、円框その他の材料の幅の細いこと、その細い幅の中にいまの一円アルミ貨大のものも含めて可能なかぎり大きく重量軽減孔が無数にあけられていること、使われている材料の板厚がうすいことなどを知って驚かされたものである。

筆者自身、かつて飛行機の図面をかいていたことがあるが、零戦のこまかな重量軽減にたいする配慮を見て、各セクションの担当者や図工たちが、何度NGを言いわたされては図面の書きなおしをやったことだろうと想像して同情を禁じえなかった。

零戦の構造の基本は、ワグナーの張力場理論とよばれる強度計算法にもとづき、各部をやわな構造とすることにあった。厚い板を使い、がんじょうな骨組で外力に対抗させるのではなく、構造全体をしなやかにして力をやわらげるやり方だ。柔よく剛を制すのたとえで、やたらにガッチリつくるばかりが強いとはいえない。

ただこのため、急な旋回や急降下のような大きなGがかかったとき、零戦の主翼にはスー

ッとしわがよった。下川大尉殉職の原因となった空母「加賀」の二階堂中尉機の事故のさいにもこの現象が起きている。もちろん通常の状態なら、荷重が去ればもとにもどる。

堀越技師以下の設計チームの努力で、設計、試作の作業ははやいピッチで進み、計画要求審議会から八ヵ月後の昭和十三年十二月末、第一回の構造審査が、三菱の名古屋工場でおこなわれた。このころ、航空廠飛行実験部は、陸上機班長兼戦闘機主務は柴田少佐から中野忠二郎少佐、次席は榊原喜代二大尉から真木成一大尉に、横空戦闘機隊も、飛行隊長が源田少佐から吉富茂馬少佐、分隊長が板谷茂大尉から下川大尉にかわっていた。

榊原大尉にかわって、実験部次席となった真木大尉は、その後、海軍で最初に十二試艦戦に試乗することになるが、前年の柴田対源田の戦闘機論争に関して、いまや自分がその結論をださなければならない立場にあることを知って悩んでいた。

源田少佐の空戦性能優先と、柴田少佐の速力および航続力重視は、ひとつの飛行機についていえば、「あちら立てれば、こちら立たず」の二律背反であり、実現は不可能にちかい。とすれば、どちらかに重点を置いた二種類の戦闘機が必要なのではないか。すると、A6(十二試艦戦)はいったい、どちらを指向すべきなのか、ここに真木の迷いがあった。

速度についてみれば、最高速が百九十ノットの九五式艦戦にたいし、九六式艦戦は二百四十ノットで、いっきょに五十ノットも飛躍した。これにくらべると、A6の要求性能二百五十ノットは低すぎ、むしろ三百ノットぐらいを目標とすべきではなかったか。そうすれば空

戦のやり方にも新機軸が生まれるだろうというのが真木の考えで、それは当時、外国ではようやく戦闘機の主流となりつつあった重戦思想、一撃離脱戦法の芽ばえであった。

真木は自分の疑問を、たまたま、来廠した航空本部の小林淑人中佐（のち少将）に率直にぶつけてみた。小林中佐は英国留学の体験をもち、横空、航空廠飛行実験部のテストパイロット経験も長い海軍戦闘機界の大先輩である。

小林中佐は、じっと真木の言葉に耳を傾けてから言った。

「たしかに速力の大きいことは望ましい。しかし、いまのところ、それを実現できる大出力のエンジンがない。現に予定しているエンジンの『瑞星』ですら、要求している性能を満足するかどうか疑問なのだ。

だが、航空本部としては、A6のつぎに局地戦闘機の試作を考えているから、このさい、A6は二十ミリ機銃を持った艦上戦闘機として検討したらどうか」

この言葉から、真木はA6については、とくに旋回性能に重点をおいてテストすることを決意した。

エンジン不調もあっていくらか遅れたが、海軍側の初飛行は、昭和十三年七月六日におこなわれた。飛行に先だってエンジンの試運転をしたのは、九試中艇の事故にまつわる留置事件のさいに、憲兵隊にもらい下げにいった吉武機関少佐、はじめて空中にあがったのは真木大尉であった。ついで首席部員の中野少佐が飛び、若干の改善事項が指摘されたものの、大過なく初のフライトは成功裏に終わり、海軍に領収された。

このあと航空廠、横空にうつされて実験と改良がつづけられ、第三号機からはエンジンも中島製の「栄（さかえ）」一二型にかえて、その性能がしだいに認められるようになった。昭和十四年は、ほぼ実験と細部の改良に明け暮れ、昭和十五年三月に起きた二号機による衝撃的なフラッター事故も、飛行機部松平技師らの努力で解決を見、あとは熟成を待つだけとなった。

飛行機にかぎらず、新しい製品の開発でいつをもって完成とするかはむずかしい問題で、とくに、戦時の軍用機にあっては、戦線投入のタイミングが重要だ。

ちょうどこのころ、中国大陸の航空戦では九六式陸攻（中攻）隊が苦戦をしいられていた。漢口基地には第一連合航空隊（一連空）、第二連合航空隊（二連空）あわせて百機以上が集結、奥地の首都重慶の戦略爆撃をおこなっていたが、漢口から重慶までは往復一千カイリ（約千八百五十キロ）の長い道中なので、アシのみじかい九六式艦戦では行動をともにすることができず、いきおい中攻隊だけの単独行となった。

このため、敵戦闘機の攻撃による中攻隊の被害が続出し、第十三航空隊司令奥田喜久司大佐をはじめ多数の犠牲をだした。それでも昭和十五年に入ると九八式陸上偵察機が配備されたので、中攻隊は目標の途中で遊弋し、先行した陸偵からの報告で燃料補給のため敵戦闘機が着陸したすきに、目標上空に突入する方法をとった。はじめのうちは、この手で成功したものの長くはつづかず、昼間攻撃は依然として犠牲覚悟の強襲となることが多かった。

敵の首都重慶を徹底的に破壊することによって、戦意を喪失させようとする昭和十四年暮れの一〇〇号作戦、これにつづく、昭和十五年の一〇一号作戦が決定的な打撃を相手にあたえるにいたらず、しかも犠牲の多いことから、中攻といっしょに進撃できる掩護戦闘機の出現を現地部隊ではせつに望んでいた。そんな時期に、横須賀ではすばらしい戦闘機ができているとのうわさが第一線にもつたわり、一日もはやく配備してほしいという声が高まった。

拙速手段を決意

航空本部ではこうした要望にこたえるため、昭和十五年四月ごろを目標に十二試艦戦を現地部隊に配備することをきめたが、試作機のつねで、とかく予定がおくれぎみのところへ、三月中旬の奥山工手の事故などもあって、航本の計画どおりにはいかなかった。しびれを切らした現地部隊からは矢の催促で、航本もついに制式機に採用されない実験機の段階のまま部隊に配備し、現地で実験と改善をつづけて、ある時点で作戦充当に踏みきるという、拙速手段をとることを決意した。

実験段階の十二試艦戦隊
隊長を務めた横山保大尉

新戦闘機隊の隊長には、当時、空母「蒼龍」を下りて大村航空隊教官をやっていた横山保大尉（のち中佐）がえらばれ、兵学校の一期先輩である横空戦闘機分隊長下川万兵衛大尉の指導のもとで慣熟飛行に精を出すいっぽう、一個分隊のパイロットと整備員の編成にのりだした。

下川が自分の手足ともいうべき優秀なパイロットや整備員たちを、惜しげもなく横山の部下につけてくれたので、部隊編成のほうは順調だったが、前線進出はおいそれとはいかなかった。

機体になお未解決のトラブルが多く残っており、とくに空戦のためエンジン全開をつづけるとシリンダー温度が異常に高くなる。Gを強くかけると引きこんだ脚がとびだす、二十ミリ機銃が空戦中に弾丸の出が悪くなる、落下タンクが落ちないなどの欠点をなおす必要があったからだ。

エンジンと機体の両方にあったトラブルの中で、パイロットたちがもっとも悩まされたのはシリンダー温度の上昇——筒温上昇の問題だった。その後にできたAMC(自動混合気調節装置)さえあればなんということはなかったのだが、このときはまだスロットルレバーと高度弁がべつになっていた。高度がどんどんあがって空気がうすくなるにつれて燃料をうすくし、混合比をあわせるのが高度弁だが、操縦しながらスロットルレバーの開度にあわせて高度弁を調節するのは容易ではない。弁をよけいに引きすぎると燃料がうすくなってシリンダー温度が上がり、ひどくなるとピストンが焼きつく。引き方がたりないと、燃料が濃すぎてこんどは振動がでるといったぐあいで、その調整には微妙な手さきの感覚が必要だった。

あまりのことに、横空飛行隊長の蓑輪三九馬少佐などは、「オイ、みんな浅草にいってスリのけい古でもやってこよう」と、冗談とも皮肉ともつかないことを言いだすしまつだった。

もうひとつ、これは訓練飛行には支障ないものの、実戦に投入するには致命的ともいえる、機銃の発射不良の解決にもてこずっていた。

これは機銃そのものの技術がおくれていただけでなく、機銃の艤装方法についての日本の軍や設計者たちの考え方の欠陥ともいえるものだった。

外国では、機銃も飛行機のパーツのひとつとして、はじめから機体と一体に考えられていたのに、日本では、機体、エンジン、プロペラは、それぞれ密接に連絡をとりながら設計をしたが、軍用機であっても機銃だけはべつ、といった風潮があったのである。

だから海軍でも、三菱や中島で完成した機体に機銃は取りつけられておらず、すべて横空に持っていって機銃の取りつけから調整、発射テストをやって実施部隊に引きわたす、という方法がとられていた。

この仕事を一手にひきうけ、機体への機銃装備や実用面での工夫、改良について大きなはたらきをしたのが、横空戦闘機隊付の田中悦太郎少尉だった。

田中少尉は志願兵として海軍に入ったのが大正の末という、十何年も海軍のめしを食っている超ベテランで、兵科出身の特務士官でありながら飛行機の兵装、とくに戦闘機用機銃の実地経験がふかく、海軍の戦闘機で武装について彼の手をわずらわさないものはなかった。

十二試艦戦もとうぜん、田中少尉によって機銃装備がほどこされたが、すでに充分手なれている七・七ミリはともかく、二十ミリのほうは海軍としてもはじめての経験だったので、さすがの田中も苦労した。

このころの二十ミリ機銃は、空気装填、空気発射とすべてエアを使っていたが、空気配管のまずさ、蓄圧器や圧力調整器などの弁や接続部からの空気洩れなどで、よい整備状態にもっていくのがたいへんだった。

それをやっと整備して空中にあがって発射してみると、弾が出たり出なかったりの故障が頻発した。弾倉はまだベルト給弾式ではなく、六十発入りの円形弾倉が使われていたが、空戦の操作をやって大きな旋回荷重をくわえると、弾倉の回転ムラが発生して弾の出が不安定になるのだった。

それはまだ我慢できるとしても、弾の供給が不円滑になる結果、機銃内に発射されずに残った弾の炸薬が爆発する、いわゆる腔内(とうない)爆発をおこす危険が予想された。

小型機なら一発でふきとばすほどの威力がある二十ミリ機銃弾が破裂すれば、主翼に大きな穴があくのはもちろん、へたをすれば自爆しかねない。

これらの問題解決には、空技廠がわも懸命の協力をおしまなかったが、進捗ははかばかしくなく、しかも航空本部の四月戦線投入の予定は、すでに大幅におくれていたので、横山大尉は、とりあえず現状のままで前線に進出し、現地での訓練と併行して改善を続行することを決意した。

このため、横山は空技廠飛行実験部長の吉良俊一少将（間に酒巻宗孝大佐をはさんで二度目）にかけあい、進出にあたっては航空廠からも技術者を同行してもらうようにした。

こうしてなんとか七月半(なか)ばには横須賀を出発というときになって、新しいエンジントラブルが頻発しはじめた。高度六千メートル以上に急上昇すると、燃料圧が低下してエンジンが不調になるというのだ。

「——よって、ただちに調査すべし」

命令は発動機部員の松崎敏彦技術大尉（のち少佐）につたえられた。

〈なぜだ、何でいまごろ？〉

いぶかしく思いながらも、松崎技術大尉は、横空戦闘機隊のエプロンに急行した。

松崎大尉といえば、東北帝大出の技術士官でありながらエンジンの実際家で、排気の色やエンジンの音から、どのシリンダーがぐあいが悪いかをピタリと当てる特技を持っていた。

航空廠発動機部では部員が、民間会社で試作されるエンジンの運転試験や一部の空中実験などを担当したが、仕事熱心から軍服は油のシミだらけで、手入れをしないので赤サビの出た短剣も、いっこうに意にかいさない。典型的な〝ダーティー・ネービー〟だった。〝ダーティー〟では、飛行実験部にも恩田という有名な汚れ屋の技手がいて、戦後、恩田は松崎に会ったとき、「おれは発動機部のボロ部員だったが、君も実験部のボロ技手だったなあ」といわれたという。

東北帝大出の航空機発動機部員・松崎俊彦技術大尉

十二試艦戦は、最初三菱製の「瑞星」一二型八百七十五馬力エンジンをつんでいたが、試作三号機からは中島「栄（さかえ）」一二型九百五十馬力に換装し、昭和十四年後半から十五年前半にかけて本格的な空中実験をおこない、この間に、問題点はすべて解決ずみと考えられていた。
「どうしてくれるんだ。前線に出発しようという際（きわ）になってこんなことでは……」

前線からの矢の催促にいらだっていた横空の人びとの口からは、松崎に非難の言葉があびせられたが、松崎にはどうしてもエンジンに原因があるとは考えられなかった。エンジン本体、燃料ポンプ、ポンプ駆動軸など、いちおうはしらべてみたもののなんら異常は認められない。そこで発動機部にもどって協議したところ、それまでにも問題にしていた、地上と空中での運転条件のちがいによるのではないかという疑問がでてきた。

つまり、地上と高空では気圧に大きな差があるが、当時の地上での高空性能試験では、エンジンの空気吸入側だけは、気圧をある高度にあわせてしぼったが、燃料ポンプや油ポンプの吸入側は、地上の大気圧のままでやっていたのだ。

このころ、松崎は「栄」一二型に二速過給器をつけて性能を向上した「栄」二一型のテストをやっていたが、燃料ポンプの吸入側をそうとう高度の気圧にするため、燃料タンクに蓋をして真空ポンプでタンク内部を減圧し、燃料タンクと燃料ポンプの間にガラス管をはめて燃料の流れが見えるようにした。

エンジンをまわし、燃料タンク内の気圧をしだいに下げても、最初のうちはなんの変化も見られなかったが、高度四千メートルに相当する気圧まで下げたあたりから、ガラス管内に白い泡の発生が見られた。

引きつづき気圧を下げていくと、ガラス管内は泡でまっ白になり、同時にエンジンの回転がバラつきはじめた。それは推測どおりベーパーロック——燃料パイプ内に発生した気泡が、燃料の通過をさまたげる現象の発生であった。

〈では、いままでの一年ちかい飛行実験で、なぜこの不調が起きなかったのか？〉

その疑問も、これまでのテストの経過をふり返ってみてわかった。空技廠での十二試艦戦の飛行実験は、昭和十四年の秋から十五年春にかけて、冬をはさんでおこなわれていた。したがって、地上での燃料温度もそれほど上がらず、高空での外気温度の低下になんとか追いつけたので、たとえ燃圧が低下しても、ひどいベーパーロックにはいたらなかった。

横空での実験は、そのあと昭和十五年夏にかけておこなわれたが、部隊編成に入ってからは、朝から飛行機は外に出しっぱなしだったので、初夏の強い陽ざしをうけて燃料温度がかなり上がっていた。

しかもエンジンを「栄」にかえてパワーを増した十二試艦戦の上昇が急なため、地上で暖まった燃料タンク内の温度低下が、外気温度の低下に追いつかず、しかも気圧の低下がガソリンの気化をいっそう助長し、ベーパーロックの発生となったことがわかった。

発動機部のベーパーロック対策としては、燃料を加圧して送る圧送ポンプを取りつけることだったが、それができるまでは、使用燃料をベーパー（蒸気による気泡）の発生しにくい燃料にかえること、横空ではエプロン待機中は、燃料タンクへの日光の直射をさけることなどで、とりあえず急場をしのぐことになった。

まだまだ多くの不具合をかかえながらも、いちおう燃料ベーパーロック対策にめどをつけた十二試艦戦は、七月二十一日、まず横山大尉指揮の六機が、すこしおくれて進藤三郎大尉指揮の六機が中国大陸の前線にむけて、横須賀を飛びたった。

「出陣を前におこったベーパーロック騒ぎの一週間の空白は、私にとって、耐えられないほどの苦痛であった。海軍内部の非難を一身に浴びながら、歯を食いしばって黙々と対策の効果を期待しつつ、横空の戦闘機隊のエプロンを右往左往していた自分の姿が、いまも走馬燈のように脳裏をかすめる」とは松崎の述懐であるが、その後、海軍燃料廠が外気温が上がっても、ベーパーロックをおこしにくい「91特」という燃料をつくって、燃料圧送ポンプができるまでのブランクをおぎなった。

特性をいかして

横山大尉の要望で、現地での改善のため、空技廠から同行することになったのは、飛行機部の高山捷一技術大尉、発動機部の永野治技術大尉、機銃担当の卯西外次技師の三人で、高山大尉の記録によると、「昭和十五年七月十六日、中華民国出張を命ず」となっている。

十二試艦戦隊の後を追って、輸送機で漢口基地に赴いた三人が、現地で感じたのは、せっかく期待したのに、いぜんとして多くの未解決問題をかかえたこの新鋭戦闘機にたいする不満といらだちで、とくに混合気の調整をすこしでも誤ると、シリンダー温度が上昇してすぐエンジン不調になる現象がそれを助長した。

業を煮やした隊員の中には、高山大尉らの面前で、「こんなやっかいな飛行機なんか使いものにならん」とあてつけに言う者もいたが、ソファーに横になって聞いていた第二連合航空隊（二連空）司令官の大西瀧治郎少将が、

「そんなことをいったってお前、この飛行機はまだ試作機で未完成なのを、むりいって持って来てもらったんだ、そんな悪態をつく奴があるか」と、たしなめる一幕もあった。

べつの機会に、大西少将と一連空司令官の山口多聞少将とが横山大尉を呼んで、いっこうに出撃できないのにたいして、「貴様、いのちが惜しいのか」と叱責する一幕もあったと横山自身の著書（『あ、零戦一代』光人社刊）にのっているが、作戦上の要求や部隊からの突き上げと、未完成を承知で進出を要請した責任の板ばさみにあって、さすが豪毅の大西もいささかつらい立場に立たされたようだ。

だが、横山が慎重だったのは、もとより命が惜しかったからではなく、もし問題解決が不充分のまま出撃してつまずけば、最初であるだけに、部下や部隊全体の士気におよぼす影響が大きく、なによりも新戦闘機の将来に暗い影を落とすことになりかねないことを心配したからだった。したがって、どのあたりでがまんに見切りをつけるか、タイムリミットとのかねあいに苦慮していたのである。

十二試艦戦改善に漢口に赴いた飛行機部高山捷一

シリンダー温度上昇の問題は、「栄」エンジンをつくっていた中島飛行機の新山春雄（現日産自動車顧問）、上田茂人（元日産自動車取締役）両技師らによって開発中だったＡＭＣ（自動混合気調節装置）の完成を待てばいいが、それではいまの急場にはまにあわない。
一番いいのは微妙な高度弁の操作をはじめ、機体のあつかいにパイロットや整備員たちがなれることで、エンジン屋の永野大尉も、〈みんなが飛行機になじむまではしかたがない〉とハラをくくっていたが、まわりがいきり立っているときにそうもいえないので、高山大尉と二人で、とりあえず現地でやれる応急対策にとりかかった。

エンジンはいじりようがないので、高度弁を少々うす目に引いても、シリンダー温度が上がりすぎないよう空気を余分に取り入れるため、カウリング先端の形状をかえたり、バッフルプレート（シリンダーに冷却空気がよくあたるようにするための導風板）を工夫するなどの二次的対策がこころみられた。

現地の航空廠も、廠長の鈴木為三技師をはじめ全面的に協力、高山たちがその場でかいた略図にもとづいて徹夜でなおしたり、試作部品をつくったりして、翌朝の実験にまにあうようにしてくれた。パイロットたちもその飛行機ですぐ飛んでみて、ようすによってはさらに改良をくわえるということをくり返した。

整備には橋本兵曹長という豪傑がいて、兵隊を叱咤鞭励して、飛行機の整備に万全を期してくれたのもありがたかった。そのうち、なんとなく筒温上昇による故障もすくなくなった。けっきょく、いろいろやった対策も多少は効果があったのかもしれないが、永野が予想していたように、実験をかさねているうちに、みんなが機体になじんだのと、この間に部隊側と技術者たちに一体感が芽ばえて、協力がスムーズにいったことの方が大きかったようだ。

中島のＡＭＣが完成して、「栄」につくようになったのは、この年の暮れで、これで筒温上昇の問題はほとんど解決した。

筒温上昇によるピストンの焼きつきとともに大きな問題だった機銃の故障も、卯西技師らの懸命の努力で、なんとか解決にこぎつけた。が、根本的には日本の工業技術レベルにかかわる問題であり、当時は品質管理が悪かったので、信管なども寸法がいいかげんにつくってあったし、機銃そのものの技術や精度にも問題があったのである。

こうした多くのトラブルも、とにかく全員が一体となって努力した結果、はじめは使いものにならないとまでいわれた十二試艦戦も、急速にトラブルがへり、七月二十四日には「零式艦上戦闘機」として制式採用になったとの知らせも入って、ようやく前途に明るさが灯った。機体も、その後、さらに三機ふえて全部で十五機となり、八月十九日、ついに最初の出撃を迎えた。

この日は横山大尉、そして翌二十日には進藤大尉の指揮で、中攻隊とともに重慶空襲に参加したが、すでに、敵は日本軍に新型戦闘機があらわれたことを知ったらしく、敵機の迎撃をまったくうけなかった。

張りきって出撃した零戦隊のパイロットたちにしてみれば残念なことであったが、戦わずして中攻隊掩護の役をはたしたことは、それ自体が零戦の威力の証明であり、それ以上に零戦をもってすれば中攻隊といっしょに重慶までの往復千カイリ（千八百五十キロ）を、余裕をもって飛ぶことができるという自信をえたことが、なによりの収穫であった。

このころには零戦のトラブルもほぼ解決し、永野、高山、卯西らの空技廠派遣組は、いつ帰ってもいい状態だったが、ここまで来たのだからと、永野、高山の二人は、おなじ漢口基地にいた十三空（零戦は十二空）中攻隊の重慶爆撃に一度同行したいと願いでた。

参謀はそんなことはできないと反対したが、大西司令官がいいだろうと言ったので許可になった。そこで二人は軍装をととのえ、翌早朝、十三空司令部にいったが、偵察機の報告で重慶方面の天候が悪くて出撃中止となった。翌日も翌々日も、おなじことのくり返しで、一週間ほどすると、航本から電報で早く帰ってくるよう指示があったので、八月二十八日に内地に帰った。

その後、なお二週間ほど悪天候がつづいて奥地進攻がはばまれたが、進攻再開二日目の九月十三日、進藤大尉のひきいる十三機の零戦隊が中攻隊とともに重慶攻撃に出動、在空の敵戦闘機二十七機撃墜したとの知らせが空技廠にもたらされ、しかもこちらは全機ぶじ帰還とあって、永野らは胸をなでおろした。

高山にとって、この中華民国出張で忘れられないのは、零戦の防弾問題で、大西少将が高山の意見を全面的に支持してくれたことだった。十二空で実験中、零戦のようにまったく防弾の装置がないのはまずいという意見がおこり、会議で問題になったことがあった。

開発側の責任者として出席した高山は、つぎのような意味の発言をした。

「戦闘機はたしかに防弾はすくないけれども、それにかわるものとして、高速、上昇力、旋回能力など攻撃的な能力があたえられている。あなた方はそういわれるが、海戦における駆逐艦を考えていただきたい。もし駆逐艦に、戦艦や巡洋艦なみの防弾や装甲を要求したら、重すぎて軽快な行動力を失い、駆逐艦ではなくなってしまう。

戦闘機についても駆逐艦と同じで、防弾、防弾といっていたのでは、世界の戦闘機にまさるものはできない。零戦は重量を一グラムでも軽くすべく設計されてあり、それが防弾にかわる特性となっている。したがって、いまとなっては零戦の特性をいかした使い方をするしかないと思う」

高山の意見に、ジッと耳をかたむけていた大西少将の「いまの技術士官の言うとおりである」とのツルの一声で会議は終わった。それから約一ヵ月後に、高山の主張が正しかったことが証明されたが、のちに太平洋戦争になって、ふたたび零戦の防弾力強化が問題となったことについては、またちがった観点から論議すべきで、一律な防弾軽視の非難はあたらない。

高山とはちがった意味で、永野にとってもこの中華民国出張は忘れられない思い出がある。零戦の初出撃も終わり、内地帰還を前に十三空の重慶進攻に同乗を願いでて、連日搭乗を待っていた永野のもとに、空技廠業務主任から、八月二十四日に母が亡くなったから「スグカエレ」との電報がもたらされた。しかし、すぐ帰ることもならず、月末に帰ったときには、すでに葬式が終わったあとだった。

こうして、零戦は多くの人びとのさまざまなドラマや思い出を織りまぜながら、その多難な前途へむけて巣立っていったのである。

なお、十二試艦戦が零戦として完成していく課程で特筆すべきことは、昭和十四年四月一日、航空廠の名称が航空技術廠とかわったことだ。

これは日華事変中、作戦上の要求から戦地に航空兵器の補給機関として特設航空廠を置くことになり、この特設航空廠と区別する必要が生じたことから改められたもので、航空技術廠を略して、一般には空技廠とよばれていた。

16 針の筵に座らされて〈未知の分野フラッターの研究〉

衝撃的な事故

十二試艦戦による最初の事故は、昭和十五年三月十一日、海風がまだ冷たい早春の午前におきた。場所は空技廠に隣接する横空の追浜飛行場だった。

「その日、われわれ海軍航空予備学生第二期生四十人は操縦練習をうけていた。フロートのついた複葉の二人乗りの練習機（赤トンボ）に乗って、約三十分間の飛行訓練をおこなうべく順番を待っていたわれわれの頭上で、とつぜん異様な音がした。ハッとして空を見上げると、いましも急降下してきた一機の戦闘機が、機首を上げようとした瞬間、大音響とともに四散した。

エンジンは塊となって放物線を描いて前方にとび、海に落ちた。機体はバラバラとなり、胴体はクラクラともんどりうちながら落下する。主翼や尾翼は木の葉のように舞いながらその後を追っていた。

パイロットは？　とさがすと、分解した飛行機の上方にあった黒点が、落下の途中で純白のパラシュートになって青い空に開いた。われわれは思わずいっせいに拍手喝采した。そして固唾をのんでそれを見まもった。

空中分解した高度は五百メートルくらいだったろうか。パラシュートはパイロットをぶらさげながらゆっくり降りてくる。ホッとしたのもつかの間、地上二百メートルくらいまで降りてきたとき異変がおきた。

パイロットがパラシュートの下端から離れ、そのまま一直線に地上に落下した。即死であった。（中略）

航空事故のこわさを目のあたりにした一瞬だった。この事故の直後に、私の操縦訓練の順番がまわってきたので、なんともいやな気持であったことをいまも思いだす」

当時、第二期航空予備学生として、整備ならびに操縦訓練のため横須賀航空隊にきていた元三菱航空機福島保技師の事故目撃談であるが、当時、空技廠飛行実験部陸上班の先任部員だった中野忠二郎少佐（のち、大佐）は、雑誌『丸』誌上で、このときの模様をつぎのようにのべている。

「ビューンというおかしなウナリ声につづいて、バンという大きな破壊音が聞こえた。

私は飛行場北端の飛行実験部指揮所の中にいたが、この音を聞いて驚いて外にとびだし、空をあおいだ。キラキラ光りながら、バラバラになった機体が舞い落ちる中に、まっ白なパラシュートが浮かんでいる。

双眼鏡で見ると、操縦者がぶらさがっている。ああぶじでよかったと思いながらよく見ると、手足がだらりとさがって動かない。ようすがおかしいが、なんとかぶじであってくれと念じながらなおも見まもっていると、あと地上まで二、三百メートルと思われる高度になったとき、手足を動かすのが見られた。生きていてくれたか、と思った瞬間、身体がパラシュートから離れて、スーッと落ちてしまった。すぐに車で駆けつけたが、すでに絶命して、もはや手のくだしようもなかった。

飛行場北端海岸の干潟に落ちた遺体には、墜落時の衝撃だけで他の外傷はまったくなかった。付近に落ちたパラシュートを調べると、なんの異常もない。これらのことから判断すると、機体が空中分解したときのはげしい衝撃で失神し、そのままほうり出されて降下の途中で意識が回復しかかったが、そのとき錯覚が起こって、パラシュートの縛帯（ばくたい）を解きはなしてしまったのではないかと考えられた」

殉職したのは空技廠飛行実験部のテストパイロット奥山益美工手で、機体は製造もとの三菱から前年十月に領収した十二試艦上戦闘機の第二号機だった。

それまでの例では、試作機の発注数は一機か二機だったので、性能試験が終わらないと実用実験はできないという不便さがあった。十二試艦戦ではエンジンの変更のこともあって、二機の試作機につづいて四機の追加注文がおこなわれ、供試体が六機あった。そこで空技廠の実験と並行して、飛行実験部で使わない機体によって、横空で空戦や射撃などの実用実験をはじめていた。

したがって、まだ未完成部分の多い機体だったが、横空で実験中にしばしばプロペラ過回転の問題がおきた。十二試艦戦には多くの新しい技術が採用されていたが、住友金属がアメリカのハミルトン・スタンダード社から技術導入してつくった定速式プロペラもそのひとつで、飛行中に飛行姿勢とエンジンのスロットルレバーの開度に関係なく一定回転速度を出すもので、自動車のオートマチック・トランスミッション同様、エンジンの出力を有効に使って飛行性能を高めることができる。

このため、プロペラのピッチを自動的にかえるガバナー（調速機）がついていたが、この機構の信頼性がまだ十分でなく、とくに急降下時にピッチ変更がおくれて過回転になってしまうことがあった。過回転が起こると、逆にプロペラでエンジンをむりにまわそうとするかたちとなり、機体に振動を生じるだけでなく、エンジンを破壊するおそれがある。ちょうど高速走行中に、急にローギアに入れてしまった自動車を想像していただければ、この現象は容易に理解できよう。

十二試艦戦のエンジンの超過制限回転数は毎分二千七百回転だったが、それを超えて三千回転にもなってエンジンがこわれ、不時着したこともあった。

横空からこの問題を指摘された空技廠では、さっそく原因をしらべることになった。横空、空技廠とはいっても、横空と飛行実験部の指揮所は、わずか八十メートルくらいしか離れていなかったし、たがいにツーカーの仲だったから、「なんとかならんか」「じゃやってみよう」と、さっそく実験に取りかかったやさきの事故だった。

空技廠は総力をあげて事故原因をしらべたが、けっきょく、実験の目的であったプロペラではなく、尾翼の昇降舵につけられていたマスバランスという舵の平衡を保つための錘をささえる腕が飛行中に吹っとび、バランスを失った昇降舵によるフラッターの発生が原因と判断された。

フラッターというのは、空気力、弾性力および慣性力の相互作用により、空気流からエネルギーをもらってしだいに振幅が大きくなる振動で、飛行機の翼などの弾性や慣性、空気形状に応じたある速度にたっすると急激に振幅が増し、アッという間に破壊にいたるおそろしい現象だ。

フラッターは、翼が十分に丈夫であれば補助翼、昇降翼、方向舵などの舵面だけに起こり、翼の強さが不十分なときは翼だけ、あるいは翼と舵面との相互作用によっても起こる。十二試艦戦二号機の場合は前のケースだったが、制式となった翌十六年四月十八日に起きた二度目の墜落事故は、後者によってひき起こされたものだった。

零戦の最初の犠牲者となった奥山工手について、上司の飛行実験部員だった真木成一大佐（当時大尉）は、つぎのように語っている。

「たしか操縦練習生の二十二期か二十三期の出身で、昭和八年に私が館山航空隊付であったとき、二等水兵（そのころ航空兵の制度はまだなかった）で、私とともに中野少佐の分隊にいた。

小柄ではあるが、丸顔のキビキビとした動作、すぐれた操縦素質は、戦闘機乗りとして大成するといわれたが、本人の家庭の事情で兵として満期をとり、空技廠に職をえらんでいた。私より年は若いが、空技廠の実験経歴も古く、私の仕事の片腕として信頼していたので、ほんとうに惜しいことであった」

館山航空隊でいっしょだった三人が、奇しくも空技廠で同じ仕事にたずさわることになったのだが、その中野少佐と真木大尉の目の前で奥山は死んだ。それも大事故になるとも思えない実験で、思いがけないことが引き金になって空中分解にいたったものだ。航空事故としてはめずらしく、ほとんど外傷の認められない眠っているような遺体が涙をさそったが、後年類いまれな戦闘機に成長するこの名機の卵は、その代償として、なおも犠牲を要求してやまなかった。

奥山工手の事故の四ヵ月後には制式採用となり、初陣以来、無敵の活躍をしめした中国大陸の戦闘での実績により、零戦にたいする評価はいやがうえにも高まった。とくに初陣の九月十三日の戦果にたいしては、部隊だけでなく、製作者の三菱重工業に海軍航空本部長名で感謝状が贈られるという異例の措置がとられ、零戦の増産に拍車がかけられた。

昭和十五年末までに三菱が海軍に納入した零戦は、増加試作機もふくめて百二十機にのぼっており、基地航空隊だけでなく艦隊にもぞくぞく配備されていた。

年があけて昭和十六年、日本をめぐる国際情勢は、ヨーロッパ戦線の展開とあいまって暗雲をはらんでいたが、九六式艦戦につづく零戦の成功、のちに一式陸攻となる十二試陸攻の制式もまぢかなど、緊迫の中にも海軍航空には明るい雰囲気がただよっていた。

ところが、そんな空気をいっきょに暗転させる衝撃的な事故が、すでに実施部隊に引きわたされていた零戦におきた。試作二号機につづく二度目の空中分解、横空分隊長下川万兵衛大尉が殉職するという惨事がそれだ。

その前日、航空母艦「赤城」の戦闘機分隊長二階堂易中尉（昭和十七年五月の珊瑚海海戦で戦死、少佐）の操縦する零戦が、木更津航空隊上空で飛行訓練中、高度五千メートルから五十度の急降下にはいり、高度二千メートル、計器速度三百二十ノット（約五百五十キロ）で引き起こしに入ったとき、とつぜん、はげしい振動を感じてパイロットがほとんど失神状態となり、気がつくと補助翼が左右とも飛んでなくなっていたという事故があった。

九六艦戦の後継機として登場した零式艦上戦闘機。零戦は各型合わせて1万機以上も生産された。写真は一一型

幸い、二階堂中尉の沈着な操縦で、ぶじ飛行場に着陸することができたが、この事故は、順調に育ちつつあった零戦に新たな不安の影を投じることになった。日本海軍の主力艦上戦闘機として、九六式艦戦にかわって、ぞくぞく実施部隊に配備されていたやさきの事故とあって、部隊からすぐに航空本部、空技廠および横空に報告された。

空技廠からは飛行機部研究係の疋田遼太郎、松平精技師らが、調査のためすぐに木更津におもむいたが、この事故の知らせにだれよりも心を痛めたのは、横空戦闘機分隊長の下川万兵衛大尉だった。下川大尉は横空側の主務として零戦の実用実験を担当したが、実験の過程で、二階堂中尉が経験したような事故の心配に考えおよばなかった責任を、ふかく感じたようすであった。そして、二階堂機とおなじ状態を再現して事故原因をさぐろうと、あえて危険なテストをこころみようとした。

翌十七日、飛行隊長吉富茂馬少佐（のち中佐）の許可をえて、下川大尉自身の操縦による実験がおこなわれることになった。この日の経緯については、すでにいくつかの出版物にかなりくわしくのっているので、簡単な紹介にとどめよう。

午前、第一回の実験は第五十号機によっておこなわれ、二階堂機と同様な急降下をやってみたが、とくに異常は認められなかった。ついで飛行機を二階堂中尉が経験したように、急降下や急旋回時に主翼にシワがよるという理由で、母艦「赤城」から返されて保管中だった第百三十五号機にかえて実験をおこなうことになった。

ふつうなら、ここで一息いれて、第二回目の実験は午後とするところだが、なぜか下川大尉は休まずに飛行機をかえるとすぐ空に上がっていった。おそらく、昼前に実験をすませ、午後は検討会を開いて一刻もはやく原因を究明したい、というのが下川大尉の気持だったのではないか。そして事故はこの後におこった。以下は、事故を目撃した中野少佐の記述である。（雑誌『丸』所載）

「慎重な下川大尉は、高度四千メートルから五十度くらいの角度で急降下をこころみ、二千メートルくらい降下して徐々に水平飛行にうつり、飛行機の状態をたしかめ、ついで第二回目の降下実験にはいった。高度はおなじく四千メートルから、角度を第一回よりやや深く、五十五度か六十度くらいで降下をはじめ、高度二千メートルよりやや低いかと思われるあたりから引きおこしはじめたかに見えたとき、左翼から、白いものがパッと飛び散り、ついで黒いものが飛ぶのが見られた。

飛行機はとみれば、その後、二度ほど機首をふり、降下角度が浅くなったが、そのまま、飛行場の北方三百メートルくらいの海面に突っこんでしまった。

救助作業隊が派遣されて、水深約十メートルのところから機体が引き揚げられたが、機体は奥山君のときとちがい、ひとかたまりとなった状態で、大尉は機体とともに壮烈な最後をとげていたのである。そして機体から飛散したのは、補助翼、および水平尾翼であったことがわかった」

奥山工手の場合はほとんど遺体に損傷は見られず、五体がそろっていたが、下川大尉の遺体は、機体とともに完全に四散し、わずかに集められたバケツ一杯の肉片が事故のすさまじさを物語っていたという。

前人未踏の研究

すでにこの時点で百五十機以上が生産され、中国大陸上空の実戦でも数々の輝かしい戦果をあげていた零戦に、いまとなってこのような重大な事故がおころうとは、だれしも想像もしなかったことである。余談であるが、下川大尉もまた、館山航空隊で真木大尉や殉職した奥山工手らとおなじく、戦闘機隊長中野少佐のもとにいたという奇しき因縁があった。

十二試艦戦の事故に心をいためた設計技師・曾根嘉年

「事故があったと聞き、びっくりして堀越さんとかけつけた。下川さんは人格者として部下たちから尊敬されていたので、『自分たちの隊長を殺したのはお前だろう』といわれてつらかった」と、三菱の設計担当の一人であり、主務者の堀越二郎技師を助けて零戦の完成に重要な役割をはたした曾根嘉年技師(現民間航空株式会社社長)は語っているが、一年前の事故につづく、再度の空中分解事故、それも殉職者が上下に人望あつかった横空の下川大尉とあって、堀越、曾根両技師の心境は、あたかも針の筵(むしろ)に座らされたようなものだった。そんななかで、堀越らにとっての救いは第二号機の事故以来、フラッターという未知の技術分野のむずかしさをよく理解し、おなじ技術者仲間の共通の課題として、けっして一方的に非を鳴らすようなことをしなかった空技廠松平技師のフェアな態度であった。

事故調査は、空技廠の飛行機部研究係、すなわち疋田、松平らが中心になって大々的に開始されたが、はっきりしていたのは、事故機は第一回飛行の三菱第五十号機(一一型)とちがって、艦上での取りあつかいを容易にするため、翼端を五十センチずつ折りたたむようにし、補助翼にタブバランスがつけられていた二一型だったことだ。

マスバランスが小さな錘（マス重量、質量）によって重量的なバランス（平衡）をとるのにたいし、タブバランスは補助翼などの動翼の後縁にタブ（小片）を取りつけることによって空力的なバランスをとるもので、これによって舵の効きを軽くすることができる。零戦二一型の補助翼タブバランスは、高速時に補助翼が重くなり、緩横転のような操作がやりにくいという実施部隊の意見で、第百二十七号機からつけられていた。

そこで事故原因として、まずタブバランスつき補助翼に疑いがかけられたが、はっきりした原因究明ができるまでの応急措置として、タブバランスのない第百二十六号機以前の機体はこれまでどおり、タブバランスつきの二一型は、制限速度を計器指示二百五十ノット（四百六十五キロ）とし、引き起こしは加速度五G以内に制限することにした。

事故原因については、はじめのころは松平技師が主張した「フラッターにたいする疑いよりも、事故機のすこし前の機体（すなわち第百二十七号機）から補助翼にとりつけられたバランスタブの作用による補助翼の空気力学的不安定現象とか、主翼の桁の材料（ESD―超々ジュラルミン）や外板の枕頭鋲の工作技術をふくめた強度問題などの疑いが濃い」として、主として後の方の問題に重点をおいて原因解明のための作業がすすめられた。

ところが、実機を使った大型風洞での実験や、主翼の強度試験の結果、これらの疑いはつぎつぎに白となり、当初軽視していたフラッターにたいする疑いが、しだいに濃厚になってきた。

それまでは、零戦の補助翼は完全に静的にマスバランス、つまりヒンジ(蝶つがい)の前後の重さをバランスさせてあり、地上でおこなった振動試験のようすからも五百ノット以下の速度では、主翼のフラッターは起こらないだろうと考えられていた。この地上振動試験をベースにしたフラッターの限界速度の算定は、かなり大ざっぱなものだったが、これまで補助翼のマスバランスを実施してからは、この種のフラッター事故は起きていなかったので、この予測にだれも疑念をいだかなかった。

いっぽう、風洞を使っての模型フラッター試験もやったことはあるが、実機と縮小した模型との力学的相似性についてはまったく考慮されておらず(たんに形状が相似であるというだけ)、したがって、たんにフラッターの挙動がどのようなものかを見るだけで、それを細かく解析するにはいたらなかった。

まして模型実験によって、実機のフラッター速度を推定するという技術は、まだ世界のどこにも確立されていなかったのである。

それというのも、機体の強度にはかなり余裕をもった設計がふつうであり、フラッターに入る恐れのある主翼の捩れ振動の起きる心配がなかったからである。

だが、零戦はちがっていた。軽量化を至上命令とした堀越技師の設計方針にもとづき、機体各部の強度は壊れず強すぎずというギリギリのところで設計されていた。このことが、五百ノットまでは起きないと考えられていた主翼捩れ振動によるフラッターが、三百ノットで発生した原因ではないかと考えられた。

現実に、二階堂機が、補助翼が飛散する前に主翼上面にシワが発生したと報告されていることが、それを物語っている。

だが、それを実証するには当時の技術は、あまりにも幼稚であり、フラッターそのものの根本的な解明を必要とした。こうして、松平技師らによる前人未踏ともいうべき、フラッターの本格的研究が開始された。

17 限界への果敢な挑戦〈零戦事故から生まれた新幹線〉

よく働きよく遊ぶ

零戦の空中分解事故の原因解明の立役者であり、世界的な振動研究の大家となった松平精が、東京帝国大学船舶工学科から海軍航空廠に入ったのは、昭和九年、予算のつごうで職員の定員に余裕がないところから、いちおう工員として採用するが工員ではない、有職工員での採用であった。

松平自身は設計志望だったが、研究部門を強化する必要があるとして飛行機部研究課にまわされた。最初の一年は現場実習で、ヤスリがけから熔接、鋳物とひととおりやったところで徴兵となり、陸軍飛行連隊で一年間の兵隊生活を送った。除隊のときは陸軍少尉だった。航空廠に復帰して、その後技手、技師と昇進、太平洋戦争が始まってから文官の技師のほとんどが武官になって軍服を着たが、彼はずっと技師のままだった。それは松平が陸軍少尉だったからで、天皇陛下以外は陸海軍人を兼ねることはできないからであった。

昭和十一年に航空廠に復帰して、飛行機部で研究の実務につくことになったが、当時の海軍部内では、すでに重要視されていた振動問題に、その方面の専門家が一人もいなかったため、松平は振動の研究を担当することになった。

「当初、設計志望だった関係で、設計屋とはよく馬が合い、彼らの求めに応じて気やすく振動計算や実験をおこなって設計データを提供したり、相談にのったりしたためか、大変重宝がられ、ときならずしてひとかどの振動専門家として祭り上げられてしまった。かくなっては、もはや振動から足を抜くわけにはいかず、本来の設計者への夢ははかなく消えてしまった」とは松平の弁だが、この年の末ごろ、はからずも松平の実力のほどをしめす機会がおとずれた。

九二式艦攻が空中分解にはいたらなかったものの、急降下中に機体全体が激しい振動を起こすという事故が発生した。明らかにフラッターと考えられ、ちょうどこのころフラッターについて勉強していた松平は、すぐに主翼翼組のたわみと補助翼がヒンジを中心にバタバタすることによって起きた連成フラッターだと判断し、この複葉機の補助翼にマスバランスをつけることでみごとに解決してしまった。まだだれもよく知らないフラッターについて、松平の理論的解析は堂に入っており、しかも、その対策によってフラッターがピタリとやんだとあって、松平株は大いにあがった。

零戦の「フラッター」について研究した松平精技師

九二式艦攻のあと、九五式陸攻、九六式陸攻と引きつづき主翼曲げ――補助翼フラッターを起こしたが、これも補助翼のマスバランスで簡単に解決することができた。そして、この後に製作された海軍機は、すべて、補助翼をそのヒンジにたいして重さをバランスさせることにより、この種のフラッターを完全に押さえこんでしまったのだ。

飛行機のスピードが、まだ百五十～二百ノット（二百八十キロ～三百七十キロ）といった低速で、フラッターの性質もわりあいにおだやかだったせいでもあったが、年々向上する飛行機のスピードが新種のフラッターを発生させた。そこで松平らは、つぎつぎに新しい対応に忙殺されることになるが、すくなくとも主翼曲げにかわる主翼捩れ振動という厄介な現象が起きた零戦の事故までは、空技廠の実験研究も比較的落ちついたもので、研究者たちの生活ものんびりしていた。

松平の所属は飛行機部研究三科で、主任は疋田遼太郎技師。松平はその下の班長で振動担当だった。松平の下には、のちに彼の手足として重要なはたらきをする工業学校出の、何人かの有能な部下がいた。かれらはよくいえば個性的、きかん気な名人肌の持ち主で、よそでは使いにくいからと、松平のところにまわされてきた連中であった。みんな仕事にかけてはすばらしく有能だったが、ひとすじ縄ではいかないところがあったのである。

田丸喜一。この零戦の事故解明の重要な手がかりとなった精巧なフラッター模型をつくった男。工業学校出ながら器用で頭もきれた。社交ダンスの名手で、戦後まもなくのアマチュアダンス競技会で優勝、副業でダンス教師をやったほどだった。実験もダンスもバランス感覚が大事で、この点、田丸は松平にとってたよりがいのある部下だった。

石川次郎。田丸と同じく工業学校出で、これまた無類の器用さをもち、振動測定に必要な多くの計測器を考案した。のみこみが早く、松平がこんな模型、あるいはこんなことを測定する装置が欲しいというと、田丸と石川の二人で、たちどころにつくってしまった。松平は次郎さんとよんで重用した。

石井正春。専門学校出身で、田丸や石川がものを考案したりつくったりする名人なら、こちらは計算の名手だった。手まわしのタイガー計算器を、朝から晩までまわしつづけ、克明なデータをはじき出した。それだけでなく、几帳面なうえに字がきれいだったから、報告書作成はいつも石井の役だった。

二本柳忠。海軍技手養成所出身で、人柄がよく、忠さんの愛称でよばれた。所属は飛行実験部で、松平の直接の部下ではなかったが、仕事では飛行機部研究課と密接な関係をもち、松平グループの一員も同然だった。主として空中実験関係の計測器をつくった。

松井信夫。昭和十六年、京都帝国大学機械卒で、振動では松平の直弟子にあたる。理論好きで、自分で方程式をたてて計算することのできる、これまた松平にとってかけがえのない存在だった。「たいへんなガンバリ屋」は松井にたいする松平のひと口評だが、戦後は松平とともに国鉄に入り、松平につづいて鉄道技術研究所副所長。さらに東急車両に転じて目下、研究室長の要職にある。世界的な振動の権威として、国際的な会議に出席することも多い。

これらの人たちが、松平を中心に飛行機の振動問題を研究していたが、彼らは「よく働き、よく遊ぶ」をモットーに、仕事もよくやったが遊びの方もヒケをとらなかった。海軍航空技術廠とはいっても、民間の会社とちがってそこはお役所。戦争がはじまるまではそれほど残業もなく、仕事が終わると、松平を筆頭によく横須賀市内にくりだした。〝海軍の町〟横須賀には、水交社をはじめ「魚勝」「小松」など、安く飲んで遊べるところがたくさんあった。

「魚勝」は海軍の隠語でフィッシュ、同じく「小松」はパインといったが、パインのほうがやや高級で、手軽にいけたのはフィッシュだった。一番安いのは水交社だったが、やはり〝民間〟の方が肩が張らないからフィッシュにいくことが多かったようだ。

みんなでワッと騒いでサッと引き上げるつもりが、ついつい終電まぎわになってしまうのも酒飲みのやむなき習性で、帰りはたいへんだった。横須賀の駅までは歩いて十分以上かかるので、時計を見ながらギリギリまで飲み、あとはみんなで一目散の競争だった。

そのうちの一人、松井は、「独身時代、終電に乗りおくれて榎戸の下宿まで、まっ暗な夜道を歩いて帰ったこともあった」という。

給料日ともなると、空技廠にはツケを取りにきた料亭や飲み屋の女中さんたちのすこしばかりめかしこんだ姿が見られ、いかつい廠内にも、その日ばかりはちょっぴり華やかさがただよう、よき時代であった。

海軍はレクリエーションがさかんだったが、それも砲術、水雷などの出身が多い軍艦の士官は碁や将棋、母艦、航空隊は主にトランプと分かれていたが、航空関係のトランプ好きは、大御所の山本五十六航空本部長がブリッジが強かったことに原因があるようだ。もともとブリッジはデッキの士官連中の遊びだったが、それが伝染して空技廠内でもさかんになった。

空技廠の士官食堂は大きな部屋で、昼食時には各部の士官、技師が全員集まったが、ブリッジの好きな連中は食事もそこそこにはじめる。つい面白くなって昼休みが終わってもやめられず、あまりの熱中ぶりに和田操廠長のとき、「今後、業務時間中にブリッジをやってはならぬ」と禁止命令がでたことがあった。

士官食堂にはブリッジの番付表が貼りだしてあり、松平はいつも大関クラスに入っていた。用務で、よく名古屋や鈴鹿にダグラスＤＣ３型輸送機（国産化して海軍零式輸送機とよんでいた）で出かけたが、後部座席を取りはらって機上ブリッジとしゃれこんだりした。

涙ぐましい努力

よく遊んだ松平グループであったが、仕事となると彼らはみごとな働きぶりをしめした。だれもが自分が何をなすべきかを知り、松平が多くを言わなくともその意をくんで、必要な仕事を完璧なまでにやってのけた。

零戦の事故解明にあたり、もっとも疑いがすくないと考えていたフラッターの可能性がしだいに濃くなったことに、松平は苦慮していた。自分の見こみちがいにたいする恐れと同時に、それがフラッターであることをどうやって証明したらいいのか、その方法の困難さが大きく松平の前に立ちはだかっていたからだ。

事故の解明にもっとも望ましい方法は、実機を風洞に入れて、事故当時の状態を再現してみることだが、設備の関係でスケールを縮小した模型にたよらざるをえない。ところが、風洞実験用の縮尺模型はソリッドな木製で、寸法と外形こそ精密にできていたが、主翼フラッター試験のためには、さらに主翼の各部の強さ（剛性）や重さ（質量）分布状態なども、できるだけ実機に似せたものにする必要があった。

〈そんな模型がいったい、つくれるのか？〉

思案にあまった松平は、田丸喜一をつれて東京帝大航空研究所の岩本周平教授をおとずれ、実験用模型をつくるうえの理論について指導をうけた。田丸は岩本教授の話をよく理解し、空技廠に帰ると、さっそく主翼の模型づくりにかかった。模型は実機の十分の一の寸法、したがって翼幅十二メートルの主翼の片翼ぶん約六十センチほどの大きさで、内部構造は実機にとらわれることなく桁と小骨を木材でつくり、外板は薄い絹の布に、塗料のかわりにカンテンの水溶液またはゴム液を塗って表面をなめらかにしてあった。

寸法や形状が、きわめて厳密につくられているほかは、一見アマチュアがつくる飛行模型用の主翼に似ていたが、その製作にあたっては、多くの工夫と細心の注意がはらわれていたのだ。

主翼にかかる曲げ力にたいする強さの分布は、桁の断面積を変化させて実物の割合にあわせた。捩り力の分布は絹布の張り方と塗料の塗り方の加減によって巧妙にあわせ、重さの分布については、あらかじめ桁や小骨を軽目につくっておき、あとから鉛の小片を分散して貼りつける方法をとった。

田丸の努力で模型は一週間ほどででき上がったが、このあと曲げ剛性試験、捩り剛性試験および振動試験をおこない、実機でおこなった同じ試験結果とくらべながら手直しする作業を辛抱強くつみ重ね、完全な実験用主翼フラッター模型ができ上がったのは、事故から一ヵ月半たった六月上旬のことだった。

さっそく、模型は飛行機部の工場の一角にあった小型風洞室に持ちこまれ、寸刻を惜しんで実験準備にかかった。そして模型を風洞の吹き出し口の前にセットし、いっさいの準備が終わったころには、おそい夏の日がようやく暮れかかろうとしていた。本来ならばこれで帰って翌朝、実験開始となるところだが、松平は一刻もはやく結果を見たい田丸の「これから実験をやりましょう」という申し出をうけ、さっそく二人で実験に取りかかることにした。

「そのときの模型フラッター試験の情景は、いまでもはっきりまぶたに浮かぶ」と、松平は、その日のようすをつぎのように語っている。

「田丸君がハンドルをまわして徐々に風速を上げていく。期待と不安のまじった極度の緊張の中で、しだいに風速が上がっていくと、突如、補助翼が小きざみに振れだした。よく見ると、主翼はみごとに捩れ振動をしている。まさに主翼捩れ——補助翼フラッターだ。やっぱりこれだった。これで事故原因がつかめたという安堵感と同時に、いままでの自分の不明にたいする悔恨の情、機体の地上振動試験の主務者としての深刻な責任感、それらが、私の頭のなかにうずまいて流れた。このときの複雑な気持は、いまだに忘れることができない」

この試験結果からもとめた実機のフラッター限界速度は、事故時の速度にほぼ一致することも確かめられた。また、この事故が第一号機から百四十号機目ごろになって突然、起こったのは、そのころになって補助翼に操舵力を軽くするために取りつけられたバランスタブによって、質量にアンバランスを生じたためフラッター速度がやや低下したこと、もう一つはおそらくそのころになって飛行訓練の方法に変化があったためではないかと想像された。というのは、急降下からの引き起こしのさいに主翼表面に生ずるおびただしいしわが、主翼の捩れ剛性を低下させ、したがってフラッター速度をかなり低下させることも、このときの調査で明らかにされたからである。

模型フラッター試験終了後に開かれた事故調査委員会は、松平にとって苦渋に満ちたものだった。なぜなら完璧な実験の成功が、はからずもそれまでの松平自身の見こみ違いを証明する結果となったからである。

事故調査委員会は廠長の和田操少将、飛行機部長杉本修大佐、飛行実験部長加藤唯雄大佐ら航空廠首脳をはじめとする廠内の関係者だけでなく、航本、横空、それに三菱からも参加して開かれた。席上、松平は実験の経過を淡々とのべ、最後に、「私の知識のいたらないことから、重大な事故をひき起こしたことをお詫びします」と言って頭を下げた。人びとは自己に不利なこともつつみかくさず発表した素直さや責任感が参加者の感動を呼び、人びとは松平を責めるどころか、「見上げた態度だ」と言ってほめた。

「この事故調査を通じて、技術というものが、たとえ研究の分野であっても、いかに真剣なものであるか、また、安全のためにはいかに細心、周到な注意が必要であるか、を肝に銘じて教えられた。そして、この事故にたいしてどんな懲罰をも覚悟していたにもかかわらず、何のおとがめもなかったのみか、多くの上司、先輩からかえって激励させたことは、まことに感激のきわみであった。海軍というところは、本当に働きがいのあるところだと思った。この事故をつうじてえたかずかずの教訓は、その後の私の研究者としての人間形成に大きなプラスになったことは疑いない」

往時を回想しての松平の言葉だが、主翼振れ――補助翼フラッターについては、筆者にも一つの思い出がある。

空技廠飛行機部の山名正夫技術中佐は、戦後、大学で教鞭をとっておられたが、筆者は横浜国立大学で山名先生の「航空工学概論」を若い学生といっしょに聴講したことがあった。しつけのきびしい先生で、黒板に向かって図を書いていたとき、学生がヒソヒソ話をしていたのが耳に入るや否やキッと振りかえり、「むだ話をしてはならん」といってたしなめた。きびしい反面、その講義は実際的でわかりやすく、とくに簡単な模型を使っての実験による説明は独特なもので、講義には実験用の模型の入った、蓋に格納庫と書かれた古い菓子折りらしいボール箱をいつも持っていた。

たまたまフラッター現象の説明のとき、やおら格納庫の蓋を開けてバルサ製の主翼模型を取りだした。この模型には補助翼がヒンジで取りつけてあり、補助翼には腕のついた取りはずし可能なマスバランスがつけられてあった。十二試艦戦二号機の事故原因となった尾翼昇降舵のマスバランスと同じ原理のものである。

山名先生はこの主翼模型を扇風機の前にかざし、風を送った。何ごとも起こらなかった。ついで補助翼のマスバランスをはずし、ふたたび扇風機の前におき、ファンの速度を強に切りかえたとたん、補助翼がバタバタしだし、同時に鳥が羽ばたくような感じで主翼が捩りをともなって捩れだした。幼稚な実験装置ではあったが、そこには主翼捩れ——補助翼フラッターの連成振動がみごとに現出されていた。ほかのことは大方忘れてしまったが、このフラッター実験だけは、山名先生の風貌とともにいまでも鮮やかに思い出す。

松平技師が事故原因の一つとして挙げている「飛行訓練の方法に変化があったのでは」という疑問は、たしかにそれがあったようだ。

というのは、零戦の前の九六艦戦あたりからベテランパイロットたちによって好んで使われた、「ひねり込み」戦法は、垂直面の戦闘で旋回半径を小さくするために、宙返りの途中で急激なカジの操作をおこなっていた。スピードが向上した近代的な戦闘機で、小まわりのきくそれ以前の戦闘機との格闘戦に勝つためにパイロットたちが編みだした窮余の策で、のちにこれが空戦における零戦の最大の武器となったものだが、パイロットは、このとき一瞬、目の前がまっ暗になるほどの急激な操作をおこなうものだけに、機体、とくに主翼にかなり無理な力がかかるものと考えられる。

もう一つ考えられたのは、急降下中の射弾回避策として機体を横にすべらせる操作をパイロットが無意識におこなう場合で、これはのちに零戦より百キロ以上も速い（降下中の加速

零戦は多くの改良型が生みだされた。写真は、排気管を単排気式にしてロケット効果を狙った、後半期の五二型

もふくめて）紫電改で現実に起こったが、零戦はこうした性能の向上と技術の進歩のいたちごっこがもっとも顕著にあらわれた機体であり、これを契機に、それまで不明の部分が多かったフラッターの研究が急速に進歩をとげることになった。

このあと、海軍ではすべての試作機にたいして零戦と同様な模型によるフラッター試験を実施するようになり、この技術については日本独自の進歩をとげた。

フラッターの研究は試験の分野だけでなく、理論的にも日本海軍が世界の最先端をいくことになった。その立役者はなんといっても松平で、松井信夫、石井正春の両技師がこれを助けた。

フラッターの理論解析には、理論式を立て、それにすこしずつ違う数値をあてはめる膨大な計算をともなう。その計算は複雑で、しかも大きな数値同士の引き算をやって小さな数値の答えが出てくるという質のものなので、五ケタ、六ケタの下位の数字まで丹念に計算しなければならない。

いまならあらかじめプログラムさえ組んでおけば、コンピューターのキーをピッピッと押すだけでたちどころに結果が出てしまうが、当時は、手まわしのタイガー計算機が唯一の武器で、何ケタもの数値をいちいち目盛りに合わせてセットし、ハンドルを掛け算は向こう側に、割り算は手前にまわすという原始的なものであった。だから朝から晩まで、ガラガラチンと計算機をまわしつづけることになる。

松井が取り組んだのは、松平の理論式にもとづいてグラフをつくり、設計者が面倒な計算をやらなくてもチャートをひけば、簡単にフラッターの限界速度を見出せるようにすることだった。

来る日も来る日も、計算は根気よくつづけられ、それは空技廠が崩壊する終戦の日までつづいたが、戦争末期の昭和十九年暮れから二十年はじめにかけての空技廠での最後の冬、松井の指に凍傷ができた。暖房もなく、空襲による火災を避けるため床板もはがしてしまった厳寒の研究室で、終日タイガー計算機をまわしつづけたため、勢いよく風を切っていた指先が、ついに凍傷にかかってしまったのだ。

「計算機をまわして凍傷にかかったのは前代未聞と、いまでこそ笑い話になっているが、その根気と努力には頭が下がった」と松平は語る。

松平グループによるフラッターの研究は、こうした涙ぐましい努力のつみ重ねによって、コンピューターのなかった時代としては驚くべき進歩をとげ、理論計算、機体の地上振動試験および模型フラッター試験の三方向からの追跡により、終戦のころにはかなりの精度でフラッター限界速度を推定することができるようになった。しかし、なにぶんにも手まわしの計算機なので計算結果が出るのに時間がかかり、研究の進歩が飛行機の速度増加に追いつけず、しかも高性能化にともなって、つぎつぎに発生する新手のフラッター現象に最後まで苦しめられた。

だから、終戦のさいの悲嘆のなかにあってさえ、「もうこれで、二度と事故調査に追われなくてすむ」というのが、松平たちのいつわらざる実感だった。

輝かしき技術革新

終戦もまぎわの昭和二十年はじめのころ、松平は多忙な実験研究の合間をぬって、連日おそくまで原稿書きに精魂を傾けていた。といえば奇異に思われようが、当時、ある出版社が企画していた航空工学叢書の中の一冊として「飛行機の振動」の執筆を依頼されていたからだ。空技廠にいた松平には、そのころすでに日本の敗戦が時間の問題であることがうすうすわかっていたので、この種の本が出版される望みもしだいに失われつつあったが、自分の最後の仕事として、とにかく原稿だけでも完成させておこうと思ったからだ。

この原稿は、前編にあたる振動学の基礎の部分を書き終わり、本論の飛行機の振動の部分は、もっとも重要なフラッターの章を、膨大な研究や実験の資料をもとに書き上げたところで終戦を迎え、それまでとなってしまった。

海軍のいっさいの資料は命令によって焼却され、原稿だけが貴重な資料として松平の手元に残った。この前編の部分はすこしばかり加筆されて、昭和二十五年におなじ出版社から

「基礎振動学」として出版されたが、松平がもっとも出したかった飛行機の振動の部分は、日本が占領軍によって航空工業だけでなく航空関係の研究まで禁止されたので、ついに日の目を見ることなく終わった。

しかし、松平とそのグループが終戦までの約十年にわたって営々とつみ重ねてきた世界にもまれな実験・研究の成果は、けっしてむだになったわけではなかった。それらのものは経験や知識として、彼ら自身の中にりっぱに生きつづけ、やがてすばらしい成果を平和日本にもたらすことになったのである。

戦争が終わり、海軍も空技廠もなくなってしばらくは虚脱状態だった松平に、海軍嘱託だった東京帝大航空研究所の小川太一郎教授（航研機、A－26長距離機などの開発の推進者）から耳よりな話があった。

「鉄道省官房研究所（鉄研）で、東北帝大出の武蔵倉治という人が振動の研究をやっているから一度会ってみないか」という誘いで、松平はすぐ東京の国立にあった鉄研に行ってみた。

行ってびっくりしたのは、当時としては世界でも有数の研究施設をもち、人もいた空技廠ほどではないにしても、研究所というからにはある程度の規模を予想していたところ、何もないことだった。一面の芋畑の中に、文字どおりのバラック二階建てが三棟ポツンと建っており、青い国鉄の作業服を着た職員が点々としているだけ。

〈ひどいところだな。これで研究所とは……〉

あいにく面会相手の武蔵もいないとあって、松平はよけい、失望を禁じえなかった。

都合を聞いて別の日、再度、鉄研をおとずれ、武蔵に会って鉄研に入りたい旨をつたえ、「私もこれから振動の方をいっしょにやらせていただきます」とあいさつしたところ、「これでも読んでみたまえ」といって、自分が書いた研究論文をドサッと松平の前においた。あまりの量に、こんなに論文があるようではもうやることはないのではないかと思ったほどだったが、家に持って帰って読んでいるうちに、理論的なアプローチがまるで貧弱なことに気づいた。実験はずいぶんやっているが、実験方法も甘いうえに、飛行機流の徹底した理論の裏づけがおこなわれていないのだ。

〈これなら、まだオレのやることは沢山ある〉と、松平はホッとした。

振動の研究室には古くからの国鉄技術者が十数人いたが、松平流にやるためには気心の知れた飛行機仲間が必要だ。そこでまず松井信夫を引っぱり、翌二十一年には石川次郎、石井正春、田丸喜一、二本柳忠、技術士官だった中口博（のち東大をへて現千葉工大教授）らが入って来て、空技廠でフラッターの研究をやっていたグループが、そっくり鉄研に引っ越したかたちになった。これに陸軍の航空関係から入ってきた者もふくめて十人ほどが松平グループとなり、古くからの国鉄マンたちのグループとは、べつの部屋で研究をはじめた。これは、のちに鉄道次官にまでなった池田正二鉄研第一部長の、「ちがった流儀でやってきた者がいっしょでは、やりにくかろう」との配慮からで、結果的にこれがよかった。

松平たちに限らず、戦後国鉄には陸海軍の航空技術関係者が大量に入った。その数は千人ともいわれ、これが当時、五、六百人しかいなかった鉄研に入ったから大変だった。いっきょに三倍に人員がふくれ上がったので部屋の確保も容易ではなく、松平たちも国立から三鷹、浜松町と場所をうつしながら、極度に悪い環境と貧弱な設備にもめげず実験や研究をつづけた。戦争に勝つか負けるかのせっぱつまった時代を思えば、それでもましだったが、海軍時代とちがって食糧事情が悪く、栄養失調気味のところに実験室の環境が悪いので結核にかかる者が続出した。松平も松井もそれで一度ずつ倒れているが、そんな中にあっても、研究の成果は着々とあがっていた。

松平が鉄研に入って三年目の昭和二十二年七月、山陽本線の光——下松間で旅客列車が脱線転覆し、多数の死傷者を出すという大事故が発生した。この事故調査のため松平も調査委員を命じられた。飛行機事故から逃れてやれやれと思ったのも束の間、またしても事故に関係することになったが、その後、国鉄では貨物列車の脱線事故が頻発し、海軍時代同様、またしても事故調査に忙殺される日々を送ることになったのは運命の皮肉というべきだろう。

光——下松間の事故は、D51型蒸気機関車（通称デゴイチ）が重連で客車を牽引していたところ、まず機関車が脱線、つづいて客車が脱線転覆して海に落ちたものである。

事故後すぐに現場にかけつけた松平は、無惨に破壊された線路のこわれ方に注目した。脱線箇所と思われる先のレールはちぎれて散らばっているのにたいし、その手前の原形をとどめている部分が約五十メートルにわたってレールが左右にサインカーブ状に大きく曲がっていたのである。いっしょに行った古くからの鉄道技術者たちは、これを見ても特別の関心をしめさなかったが、振動屋としての松平にはすぐピンときた。明らかにD51が左右に大きく振れ、それによってレールが曲げられたものにちがいない。

するとD51には高速でみずから左右に振動する本質的な性向があるのではないだろうか。つまり、鉄道車両にも飛行機のフラッターと同じような現象があるのではないかという疑いだった。

松平が自分の疑問をいうと、鉄道屋たちは、「このレールの曲がりは事故の前からあったもので、脱線のさいのショックでそれがひどくあらわれたものだ」と言って、まったく取りあおうとしなかった。

もともと鉄道車両には、蛇行動とよばれる特有の左右方向の動きがあるし、レールの方にも蛇行曲がりといわれるような狂いがあることもよく知られている事実だった。そのどちらが原因で、どちらが結果であるかは議論の分かれるところだったが、古くからやっていた人たちはレールの蛇行曲がりが原因であると主張し、車両の蛇行動が原因だとする松平の意見とまっ向から対立した。

フラッターは、振動学の専門用語でいえば自励振動の一種であるとされているが、鉄道技術者たちに自励振動の考えがまったく頭にないのではないかという疑問が、議論をしていて松平には強く感じられた。

「松平君、そんなものはないよ」と、飛行機のフラッターから割りだした松平の蛇行動の新理論にたいし、武蔵までがそう言って否定した。

D51にはじまる一連の脱線事故をべつにしても、客車や電車では乗り心地の見地から、二軸貨車では脱線にたいする安全上から、車両の蛇行動現象はもっとも厄介な問題とされていたにもかかわらず、その性質の理論的解明や防止法について、ほとんど手をつけられていないのが松平にとっては意外だった。

〈飛行機にくらべ、鉄道はおくれている〉

プロペラからジェット時代に入り、速度も時速八百キロから千キロ台のマッハの段階になっていた飛行機と、時速百キロ台の鉄道との速度差以上に、技術の開きがあると感じた松平は決心した。

〈最重点研究課題は、この蛇行動の解明だ〉

はじめに、蛇行動現象をよく観察するため、飛行機の模型フラッター試験から思いついて、模型車両転走試験装置というのをつくった。

これはレールを丸めた支持輪の上に模型車両の車輪を乗せ、模型は前後方向には移動できないよう拘束、左右方向は自由に動けるようにして、レールに相当する支持輪をモーターでまわすようにしたものだ。つまり、いまさかんに使われている自動車のシャシーダイナモ試験器のようなもので、車輪の回転と逆方向に模型車両の速度にあわせて支持輪を回転させることにより、相対的に平らなレール上を走る車両の状態を再現することができる。

零戦のフラッター事故解明のための実験用模型のときと同様、この装置は、田丸や石川らがお手のもののテクニックを生かしてつくり上げた。

最初、簡単な二輪車でテストをやった。まずおそいスピードでは、車両は安定した状態にあった。しだいに速度を上げていくと、ある速度で突然、車体が大きく左右に振れはじめた（車体蛇行動）。引きつづき増速していくと、この振動はしばらくつづいたのち、ある速度で急に消え、ふたたび安定走行状態にもどった。さらに速度を上げると、こんどは車体はあまり振れないかわりに、車輪が激しく左右に振れだした。

「これが車輪蛇行動だ！」

ちょうど零戦の主翼捩れ——補助翼フラッターの再現のときと同様、思ったとおりの結果に、松平たちは喜びの顔を見合わせた。

「飛行機のフラッターと鉄道車両の蛇行運動は、振動がだんだん不安定になって行く点で、現象的によく似ている。エネルギーが空気から入ってくるか、レールとの接触によって入ってくるかのちがいだけで、学問的にはおなじ」と理論解析を担当した松井は語るが、この自信は実験によってみごとに実証されたのだ。

この実験は素人が見てもおもしろく、しかも蛇行動とは何かを容易に理解するのに役立つところから、数多くの人に見せた。この結果、「蛇行動はレールが曲がっていなければ起きない」として、松平たちの「車輪蛇行動によってレールが曲がる」という意見を否定していた人たちも反対しなくなった。

十分の一模型による最初の実験成功に自信をえた松平グループでは、ついで五分の一模型用をつくり、最後には、実物車両をのせて時速三百キロの高速実験ができる大規模な車両試験台に発展した。

この試験装置は、脱線事故の原因究明や車両の乗り心地改善に役立ったばかりでなく、折りからはじまった東海道新幹線計画に全面的に利用されることになった。この計画の最重要課題である常用最高運転速度二百十キロの高速車両を設計するためには、なんとしても車両の蛇行を防止しなければならなかったからである。このため、転走試験装置による実験的研究と並行して、かつて松井らが空技廠でやったような理論解析とおびただしい数値計算がおこなわれた。

「飛行機の主翼を一つの振動系と考えると、主翼の曲げ振動、捩り振動および補助翼が、そのヒンジまわりにつくる振動があり、個々の振動を専門的には『自由度』という。そしてこれら三つの自由度のうち二つ以上が組み合わされた振動が主翼のフラッターで、この意味で連成振動とよばれる」(田中幸正『新航空工学概論』地人書館刊)

主翼のフラッターは自由度が二あるいは三ですんだが、車両の蛇行運動の場合はいろいろな因子が複雑に重なり合い、それが十七自由度にもなった。こうなると、とても手まわしのタイガー計算機などでは、それこそ手に負えない。さいわい、このころ鉄道技術研究所に設置された電子計算機、すなわちコンピューターが使えるようになり、計算能力と速度が飛躍的に向上したので、このむずかしい計算をこなすことができた。

古い鉄道屋の武蔵倉治がやっていたのとは異なる、新しい蛇行動の理論を松平がつくり上げ、その理論を取り入れて松井が計算をおこなった。このころになると、研究所も国立に移って環境もいちじるしく改善され、コンピューターの登場でタイガー計算機を日がなまわしつづける必要もなくなったので、冬に松井が指に凍傷をつくったことも、過去のお笑い草になった。

空技廠時代の飛行機のフラッター理論を下敷きに、その後の学問的進歩や、おびただしい実験データをくわえて松平や松井らがつくり上げた精緻な論文は、のちにＥＣＩ（ヨーロッパ鉄道連合）に提出されて入賞し、日本のこの方面の研究レベルの高さが世界的に知られるようになった。

これで蛇行運動についての理論解析はほぼ完璧になったが、鉄研は大学の研究室とちがって論文をつくり上げればいいというものではなく、それをもとに蛇行動をとめる手段を考え、実際の車両に適用しなければならない。

この時点ではすでに武蔵は退き、松平が車両運動研究室の総指揮をとっており、松平とおなじく空技廠飛行機部から鉄研に入った三木忠直元少佐（現千葉県モノレール建設課技術顧問）の車両構造研究室と協力して、テスト用車両がつくられた。

戦後、鉄道技術発展に貢献した松井信夫

これと並行して綾瀬――鴨宮間に新幹線用の試験線も建設され、この実験の総仕上げともいうべき試験列車による高速時の蛇行動にたいする走行安定性の徹底的な調査がおこなわれた。

この実験ではいろいろな形式の台車（ボギー）が試みら

れたが、いずれも車輪のフランジの高さを増すと同時に、角度も立てて脱線しにくいようにしてあった。そのため、蛇行動を起こすと、脱線しないかわりにレールを曲げてしまった。それはかつてのD51の事故のとき松平が見たのと同様、二本のレールが枕木ごとずれてサインカーブ状にきれいに曲がっていた。

松井の計算によると、このときレールにかかる力は八トンから十トンとでた。レールは六トンまで耐えられるようにしかつくってなかったので、曲がって当然だったのである。

こうして理論と実験をつき合わせながら、四編成および二編成の試験列車による実走行テストはしだいにスピードを上げ、昭和三十七年十月三十一日に時速二百キロ、三十八年三月三十日にはついに最高速度二百五十六キロ、国鉄はもちろん世界でもまれなスピードを記録した。

昭和三十九年十月一日、東海道新幹線が開業、東京——新大阪間を四時間で走るようになり、軌道が落ちついた一年後の四十年十月からは、いまとおなじ三時間十分運転に短縮された。東海道新幹線の成功は、その後、山陽新幹線、東北および上越新幹線へと拡大されて、近代日本の陸上交通システムとして欠かすことのできないものとなった。

新幹線そのものについてはあまりにもよく知られているので記述をさしひかえるが、一九六〇年代の日本のみならず世界の鉄道界の、もっとひろげれば陸上交通システムにおけるもっとも輝かしい技術革新の一つであるといわれている。

戦後日本の代表的なビッグ・プロジェクトである東海道新幹線の成功は、古くからの鉄道技術者たちもふくめた多くの鉄道マンたちの情熱と努力のたまものであるが、そのハードウエア技術のもっとも重要な部分は、かつての航空技術者たちの新しい知識とやり方によって完成をみたことも事実だ。

鉄道は大量輸送の建て前から、事故を極度に恐れるところがあった。だから、過去の経験をつみ重ねて、それをすこしずつ発展させていくという、保守的な面がかなり強かった。それをひっくり返したのが新幹線であり、よそからやってきた飛行機屋たちだった。

安全第一の鉄道にくらべると、飛行機屋たちの多くが手がけた軍用機は、安全よりもむしろ性能向上が主で、新技術の導入や限界への挑戦にたいして積極果敢だった。それだけに多くの犠牲を出したが、その犠牲の中から急速な技術の進歩が生まれた。だから、松平は日本機械学会誌に寄せた「零戦から新幹線まで」と題する論説の終わりに、つぎのように述べている。

「そして新技術の開発には、いかにそれに先行する地味でたゆみのない基礎的研究と、多くの失敗をもふくめた経験技術の蓄積がたいせつであるか……。零戦での苦労は、じつに二十数年後になって、新幹線で報いられたといえるのである」

新幹線は日本の動脈として東海道新幹線開業以来、山陽、東北、上越と路線も伸び、すでに二十億人の乗客を運んでいるが、この間、人命にかかわる重大事故を一度も起こしていないという、これまた世界でもっとも安全な乗り物としての記録を誇っている。

18 つねに最良を求めて〈不運な艦上爆撃機彗星の悲劇〉

設計の真髄

昭和七年からはじまった、日本海軍として最初の航空三ヵ年試製計画がほぼ計画どおりにすすみ、必要な機種がいちおうそろった昭和十年度には、ふたたび年度ごとの計画にもどったことは前にも述べた。

そして十試から十二試の間に九七式艦攻、九九式艦爆、零戦、零観、一式陸攻など、太平洋戦争の主役としてもっとも活躍した機種がつぎつぎに生まれた。

つまり、昭和七年から九年までの三ヵ年計画を飛躍の第一ステップとし、昭和十年から十二年までの三年間は第二ステップともいうべきものだが、その昭和十年に、それまでの三年間の経験をもとにして新しく着手すべき機種が決められている。

艦上機は軽爆撃機、攻撃機、偵察機の三種、水上機は観測機、戦闘機二種の合わせて五機種で、このうち艦上機は九九式艦爆（十一試）と九七式艦攻（十試）、水上機は零観（十試）

として、昭和十五年までにそれぞれ制式採用となった。

艦上偵察機は海軍がもっとも苦手（?）とした機種で、それが実現したのは大戦末期になってやっと（十七試艦偵「彩雲」）、それも登場した時点ではすでに搭載されるべき航空母艦がないので、陸上偵察機として使われるという有様だった。

水上戦闘機として最初に発注されたのは、川西の十五試水戦「強風」（N1K1）だったが、これとはべつに、中島で零戦一一型を改造した二式水戦（A6M2・N）がつくられ、こちらの方が太平洋戦争にまにあって緒戦ではかなり活躍した。

これらの五機種のうち、海軍がとくに力を入れたのは艦上爆撃機で、十一試艦爆の後を追ってすぐに次期艦爆計画をスタートさせた。

愛知の十一試艦爆はドイツから輸入したハインケルHe70急降下爆撃機を手本として、その影響を色濃くうつした機体だったが、海軍では十一試艦爆の試作を発注するに先だって、昭和十年にすでにハインケル社の新しい試作急降下爆撃機He118の製造権の導入をきめている。

斬新な技術導入で高性能を実現した山名正夫技師

もっとも、この時点ではまだ複葉の九六式艦爆の時代であったが、いっきょに艦爆の性能向上をねらった海軍は、He118の製造権導入にあたってはすでにドイツにいた島本克巳造兵少佐に加え、航空廠から飛行機部山名正夫技師をはじめ山本晴之（嘱託）、石川久能技師、赤塚武夫技手、愛知から松尾喜四郎技師をハインケル社に派遣して技術の吸収にあたらせた。

島本、山名グループは、その後、来独した航空廠飛行実験部員寺井邦三少佐もくわえて、ハインケル社で約六ヵ月間、He118を中心として講習をうけ、翌十一年夏、帰国した。

He118は陸海軍でそれぞれ一機ずつ購入、海軍用の一機が昭和十三年七月、横須賀で急降下テスト中に補助翼の破損で墜落、操縦の小松兵曹長殉職、同乗の稲手技手負傷という惨事をひき起こしたが、それ以前から、この機体が性能のわりには大型で重すぎること、エンジン冷却方法とか材料などの点でそのままでは国産化は無理と判断されていた。

そこで、海軍としてはHe118の船着を待つまでもなく、自前で新しい艦爆の試作に踏みきることをきめ、航空廠飛行機部がその担当となった。

本来、航空廠は民間会社の技術指導を任務としていたが、ろくに設計試作の経験もないのに指導などと口はばったいことはいいづらいし、試作していろいろ実際問題にぶつかってはじめて指導のキーポイントもつかめるという意識が、飛行機部内部の技術者たちの中に強くあった。

これが、海軍自体で新しい艦爆を試作することになった主な理由で、実用機であると同時に、研究機的な役割をも課せられていた。

十三試としてスタートすることになった新艦爆の計画要求の主なものは、航続距離は爆撃正規状態（二百五十キロ爆弾装備）で八百カイリ以上、過荷重状態で、千二百カイリ以上、巡航速度二百三十ノット、最高速度二百八十ノット。航続力は同時代のアメリカ海軍機はもとより九九式艦爆を上まわり、巡航速度は九七式艦攻、九九式艦爆、零戦（十二試艦戦、まだ計画の段階だった）など当時の第一線艦上機群が百六十ノット程度だったのにたいし、いっきょに七十ノットも飛躍し、最高速度も十二試艦戦の要求をさらに十ノット上まわるという思いきったものだった。

このころ、航空廠飛行機部では、設計主任の岡村純造兵中佐の発案で、図面には乙という記号を使っていた。乙1が九試中艇（九九式、H5Y）、乙2がユンカース・ユモ・ディーゼルエンジン装備の長距離偵察用飛行艇、乙3が潜水艦の格納筒内に折りたたんで収納できる十二試小型水偵（零式、E14Y）だった。

このうち、零式となった十二試小型水偵は、太平洋戦争の初期にアメリカ本土を爆撃し、大戦全期間をつうじて米本土上空を飛んだ唯一の枢軸国側飛行機として名を残したが、十三試艦爆はこの乙3のあとをうけて乙4と名づけられた。

乙4は、二年前にドイツでHe118について勉強してきた山名技師を設計主務者とし、小谷敏夫造兵大尉（のち中佐）、上山忠夫技師（のち少佐）、田村福平技師（のち大尉）、広田武夫、臼井堅太郎、赤塚武夫、宗像正各技手のほか、数十名の製図員をもって編成されたチームによって設計が開始された。

設計主務者の山名技師は民謡が得意、絵も上手な趣味人であったが、技術にたいしてはきわめて厳格な人だった。

この点では三菱の堀越技師に似て、何ごとについても完璧を求め、どんな些細なことでもいいかげんにすることを許さなかった。

造兵中尉として昭和十三年六月に航空廠飛行機部に配属になった高山捷一も、実用上充分だとの判断から八、九割くらいのところでやろうとしたところ、山名から、「お前は考え方が雑だ」とたしなめられたという。

戦後の話だが、堀越から資料のまとめを命じられた三菱の技術者が、一度でＯＫされたためしがなく、ここの資料が足りない、ここはこういう資料をよこせとあまりにも細かいところまで要求されるのに閉口し、〝根堀り葉堀り越さん〟と陰で呼んでいたという。

コストとか日程といったことにあまりこだわらず、つねに最良の結果を求めてやまなかった点では、二人とも研究者的な技術者だったといえる。

だから、山名のもとで「彗星」「銀河」などの設計にたずさわった三木忠直技術少佐は、みずからを研究者ではなく設計者だとしながら、「山名さんには設計の真髄を教わった」として尊敬しているし、高山も、堀越のやり方で若い人がものごとを綿密に考えるいいクセがついたといい、「航空の十年先輩として技術的なことではずいぶん教えられた」と、それを徳としている。

ただこうしたタイプの設計者は、コスト、生産性、信頼性、整備性などといった実用面への配慮よりも、性能第一に傾くきらいがないでもない。

似かよったタイプの設計者は考え方も似ており、その点では十三試艦爆の設計方針は、堀越の十二試艦戦のそれにきわめて近いものだった。

「艦上機である以上、その使用機数は母艦の数と積載数に制限される。したがって膨大な数の量産は考えられないから、構造的に少々むずかしくても、できるだけ重量を軽くして性能向上を第一の目標とすべきだ」

というのが山名の基本的な考え方だが、実際に戦争になってみると、零戦は母艦よりむしろ陸上を基地として使われたことの方が多く、艦上機としては法外な一万機以上が生産されている。

「彗星」(十三試艦爆)にいたっては、ほとんど陸上専用ともいうべき使われ方で、生産機数も山名の予想をはるかに越える約二千百六十機という、海軍機では零戦、一式陸攻につぐ量産機となった。

艦上爆撃機彗星。試作段階でミッドウェー海戦に参加したが、のちに発動機の不調による稼働率の低下に悩んだ

大国のアメリカ、イギリスを相手とした一大消耗戦のもたらした結果だが、計画の昭和十三年当時にそれを予測することは、まず無理な相談だった。

単発機としては、先の十二試艦戦を上まわる速力と航続力をねらい、しかも二人乗りで爆弾を積むだけ戦闘機より条件の苛酷なこの十三試艦爆の要求性能を満足させるため、山名はいろいろ新しい試みと、複雑で精巧な構造や機構を採用した。

その一つに抵抗の減少と、特殊飛行中の翼端失速防止をはかった主翼設計があった。

当時、飛行機の主翼にはアメリカの航空研究所（NACA）で研究された翼型が広く使われていたが、科学部の島本少佐が、昭和十二年ごろからこの翼型の改良に取り組んでいた。

そのやり方は、自分が考えた整形法により、翼断面の最大翼厚位置を前進させたり後退させたりして、一連の系統的な翼型をつくるというもので、これらの翼型を風洞実験にかけてその特性をしらべた。

最大翼厚位置を翼弦の四十パーセント、すなわち後に出現した層流翼型に近いところまで後退させ、前縁部を細くした翼型は、抵抗が減るので主翼々根部用に適し、最大翼厚位置を翼弦の二十パーセントくらいに前進させ、前縁部を太くした翼型は失速迎角が大きくなるので、翼端部用に適する。

まだ、コンピューターなど思いもよらなかった時代だったから、すべての計算は手まわしのタイガー計算機に頼らなければならなかったが、島本グループは精力的にこの研究をすすめていた。

そのうち、十三試艦爆の設計がはじまったところから、島本が、「この飛行機の翼型は、おれにまかせておけ」といって、それまでの研究成果をもとに、十三試艦爆用に翼根部から翼端部にかけて翼型を変えた主翼模型を数種類つくって風洞実験をくりかえした。

その最中の昭和十三年七月、島本は九九式飛行艇の事故で殉職してしまったが、この研究はその後まとめられて、海軍航空廠報告第二七五八号として昭和十四年一月に発表された。

島本式の翼は、翼断面の前縁半径を胴体にちかい部分ではNACA標準断面の半分（これは層流翼型に近いシャープさである）、翼端ではずっと大きい二・五倍とし、その間を連続的に変化させるという、工作上はかなり面倒なやり方だった。

しかし、翼端失速防止には、零戦などで採用された主翼の迎え角を翼端に向かって連続的に減少させる捩り下げウオッシュアウトよりはるかに有効で、これによって「彗星」は百五十キロ／㎡の高翼面荷重（零戦一一型で約九十五キロ／㎡）にもかかわらず、たいした問題を起こしたことはなかったし、主翼全体の抗力もきわめて小さかった。

島本はこの翼型研究のほか、魚雷投下のさいに空中雷道を安定させる懸吊法、島本式加速度計、模型による着水実験など独得の考案が多く、その天才的な着想は海軍部内でも有名だったが、山名にとってはよき先輩でもあった。

「昭和七年、追浜駅の裏の丘の麓に小さな野球場があって、その入口のすぐ前に島本さんが住んでいた。

勤めが終わったあといっしょに野球がしたいので、私はその隣に母と二人で家を借りた。夕食がすむと、毎晩のように島本さんがビールを飲みに来いと呼ぶ。そして一杯やりながら、島本さんのメンタルテストをうけるのだが、これがなかなかきびしい試練だった。

島本さんは頭の回転が早く、私は血のめぐりがおそいので、いつもさんざんな目にあったが、非常によい勉強になった」とは、山名の述懐である。

メンタルテストのテーマ中に、機体の表面を数学的に整理する話があった。

この方法は島本が広工廠時代に、木製プロペラを設計したときに着想したもので、主翼、尾翼、胴体、風防などの表面を全部数式で表わしておけば、設計図を現図工場で実物大の図になおしたとき、問題になる表面のわずかなデコボコの不具合がはぶかれ、設計のスピードもあがるというものだ。

十三試艦爆の胴体形状決定にさいし、空力担当の上山技師によって、この島本の方法をもとにした数学的表示法が使われたが、風洞試験の結果では、それまでの一般的手法である「バッテン」を使ってかいた胴体形状にくらべて抵抗がいちじるしく減少し、ほとんど表面摩擦抵抗だけにちかかったという。

空力と性能担当は上山技師だったが、科学部の北野多喜雄技師（戦後、日本電装常務）らが風洞実験を担当して全面的に協力した結果、それまでの日本海軍機中でもっとも空気抵抗のすくない機体に仕上がった。

最大の泣きどころ

空気抵抗の減少に、もう一つ効果があったのは液冷エンジンの採用だった。

艦爆は、急降下中にパイロットが爆撃照準をするので、前方および前下方の視界をよくする必要があるだけでなく、索敵や着艦時についても、できるだけ前方下視界の大きいことが望ましかった。

かつて山名は、ドイツ出張中に発動機部の近藤俊雄造兵大尉のダイムラーベンツ・エンジンに関する報告書に注目し、「国産化したら、このエンジンを積む飛行機を設計しよう」と近藤に約束したが、倒立V型シリンダー配列のダイムラーベンツは、まさに山名の希望にぴったりだった。

ドイツではハインケルやメッサーシュミットなど、空軍の主力機に採用されていたダイムラーベンツDB601型は、すでに愛知航空機での国産化がきまり、十三試艦爆の完成時期に実用化が期待されたことも、山名が、このエンジンを選んだ理由だったが、のちにこれが「彗星」にとって最大の泣きどころになろうとは知る由もなかった。

空気抵抗減少の手段として、十三試艦爆は日本の単発機としてはじめて爆弾を胴体内に収容し、急降下時のエアブレーキも、九九艦爆のように翼外に常時露出することなく、ふだんは主翼とフラップの間をふさいで主翼下面の一部となる独特のものが考案された。

この抵抗板は、フラップを下げると連動して主翼の一部におさまり、大きな空気流路を形成して揚力増大に寄与し、急降下時には、下方に露出して抵抗板となる、一人三役の効果を持つすぐれたアイデアだった。

これらの操作や、脚上げ下げ、爆弾倉の開閉などの操作系に、それまで多く使われていた油圧をやめてすべて電気式としたのも新しい試みだった。

できるだけ小さくて軽い機体で、高度な要求性能を達成させるため、こうして〝複雑巧緻〟と評された構造や機構を採用した十三試艦爆は、飛行機工場の工作主務者花輪誠一造兵大尉らの手によって試作がすすめられ、昭和十五年からは鶴野正敬造兵中尉、大江菊四郎造兵少尉ら、新しい学卒の技術士官もくわわって、最後の仕上げに拍車がかけられた。

試作一号機が完成したのは、昭和十五年十一月はじめ、期待にたがわぬ美しい機体で、おなじ目的でつくられた九九式艦爆にくらべると、数年の飛躍を感じさせる外観を持っていた。

飛行実験部の小牧一郎大尉が操縦、後席には設計主務者山名自身が乗りこみ、初飛行は十一月十五日におこなわれたが、着陸後、小牧大尉は、「素直でくせのない機体」と評した。

機体はよかったのだが、装備エンジンの輸入DB600G型のキャブレター調整に手こずって思うように飛べなかったので、あとから国産の燃料噴射式DB601型(アツタ一二型、AE1A)にかえて、五号機まで空技廠(昭和十四年四月に航空廠から名称変更)でつくられた。

飛行実験部の艦爆主務者は、昭和十六年八月に小牧大尉から空母「蒼龍」の艦爆分隊長だった高岡迪大尉にかわったが、性能試験の最終段階である垂直降下で、山名は気味の悪い思いを味わわなければならなかった。

山名の考案になるエアブレーキを操作しての垂直降下実験の予定日がちかくなったころ、風洞試験をおこなった科学部から、主翼内側に設けられた抵抗板を開くと尾部への吹き下し角が増し、水平尾翼付近に衝撃波が発生するかもしれないという注意が、寄せられたからだ。

まだマッハの時代には間があり、もし衝撃波が発生したらどんな現象が起こり、尾翼はどうなるかについては外国の文献を調べてもわからず、ついに飛んでみる以外に、それを解明する方法がなくなった。

そこで高岡大尉が操縦、後席には山名が乗って高度五千メートルからの降下実験をおこなった。

最初は緩降下、そして降下角度をすこしずつ増して数回降下実験をおこない、最後に九十度の垂直降下をおこなったが、計器で三百三ノットをさした終速度まで異状は起きなかった。

人間の心理は妙なもので、単座戦闘機のように一人乗りの機体では、まず設計者が乗ることはないので、かなり思いきった設計ができるが、複座以上の機体になると、設計者自身が同乗して実験に立ちあう機会がすくなくないので、設計上の冒険にある程度のブレーキがかかるという。

逆にいえば、二人乗り以上の機体では設計者は人質みたいなもので、同乗することにより、「ア、これは大丈夫だな」という安心感をパイロットにあたえることにもなる。

もっとも理想的なのは、設計者自身がテストパイロットを兼ねることで、これなら設計者とパイロットの間の心理的ギャップはゼロになる。

海軍は実際にその必要性を認め、昭和十六年に航空本部技術部長多田力三少将（のち中将、最後の航空技術廠〔第一技術廠と改称〕長）は、同教育部長酒巻宗孝少将と協議、さしあたっては技術士官二名を選んで操縦教育を実施することを提案した。

時の海軍次官豊田貞次郎中将は、わずか二名だけでなくもっと多数を養成すべしとの意見だったので、五名に変更して大臣の決裁をえた。

そこでさっそく実行にうつったが、身体検査や適性検査に合格する者が意外にすくなく、けっきょくは昭和十六年から十八年にかけて、鶴野正敬技術大尉ら五名が操縦訓練をうけたにとどまった。

いずれも空技廠飛行機部部員で、このうち十三試艦爆の設計にかかわった鶴野技術大尉（のち少佐）は、終戦まぢかに風変わりなエンテ型戦闘機「震電」を設計したことでよく知られている。

不運なる星の下に

エンジン問題その他で、十三試艦爆の実験が長引いている間に太平洋戦争がはじまったが、空技廠の実験で二百九十八ノット（五百五十二キロ）という、当時の海軍機中の最高速と、偵察過荷重状態で二千百カイリ（三千八百九十キロ）の航続距離をもつその優秀な性能は、すぐに用兵側の注目するところとなった。

昭和十七年はじめ、試作五機中の第三、第四号機が偵察機に改装され、実用実験という名目で実戦に投入された。

だが、一機は事故で失われ、もう一機はミッドウェー作戦に参加して敵空母群を発見する殊勲をたてたものの、帰るべき味方母艦が全滅したため海上に降りて沈んでしまった。

さらに昭和十七年八月には第五号機が空中分解を起こして墜落、乗員二名が死亡する惨事が発生し、五機の試作機中三機までが失われたことによって実験機の不足となり、本来の使命である艦爆としての制式化をおくらせる原因となった。

それでもその高性能はすてがたく、海軍はとりあえず二式艦上偵察機として採用、このころからはじまった機体の愛称がつけられて「彗星」一一型（D４Y１）となった。

最初、「アツタ」一二型を装備した「彗星」一一型は、充分な機体のトラブル解決が終わらないまま戦線に投入されたため、稼働率の低さに悩まされたが、この飛行機の実用性を阻害した最大のものはエンジンだった。

それも愛知や空技廠などでさんざん苦労した末に、なんとか故障に一段落を告げたところで性能向上型の「アツタ」三二型に換装したため（「彗星」一二型、D４Y２）、ふたたびエンジンの故障がぶり返し、この対策でエンジン生産がガタ落ちとなって、工場にはエンジンのつかない、いわゆる首なし機がズラリとならぶ始末となった。

そこで一部の機体には「アツタ」三二型とほとんど同馬力の「金星」六二型が搭載され、「彗星」三三型（D４Y３）となった。

皮肉にも、この三三型は空冷エンジン装備による空気抵抗の増大によって最高速度はすこし低下したものの、生産数はふえ、エンジンの信頼性と相まって大いに活躍した。

このエンジン問題について、当時、空技廠発動機部部員だった永野治造兵少佐（のち技術中佐、戦後、石川島播磨重工業副社長）は、つぎのように語る。

「山名さんは『彗星』をやるのにダイムラーベンツにこだわった。私は絶対反対で、『金星』を積めといった。

結局、そうなったが、ダイムラーベンツは技術的に凝りすぎていて、当時の日本の工作技術水準では、量産すればかならず問題を起こすと思ったからだ。

その性能と精巧な技術にエンジニアとしてホレこんでしまったところが、山名さんらしいところでもあったが……」

ダイムラーベンツにホレたのは海軍だけでなく陸軍にしても同様で、おなじようにライセンスを買って川崎航空機で量産化し、陸軍の三式戦闘機「飛燕」につんだが、「彗星」同様エンジンの故障に悩まされ、ついに「金星」の陸軍版である「ハ一一二」に換装されてしまった。

「飛燕」の設計者は零戦の堀越と大学同期の土井武夫技師（戦後、名城大学教授）だったが、山名にしても土井にしても機体屋であり、エンジンの本当に細かいところまでは理解しきれないのも無理からぬところで、過大な性能要求を満たすために、すこしでも性能のよいエンジンを使おうとしたことを責めるのは酷というものだろう。

このことは、後に起きた国産の高性能空冷エンジン「誉（ほまれ）」についてもいえることだが、技術の優劣の判断がいかにむずかしく、かつその決定が重要であるかを物語るものだ。

試作機五機のうち、三機までが実験中（うち二機は実戦参加中）に失われ、制式になったあとも、エンジン問題で悩まされた「彗星」には、まだ不運がつきまとっていた。

表に見られるように、「彗星」の翼面積はそれまでの艦爆や艦攻にくらべると約三分の二程度で、単座戦闘機の零戦よりわずかに大きい程度だった。

その中に零戦の約二倍、九九式艦爆や九七式一号艦攻と同程度の燃料を入れるため、主翼の構造そのものを燃料タンクとする、いわゆるインテグラル式を採用した。ただし、一式陸攻のように完全な造りつけではなく、翼下面で取りはずせるセミ・インテグラル式だった。

このおかげで小さな翼内に信じられないような大量の燃料を収容することができたが、「彗星」が量産に入ってから、これがまた問題になった。

タンクの板の合わせ目につめる油密材が悪く、おまけに下請工場の工作が未熟なため、燃料洩れが頻発したのである。

機名	翼面積 m²	翼内燃料 ℓ
彗星	23.6	1070
零戦21型	22.4	540
九九式艦爆	34.9	1079
九七式１号艦攻	37.7	1150

『日本傑作機物語』（酣燈社刊）より

昭和十九年夏、前戦からの要請に応じて交換および補充用燃料タンクを急送することになり、二式大艇二機がサイパンに向かった。

その先頭機がサイパンに到着直後に敵の上陸が開始され、ややおくれて上空にたっした後続の一機は、そのまま内地に引き返して難をまぬがれた。

乗機を失った先頭機の搭乗者は、サイパン守備隊と運命をともにすることとなったが、この中に「彗星」の設計に参加した田村技術大尉（文官から武官に転官）と小谷技術少佐がいた。

小谷少佐は、「彗星」の設計が一段落したのち、空技廠から航空本部に転出していたが、設計当時の兵装および艤装担当責任者として同行したところで、この難に遭ったものだ。

高性能を優美な姿態に秘めた「彗星」は、その名のごとく、はかなく消えゆく彗星にも似て悲劇の飛行機であった。

19　多くの難問のなかで〈時代からとり残されたバカ鳥〉

過ちは万国共通

日本海軍独自の機種である陸上攻撃機の、そもそもの生みの親ともいうべき松山茂中将は、航空本部長時代に山本五十六技術部長と和田操首席部員に、かねてからの自分の考えをうちあけた。

「大型爆弾あるいは魚雷を搭載して、洋上の艦隊決戦に参加できるような飛行機はつくれないものか。もしそれが可能なら、ロンドン条約で制限された空母の保有する飛行機以外に、それだけ航空兵力が増えることになるから研究してほしいのだが……」

昭和七年はじめごろの話である。

松山本部長の意をうけた技術部計画主任の和田中佐が、約一ヵ月にわたり、飛行艇と陸上機の両方の案について比較検討した結果、陸上機の方が有利との結論にたっした。

広工廠で飛行艇の設計をやった経験のある和田は、はじめ飛行艇の案を考えてみたが、どうやってもうまくない。離着水その他、海上で必要な耐波性確保のため構造上大きな重量がとられ、また艇体の空気抵抗も大きいので、速度がおそくなるのは避けられない。大きくて動きの鈍い飛行艇が、艦隊決戦の場面に出現すれば、たちまち撃墜されるのは目に見えていた。

では、陸上機ならばどうか。性能推算をやってみるとすくなくとも同じ大きさの飛行艇より空中性能の点ではるかに上まわり、絶対有利なのは明らかだった。

問題は、飛行艇であればエンジンが故障して不時着しても海上に浮かんでいられるが、陸上機だと沈没してしまうからという、漠然とした搭乗員たちの不安だった。

当時のエンジンは、そのくらい故障が多かったのだが、それは信頼性の問題であり、技術の進歩によって解消するにちがいないから、根本的な障害とはならないだろう。また、この種の大型機の運用には、広い飛行場を持った航空基地が必要となるが、それも必要とあればできない相談ではない。

そう考えた和田は、大型飛行艇と大型陸上機の技術データに、海軍は大型陸上攻撃機を試作すべきであるとする意見をそえて、松山本部長に提出した。

その意見が採用され、広工廠の九五式大攻となり、九六式陸攻、一式陸攻とつづく日本海軍独自の機種系列へと発展したことは前にも述べたが、海軍は飛行艇案を完全にあきらめたわけではなかった。

広大な海洋を舞台とする南方作戦を考えた場合、離着のできる海面さえあれば作戦の可能な飛行艇の魅力は、すてがたいものがあったからだが、九試大艇（九七式大艇）の成功が、その思いをいっそうつのらせることになった。

それが昭和十三年の四発大型機計画で、陸上機と水上機の両方を試作して結果のいい方を選ぶという競争試作のかたちとなってあらわれた。

陸上機の方は十三試大攻として中島、水上機の方は十三試大艇として川西に、それぞれ四発大型機の試作が発注されたのがそれで、中島の十三試大攻は海軍として初の四発陸上機であった。

残念ながら十三試大攻に関するデータはきわめて乏しく、筆者の知る限りでは試作機の要求性能は魚雷二本または爆弾四トンをつみ、三千五百カイリ（約六千五百キロ）を飛べること、といった程度しかわからない。

一方の十三試大艇は、単行本（『最後の二式大艇』文芸春秋刊）を書くため、設計主務者の菊原静男技師をはじめ、当時の関係者たちから詳細に話を聞いたので、はっきりしている。

それによれば最高速度二百四十ノット（約四百五十キロ）以上、巡航速度百六十ノット（約三百キロ）以上、武装二十ミリ旋回銃五（うち二連装動力銃架二基）、七・七ミリ機銃四、一トン爆弾または八百キロ魚雷二、片側エンジン二基だけでも飛べること、搭乗員九名、といったところが主なもので、〝雷撃を容易にするため操縦性は小型機なみとすること〟という要求がとくにつけくわえられていた。

最高速度は飛行艇のハンデを考慮してか、五ノットおそくしてあったというが、判明している数字だけでみると、爆弾搭載量は大艇の方がすくないが、航続距離は一千カイリも大きくなっている。

いずれにしても、四発大型機としてはかなり高い要求水準にあり、航空本部技術部長になっていた和田少将が、この決定にあたってはかなり苦心したあとがしのばれる。

結論からいえば、海軍としても中島としても初の経験である四発大攻は失敗し、川西の四発大艇は成功した。ただし、飛行艇としての成功であって、当初のねらいである艦隊決戦への雷撃機としての参加は、実際問題として不可能であり、そのような使われ方をしたことは一度もなかった。

こうした大型機まで雷撃機として使おうという考え方自体、いまから考えればナンセンスと一笑に付すこともできようが、兵器の使われ方を、平時の頭で的確に予測することはきわめてむずかしい。

攻撃機の性能と火力が向上すれば、戦闘機の掩護など不要、とした「戦闘機無用論」などその代表的なものだが、こうした過ちはなにも日本だけに限らない。

ドイツ空軍の双発掩護戦闘機メッサーシュミットMe110、旋回機銃をもったイギリス空軍の複座戦闘機ボールトンポール・デファイアントなどが、実戦ですぐ使いものにならないことが明らかになったが、もっと端的だったのは、ドイツ空軍の四発急降下爆撃機ハインケルHe177の失敗だった。

急降下爆撃の効果を過信したドイツ空軍は、双発爆撃機ユンカースJu88をつくったが、設計的にこの辺が限界だったのを、無理に四発機にまで急降下爆撃性能を要求したため、さすがのハインケル博士もモノにすることができず、ひいてはドイツ空軍にとって致命的な戦略爆撃機開発のおくれを招いてしまった。

日本海軍が四発機で雷撃をやろうと考えたのは、ドイツ空軍の四発急降下爆撃機的発想と軌を一にするものだが、それは用兵思想の誤りであって、機体設計上は四発急降下爆撃機ほどの無理難題ではなかった。

だが、すでに九七式大艇で四発機の実績をしめしていた川西にくらべ、未経験の中島に不安をいだいた海軍は、四発大型機のサンプルとしてアメリカからダグラス社の試作四発旅客機ＤＣ４を買うことにした。

ところが、海軍が大型民間旅客機、それも試作機を買うことは、すでにかなり先鋭化していた日米関係からみて不適当だったし、こちらの意図をさとられるおそれもあった。

そこで定期航空用として、すでにダグラス社からＤＣ２、ＤＣ３を買って使っていた民間輸送会社の大日本航空が買うことにするのがもっとも自然だろうとはかった。実際には、当時の金で三百万円もの大金を海軍が支出して買い取った。

このあとダグラス社と技術的なつながりをもつ中島飛行機から、技師が技術習得のため先方におもむき、別にＤＣ４の製作図面一式も中島に送られて来たが、これがとんだ食わせ物だった。

このＤＣ４は、試作してはみたものの、設計的には失敗作であることにダグラス社は早くから気づいていたらしく、このあと、まったく別のDC4を設計している。

ダグラスとすれば、使いものにならない失敗作をうまく日本に売りつけたかたちだが、出来のよくない試作機を参考にさせられた中島の設計陣こそいい迷惑だったといえよう。

高価な買い物

その高価な買い物が三井商船の浅香山丸で日本に運ばれてきたのは昭和十四年十月中旬、ヨーロッパではドイツ軍のポーランド進駐によって第二次世界大戦が始まり、日本では九六式陸攻を改造した毎日新聞社のニッポン号が、世界一周飛行からまもなく帰還しようという矢先だった。

横浜から、大騒ぎして羽田に運び上げられたDC4は、エンジン、プロペラ、タイヤなど補用品は何一つなく、輸入の折衝にあたった三井物産の話では、いろいろ交渉したが売ってくれなかったという。

もっとも、ダグラスでも見切りをつけていたので、売ろうにも余分に用意していなかったといった方があたっていたかもしれない。

この飛行機といっしょにテストパイロットのモックネス、フライトエンジニア(機関士)のジャック・グラントら六名が来日、さっそく彼らの指導で組み立てがはじめられた。日本側は空技廠(この年の四月、航空廠から航空技術廠に呼称が変わった)飛行実験部の西良彦技手(のち技師)以下工員七名で、「日本海軍ということはいっさい言ってはならん」と厳命されていた。

この飛行機は日本海軍としてははじめての四発陸上機で、前車輪の三車輪などもはじめてのものだった。

作業は、運搬のため取りはずされていた外翼の取りつけからはじまったが、作業中に誤って取りつけ用ボルトが曲がり、ネジ山をこわしたりして意外にてこずった。おなじものが大日本航空にもなく、仕方がないので空技廠材料部に手配してつくらせたりした。

組み立て作業で感心させられたのは、小さいビスねじの頭の溝が十文字の凹みをした、いまでいうプラスねじになっていたことだった。これだと、モータードライバーを使ってもはずれることがすくないし、作業も速くできた。

いまでこそプラスネジは、われわれの身近にいやというほど見かけるが、当時の日本ではこのような提案が起きなかったし、かりにあったとしても、工作の面で実用化はむずかしかったのではないか。たかがねじ一つとはいえ、このあたりにも日本とアメリカの基礎工業のちがいがはっきりとあらわれていた。

DC4購入に際し日本の立ち遅れを痛感した西良彦

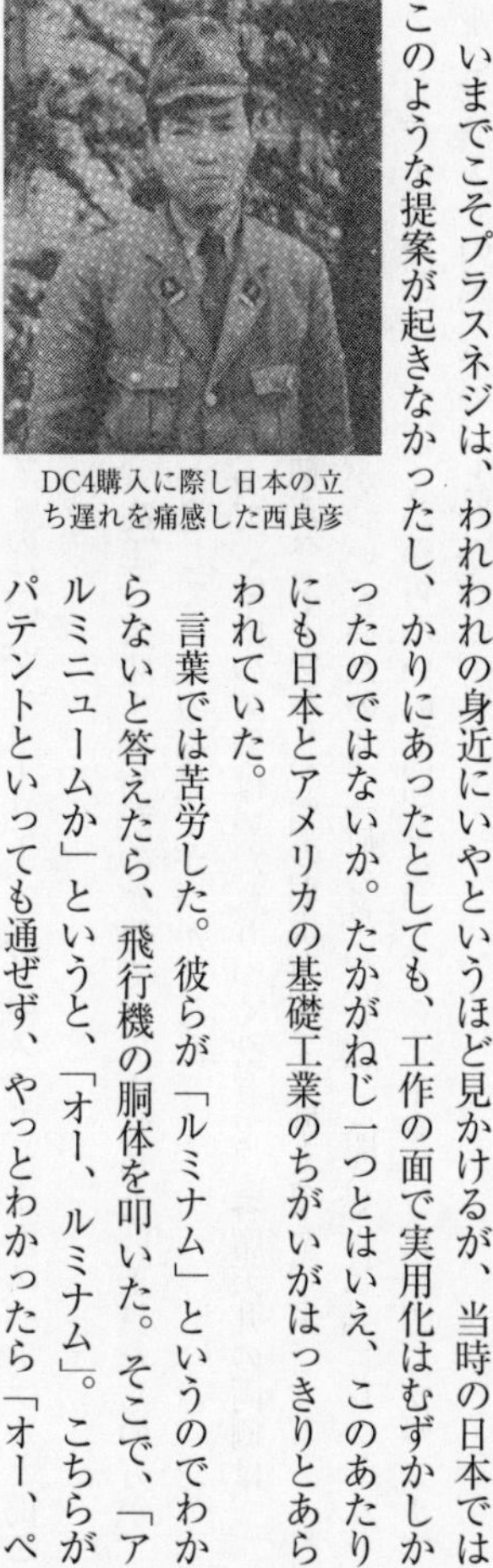

言葉では苦労した。彼らが「ルミナム」というのでわからないと答えたら、飛行機の胴体を叩いた。そこで、「アルミニュームか」というと、「オー、ルミナム」。こちらがパテントといっても通ぜず、やっとわかったら「オー、ペ

える。

イテント」。短いはショーティのはずがショーリー、人名のスペンサーがスペンツルと聞こ

西にとってはなまじ中学、高工と英語を習ったのが仇で、何も知らない工員たちの方が、身ぶり手ぶりでけっこう話が通じていたのを見てがっかりした。

四発の豪華旅客機だけあって、室内の装備はいたれりつくせりで、客席天井の両側は、二等寝台（戦前の）なみの収納式ベッドがあり、絹の羽根布団まで備えてあった。

座席に電気のコンセントがついていたので、「何のためか?」と聞いたら、「エレクトリック・レザー」だという。よくわからないので聞きなおしたら、手をアゴに当ててブルブルブルと実演入りの説明でやっとわかった。

西が下手な英語で、エレクトリック・レザーなんて見たことがないといったら、「アメリカ人の半分以上がこれを使っている」と得意そうだった。日本の恥をさらしたような気がして、いわなければよかったと後悔した。

組み立て整備も地上講習もいちおう終わり、十一月三日には初飛行にこぎつけた。

この日はまっ青に晴れ上がった秋空、アメリカ人たちは彼らの工場があるサンタモニカの空のようだと喜んだ。整備中、肝心なところは三井物産の人が通訳してくれたが、試飛行を迎えるころには、彼らとの会話にもだいぶなれた。

最初の飛行は、モックネスらの米人クルーでおこなわれ、飛行実験部の柴田弥五郎大尉（のち中佐、七五一空飛行長で戦死）や西は、コクピットで見学となった。

快晴の下界には富士山が手にとるように見え、米人たちは「フジヤマ」の美しさに賛嘆の声を放った。東京の上空にさしかかると、こんどは「ヨシワラは、オオモリは？」と、しきりに西に聞く。どうやら、彼らは毎晩のように遊びに出かけていたらしかった。

二年前に輸入したユンカースＪｕ86輸送機のディーゼルエンジンの講習も経験している西にとって、生まじめで理屈っぽいドイツ人たちより、陽気なアメリカ人たちの方がつき合いやすかった。

飛行実験部でずいぶんいろいろな飛行機に乗っている西にとっても、ＤＣ４のような大型機は初の経験だったが、長い主翼の先端が羽ばたくように大きく上下するのには驚いた。翼がたわむやわい構造は、いまではジェット旅客機などに乗るとごくふつうに見られるが、当時としてはめずらしいことであった。

二回目の飛行では柴田大尉が操縦、モックネスがサブとなり、西は、フライトエンジニアの席に座った。わきでグラントが、いろいろ教えてくれた。

〝正ちゃん〟こと鈴木正一少佐操縦のときはヒヤリとさせられた。この人は仕事では怒ってばかりいる恐い人だったが、このときは民間人ということで、もちろん背広の神妙な紳士である。

西は計測のため、鈴木少佐とは九六式陸攻、九七式艦攻以来、何度もいっしょに乗っているが、高いところから横すべりさせ、しかも失速寸前まで速度を落としてストンと降りる着艦の癖が、陸上でも抜けない人だった。

飛行を終えて羽田飛行場に降りるとき、飛行場の南側に工場の高い煙突があったせいもあり、鈴木少佐はいつもの要領で着陸体勢に入ったところ、モックネスが大声で怒鳴った。

「ツースロー（too slow）、ツースロー！」

〝正ちゃん〟すこしもあわてず、

「こいつ、何いってんだい？」

「遅すぎるっていってまあーす」と西。

「あッ、そうか」

あわててスピードを若干上げ、飛行場にぶじすべりこんだ。

何回目かの飛行のときだった。西はフライトエンジニアのグラントに、左側の外側エンジンのプロペラをフルフェザーにしてみてくれと頼んだ。

フルフェザーというのは、プロペラの羽根のピッチを高めて飛行方向に平行にして、エンジンが故障のとき、そのプロペラが飛行機のスピードによって風車状態でまわされ、故障を大きくしたり余計な空気抵抗になったりするのを防ぐための装置である。当時の日本にはなかった新しい装置だった。

西の要求に応じてグラントが第四エンジンを止め、フルフェザーのスイッチを入れると、電動式のオイルポンプが作動して羽根のピッチが大きくなるにつれ、プロペラの回転がしだいにおそくなるのがわかった。

やがて、ピッチ九十度でプロペラの回転はピタリと止まった。西が感心して見ていると、グラントが得意そうな顔で「ＯＫ？」といった。

後日のことだが、昭和十九年暮れにスーパーチャージャーの全開高度を、一、二速とも上げた一式陸攻の実験で、全力上昇中に片側エンジンがおかしくなり、片肺飛行で横須賀にもどる途中、船橋上空で空中分解でもしそうな激しい振動に見舞われたことがあった。近くの陸軍の下志津飛行場に緊急着陸して事なきをえたが、そのとき、西はＤＣ４のことを思い出して、これからは双発以上の飛行機はフルフェザーリング・プロペラであるべきだと痛感したという。

けっこうなフルフェザー機構であるが、しばらくして西が「アンフェザー」を頼むと、ピッチがもどり、プロペラは風車状態となって回転するがエンジンはかからない。エンジンが冷えきったためと考えられたが、いろいろやってもついにかからないので、非難の目を向けると、「フルフェザーはエマージェンシー（緊急時）以外には使わないから、これでいいんだ」と、グラントはバツの悪そうな顔をした。

ＤＣ４の公開飛行は、報道関係者を多数招待してハデにおこなわれ、新聞紙上にも大日本航空のベッドつき豪華旅客機ということで大々的に報道された。もちろん、海軍の意図をカムフラージュするためのゼスチュアで、数回の飛行後ひそかに霞ヶ浦に空輸されたＤＣ４は、調査のため飛行船用の大格納庫の中で分解され、ふたたび空に羽ばたくことはなかった。

それから一年後の昭和十五年秋、ドイツから輸入されたハインケル１００Ｄ戦闘機の地上運転を命じられた西が霞ヶ浦にいったとき、大格納庫に入れたままだったＤＣ４の運転もやることになった。

まわしてみるとエンジン不調で、どうもエンジン一基を焼きつかせてしまったらしい。発動機部の松崎技術大尉に問い合わせたところ、一度分解したが、補用部品がないのでそのまま組み立てたとの返事だった。補用部品をよこさなかったダグラス側の策略（？）のせいで、飛行は不可能になってしまったのだ。

海軍としても、参考資料がえられればあとは用なしだから、特別に部品をつくって飛ばせる努力もしなかったのだが、ダグラスはあらかじめ、このことを知っての商売だったかもしれない。

はからずも、西がＤＣ４に引導をわたすめぐり合わせとなったが、たまたま幕僚とともに霞ヶ浦に視察に来た第一艦隊司令長官古賀峯一中将（のち元帥、連合艦隊司令長官）に説明したのが最後の餞（はなむけ）になった。

「当時の日本の飛行機とくらべ、あらゆる面で格段の差があった。あんな状態で、よくもアメリカと戦ったものだ」とは西の述懐であるが、日本は装備や艤装面だけでなく、設計技術的にも四発大型機については立ち遅れていた。

考え方の相違

十三試大攻の試作を担当することになった中島飛行機は、昭和十三年春から、松村健一技師を主務者として設計チームを編成し、実機より先に入手していたＤＣ４の図面を参考にしながら設計を開始した。

社内呼称「LX」となった十三試大攻が、DC4ともっとも大きく変わったのは胴体で、四列分の座席がならぶ広さは必要ないところからずっと細くなった。

主翼はほぼ原型どおりだったが、燃料タンク増設の必要から、構造変更と同時にかなりの補強を必要とした。DC4の航続距離は三千五百四十キロ、対するLXは約六千五百キロだからほぼ倍ちかく、しかもより強力なエンジンを積むことになっていたから、積載燃料がそうとうの量になったからだ。

のちにアメリカのB29は、翼内を防弾式のインテグラルタンクとして大量の燃料を収容したが、その知恵もないままに、大量の翼内タンクを設けたLXは、のちの一式陸攻以上に火のつきやすい機体だった。

エンジンは当時、使用可能なエンジンでは最強力の中島の「護（まもり）」一一型で、離昇出力は千八百七十馬力という触れこみだったが、実際の出力はかなり下まわったうえ、トラブルが多かったので、のちに三菱の「火星」一二型にかえられてしまった。これによってエンジンの信頼性は高まったが、馬力不足でLXを鈍重な飛行機にしてしまった。

中島ではLXの設計開始と並行して、小泉製作所の一角にLX試作工場の建設を開始した。全幅四十二メートルもあるLXがらくに二機は入る、中間に柱のない巨大な工場だった。

LX設計班がスタートして約三年、日本では陸軍九二式超重爆撃機（ユンカースG38型旅客機改造）以来の巨人機が完成し、テスト飛行にこぎつけたのは、太平洋の風雲いよいよ急になりつつあった昭和十六年春であった。

社内のテスト飛行では、性能的にはなんとか海軍側の要求を満たすメドがついたが、実用化には多くの難問をかかえていた。そのひとつはエンジンであり、もうひとつは油圧装置の不調だった。とくに油圧系統の不具合は、この飛行機の致命傷とも思われるほどだった。

LXはお手本のDC4にならって、油圧操作を全面的に取り入れ、脚の上げ下げ、動力銃座、爆弾倉の開閉などすべて油圧でおこなう設計になっていたが、その補機類の構造が複雑で工作的にも高度の精度さを必要とし、わが国の工作技術では手に負いかねるものが多かった。

おまけに、油を密封するパッキングにいいものがなく、油洩れに悩まされる悪いところまでDC4に似てしまった。開戦後、南方戦線で捕獲したボーイングB17は電気式を全面的に採用してあり、すべての作動は電気モーターで、油圧式より作動が確実だったことがわかったが、電気式にしたらしたで「彗星」のように、電気系統の故障で悩まされるというのが、当時のわが国の一般的な技術レベルだったのである。

ともあれ、空技廠飛行機部首席部員鈴木順二郎少佐を中心におこなわれた飛行後の会議では、大きな黒板からはみ出すほどの問題点が書きだされるのが通例だった。

一号機に引きつづいて、巨大なLX試作工場では増加試作機の生産に入り、けっきょく六号機までつくられた。しかし、この間に太平洋戦争がはじまり、双発の一式陸攻の活躍が、トラブル多発で実用化にはほど遠い巨人機の必要性をうすいものにした。

DC4を参考に誕生した日本初の四発大型陸攻・十三試陸上攻撃機深山。基礎技術の未熟により多くの欠陥を露呈

関係者の間では、馬力低下をしのんでエンジンをより信頼性のたかい「火星」にかえる改良策を五、六号機にほどこすなど、実用化にむけての懸命な努力がつづけられたが、このような大型機の運用についても問題が多くあった。

内地にも十三試大攻がらくに離着できる飛行場は限られていたが、急造の戦地の飛行場ではなおさらで、整備能力にも不安があった。

それに実戦の経験から、一式陸攻による雷撃ですら被害が大きくて問題になっていたので、それより大型で鈍重な十三試大攻を雷撃に使おうなどと考える者はいなくなった。

こうした周辺の事情から、海軍でも使い道にこまってもてあまし気味となり、「バカ鳥」などと呼ばれてやっかい視されるようになった。そのうえ、他の機種の性能的な進歩が、この飛行機をいよいよ時代からとり残されたものとした。

この結果、ついに制式化をあきらめ、試製「深山」（G５N１）および「深山改」（G５N２、「火星」一一型装備の五、六号機）合わせて六機だけで生産を打ちきられ、のちに四機が輸送機に改造されて、細々と兵器や部品の補給に使われたにとどまった。

いっぽう、「深山」の対抗馬だった川西の十三試大艇は、九七式大艇の経験を生かした進歩的な設計が功を奏し、海軍が予期した以上の高性能を発揮した。

二式大型飛行艇（H８K１〜３）として昭和十七年に制式になったが、六機の試作のみに終わった「深山」とは対照的に、輸送機型の「晴空」（H８K２－L）までふくめて約百八十機つくられ、太平洋戦争全期間をつうじて活躍したことで知られている。

中島十三試大攻との競争試作について、川西十三試大艇の設計主務者菊原静男技師は、つぎのように言っている。

「試作機をつくるときは、原則として、あたらしく最適のものを設計するのが一番いいわけです。もちろんDC４は非常にいい飛行機だったでしょうし、大型旅客機としての目的にかなった飛行機だったかもしれません。しかし、このときに海軍がだした要求に最適のデザインであったかどうかが問題でしょう。

似たような飛行機が外国にあるから、それを買ってきてまねたというところに、根本的な考え方の相違があるように私は思います。

つまり要求がでたとき、それにたいする最適のデザインが何であるか、そしてその考えにもとづいて、基礎設計を決めていくのが普通です。出来あいのものを使ってやる場合は、この基礎のところで悪くなるのではないかと思います。

もちろん、陸上機と飛行艇という本質的な差もあるわけですから、陸上機は陸上機で、その長所を極端に生かして要求にマッチするものを考えていけば、いいものができるはずです。

その意味では、自分たちの思いどおりの設計がやれたわれわれの方がラッキーでした」

つまり、基礎設計の段階で、すでに十三試大攻はハンデを負ったことになり、この結果が失敗につながった最大の原因だが、外国でもこうした大型爆撃機の開発を一回で成功させた例はほとんどない。

四発爆撃機の傑作といわれたアメリカ陸軍のB17やB29をつくったボーイングだって、その前の失敗作だったB15の経験が土台となっているし、ダグラスにしても、鈍重で制式にならずに終わったB19爆撃機の苦い経験を持っている。

同様に、中島も戦争末期に四発爆撃機としては二作目にあたる十八試陸攻「連山」をつくり、終戦でその実力を発揮する機会にめぐまれなかったとはいえ、飛行機としてはかなりの出来ばえだったという。

十三試大攻と十三試（二式）大艇、この対照的な競争試作は、飛行艇の方に軍配が上がったが、かりに「深山」が量産されて実用化されたとしても、二式大艇がそうであったように、雷撃にはとても使えなかっただろう。

このような大型で動きの鈍重な飛行機では、とても〝空飛ぶ駆逐艦〟あるいは魚雷艇の役割はむりで、九六式陸攻でせっかく戦略爆撃らしきことをやっておきながら、なお四発大型機にまで雷撃をやらせようとしたところに用兵思想の矛盾があった。

もっとも海軍がたとえ四発機であろうと、洋上における艦隊決戦に役立たせようと考えるのは当然で、戦略爆撃にむく大型陸上機の開発は、むしろ陸軍の仕事だった。その陸軍も九二式超重爆撃機の失敗以後、四発機の開発をすっかりあきらめ、太平洋戦争がはじまってから遅まきながら計画に着手した。

それも海軍の十三試大攻を譲りうけ、陸軍キ68としたものだが、途中でやめてしまい、さらにもっと後になって、陸海軍共同の六発爆撃機「富嶽」計画が出現するが、これが日本で唯一の戦略爆撃機らしきものであった。

つまり、日本には本当の意味で戦略爆撃機は実在しなかったのである。

20　ラバウルの夜に飛ぶ〈アイデアで生きかえった月光〉

苦悩の代表作

十三試にあたる各試作機は、前年夏に勃発した日華事変によるいわゆる〝戦訓〟にもとづき、それ以前の試作機とは比較にならないほど要求性能が高められ、かつ要求そのものが多様化された。

とうぜん、盛りだくさんな用兵側の要求に、設計側は、それまで以上の苦労を強いられるが、「彗星」や「深山」とともに、設計側の苦悩の代表作といわれるものに、のちに「月光」となった十三試双発陸上戦闘機があった。

昭和六、七年ごろまでは、戦闘機の任務は、基地や要地の防空、あるいは艦隊の直衛などであり、攻撃隊を掩護して、遠距離に進出することは考えられていなかった。

攻撃隊の直接掩護のため、旋回機銃を持つ複座戦闘機が必要との意見もあり、八試計画で三菱、中島両社に複座戦闘機が発注されたこともあった。

両社の試作機は、昭和九年三月から航空廠飛行実験部で審査が開始され、いずれも要求性能にたいしては合格だったが、試作発注後、わずか一年半しかたっていないそのころになって、複座戦闘機が必要かどうか用兵側に疑問が生じ、実験を中止したためついに実用化されなかった。

その後、日華事変の勃発により、ふたたび戦闘機をどうするかの議論がむしかえされ、海軍部内で激しい論議が闘わされるようになった。

部内とは、主として出征中の第一線部隊、軍令部、横須賀航空隊、それに航空本部および航空廠で、十二試艦戦にたいする計画要求でもめたのもこのせいであった。艦上戦闘機にたいする速度か格闘性能かの論議は、用兵側が結論を出せないまま、設計側にその解決を押しつけたかたちになってしまったが、艦上機とはべつに陸上戦闘機が必要だとの意見が強くなった。

その一つが基地上空直衛の単座戦闘機（のちに局地戦闘機と呼ぶようになった）であり、もう一つは航続距離の長い複座あるいは三座の戦闘機だった。

日華事変の戦訓により、陸上攻撃機の掩護用として遠距離行動能力を戦闘機にあたえることは、すでに着手していた十二試艦戦の試作要求の中にも盛りこまれていたが、十二試艦戦が要求どおりの航続距離を実現したとしても、単座機では、陸攻といっしょに行動するに必要な夜間や洋上での行動に懸念があった。

そこで航本から昭和十三年六月、三菱に「仮称十三試双発三座戦闘機兼爆撃機」の試作について内示があったが、すでに十二試艦戦や十二試陸攻、十試水上観測機などで設計陣の手がいっぱいだったことから、初期計画および性能推算結果を提出しただけで、設計試作は辞退してしまった。

三菱がダメとあって、こんどは中島におなじ要求がだされたが、三菱の計画を検討した結果、爆撃機の文字をはずして「十三試双発三座戦闘機」とした。

中島にたいする正式の試作要求が発せられたのは、日華事変がいよいよ拡大しつつあった昭和十三年暮れのことで、その内容は、概略つぎのようなきびしいものだった。

型式＝三座、双発単葉
最高速力＝戦闘正規状態で、高度五千メートルにて二百八十ノット以上
上昇力＝四千メートルまで六分以内
実用上昇限度＝一万メートル以上
航続距離＝百七十五ノットで千三百カイリ以上、戦闘過荷重状態で二千カイリ以上
操縦性能＝とくに旋回性能が優秀なこと
強度＝十二G以上
兵装＝二十ミリエリコン固定銃一および七・七ミリ固定銃二（以上機首）、七・七ミリ旋回銃二基を胴体中部上方に、同一基を後下方に装備し、旋回銃は全部リモートコントロールとする

などが主なところだが、速度は十二試艦戦を上まわり、後続性能は陸攻なみで針ねずみの

ような多数火力による重武装、しかも双発機としては前例のない高度な空戦性能という、欲ばった要求だった。

技術的にみて明らかに無理、矛盾に満ちたものだったが、中島はこれをひきうけた。当時、中島飛行機は新しく小泉製作所が竣工したばかりで、太田製作所から海軍機部門をうつした矢先でもあり、タイミングが一致したからであった。

小泉製作所では、吉田孝男所長以下総力をあげて取り組んだが、双発機としては、あまりにも苛酷な空戦性能の要求に、設計方針すらなかなかきまらず、その模索に手間どった。

前縁スラットや、空戦時には空戦フラップにもなるファウラー式フラップの採用をきめてから、設計がやっと軌道に乗ったが、実物大の模型ができて第一回の木型審査をうけるまでに、ざっと一年近くもかかってしまった。

昭和十四年暮れの第一回につづいて、翌十五年二月中旬に第二回の木型審査。それから機体の試作にかかり、十一月に強度試験用の0号機が空技廠に持ちこまれて試験にパス、試作一号機が完成したのは翌十六年一月のことだった。十三試とはいっても、試作要求が正式にだされたのは十三年暮れだが、一号機完成までに二年以上もかかったことが、この飛行機にたいする要求がいかに困難なものであったかを物語っている。

テスト飛行は、元海軍パイロットの青木与(あとう)操縦士によっておこなわれた。青木は横須賀航空隊時代、有名な「源田サーカス」の一員として鳴らした名パイロットだが、海軍をやめて中島のテストパイロットになっていた。

その青木の所見では、十三試双発戦の空戦性能は、「横転（ロール）以外は、いくぶん鈍重な感じはするがふつうの戦闘機と変わらなかった」とのことで、中島設計陣の苦労の成果を認めている。

会社側の試験もひととおり終わり、四月に入って空技廠から領収のため大勢の部員が中島にやって来て、二日がかりで審査、細部の改造要求を満たしたのち、一号機と二号機が領収された。

中島では三号機以下もぞくぞくと完成させ、駐在の監督官に領収してもらって空技廠に引きわたしたが、青木操縦士が飛行中タイヤのパンクで主翼に大穴があいて胴体着陸した以外は、空技廠での実験をふくめて事故らしい事故はなく、飛行機としてはよい出来であることをしめしていた。

だが、海軍はその操縦性にあきたらなかった。

空技廠飛行実験部でのテスト進行中に太平洋戦争が勃発したが、海軍では、この飛行機では要求した単座戦闘機、とくにすでに大きな戦果をあげてその優秀さが認められていた零戦なみの操縦性を期待することをあきらめた。

十三試双発戦は、要求された大航続力と重武装のため、全備重量は初期の九六式陸攻なみの約七トンにもたっし、こんな重い飛行機に、前方固定銃装備の単座戦闘機とおなじ格闘性を期待し、操縦性を求めること自体がそもそも無理だったのである。

だが、こうした誤りは何も日本海軍だけではなく、爆撃機を掩護して長距離進攻の可能な

偵察機として採用されたが、夜間戦闘機に変更され、米大型四発爆撃機の迎撃に活躍した十三試双発戦闘機月光

双発多座戦闘機の発想は、当時の世界的な傾向でもあった。

その先鞭をつけたのはフランスで、一九三六年(昭和十一年)四月に飛んだポテーツ630をはじめ、二人ないし、数人乗りの双発多座戦闘機を数種試作しており、日本陸軍が研究のため昭和十一年に輸入したブレゲー460もそのひとつだった。

単座戦闘機では望めない重武装と長いアシは、この機種をして軍用機の王者たらしめるかと思われ、フランス以外の国でも、この機種の開発にはかなり熱を入れてとり組んだ。

新興ドイツ空軍のメッサーシュミットMe110とフォッケウルフFw187、イギリスのブレニム爆撃機を改造したブリストル・ボーファイター、アメリカのベル・エアラクーダ、そして日本陸軍のキ45(のちの二式複座戦闘機「屠龍」)などがそれだ。

このなかで、最初に実戦の洗礼をうけたのはフランスのポテーツ630とドイツのMe110だったが、ポテーツ630はほとんど活躍の場がないままに——というよりあっけないフランスの降服によって――潰え去ってしまった。もっとも、当時すでに旧式化していたから、たとえ出撃していたとしても、結果は目に見えていたが、Ｍｅ１１０の方は、まずまずのスタートぶりだった。

しかし、その使われ方は、敵地上部隊や施設の攻撃が主であり、本来の任務である戦闘機としての真価が問われたのは、一九四〇年（昭和十五年）八月に開始された英本土航空戦（バトル・オブ・ブリテン）であった。

この戦闘にあたってドイツ空軍総司令官であるゲーリング元帥が用意したＭｅ１１０は二百二十機だったが、緒戦で早くもその弱点を暴露してしまった。

大型で重量の重い双発戦闘機は、身軽な単座戦闘機には勝てないという、単純明快かつ厳粛な事実の前に屈せざるをえなかったのだ。武装はスピットファイアやハリケーンよりはるかに強力であり、スピードもハリケーンを上まわるものであったにもかかわらず、対等の戦闘ができず、なんと味方の単座戦闘機Ｍｅ１０９の護衛を仰がなければならなかったのである。

これは何もＭｅ１１０の設計が悪かったからではなく、双発多座戦闘機という発想の誤りによるもので、これ以後、Ｍｅ１１０は空中で敵機を撃墜するというよりも、爆弾をつんで地上の目標を攻撃する戦闘爆撃機として使われるようになった。

ほかの双発多座戦闘機も、多かれ少なかれ、おなじ運命をたどることになったが、爆撃機の掩護という本来の任務を果たしえない弱点に、さらに決定的なダメージをあたえたのは、じつに日本陸海軍が生んだ長距離戦闘機「隼」や「零戦」だった。

これらの戦闘機は、単発単座でありながら爆撃機に同行し、敵の迎撃戦闘機と互格かそれ以上の戦闘が可能であり、のちにアメリカでも、同様な単発単座戦闘機で爆撃機を護衛するようになった。

だが、十三試双発戦の企画段階では、十二試艦戦も陸軍のキ43（「隼」の陸軍試作記号）もまだ形すらなく、ましてこうした結果になろうなどとは、だれにも予想がつかなかった。

だから航空本部からだされた要求性能も、高い目標を漠然と羅列したものとなり、設計側を困惑させた。

「各方面の要求を盛って、計画要求書を作ってみて、重量七千キロで空戦する戦闘機がほんとうにできるのだろうか。また銃とその弾数が多いこと、したがって重心問題、さらに乗員間の連絡や遠隔管制銃架の使用など、技術的難問が本機に集中したため、日夜頭を痛めた」（『航空技術の全貌・上』原書房刊）

これは、航本技術部の主務部員として十三試双発戦を担当した巌谷英一造兵少佐の述懐であるが、計画要求書にもとづいて中島が最初に航本に提出した基礎設計では、全備重量の見積りがわずか三千六百キロで、あまりの軽さにびっくりした巌谷がやり直しを命じたところ、こんどは六トンなにがしになったというくらい設計側にとってもつかみにくい対象だったようだ。

巌谷造兵少佐は昭和十五年一月、十三試双発戦の木型審査の段階で後任の永盛義夫造兵少佐と交代、航本駐在監督官としてドイツに赴いたが、着任早々の永盛はたいへんなお荷物を背負うことになった。

　試作段階でもいろいろ問題はあったが、空技廠で領収してからの審査結果もかんばしいものではなく、しかも脚や油圧作動装置類の油洩れ、とくにエンジン・ナセル（覆い）のカウルフラップの作動不良、車輪ブレーキの過熱など、すべての日本機に共通していた欠陥に悩まされた。

窮余の一策

　昭和十七年二月中旬、十三試双発戦にたいする航空本部の判定を中島側につたえる辛い役目を、永盛は負わなければならなかった。

「試作要求にたいしては、やや満足すべき結果であるが、その後、他の飛行機の進歩がいちじるしく、目的とした大型強力戦闘機としてはもはや不向きである。よって、さしあたり陸上偵察機として強行偵察に使用するのが適当」

　さしあたり陸上偵察機として使うというのは、この飛行機が海軍の実験完了を待たずにすでに生産がはじまっていたことと、海軍が陸上偵察機の必要性にせまられていたからで、はなはだ不本意な決定だった。

　この決定にもとづき、中島では旋回銃架を一基だけとし、偵察機として必要な装備をほどこした改造をおこない、昭和十七年七月六日、二式陸上偵察機（J1N1）として制式採用となった。

このあと、すぐにラバウル方面に送られて実戦に参加したが、機数もすくないうえに修理交換用の部品も充分でなく、おまけに最初からその目的にそってつくられた陸軍の百式司令部偵察機にくらべて性能が劣るところから、評判はかんばしくなかった。

ところが、運命は不思議なもので、意外なところから厄介者の二式陸偵に、回生のチャンスがめぐってくることになった。

昭和十七年十月、ラバウル方面から内地に帰還した台南航空隊副長小園安名中佐(のち大佐)が、奇妙な案をもたらした。夜間戦闘用として二式陸偵の遠隔銃架を撤去し、かわりに二十ミリ機銃を前上方および前下方に向けてそれぞれ三十度の角度をつけて装備し、敵機と同航しながら無修正照準によって射撃をおこなうというものだった。

斜(なな)め銃とよばれたこの方式にたいして、関係者の反応はさまざまだった。

「斜め銃は旋回銃を斜め前上方または下方に固定しただけのことだが、飛行方向と同一方向に取りつけられた普通の固定銃ですらなかなか当たらないのに、飛行方向にたいしてある角度をもって取りつけられた銃は照準がいっそう難しく、したがって命中精度も低い」

そういって戦闘機パイロットたちの多くが反対し、審査部門である横空や空技廠も非現実的な案だとして関心をしめさなかった。

孤立しかかった小園に救いの手を差しのべたのは、ほかならぬ航空本部で、小園の熱意に感動した小林淑人中佐や戦闘機主務の永盛造兵少佐がこの案を採りあげ、空技廠に命じて七機の特急改造工事をおこなうことになった。

この改造は、前線からの戦訓にもとづく改修で多忙をきわめた空技廠飛行機部飛行機工場でおこなわれ、二機の完成を待って前線から呼びもどした搭乗員の訓練を実施した。昭和十八年四月、小園中佐は第二五一航空隊に改編された台南空の司令としてふたたびラバウルにもどったが、ほどなく配備された二式陸偵改造機二機は、改めて「月光」（J1N1－S）と名づけられ、夜間戦闘機として、さっそくラバウルの夜空にはばたくことになった。

ニューブリテン島ラバウルは南方作戦の重要な基地として、太平洋戦争がはじまって二ヵ月目の昭和十七年一月末に日本軍が占領し、いち早く航空部隊が進出していたが、その直後から、連合軍は四発爆撃機による昼間偵察と夜間の空襲を執拗にくりかえすようになった。

昼間偵察は、日本軍の艦船や航空部隊の動きを監視するためだが、夜間のそれは、一機ないし二機が交代で一晩じゅう基地上空を飛び、まれに爆弾を落とすというまったくのゲリラ的活動で、実害はすくないものの絶えず空襲下にあることによって、飛行機搭乗員をはじめとする基地の人びとの安眠をさまたげる効果をねらったものだった。

大型機攻撃用の斜め銃の
生みの親・小園安名中佐

このためにもたらされる心身の疲労は、翌日の作戦行動に影響をあたえたために、なんとか撃退する必要があったが、さしもの精強零戦も、夜間の邀撃（ようげき）ができないためまったくお手上げの状態だった。

この夜間空襲にはボーイングB17、コンソリデーテッドB24のほか、イギリス空軍のアブロ・ランカスターやヴィッカース・ウエリントンなどが使われたが、主力はB17だった。ニューギニアのポートモレスビーから飛来するところから〝モレスビー定期〟と呼ばれていたが、小園中佐の斜め銃による二式陸偵活用案は、現地での苦しい体験が生んだ、いわば窮余の策だった。

ラバウル基地全員の期待をになった新夜戦「月光」の初戦果は、進出まもない五月二十一日で、パイロットは二五一空の工藤重敏少尉だった。

「同日深夜の二時ごろ、偵察員の菅原賰中尉と同乗して離陸した工藤機は、月明の利と味方探照灯の協力をえつつ、二時四十分ごろ、B17を捕捉してみごとに斜め銃で撃墜、三時半ごろ、べつの一機を撃墜して四時半に着陸し、ラバウル基地は歓呼の声にあふれた。この戦果を皮切りに、数機の月光はラバウルの夜間制空権を取りもどし、七月にはバラレ基地に前進して夜間迎撃にあたった。

工藤機の戦果は六月十一日、十三日にB17各一機、二十六日に二機、三十日に一機とふえ、七月七日夕方にはブイン上空で下方斜め銃によりハドソン一機と、二ヵ月間に八機を葬って、ラバウルの『空の王者』と称され、草鹿南東方面艦隊長官から『武功抜群』と書かれた軍刀を授けられた」（伊沢保穂編『日本海軍戦闘機隊』酣燈社刊）

まさに〝ひょうたんからコマ〟であったが、この案を強力に推した航本の永盛義夫技術少佐は、「月光」の改造がはじまった昭和十八年一月に空技廠にうつって飛行機部戦闘機主務となり、昭和十九年三月に航本造兵監督官として潜水艦でドイツに赴任したさい、斜め銃式夜間戦闘機のアイデアをドイツ空軍につたえた。

すぐにこれを採用したドイツ空軍は大いに戦果をあげたといわれるが、のちに日本では「月光」だけでなく、零戦をはじめ「彗星」「銀河」などにも装備し、陸軍までがこれにならって、夜間来襲するＢ29にたいする唯一の攻撃法となった。

あやうく失敗作の仲間入りとなるところだった十三試双発戦は、夜間戦闘機「月光」として生き返り、のちに本土防空戦でも活躍したが、永盛とともに、この飛行機の生みの親ともいうべき巌谷英一技術中佐によれば、

「ややもすれば、大した根拠もなく他の意見にケチをつけたがる日本人の通弊を一蹴し、当事者の意見を助長してこれを成功にみちびいた快挙であり、海軍航空本部の放った絶好のヒットであった」（『航空技術の全貌・上』）

それでも飛んだ

海軍で最初にして最後の双発多座戦闘機だった「月光」は、大型機でありながら零戦なみの空戦性能を要求されたため、空力的にかなり新しい試みを採りいれているが、左右エンジンを互いに逆回転の内まわりとしたのも、その対策のひとつだった。

こうすることによって左右トルクを相殺し、偏向癖をなくすと同時に、横転時などの翼端失速をふせごうというものだったが、これが故障の原因になって現地部隊で問題になったことがあった。

「月光」には零戦三二型（A6M3）と同じ二速過給機つきの「栄」二一型エンジンが装備されていたが、左右エンジンを逆回転とするため、右側エンジンの減速機に細工をして左まわりに改造してあった。

この改造は遊星ギア装置のスパイダー軸と呼ばれる部分を固定することによって、減速機から先を逆転するようにしたもので、アイデアとしてはよかったが、減速ギアにかかる荷重が大きいうえに、潤滑不良で減速機が焼きつく故障が続出した。

空技廠や横空での審査段階では問題は起きなかったが、戦地では酷使されることと、南方の暑さが影響したものと考えられた。

部隊の要請に応じて、空技廠から発動機部の永野治技術少佐が出張して対策にあたった。検討の結果、永野は原因が右側エンジン減速機のスパイダー軸の固定にあることをつきとめ、右側エンジンも正常の減速機つきの左側エンジンとおなじものにのせかえてみた。

つまり、両エンジンとも右回りにしたわけだが、懸念された偏向癖もなく、とくに操縦上に問題がないことがわかった。そこで永野は至急電報を打ち、両舷エンジンを同方向回転にする対策を実施するまで、製造をストップするよう指令した。

「いまから考えれば、ずいぶん乱暴なことをやったものだ」と永野は語っているが、実戦の洗礼をうけながら改造をくわえられていく軍用機の宿命は、十二試以降の試作機にとくに顕著となった。

日本陸軍でも、「月光」とおなじような用途の双発戦闘機「屠龍」（キ45、二式複座戦闘機）をつくっているが、この両機をくらべると興味ぶかいことがわかる。

海軍の「月光」は、サイズが陸軍の「屠龍」よりひとまわり大きく、エンジン出力はほとんど変わらないので翼面荷重はほぼおなじだが、馬力荷重は「屠龍」の馬力あたり二・八九キロにたいして「月光」は三・一四キロとかなり上まわり、この違いが性能面にはっきりあらわれている。

すなわち、「屠龍」が最高速度で時速約四十キロ、上昇時間で五千メートルにたっするのに約二分半もまさっているが、これは製作会社である中島と川崎の技術の差をしめすものではけっしてなく、むしろ注文主である海軍と陸軍の性格の違いによるものだ。

試作仕様をだすにあたって、陸軍はあまり細かい注文をつけなかったのにたいし、海軍は盛りだくさんの要求にくわえて、設計内容に立ち入りすぎたきらいがあり、このことが海軍機の設計をいちじるしくむずかしいものにした。

設計についてだけでなく、試作機の審査についても陸軍の方が寛大なところがあったようだ。

昭和十六年八月、空母「蒼龍」の艦爆分隊長から空技廠飛行実験部に転じた高岡迪大尉が、陸軍の飛行実験部（のちの航空審査部）があった福生（ふっさ）（現在の昭島市）に行ったときのことだ。

よく陸海軍の仲がうんぬんされているが、すくなくとも両飛行実験部の間ではそういったことはなく、たがいに交流を持って和気あいあいとやっていた。危険な飛行実験の仕事にたずさわるという共通した思いがそうさせたもので、交流をつうじて個人的に親しくなった者もすくなくなかった。

陸軍飛行実験部の荒蒔義次少佐と、高岡の場合も同様で、高岡は二つ年上の荒蒔とよく気があった。

飛行場にならんだ飛行機の中に、見なれない双発小型機があるのに気づいた高岡に荒蒔がいった。

「キ45という試作双発戦闘機だ。貴様乗ってみろよ」

海軍にも似たような十三試双発戦があり、飛行実験部で苦労していた矢先だったので、高岡も大いに興味をそそられ、簡単な説明を聞いただけですぐ飛び上がった。

十三試よりいくぶん小型のキ45は、運動性もいくらかいいようだったが、なれたところでさっそくダイブに入れたところ、計器速度三百五十キロあたりで妙な振動を感じた。これは危ないと思った高岡は、ソッと引き起こして、降りてくるなり荒蒔にいった。

「オイ、こいつは変な振動があるぞ」

「フラッターだろう。よくあることさ」

「何でそれをはじめにいってくれないんだ。こっちは肝を冷やしたぞ」

キ45はフラッター領域が比較的低い速度帯にあり、何らかのショックで簡単にフラッターに移行するというのだ。話しあってみると、陸軍もはじめての機種である双発戦闘機でいろいろ苦労していることがわかったが、注文がうるさいだけ、海軍の十三試の方が大変だなと高岡は思った。

その過程は紆余曲折に満ちたものだったが、それでも「月光」は飛び、あわせて四百八十機もつくられ、戦争末期には、陸軍のキ45「屠龍」とともに夜間の対大型機戦闘の主役として働いた。

「屠龍」にくらべてはるかにロマンチックな「月光」の名とは裏腹な、凄惨な舞台ではあったが。

21 高性能が救った危機〈銀河で助かった偵察員の証言〉

空飛ぶ実験室

昭和七年にはじまった、いわゆる「航空自立三ヵ年計画」が大きな成果をあげたあと、昭和十四年にはふたたび四ヵ年の試製計画が立てられた。

十四年といえば、三菱十二試艦戦が完成、三菱十四試局地戦闘機（雷電）、中島十三試双発戦（月光）、空技廠十三試艦爆（彗星）、三菱十二試中攻（一式陸攻）、中島十三試大攻（深山）、愛知二座水偵（瑞雲）、川西高速水偵（紫雲）、川西十三試大艇（二式大艇）などが設計または試作中という盛況の年だった。

このころ、海軍では制式機（艦戦、艦爆、艦攻などのすでに用兵上の定義のはっきりしたもの）の試作は民間会社、研究機の試作は空技廠というように、飛行機の性格による試作分担をはっきりきめていた。

空技廠で研究機をやる目的は、民間会社では採算上やりにくい航空技術の未知の分野を開拓し、その成果を制式機にフィードバックして全体のレベルアップをはかることにあった。

この目的にそって、空技廠では、それぞれＹ10、Ｙ20、Ｙ30の記号をもつ三種の試作機を、機体が三木忠直、エンジンが永野治（いずれも技術大尉）のコンビで計画した。

Ｙ10は速度、Ｙ20は航続距離、Ｙ30は高度と、それぞれ飛行機の基本性能の世界記録を上まわるものをめざす、空飛ぶ実験室の性格を持った飛行機だった。

Ｙ10は、当時、ドイツのメッサーシュミットが持っていた時速七百五十五キロの世界速度記録を上まわることをねらったものであるが、計画審議にかける段階になって、用兵者側から横槍が入り、中止されてしまった。

純粋に研究機的な飛行機よりも、もしそれがうまくいったら、実用機として生産にうつせるようなものをつくるべきだというのが、彼らの主張だった。

Ｙ20は、航続距離の世界記録をねらったもので、それも航研機のようなたんに周回による記録飛行ではなく、洋上を高々度高速で飛べる実用度を加味したものとして基礎計画がすすめられた。もっとも、Ｙ10の経過からしても、こうした実用性をかかげておかなければ、Ｙ20も計画の段階で立ち消えになるおそれが充分にあったのである。

空技廠Ｙ20（銀河）の総括主務・三木忠直技術大尉

Ｙ30は、技術的にさらに飛躍し、排気タービン過給器付エンジン、および与圧室を装備して高度世界記録の更新をねらったものだ。しかし、Y20同様、これも高々度高速偵察機として使えるよう計画され、Y20より二年おくれて十七試陸上偵察機として具体化されることとなったが、のちに述べる理由で実機の完成を待つことなく消え去った。

それぞれ時間的な前後はあるものの、空技廠で計画されたYシリーズ三種のうち、中間にあたるY20だけが生き残って具体化されたが、Y20の設計が承認されるまでのいきさつを、飛行機部設計主任山名正夫技術少佐のもとで、Y20総括主務として設計の実務を担当した三木は、つぎのように述べている。

「昭和十五年夏、日華事変たけなわで、渡洋爆撃がはなばなしく報ぜられていたが、太平洋戦争の気配はいまだまったく感じられなかった。

そのころ、ある部隊の航空参謀が、将来の洋上作戦を考えると爆弾一トン、航続距離三千カイリ（約五千五百キロ）の、しかもかなり高速の急降下爆撃ができたら、海軍の航空戦力は画期的に向上するのだが、という希望的構想をもらしたことから、横空、空技廠を中心とした研究委員会的なものが持たれた」（『丸メカニックNO23』陸上爆撃機「銀河」）

研究委員会といっても、具体的な飛行機の計画は空技廠で飛行機部の設計係によっておこなわれ、山名と三木が中心となって数種の案がつくられた。

山名は絵ごころがあり、フリーハンドで、じつに美しい翼型や飛行機の外形を描くが、三面図を持って山名、三木らが横空に行き、それをもとに議論をしてはやりなおすということを何回かくり返したのち、「ではやろうか」となったようだ。

いっぽう、空技廠飛行機部の初代設計主任であった岡村純技術少佐の記述では、それはつぎのようになっている。

自由な雰囲気

「昭和十五年八月二十六日、和田操空技廠長は、加来止男総務部長、杉本飛行機部長らにたいし、航続力が大で、八百キロ爆弾または魚雷を搭載し、急降下可能の陸上爆撃機の構想を発表し、これを空技廠において試作することを航本当局に申し入れさせた。はじめは航本当局は反対したが、ついに承認し、これをY20と仮称して空技廠で試作することに決定した。右の構想は、当時、欧州戦線で活躍を伝えられていた、ドイツのユンカースJu87およびJu88型陸上急降下爆撃機の影響を受けているとともに、大馬力発動機（千八百馬力級）の出現に刺激されたものと判断される」（『日本海軍航空史』(3)制度・技術篇、時事通信社刊）

これによると、陸攻なみの航続距離をもった急降下爆撃機の構想は、某部隊の航空参謀か和田空技廠長かどちらにも考えられるが、どちらがというより、その航空参謀が和田廠長にこの案を申し入れ、同意した和田が横空と空技廠などの合同研究の案をもとに、かつての古巣だった航空本部に、空技廠での試作を申し入れたと考える方が妥当だろう。

和田は昭和十二年十月から、ずっと航本技術部長の要職にあって十二試、十三試、十四試の計画と進況を見まもってきたが、この年（十五年）の五月、多田力三機関大佐にその席を譲って空技廠長に就任したばかりだった。

昭和七年に制定された航空廠管制によると、空技廠（当時は航空廠）は、「横須賀鎮守府に属し、技術に関し航空本部および艦政本部の区処をうける」としているが、航本とはタテの関係以上にとくに密接なつながりをもち、人事の交流が盛んだった。

二代目空技廠長前原謙治少将は、航本の初代総務部長、三代目廠長原五郎少将はそれまで航本技術部長、五代目廠長杉山俊亮少将は和田の前の航本技術部長、最後の空技廠長（第一技術廠と改称された）となった多田力三中将は和田のつぎの航本技術部長だったし、部員にいたっては両部門間を往復した人もすくなくない。

Y20に話をもどすと、外部からもたらされた案が、たまたま空技廠ですすめていたY20研究機を実用機的性格に変えてしまったといってさしつかえないが、それを空技廠でやることについて、航本が反対したのには理由があった。

空技廠でも、以前から飛行機の設計試作はやっていたが、飛行機部の本来の任務は、航本が民間会社に発注した試作機の審査・指導だった。

Y20計画が具体化しようとしていた昭和十五年夏の時点で、飛行機部が手がけていたのは、新機種だけでも十四試局地戦闘機（雷電）をはじめ十種以上もあり、これに現用機の改良や不良対策などがくわわるから、それだけでも手いっぱいとみられた。

そのうえに、Y20のようなむずかしい機種をやらせたら、民間に発注した試作機のフォローが充分にできなくなるのではないか、と航本は懸念したのだ。

おなじ心配は、飛行機部の担当者たちの間にもあった。

和田廠長は、自分が強力に推したこともあって、空技廠の全力をあげてY20の開発にとり組むことを決意し、飛行機部長の杉本大佐にそれを命じた。

当時、飛行機部の中は山名の設計係、のちに零戦のフラッター事故問題で中心となって原因解明に活躍した松平精技師らの研究係、それに機体工場にわかれており、設計係はさらに十三試艦爆などをやった設計班と、民間に発注した試作機の審査・指導をやる審査班にわかれていたが、Y20をやるにあたって、べつに専門の試作班が設けられることになった。

そこで杉本部長が主宰して会議が開かれ、プロジェクトメンバーを各部門から出すことになったが、設計係の高山捷一技術大尉が異論を唱えた。

「現在、われわれが関係している試作機は、空技廠のものもふくめて十指にあまる。そのどれをとっても海軍には大事なもので、Y20もその一つにすぎない。Y20に全力をあげるため人手を集中して、もしそれが成功したとしても、そのために手薄になってほかの試作機がうまくいかなかったとしたら、それこそ海軍にとって由々しき問題ではないか。

よって、Y20を強行することには反対である」

空技廠の会議には、たとえ相手が廠長や部長であっても、中尉や大尉が堂々と意見を述べる自由な雰囲気があったが、高山の意見はかなり過激だったようだ。

会議が終わったあと、高山は杉本部長から呼ばれ、「君もY20をやるんだよ」といわれた。しまったと思ったが後の祭りで、自分もやるとなると、部下から優秀なのを引っ張っていかなければならない。立場がひっくり返ってしまった思いだった。

「山名さん自身、十三試艦爆もやっていたから、Y20をそうやりたいとは思っていなかったのではないか。

審査中だった十二試陸攻(G4M1)より重い機体で六十度ダイブをするという、いままでにない大変な飛行機だから、やはり海軍でやるべきだとなったのだろう」

高山はこう推測するが、航本と和田廠長との間でもめたのもこの辺にあったことは、さきの岡村の記述のとおりだ。

こうしてY20は、飛行機部設計主任の山名のもとに総括主務三木忠直(兼主翼)、高山捷一(胴体・兵装・艤装)、服部六郎(尾翼)、堀内武夫(降着・操縦装置)、小島正男(動力・艤装)ら五人の技術大尉がそれぞれ部門を担当し、科学部の北野多喜雄技師が風洞・空力関係で協力することになった。

このほか計算や製図など、実際に手足となって動くべきメンバーがたりなかったので、杉本飛行機部長が「オレにまかせておけ」といって、海軍部内の全航空関係工場から工業学校出の優秀な者を集めてきて、各担当の下につけた。

これよりさき、具体的な仕様をきめる計画審議の段階でまたもめた。飛行機部の試算で、実際に長距離を飛べる飛行機ができそうだとなると、いつもの悪いクセで、用兵者側からいろいろな要求がつけくわえられたからだ。

Y20のような長大な航続力をもった飛行機には、掩護戦闘機はとてもつけられないから、戦闘機なみの最高速が出せるようにしろ、活用する局面をひろげるため、将来は大型空母から着艦は無理としても発進できるようにしろ、などと要求が拡大され、目標性能の数字がどんどん引き上げられた。

この結果、最高速度は零戦なみ、航続距離は一式陸攻なみ、しかも一トン爆弾をつむ急降下爆撃機で、雷撃機にも流用できるという、おなじ空技廠試作の十三試艦爆よりも、いっそう実現がむずかしそうな計画要求となった。

この要求にそって三木のところで試算してみると、当時制式として実用化されていたエンジンではとても性能を満足することはできないが、そのころ中島飛行機で試作中のＮＫ９Ｂ（のちの「誉（ほまれ）」）というエンジンを使えば可能の見こみだった。

ＮＫ９Ｂは、わが国としては初の二千馬力級をねらった空冷二重星型十八気筒エンジンで、前面面積が小さいわりに出力が大きい点では、世界の水準を超える画期的なエンジンだった。

Y20は、あれもこれもと欲張った要求を盛りこんだ実験的性格の強い機体であり、こういう飛行機にまだ開発途上で、空技廠のタイプテストにも合格していないエンジンを採用することは、それまでの失敗した多くの試作機の例からして好ましいことではなかった。

しかし、海軍はこのエンジンに賭けた。和田廠長みずから中島にでかけて、空技廠発動機部の全面的な協力を約束、空技廠内部にたいしては、「ＮＫ９Ｂを何が何でも完成させよ。

失敗は絶対に許されない」と担当者たちに厳命した。

和田は航本技術部長時代、十二試陸攻の計画審議のさいに三菱の本庄技師が提案した四発機案を、「用兵については軍がきめる。会社は軍の仕様書どおりの双発攻撃機をつくれ」と一喝のもとにしりぞけ、空技廠長に就任すると、当時、川西で試作をすすめていた十三試大艇にたいして「本年中に完成すべし」とハッパをかけている。こういうところが、たとえ東京帝大航空学科に学び、技術畑に深く踏みこんだ人ではあっても、和田の兵科士官らしい一面といえよう。

後味の悪い思い

難行した計画要求審議も終わり、Y20が十五試陸上爆撃機として正式に計画要求書がだされたのは昭和十五年末、空技廠設計の十三試艦爆の試作一号機が完成し、川西の十三試大艇が、和田の命令どおり完成目前にあったときだった。

それからは、文字どおり夜を日についで設計がすすめられ、設計図の最後の一枚をだし終わるころに、日本は運命の太平洋戦争に突入することとなったが、胴体を思いきり太くした一式陸攻とは対照的に、零戦なみの細い胴体幅としたY20の設計上のポイントは、空力設計とならんで重量軽減と生産性のよい構造とすることだった。

三木は語る。

「軽くつくるため、従来の機器（たとえば脚のオレオ式緩衝装置）や装備品は、すべて見なおすことにした。図面を一品一品見て、銅でつくってあるものはスチールに、スチールのものはアルミにかえさせた。

アルミでやわらかすぎるところはアルマイトで固くし、ネジが立てられないところは、他の方法で組み立てや取りつけができるよう工夫させた。

タイヤは重量物の中でも大物だが、正規の空気圧だと大きく重くなるので、メーカーの横浜ゴムを呼んでプレッシャーを上げて小さいものをつくらせた。この結果、当時の飛行機の中では、もっともプレッシャーの高いタイヤとなった。

試作工場の入口には秤をおき、外部から持ちこまれる前に重量をはかり、図面に書かれた数値をオーバーするものは通さないという方法をとった」

三木は、あとから性能向上や武装強化などの要求がでて重量がふえる軍用機の性格からして、設計の段階でだいたい十パーセントの余裕を見こんで性能計算をしてあった。だから試作に先だって、徹底したウエート・コントロールをやって設計重量内におさまることがわかった時点で、三木はY20の成功を確信した。

生産性については構造の簡易化、分割組み立て方式や広範囲な型鍛造部品の採用など、大量生産を想定した設計とし、少数機しか生産されないからと、生産性を犠牲にした十三試艦爆の失敗が生かされていた。

余談だが、用兵側の要求である〝空母から発進できる案〟を検討していた矢先の、昭和十七年春（四月十八日）、米空母ホーネットから発進したドーリットル指揮の陸軍B25爆撃機隊が日本を空襲した。

横須賀にもやってきて、被害はたいしたことはなかったが、「やりやがったな」と、三木は先を越されたことを、感心と口惜しさの入りまじった複雑な思いで噛みしめた。

Y20の試作に対して空技廠は最優先政策を採ったので、この種の大型機としてはかなり早いピッチで作業がすすみ、設計開始からわずか二年たらず、昭和十七年の初夏も間ぢかいころに試作一号機が完成した。

このことについて、岡村純技術少佐は「いささか行きすぎの点があり、空技廠の本来の任務である海軍機全般にたいする審査指導の遂行に、ある程度、支障を来たしたきらいがあった」といっているが、Y20の計画初期に高山が心配したことは、やはり現実であったことがわかる。

飛行実験部のY20主務は高岡迪少佐だったが、あいにく高岡は、南方出張中で初飛行はできなかった。

おなじ空技廠設計の十三試艦爆「彗星」の実験がかなりすすみ、高い速度が出るという評判をつたえ聞いた前線部隊からの強い要望で、試作四号機を渡してあったが、はじめての水冷エンジンの整備取りあつかいになれないため、飛べないで放置されているのを回収に行ったからだ。

高岡は、一式陸攻で「彗星」のあるセレベス島ケンダリー基地まで行ったが、整備調整に日時を費やし、三週間後に空技廠にもどってきたときには、すでに後輩の田淵初雄大尉によって初飛行は終わっていた。

試作機の初飛行に危険はつきもの。だから、自分がそれをやれなかったことは、残念な反面、ホッとしたのも事実だった。

しかし、Ｙ20の初飛行をぶじ終えた田淵大尉も、思わぬことから命を落とすことになる。

大きな航続力を持ち、水平爆撃、急降下爆撃、雷撃が可能な高速爆撃機として誕生した陸上爆撃機銀河

海軍はＹ20の設計にさいし、参考用にドイツからハインケルＨｅ１１９とユンカースＪｕ88を買ったが、これはＪｕ88の方の話だ。

Ｊｕ88はドイツ空軍の花形双発急降下爆撃機としてしきりに喧伝されたが、海軍が買った時点ではかなり旧式化して、Ｙ20の設計にはそれほど参考にならないことがわかり、海軍の熱もさめていた。しかし、装備品などは研究する価値があったらしく、航法計器などを取りはずして検討していた。

昭和十七年八月十八日、機銃座の視界や操作性を検討するため、飛行実験部大型担当の田淵大尉が、西少佐、石橋大尉、日高技術中尉らを乗せて木更津飛行場を離陸した。

離陸後しばらくすると、ものすごい黄塵があり、雷雨をともなう不連続線が横須賀地方を北から南に通過した。空が暗くなって視界が極度に悪化したが、一時間後にはウソのように晴れ上がった。

予定時刻が過ぎてもJu88が帰ってこないとの連絡が空技廠に入ったのは、昼もだいぶ過ぎてからだった。

大さわぎとなり、その後一週間にわたって海陸を探したが、なんの痕跡も発見できなかった。あとでわかったことだが、Ju88は航法計器がコンパスにいたるまで取りはずしてあったのだ。

ちょっとした試験ということで、有視界飛行の可能な陸地ちかくを飛んでいたものが、不連続線を避けるため、だんだん南にさがって洋上に出てしまい、いざ帰ろうという段になって、コンパスがないので方向がわからず、燃料がつきて洋上に不時着したものと推察された。

「田淵君以外は、Ju88の天蓋の開け方を知らない。洋上に不時着したとき、田淵君が気絶したか何かで全員脱出できず、そのまま海中に沈んだのではないか」

と高岡は語るが、Ju88は自分の担当だっただけになんとも後味の悪い思いを味わった。

抜群の空中性能

Y20は、さすが空力設計の神様のような山名の指導した飛行機だけあって、試験飛行では、早くもその高性能の片鱗を見せたが、装備エンジン「誉」の不調には悩まされた。

「空技廠での試験中、あまりにも不時着陸数が多かったので性能試験を終わった段階で数えてみたら、二十四回（二十二回だったかもしれない）も不時着をさせられている。

これはたしか一件をのぞいて、全部『誉』発動機の故障である。そしてこの中の一回は両方のエンジンが停止して、副部員の河内大尉が逗子沖合に不時着水をしているが、ほかは全部追浜の飛行場に片肺で帰着して、機体はぶじであった。

われわれテストパイロットの場合は、普通の任務飛行とことなり、離陸のときから最大許容馬力を制限時間いっぱい使って試験しているので、エンジンにとってはそうとう厳しい試験である。それにしても『誉』はよいエンジンだったが弱いところがあり、ウミを試験期間中に出しきっておく必要があった」（『丸メカニックNO23』陸上爆撃機「銀河」）

高岡が書いているように「誉」の信頼性の低さは、「彗星」が「アツタ」の不調に泣いたのと軌を一にしており、実績のないエンジンを数字上の性能にひかれて使った報いであった。（この「誉」の空技廠側の担当は発動機部の松崎敏彦技術少佐だが、「誉」と松崎については下巻で述べる）

これらのトラブルにもかかわらず、Y20の性能は、最大速度二百九十五ノット（五百四十六キロ）、航続距離二千九百カイリ（五千三百七十キロ、過荷重状態）の傑出した数値をしめしたので、海軍は陸上攻撃機にかわるべき機種として大きな期待をかけた。

「銀河」一一型（P1Y1）として制式採用され、昭和十八年八月から中島飛行機小泉製作所で大量生産に入り、千百余機がつくられた。空技廠が設計にさいして機械加工々数を減少させるためひろく採用した型鍛造部品が、生産工場の技術水準や設備上の問題でかえってネックとなり、生産性を向上させるために何度か設計変更がくり返された。

戦場での「銀河」はエンジン不調、機体側の細かい故障続出などで、実用性はあまりかんばしくなかったが、その高性能には見るべきものがあった。「銀河」で編成された攻撃四〇五飛行隊長鈴木瞭五郎大尉は、『丸メカニック』の中で、つぎのように述べている。

「銀河は双発三座の中型機として設計され、容姿まことにスマートな高性能機であった。急降下爆撃機であるので、機体強度は五・五Gにたえる頑丈さが用意されていたため、本機の重量は過荷重状態で十三・五トンになり、操縦するのにやや重すぎる感があった。千八百五十馬力の「誉」エンジン二基とハミルトン恒速三翅プロペラによって、最大速度は海面上で二百三十ノット（四百二十六キロ）を出すことができたが、これは米海軍戦闘機F6Fに匹敵するものであった。

急降下性能もエアブレーキの利きがよく、制限速度も三百五十ノット（六百四十八キロ）であり、三百ノット（五百五十六キロ）以上の速度でも主翼に何らの捩れもなく、非常に安定した状態で急降下することができ、最新式の降下爆撃照準器の性能もよく、従来の艦上爆撃機のもつ命中精度を充分保証できるものであった。

有効なものであった」

また、このような高速急降下性能は、敵戦闘機にたいする急速回避手段としてはきわめて有効なものであった」

エンジン故障による稼働率の低さを除けば、空中性能のよさは抜群なものがあったことがうかがえるが、三木はひょんなことからこの事実を知る機会をえた。

戦後、多くの海軍の仲間たちと鉄道技術研究所に入った三木は、おなじ飛行機部の同僚だった松平精らとともに東海道新幹線の開発に大きな役割をはたしたことはよく知られているが、これは三木が鉄道技研をやめて、モノレールの仕事にかかわるようになってからの話である。

モノレールの軌道桁をつくっていた会社に行くため神戸駅からタクシーに乗った三木に、運転手がなにかの話のはずみに海軍で飛行機に乗っていたと語った。

「ほう、で、なんに乗っていたんだい」

「偵察員で銀河という飛行機です」

「なんだ。それは私が設計したんだよ」

「じつは、私がいま、こうしていられるのも、その銀河のおかげなんです」

運転手は、グラマンに追いかけられたが、「銀河」で急降下して逃げることができた一部始終を語り、最後に、「山本さん（五十六、連合艦隊司令長官）も一式陸攻でなく、これに乗っていたら助かったろうに」とつけくわえた。

その日一日、三木の心は晴ればれとしていた。

第二部　繁栄への曙光

1　大きな賭けにいどむ〈山本長官と和田廠長の大勝負〉

うってつけの廠長

昭和十五年五月、海軍航空技術廠長が杉山俊良少将から和田操少将にかわった。和田少将は、約二年半にわたる航空本部技術部長の要職の間、空技廠の上部機関として、空技廠とは密接な関係を持っていたから、いわば身内のなかでの移動のようなものだった。

初代枝原百合一中将（当時少将）から数えて六代目にあたり昭和十一年には、ほぼ計画の全施設が完成した空技廠は、ようやくその充実した機能を発揮しはじめていた矢先であり、東京帝大航空学科に選科学生として学んだこともある和田の廠長着任は、まさにうってつけであった。

空技廠は、前年四月に航空廠から航空技術廠に改称されたものだが、その十四年あたりから、世界の情勢は急速に危機への歩みをはやめていた。

九月一日、ドイツ軍のポーランド進駐に端を発してイギリス、フランス両国が対独宣戦を布告、第二次世界大戦の幕開けとなった。日本は欧州戦争不介入の声明を発したものの、いずれその波及は避けられまいとする空気がしだいに濃厚になり、軍備促進の要請が、いっきょに高まっていた。

とくに、かつて和田が航空本部技術部に在籍していたころ、技術部長および本部長として深いかかわりのあった山本五十六中将が、奇しくも第二次大戦の端緒となったドイツ軍のポーランド進駐の前日、海軍次官から連合艦隊司令長官に転出したことから、海軍航空の充実がいっそう緊急な問題となることはあきらかだった。

当時、海軍首脳の大勢はまだ大艦巨砲時代の夢さめやらず、海上における勝敗の帰趨を戦艦部隊を中心とした艦隊決戦にもとめていた。もっともこれは、なにも日本だけではなく、のちに戦争の相手国となるアメリカやイギリスの海軍でも同じだったが、山本五十六を中心とした日本海軍の一部の進歩的な軍人たちは、はやくから、近代海戦の主体が航空攻撃に移りつつあることを主張してやまなかった。

航本技術部部員だったころ、和田が松山茂本部長や山本技術部長の命で立案した新機種、陸上攻撃機は、まさにその主張の具現であった。

昭和十五年、東京帝国大学から三人の委託学生が技術士官として海軍に入った。機械の大中忠夫（現日本アビオニクス）、航空の安田忠雄（現椿本チェーン）、樋口周雄（現白木金属工業常務）らで、安田は、のちに一クラス上の鶴野正敬、一クラス下の兼弘正厚、奥平禄郎らと、本格的な操縦教育をうけた数少ない技術士官の一人だ。

その安田は、旧空技廠関係者の集まりである夏島会の会報『なつしま』の中で、山本五十六についての思い出をつぎのように述べている。

――昭和十三年、私が東京帝大の学生時代に、造船の神様といわれた平賀譲造船中将が大学の総長であった。たまたま造船工学の教室で、平賀総長の特別講義があり、「加古」「古鷹」（重巡洋艦）を生んだ権威者の講義に期待をもって聴講した。

内容は軍艦、とくに戦艦は、どのような計画要求にもとづいて設計されているのかの説明で、防御については、装甲甲板で主要部分の舷側と甲板部分が覆われていること、またその装甲甲板は数十センチの厚みで焼き入れされているので、きわめて強力であること、水面下はバルジで保護されていること。

復元力については、九十度以上に傾いても転覆しない設計になっていることなど、黒板に図解しながら、いままでの軍艦設計の苦心談を諄々と講義された。

委託学生として、東京帝大で学んだ安田忠雄中尉

そのとき、とくに印象に残ったのは、最後に「戦艦は航空機によっては、絶対に撃沈されることはない」と、強い口調で述べられたことである。

さすが造船の神様と、その信念には頭のさがる思いであり、なるほど帝国海軍の軍艦はすばらしいものだと感心したものである。

しかし、その講義が終わったあとから、なにか頭にもやもやと残るものがあった。戦艦は飛行機によっては、絶対に撃沈されないものだろうか。〝絶対〟にということが、はたしていえるのかどうかと。

この疑問に答えをあたえると思われる事柄を、三年後に体験することとなった。大学卒業後、昭和十五年、造兵中尉に任官し、その年の暮れから翌年の三月末まで、乗艦実習で空母「龍驤」に乗り組んだ。

三月下旬には、連合艦隊は志布志湾に停泊中で、おなじ月の二十五日、旗艦の「長門」において、飛行機による艦隊への攻撃演習に関する研究会が開催された。興味をそそられたので、「長門」まで出むいて出席した。会場は後甲板一面に天幕を張ったかなり広いもので、出席者がいっぱいに埋めて盛会であった。

内容は、およそ飛行機からの各種爆撃と雷撃の演習に関するもので、型どおりの経過の説明、成績の発表と講評がおこなわれた。

昭和十六年の春といえば、日本開戦間ぢかしとの空気が、ひしひしと迫っていたころである。

質問や討論も活発におこなわれて、非常にもり上がった研究会であった。

最後に山本司令長官が、「米国の艦隊を撃滅する唯一の有力な手段は飛行機による雷撃をおいてほかにはない。いっそう訓練によって練度を向上するように」という趣旨の訓示でしめくくられた。

　私は、平賀中将の講義にたいする長年の心のひっかかりに答えをあたえられた、と思った。そして、心の中で思わず「これだ」と膝をたたいた。

　たぶん、海軍の今後の作戦と訓練の主軸は、雷撃による敵艦隊の撃滅におかれるにちがいないだろうと思った。そして、このような先見の明と、新しい可能性に挑戦する司令長官をもつ海軍の前途の明るさを、そのときに深く感じた。


　ところが、である。せっかく苦心してつくり上げた陸攻であったにもかかわらず、おりから勃発した日華事変で、その高性能をかわれて大陸の奥地にある敵の要衝や都市爆撃などの戦略爆撃的用途につかわれ、この間に貴重な戦力である搭乗員や機材をかなり消耗するという不本意な結果をまねいた。

　とくに零戦が進出する昭和十五年七月以前は、陸攻隊は掩護戦闘機なしの裸の出撃となり、敵戦闘機による被害は深刻なものがあった。

　零戦隊進出の約二ヵ月前の五月中旬、九六式陸攻九十機を集結した第一〇一号作戦が開始されたが、第一連合航空隊司令官山口多聞少将は、作戦開始にあたってつぎのように訓辞した。

「在華航空部隊の総力をあげて敵首都を攻撃し、重慶政権を崩壊せしめん。連合航空隊一隊の全滅することあるも、あえてこれを辞めるものにあらず」

後年、日本海軍の惨敗に終わったミッドウェー海戦で、生きのこった「飛龍」一艦を指揮して、敵に一矢をむくいた猛将（山口司令官は艦と運命をともにした）らしい訓辞であるが、それほどに敵戦闘機の脅威は大きかったのである。

もっともこの作戦自体が、当面の脅威である敵戦闘機撃破が主目的であり、敵機の数が少ない場合に、副目標として軍事、政治、工業各機関を攻撃する変則的なものだった。

それもこれも掩護戦闘機がないためであるが、海軍航空部隊のこうした使われ方は、実戦の経験をつむことにより、平時の訓練以上の戦技向上効果があったかもしれないが、その犠牲の大きさを考えると、きわめて不本意な使われ方だったといわざるをえない。

しかし、それも昭和十五年夏の零戦隊の進出で様相が一変し、陸攻隊は作戦の重点を都市爆撃に移すことができるようになった。とはいっても、本来こうした任務は陸軍がおこなうべきもので、たまたま海上の攻撃目標がないために手がすいていた海軍の陸攻隊が、その代行をしたということに、割りきれなさが残る。

陸攻隊のこうした使われ方により、機材とともに、せっかく海戦用に鍛えあげた搭乗員の多くを失ったことは、陸攻の完成にもっとも重要な役割をはたした山本、和田両提督によっては、やりきれない思いであったに違いない。

背水の陣のスタート

かつて航本技術部首席部員時代、山本技術部長のもとで昭和七年度にはじまる航空自立のための「三ヵ年試製計画」を立案、その実現を推進した和田は、いまや航空技術廠長として、当時みずからまいた種を育て、開化させる立場にかわった。

この年、空技廠が審査して兵器採用にこぎつけたのは九九式飛行艇（H5Y、空技廠九試中艇）、九七式二号飛行艇二型（H6K4）、零式一号水上初歩練習機一型（K8K、川西十二試）、零式小型水偵一一型（E14Y、空技廠十二試）、零式一号艦戦二型（A6M2、翼端折りたたみ）、零式一号観測機一型（E1M、三菱十試）、零式一号水偵一型（E13A1、愛知十二試三座）など、実に七機種に達し、エンジンも「震天」二一型（MK1A、千二百馬力）、「金星」四五型（MK8、千二百馬力）、「寿」四二型（恒速プロペラ用ガバナー装備）、「瑞星」一三型（同、八百馬力）などがある。

誉発動機開発を進めた六代目の空技廠長・和田操少将

このほか、三菱十四試局地戦闘機「雷電」、中島十三試大攻「深山」、愛知二座水偵「瑞雲」、川西十三試大艇（のちの二式大艇）などが審査中。中島十三試双発戦「月光」、空技廠十三試艦爆「彗星」、三菱十二試中攻（のちの一式陸攻）、川西十四試高速水偵「紫雲」などが実験終了。さらに、空技廠自体が十五試陸上爆撃機「銀河」の設計試作に着手という、それまでにない多忙さの中にあった。

そして重要なことは、翌十六年十二月にはじまった太平洋戦争で実用された飛行機およびエンジンのほとんどが、この年までに制式となったか、あるいは審査を完了したものであったことだ。ただし、若干の例外もあった。

機体では川西十五試水上戦闘機「強風」およびそれを陸上戦闘機化した同じ川西の局地戦闘機「紫電」および「紫電改」、愛知十六試艦攻「流星」、中島十七試艦偵「彩雲」、エンジンは中島の二千馬力級「誉(ほまれ)」などだが、この中で空技廠がもっとも深くかかわりを持ち、しかも戦局全般に、というより大ゲサな表現を借りれば、日本の命運に影響をおよぼしたのは、何といっても「誉」エンジンだ。

このエンジンは開発にあたって、廠長に就任早々の和田が、空技廠の全力をあげて開発のバックアップを決意した点で、設計・試作をうけもった中島と海軍との、事実上、共同開発ともいうべきものだ。

「誉」は、零戦に搭載されて一躍名を挙げた千馬力級エンジン「栄(さかえ)」をつくった中島飛行機が、いっきょに二千馬力級を狙った野心的なエンジンだった。

この構想が中島で生まれたのは、十四年の暮れもおしつまったころで、当時の花形エンジンだった「栄」二〇型をベースに、出力倍増のさまざまな実験や研究がおこなわれた。

大馬力をえるためには、シリンダー数を増すか、一シリンダー当たりの出力を向上させるかであるが、中島でやろうとしたのはその両方だった。

「栄」二〇型の燃焼室にいっそうの改良をくわえ、百オクタン燃料を使ったうえに、高ブースト（すなわち高回転）時に水メタノールを噴射してやると（アンチノック性向上と空気密度の増大）、ブースト向上も、目標馬力の達成も可能なことが実験の結果、確かめられ、シリンダー数を「栄」の十四から十八にふやして、二千馬力級エンジンとすることがきまった。すでに零戦などで、性能および信頼性が実証されていた「栄」と同じシリンダーを前後列各九個に要領よくまとめると、排気量はわずか一・三倍、そしてエンジン全体の外径も三センチふえるだけで、出力はほぼ二倍となる計画で、もしこれが実現すれば、まちがいなく画期的な小型高性能エンジンができ上がる。

機体設計のレベルはともかく、エンジンの分野ではつねに列強の後塵を拝していた日本が、これによって世界の水準をぬき、このエンジンを装備する以後の日本機の性能は格段の向上が期待される。

このすばらしいエンジンの話を聞いた空技廠長の和田は、就任直後の六月、調査のため早々に中島飛行機荻窪工場をおとずれた。

いまは日産自動車荻窪事業所の本館となっている建物の二階会議室で、中島側の関根技師長、小谷設計課長らから説明をうけた和田は、聞けば聞くほどすばらしいこの開発計画に、すっかり魅せられてしまった。

もちろん、あらかじめ中島から提出されていた計画案にたいしては、あまり話がうますぎて信じられないという意見も少なくなかったので、廠長の和田じきじきの調査となったわけだが、和田だけでなく同行した航本発動機課の渡克己大佐とて同様だった。

賛否両論の部内の意見を押さえ、この年の暮れ、十五試「ル」号、ＮＫ９として、正式に海軍の試作計画として採り上げられることがきまったのは、この二人に負うところが大きい。

航本時代の長期試作計画や十二試艦戦開発時の二十ミリ機銃の導入など、和田は海軍航空技術史上にいくつかの重要な関与をしているが、「誉」の開発決定は空技廠長になった和田の最初でかつ最大の賭けであった。事実、この計画にたいしては、中島の担当である中川良一技師（元日産自動車専務）にも、不安がないわけではなかった。

はじめに「栄」の十八気筒案を中川に持ちかけたのは中島の小谷敏雄課長だが、小谷がつくり上げた構想にたいして、「すばらしい案だ。うまくいくだろう」と激励しながら、いくつかのアドバイスをあたえた。「その中でクランク室はアルミでなく鋼（はがね）で設計すれば剛性も高まり、しかも薄肉でよいから、小さな外径でスペースも充分にとれるのではないか。点火系統は三十六個（十八シリンダーに二個ずつ）の点火プラグと、それにつながる高圧電線のアレンジ、磁石発電機（マグネット）、配電器（ディストリビュータ）、点火プラグなどの信頼性のある電気系統が勝負どころの一つだ、などがあった。

私は、かなり良い案ができたと満足を覚えながら、解決せねばならぬいくつかの難問があるので、未知な高い山に分けいるような不安を感じた」（『日本機会学会誌』第八十五巻第七百五十九号）

中川は当時を回想してこう述べているが、これらはいずれも設計上の問題というより、材料およびその加工技術、機能部品の性能および信頼性、エンジン艤装といった、設計以外の基礎的な日本の工業技術水準にかかわることで、それらがしっかりしていなければ、いかに優秀な設計も、絵に描いたモチに終わってしまう。だから、中島以外の関連企業の全面的な協力がどうしても必要だった。

もう一つの懸念は、高性能エンジンに見合う良質のオイルや燃料が、このさきはたして確保できるかどうかで、エンジンの性能もほぼこれできまってしまう。

なぜなら、当時すでに日米関係は悪化の道をたどっており、わるくすると、日本が全面的に依存している外国からの石油輸入がストップされることが、充分に予想されたからだった。

和田らが来訪したさい、これらの点について中島側から質問が発せられたが、和田は必要な資材の確保と、空技廠の全力をあげてこのエンジン完成に協力することを約束した。

これと前後して、このエンジンを装備することを前提としたY20、のちの陸上爆撃機「銀河」の計画が空技廠飛行機部ではじまった。

それまでは、試作機にはまだ素性のわからない試作エンジンを予定することは禁物とされていたが、Y20についてはこの原則が破られ、それだけに絶対に失敗はゆるされないという背水の陣のスタートとなった。

試作命令が発せられたのが昭和十五年九月十五日。これにたいして中島側からだされた日程は、つぎのようなものであった。

機械工事完成＝昭和十六年二月十五日
組み立て完成＝同三月十五日
第一次運転および性能運転完了＝同三月末日
第一次耐久運転終了＝同六月末日

試作命令がだされてからわずか九ヵ月と少々。すでに実用化されて素性のよくわかっている「栄」がベースで、予備的な実験もかなりやってあるとはいえ、ふつう数年はかかるといわれる新型エンジンの開発を、これほどの短期間でやりとげた例はない。

それはまさしく大きな賭けであった。そして、その賭けは、のちに大きなツケを日本海軍にもたらすことになるのだが、航本時代に和田のかつての上司であった山本五十六もまた、このころ大きな賭けにいどもうとしていた。

それは、日米開戦の場合を想定した空母部隊による真珠湾攻撃の着想で、山本は昭和十四年九月はじめに連合艦隊司令長官に着任すると、演習でしばしばその可能性についてためしている。

矢は放たれた

新長官のもとに連合艦隊の陣容がととのった十四年の秋、これまでにない画期的な演習がおこなわれた。

艦隊を赤軍と青軍の二つに分け、それぞれが攻防に秘術をつくすのであるが、赤軍に配属された横浜航空隊飛行艇隊にたいし、

「敵（青軍）は佐伯湾（真珠湾に擬す）に停泊中、味方（赤軍）飛行艇隊は内地より飛びだし、好機に乗じこれを奇襲雷撃すべし」との命令があたえられた。

豊後水道より東は赤軍領地、以西は青軍領地。横浜を飛びたって、隠密裡に四国高知県の

宿毛（すくも）湾にいったん着水し、翌早朝、九州佐伯湾を奇襲するという作戦計画にもとづき、浜空飛行艇隊は戦艦群に殺到した。

演習とあって実際に撃墜される心配はなく、しかも敵は停泊中の大きな目標とあって、攻撃は意外なほどうまくいった。

事実、ギリギリまで接近して放たれた演習用魚雷は白い航跡をえがいて目標艦の艦底を通過したので、飛行艇隊はもちろん、やられた青軍側も、まちがいなく奇襲成功と思った。

ところが、この状況を冷静に見まもっていた男が一人、周囲の賛嘆の声をよそに、苦りきっていた。

「攻撃は大成功」とあって、飛行艇隊の意気は大いにあがり、基地に帰ってもいささか興奮気味だったが、演習後の講評で、

「浜空飛行艇隊の奇襲攻撃は、奇襲行動そのものはよかったが、効果はゼロ。雷撃法がまったくの素人でなってない」と酷評されて、唖然とした。

評したのは、連合艦隊司令部付で魚雷専門家の愛甲文雄少佐であった。演習の審判官として、攻撃された青軍戦艦の二番艦から見ていたのだ。

「あんな運動をしたのでは、魚雷は全部海底に没入して敵艦には命中しない。演習だからあらわれないが、真珠湾と佐伯湾の深さや広さとの比較、それに魚雷が飛行艇を離れてからの運動を考えると、奇襲はすべてむだ骨だった」と説明されては、「なぜあの雷撃が悪いのか」と食ってかかった浜空士官たちも、すごすごと引きさがらざるをえなかった。

この演習は航空部隊による真珠湾攻撃を想定したものだが、昭和十五年度の連合艦隊前期訓練の成績が、山本をしてその構想実現をいっそう確信させるにいたった。

しかもつごうのよいことに、たまたま同時期に東太平洋の広域で、かつてない大演習をおこなったアメリカ太平洋艦隊が、演習終了後、西海岸の基地に帰る予定を変更し、五月七日から、無期限にハワイに駐留することになった。

アメリカ側にしてみれば、日本に無言の圧力をかけるつもりだったかもしれないが、これこそ、山本がねらった真珠湾奇襲にうってつけのお膳立てをしたようなものだった。

当時の連合艦隊参謀長福留繁中将は、つぎのように語っている。

「昭和十五年度前期訓練において、水平爆撃、急降下爆撃の成績は思わしくなかったが、雷撃は、しだいにその真価を発揮してきた。

中攻の遠距離雷撃も、片側攻撃から両側攻撃、三方面攻撃と進歩し、夜間、吊光弾のスクリーンをつくって敵の一側を押さえ、反対側から雷撃を決行することも実施した。

また、空母部隊の雷撃訓練も、着々成果をおさめていた。殺到する中攻隊の艦隊主力にたいする雷撃で、大なる成果をえたとき、艦橋で長官とともに喜びあったが、そのとき長官は、〝飛行機でハワイの米艦隊を叩けないかなあ〟という意味のことをほのめかされたことがある。長官の真珠湾攻撃の着想は、この辺から芽ばえたものと推察される」(『日本海軍航空史』(1)用兵篇)

推察だからはっきりしたことはいえないが、演習のかたちからして〝芽ばえ〟は、やはり前年秋の佐伯湾奇襲あたりで、十五年度前期演習の成果や米艦隊の無期限ハワイ駐留によって、それがより確かなものになったとみるのが順当なところではないか。

現に、愛甲少佐は、海空会編『海鷲の航跡』（原書房刊）の中で、つぎのように述べている。

「私が昭和十四年度大演習のとき、横浜航空隊の飛行艇が佐伯湾に碇泊中の連合艦隊を雷撃（手続きのみ）したのにヒントをえて、水深の浅い港湾に碇泊する艦隊を攻撃する魚雷を考案し、その実験発射成績を横空司令命で海軍航空部隊に送付したのを山本長官に取り上げていただいた」

日本軍機の猛攻にさらされる真珠湾の米主力艦群。使用された浅海面魚雷の定数がそろったのは出撃直前だった

飛行機から投下された魚雷は、重力でいったんかなり深く沈んでから海面に浮かび上がるので、投下後の沈みを真珠湾の深度以内に押さえる必要があった。愛甲はそれを十二メートル以内とし、自分が教官をしていた横空と空技廠兵器部の協力によって、魚雷の試作と実験をおこなった。

この間の作業は、愛甲の顔で、いわばインフォーマルなかたちでやっていたが、かなりの好成績をおさめたことから、正式に実験発射をおこなうべく、航空本部担当部員となった愛甲が、大臣訓令の起案者となった。

それが決裁をへて正式に発令されたのは昭和十六年二月、対米関係がいよいよ悪化をたどり、航空部隊による真珠湾奇襲の構想がしだいに現実味をおびつつあったときで、愛甲は自分の起案が、いまや海軍にとって、きわめて重要な結果をもたらすことを痛いほどに感じていた。

実験発射は、その実験前に委員会で、大臣訓令の発令にいたった経過を、その起案者が説明することになっており、愛甲がその任にあたったが、提案理由の説明が終わるのを待ちかねたように、実験発射の副委員長である空技廠兵器部長田中保郎大佐が立ち上がって言った。

「愛甲君、君は非常識だ。飛行機から発射して沈度十二メートル以内にせよとは、まったくもって非常識きわまりない。もしこの実験が成功しなければ、俺は腹を切らなければならん。この訓令は取り消しにしてくれたまえ」

詰問ともいうべきその強い口調に、どう答えるのか委員たちの目がいっせいに愛甲にむけられた。

その視線をはねのけるようにして立ち上がった愛甲は、やおら切りだした。

「部長のおっしゃることはよくわかりました。が、私は横空教官時代、一銭の予算ももらわず、横空と空技廠雷撃科のごく一部のみなさんの協力だけで、命中率七十五パーセントの成績を上げました。

このことは、横空司令の名で関係各部に報告してあり、本日ここにお集まりのみなさんは、よく御承知のことと思います。

　今回の実験は海軍大臣が強力な大臣訓令を横鎮（横須賀鎮守府）長官にだされただけでなく、呉鎮長官、佐鎮（佐世保鎮守府）長官、ならびに連合艦隊司令長官にも協力をいただくことになっております。

　もちろん、ここに御出席のみなさんにも御協力をお願いしてあり、私は、みなさんが心を一つにして協力しあえば、実験は百パーセント成功するものと信じます。また、これまでにやった実験のほかにも、もっとよい装置の腹案も持っています。

　矢はすでに放たれているのです。この実験の成功は至上命令でありますから、絶対に訓令の取り消しはできません。もし成功しなかったら、私も腹を切りますから、部長も腹を切ってください」

　愛甲の面上には、一歩も後に引くものかという決意が見られ、この結末がどうなるのか、委員たちの間に緊張がみなぎった。

　こんどは田中大佐が立った。

「みなさん、ただいまお聞きのとおりです。愛甲君があれだけの自信と決意を持って言うのです。ひとつ、やろうじゃありませんか。愛甲君がいうように、委員のみなさんが一致協力してやるならば、かならず成功するものと信じます」

　こんどは、先ほどとはうってかわった肯定の発言であり、しかも、愛甲を支援してくれるよう要請までしている。

満座にホッとした空気が流れ、沈黙がとけてざわめきに変わったが、これは田中が一枚役者が上だった。

副委員長として自分から口火を切るよりも、起案者である愛甲をして、決意のほどを語らせたほうがよいと考えての演出ではなかったかと思われる。

委員の中には、その成果に疑問を抱く者もいたし、たんに名を連ねただけで、積極的に参加する意欲のうすい者もいたが、この効果的な演出によって、だれもがやろうという気分になった。

——この訓令の発令は十六年二月はじめであった。さらに軍令部の要求は、十一月三十日までに浅海用魚雷百本完備ということであった。

じっさいに魚雷(九一式改二)の改造が終わり、安定装置も完備して、第一回の実験をやったのは八月二十二日で、沈度十九・五メートルであった。

私は高松宮殿下に監視機に乗っていただいて、発射機の後方についていた。発射機は発射の信号をして魚雷を発射した。

「殿下、魚雷成功です」と思わず叫んだ。魚雷の射点付近の気泡が小さいかたまりになって、いつもより早く水面にあらわれ、あとは絹糸を引いたような小さな雷跡を残して走っている。

普通の場合は沈度が深いため、大きな気泡のかたまりを射点に浮出して、あとは水泳選手がクロールで泳ぐように、大きな蛇行をして航跡を残す。

絹糸のような航跡をのこすのは、安定機の効果がよく、縦・横舵がよく効くので、小さい絹糸になるのである。

魚雷を掲げたとき、計器の示度は十九・五メートルであったが、私は成功と信じた。

第二回の発射は八月二十六日で九・五メートル、九月六日は二本発射して九メートルと九・五メートル、九月十二日は十メートル、九月十三日は七メートル、九月十五日は十・五メートルと、百パーセントの成績であった。

訓令発射の成績が百パーセントであったので、田中部長も私も腹を切らずにすんだ。

しかし、本能寺は真珠湾である。真珠湾で魚雷が走らない場合は、ほんとうに腹を切る覚悟をしていた。失敗の責任は、私のほかに持って行くところがないのである。

十二月七日は日曜日であった。

「今日は私の最後の日曜日になるかもしれない」と思った。

長男、長女、次男、三男をつれて、前に二、三回お世話になったことのある国府津のお寺に蜜柑狩りに出かけ、和尚さんとおばあさんに会い、お参りして、蜜柑をもらって帰った。

翌八日早朝、軍艦マーチで目がさめ、真珠湾攻撃のうれしい勝報を聞いた。飛び起きて、航空本部に行った。かねて準備しておいた拳銃も、幸いに役に立たなかった。（『海鷲の航跡』）

真珠湾攻撃の戦果は、雷撃だけでなく、水平爆撃および急降下爆撃、それに戦闘機による銃撃などによってもあげられたものだが、愛甲の主唱した浅海面魚雷の開発がなかったら、雷撃隊の活躍はあまり期待できず、したがって、戦果もかなり下まわったにちがいない。

愛甲少佐の活躍こそが、山本構想の成功のかなり大きな部分をしめたことは、まちがいのないところだろう。

その愛甲は戦後、実業界に身を投じて第一合成化学工業社長、日本兵器工業会常任理事、経団連防衛生産委員会審議室顧問など、幅ひろい活動をするいっぽうでは、不名流（ふみよう）陶芸作家として陶芸にも秀でるなど、多彩な生き方をしめしている。

愛甲が浅海面魚雷の開発にあたったとき、山本五十六と気脈のつうじあった和田が、空技廠長の任にあったことも、成功の要因の一つだろう。

また、空技廠兵器部長として、直接、浅海面魚雷開発を推進した田中大佐の夫人は、山本の妹だったという、奇しき縁も見逃すことはできない。

そして、真珠湾で活躍した艦上機群はすべて、和田が航本時代に、山本の意をうけて企画したものであった。

2　戦場の空気に触れて〈前線に派遣された技術者たち〉

二十九期技術士官たち

安田忠雄、樋口周雄ら二十九期技術士官は、日米開戦の気配が濃厚になりつつあったことから、かなり人数がふえ、造船、造機、造兵あわせて三十人ほどになった。エンジン屋の菊地庄治、機銃の専門家になった川上陽平、「銀河」の設計をへて、戦闘機「震電」の設計主務者となった鶴野正敬ら、前年が十四人だったのにくらべると、いっきょに倍増である。

二十九期技術科士官は、それまでの例にならって、砲術学校での三ヵ月の教育、そのあと呉海軍工廠での実習をへて、十五年の暮れから乗艦実習となった。

乗艦実習は、造船・造機が戦艦や巡洋艦、造兵でも航空関係は空母ときまっており、たとえば安田は「龍驤」、樋口は就役まもない新鋭空母「蒼龍」に、それぞれ配属された。

「蒼龍」は、姉妹艦の「飛龍」とともに第二航空戦隊を形成しており、樋口は整備科の分隊士あつかいとして、機関学校出の士官といっしょに整備実習などをやった。そして、艦隊演習が終わったあとの志布志湾における研究会までは、安田の乗った「龍驤」と同一行動だったが、このあと第二航空戦隊は、急にサイゴンへいくことになった。

このころ、日本は南進政策の足がかりとすべく、仏領インドシナ（いまのベトナム）に基地をもうける強引な交渉をフランスとやっていたが、「蒼龍」「飛龍」のサイゴン派遣は、いわば交渉に圧力をかけるための示威行動だった。

だが、訓練をかさねながらの航海の途中、夜襲訓練のさいに、駆逐艦の一隻が「蒼龍」と衝突するという事故があり、艦首がこわれた「蒼龍」は、台湾から母港の佐世保に引き返してしまった。

衝突のさいに、樋口はガンルームで本を読んでいたが、ガツンというすごい衝撃音のあと、「防水ーい」の号令がかかり、格納庫の前に山積みになったドラム缶、十八リッター缶、一斗缶などを大急ぎで後部に運ぶという、技術士官ではめったにない経験をした。

乗艦実習のあと、しばらく横須賀航空隊にいたが、この間に、零戦による下川万兵衛大尉の空中分解事故に遭遇しており、空技廠飛行機部に着任したのは昭和十六年七月だった。

いっぽう、同期の安田の方は、昭和十六年にきめられた技術士官の操縦教育計画の第一期生として、乗艦実習が終わったあと鶴野とともに飛行学生となった。

霞ヶ浦は基本操縦なので二人いっしょ、そのあと鶴野は戦闘機、安田は水上機に専修がわかれ、教育実習航空隊もそれぞれ大分空と博多空にわかれた。

鶴野は、空技廠に入ってから「銀河」の設計に参加し、安田も同じ設計係ながら、飛行実験部の実験要員として、艦爆の実験などをやっており、鶴野とともに自分でテスト飛行がやれる貴重な技術士官となった。

もっとも、それ以前にも航空関係の技術士官には、練習機による操縦教程まではしばしば実施しており、山名のように、飛行実験部のパイロットから第一線機の操縦まで習った例も少なくない。

昭和十三年に東京帝大航空学科から空技廠入りした服部六郎造兵中尉（のち技術少佐、元ブリヂストンタイヤ専務）のときは、ひさしぶりに航空専修者に航空隊の実習があり、操縦と整備の両方をやった。

霞ヶ浦での操縦練習は、服部と同期で機械出の山本正躬造兵中尉（のち技術少佐、終戦時は川西航空機の海軍監督官）と、たった二人の操縦学生に教官が二人というぜいたくなものだった。

主席教官は、岡村基春や源田実らとともに「〇〇サーカス」とその名を冠して呼ばれた花の戦闘機編隊特殊飛行の指揮官の一人である野村了介大尉（のち中佐、第十一航空艦隊参謀）で、補佐が村田という予備少尉の分隊士だった。

この有名な野村教官のもとで、午前中は飛行訓練、午後は座学の日課だったが、飛行訓練で疲れた身体には、教官の講義が子守歌のように聞こえ、つい居眠りがでてしまい、「おいコラ」と叱られることはしょっ中だった。

もっとも、正規の操縦訓練以前にも、服部は飛行の経験があった。

造兵中尉になって二年目の昭和十四年一月、乗艦実習で四ヶ月ほど前期の艦隊実習に参加したときのことだ。はじめ第一航空戦隊の空母「加賀」に乗っていたが、二月に命令がでて、「加賀」は同じ一航戦の「赤城」とともに海南島作戦にいくことになった。

「お前は運がいいな。実習で乗艦していて戦地にいけるなんて」

まわりからそういわれてすっかりその気になっていたら、技術士官は〝不要物件〟ということで、フネを降ろされてしまった。

どうやら、〈せっかく金をかけて採ったものを、万一、弾(たま)にでもあたって死なれては……〉との人事局の配慮だったようだ。

かわって乗せられたのがずっと小型の「龍驤」で、新しい搭乗員を迎えたばかりの「龍驤」は、飛行機を陸上にあげて訓練をやっていた。

はじめ陸(おか)の飛行場で、きめられた場所への定点着陸訓練をやり、それから洋上を航行する母艦への接艦訓練にうつるのが、母艦搭乗員のならわしで、服部はエンジンの試運転をやったり、飛行作業の手つだいなどをやっていた。

あるとき、艦爆の分隊士が「乗せてやろうか」というので、服部は気楽に「お願いします」と答えたが、これがワナだった。

乗せられたのは、どんな荒っぽい飛行をやっても壊れないとの定評がある、複葉の九六式艦爆だった。空にあがった服部は、いきなりスタントの数々をやられて、どえらいことになったと思ったが、後の祭り。振りまわされて、胃の中からもどしそうになるのをかろうじてこらえていると、前席から声があった。

「服部中尉どうかね気分は？」

「あまりよくないですね」

「じゃ、このくらいで降りるとするか」

これで充分と思ったのか、分隊士は素直に着陸してくれたが、もう二、三回垂直旋回などをやられたら、ガマンの限界を越えるところだった。

フネでもそうだったが、四国沖で大シケにあったときも気分が悪くなり、吐きそうになるのを、上甲板に出て荒れる海を見ながらがんばった。部屋にこもっていたのではやられると思ったからで、兵隊の前で醜態をさらしたくないという士官のプライドが、いつのまにか服部の中にも育っていたのだ。

技術科士官ながら操縦・整備も実習した服部六郎中尉

「海軍の航空はいいところだった。先輩たちがみな、後輩を育ててやろうという気風にあふれていた。きびしく叱る人も、そうでない人も、それぞれの流儀で、いろいろなことを教えてくれた」
服部はそう語るが、会議の席などでも、廠長とか部長といったエラい人の前で、若い中・少尉たちでもどしどし発言できる自由な雰囲気があった。
十二試艦戦の空中分解事故のとき、中川恭次造兵少尉は、単一荷重では壊れなくても、いくつかの複合された荷重がかかった場合は、比較的はやく壊れるということを、疲労試験をやったときに発見した。

事故調査委員会のとき、

「エラい人の前でしゃべるのはどうも」と尻ごみする中川に、

「少尉だって何だって、担当だから発言しろ」とけしかけたのは、ほかならぬ上司の巌谷英一技術少佐だった。

期間はそう長くはないものの、砲術学校での教育、艦隊での実習、霞ヶ浦での操縦訓練などで、いっぱしの海軍士官らしくなった服部は、昭和十四年秋に空技廠にもどり、山名設計主任のもとで「彗星」の設計を手つだったが、翌十五年三月から半年間、砲術学校の指導官補佐官として大中、安田、樋口、浜田栄一（風洞の専門家）ら二十九期技術科士官の教育を担当した。

技術科士官に、砲術学校で教育というのもへんな話だが、服部にいわせれば、「敬礼の仕方と海軍の作法（不作法も?）を教わる」ところだったようだ。

もっとも、砲術学校といっても、彼らに大砲の操作や撃ち方を教えてもしようがないので、もっぱら陸戦訓練によって、心身ともに海軍士官らしく鍛え上げるのが主目的で、教育の仕上げは辻堂演習だった。

いまでこそ海にそってりっぱな国道一三四号線が走り、大団地、ゴルフ場、公園、レストラン、ホテルと昔日の面影などまったく見られない神奈川県の辻堂海岸一帯であるが、かつては広大な砂山と松林がつづく起伏にとんだ原野だった。

海軍はここを陸戦訓練のための演習場に設定していたが、演習の仕上げはいつも退却戦で、これがもっともキツかった。

夜中の三時ごろ、「敵襲！」の声で叩き起こされ、荷物をまとめて逃げだすのである。行くさきは横須賀海兵団で、鎌倉の山を越えて、二十キロちかくを銃をかついで駆けぬくのだ。「追跡するのは精鋭の陸戦隊で、こっちも必死に逃げるが、ついこの間まで、のんびりした学生生活を送っていた身にはこたえる。いちおう兵を指揮する立場にあるので、弱味を見せてはいかんと思うが、鍛え方が違うから、そのうちヒザがいうことをきかなくなる。すると水兵が、『分隊長、がんばってください』といって僕の銃までかついで走る。

委託学生出身者は、技術科士官といえども職業軍人だから、そこまでやらされた」

服部と大中、安田、樋口らの中間の十四年、航空の鶴野といっしょに委託学生から技術士官になった、東京帝大機械出の菊地庄治（技術少佐、現富士重工常務）はこう語るが、太平洋戦争がはじまったのち、激戦のラバウルで一年ちかくもがんばれたのも、陸戦訓練で鍛えられたおかげだという。

海軍に入ってからフォーマルに、あるいはインフォーマルに操縦訓練をうけた技術士官は少なくないが、安田と同期の樋口の場合は、少しかわっている。

飛行機が好きだった樋口は、大学で海軍の委託学生になる前、すでに操縦訓練をうけている。当時、海軍予備練習生という制度があり、矢田部航空隊からわざわざ九三式中間練習機を羽田に持ってきて、学生に操縦を教えてくれた。

九三式中練（K5Y）は、空技廠と名称がかわる前の航空廠の主導で開発され、陸上機型と水上機型、あわせて約五千六百機も生産された海軍の代表的な練習機で、クセのない、操縦訓練にはうってつけの機体だった。

訓練は毎週土、日曜におこなわれ、一年間の終わりに矢田部で合宿をやって、単独飛行で卒業となる。ところが、合宿の最後の日、樋口はあと一回で単独飛行というところで、大きなミスをやってしまった。

追い風を知らずに着陸したため、三点着陸がうまくできず、単独飛行をやらせてもらえなかったが、操縦をあきらめきれなかった樋口は、海軍に入ってから安田らといっしょに飛行予備学生の適性検査をうけた。操縦は一番うまいとホメられたが、乱視があって眼鏡が必要なので不合格となった。

当時、パイロットになるには裸眼でなければ絶対ダメだったのである。

学生時代の操縦訓練でわすれられない樋口の思い出は、訓練の総仕上げともいうべき、昭和十二年暮れの矢田部の合宿のとき、海軍大臣米内光政大将が視察に来たことだった。

海軍部内でもリベラリストの令名高い米内海相は、背の高い偉丈夫で、きびしい表情の中に、なにがなしあたたか味を感じさせる人柄が印象に残った。

米内には二年現役の主計科士官の令息があったが、戦後、樋口が東急に入って、自動車部の整備課長をしていたころ、三菱ふそうトラックの営業にいたその人と、しばしば会ってはいっしょに飲んだりした。

安田、樋口らにかぎらず、海軍の技術科士官の中でも、これら委託学生あがりの人たちは、いわば職業軍人であり、技術科士官のエリートとでもいうべき存在だったが、じっさいに空技廠の中核となったのは、マンパワーからいって、いわゆる有識工員からあがった人たちだった。

その一人、エンジンの実際家として「栄」や「誉」の玉成に大きな貢献をした松崎敏彦技術少佐は、昭和十年に東北帝大から空技廠（当時は航空廠）に入った。

日本は昭和初期からずっと不況つづきで、〝大学は出たけれど〟の言葉かはやったくらい就職難の時代だった。

これに目をつけたのが初代発動機部長であり、のちに第四代廠長になった花島孝一機関大佐（当時）で、いまこそ有能な人材が集まるとして設けたのが、有識工員なる制度だった。

これが大いにヒットして、空技廠には優秀な学卒がたくさん集まったが、有識工員第一号ともいうべき疋田遼太郎技術中佐（戦後、トヨタ中央研究所副所長）の履歴書によると、

大学卒人材登用制度「有識工員」第1号・疋田遼太郎

「昭和七年四月五日　海軍航空廠飛行実験部ニ実験工ニ入業」とあり、三年後に海軍技師に任官して、飛行実験部部員となっている。

有識工員は大学出で、日給二円八十銭だったが、これを一年間やったのち、研究助手、嘱託をへて技師になったも

ので、昭和十四年に海軍の職制が変わって、文官の多くが剣をつって技術士官になった。当時の、若い女性たちのあこがれの的だったスマートな海軍士官の仲間入りするのは、けっして悪い話ではないのだが、ユニフォームを好まない人もいて、疋田などは、ずっと後になってやっと武官になった。

松崎が空技廠に入った昭和十年（当時はまだ航空廠）は、有識工員が大量に採用された年で、西良彦、本江豊治、海法泰治、中川恭次ら、大学、高等工業出身者が約八十人も入った。中川恭次は高工卒だから、最初は技手（判任官）で、何年かたって技師へと進むのが本来のコースだが、国民皆兵の当時、軍籍は基本的には陸軍にあるので、文官だと徴兵で陸軍にとられる恐れがあるところから、短期現役士官制度が設けられたため、技手のとき二年現役の造兵少尉になった。

ところが、二年を終えて元の文官にもどると、技手で判任官（士官は高等官）に格下げという妙なことになった。

この矛盾を改めるため、その後、転官制度ができ、希望すれば、ずっと武官のままでいられるようになった。

飛行実験部の本江の場合は、飛行機部の松平精とおなじく、有識工員時代に徴兵で陸軍に入り、一兵卒から陸軍少尉となったため、海軍士官となることができず、昭和十三年に技手、昭和十七年秋に技師と、ずっと文官のままとおしている。

天皇以外は、同一人物が陸海軍人を兼ねることはできないという鉄則があったからである。

有識工員、前線へ

有識工員として入ったために、いちはやく貴重な戦地体験をすることができたのは松崎敏彦だ。

松崎が戦地に出張を命じられたのは昭和十二年夏、日華事変の初期で、はじめてスーパーチャージャー付「金星」三〇型（公称七百九十馬力）をつんだ新鋭九六式陸攻のお守りのためだった。

九六式陸攻とともに済州島基地に進出した九五式陸攻（大攻）が、エンジンのガレリー起動装置の失火から搭載爆弾の誘導を起こし、五機が一瞬のうちに消失するという大惨事のあとだった。

松崎がいったときは、焼け残った一機か二機が、わずかに往時の勇姿をしのばせていたが、たとえ事故とはいえ前線の緊迫した空気は、平和な内地からやってきた松崎にひしと感じられた。

新型エンジンについての教育・訓練は、本来ならば現地部隊の人たちが横須賀に来ておこなわれるべきものだが、戦争の勃発でそのヒマがないために、現地でおこなうことになり、異例の空技廠からの要員派遣はそのためであった。

ここで松崎は、「金星」の取りあつかいや整備の講習をおこなうかたわら、現地部隊ならではのいくつかの体験を味わった。

済州島基地は、施設のととのった横須賀や内地の基地とはちがって、格納庫はなく、飛行機はすべて野外係留だった。ところが、ここは有名な台風の通路とあって、それの対応がたいへんなのだ。

ある台風の夜、フト目をさました松崎は、そこに思わぬ光景を見た。

猛烈な風雨の中で整備員たちが飛行機にとりつき、風向きに応じてその向きをかえているのだった。思わず外に飛びだした松崎は、整備員たちといっしょに一晩じゅうそれをやった。

強い横風をうけて飛行機が転覆するのを防ぐためだが、そんなことによって現地部隊の人たちとの一体感が生まれ、以後の松崎の任務も順調に終えることができた。

このあと木更津空の進出した台湾にもいったが、整備講習のほか、横須賀ではわからなかった故障の原因探求やその対策など、大きな成果をおさめて内地に帰った松崎は、さっそく有識工員生みの親ともいうべき花島に呼ばれた。

「技術者で戦地にいったのは君がはじめてだ。本当の戦争が見られるなんてメッタにないことで、いい体験をしたな」

そういって花島は松崎をねぎらった。

当時、松崎の身分はまだ特務研究助手。ふつう、大学出の技術科士官はエリートだから、そういうことはやらないが、有識工員出身ということでやれた。このおかげで松崎は部隊の人をいっぱい知るようになり、いまでも中攻会の集まりには呼ばれるという。

このあと、事変の拡大とともに、前線への技術者派遣の要請がにわかに高まり、空技廠から技術士官が派遣されるようになった。

飛行機部の三木忠直大尉、発動機部の永野治大尉らが済州島にいったのは、この年の十二月、ソ連からの武器輸送がおこなわれるいわゆる援蔣（蔣介石）ルートの基地、蘭州、西安の攻撃準備のためだった。

当時、陸軍は新重爆（九七式重爆）が二機できたばかりでまにあわず、旧式の九三式重爆ではとても使えないとあって、海軍の九六式陸攻が使われることになった。

基地は北京の南苑が選ばれたが、おりしも厳寒の季節とあって寒冷対策が必要となり、空技廠から三木、永野両大尉の派遣となったものだ。

これよりさき、日本陸海軍は対ソ戦を想定して、昭和十年ごろから樺太（現在のサハリン）でさかんに対寒実験をおこなっていたが、もっとも問題だったのはエンジンの始動だった。

それ以前の寒冷地での始動は、エンジンに地上まで垂れ下がった覆いをかぶせ、その中で起動の数時間前からエンジンを暖め、百度ぐらいに予熱されたオイルを注入して、すばやくプロペラを数回まわし、オイルが軸受けに充分まわったころに起動するというやっかいな方法がとられていた。

しかし、そのころ使われていたカストロールオイル（ひまし油）は、零下十五度くらいで完全に凍ってしまい、三十度にもなるとヒーターが悪いので、少々暖めても溶けず、パイプの中で凍ったものは、まったくお手上げの状態だった。

そこで、バーナーでオイルを加熱する方法に切りかえ、簡便なソリのついた予熱車がつくられた。

予熱器はエンジンの下部にワンタッチで結合され、百度ぐらいに暖めたオイルをポンプでクランク室に送りこみ、熱を奪われて冷たくなったオイルは、予熱器にもどして再加熱して、ふたたびエンジンに送りこむという操作を二、三度くり返すと、エンジンは手がつけられないほどに熱くなり、容易に起動するようになった。

九六式陸攻は、まだカストロールオイルを使っていたので、ミネラルオイルと入れかえなければならないが、カストロールオイルが少しでも残っていると、ミネラルオイルと重合してパイプをふさぐので、洗滌作業は慎重にやる必要があり、そのうえパイピングも変えなければならないので、大仕事だった。

そこで第一連合航空隊の九六式陸攻は、いったん済州島基地に集結し、三木、永野らの指揮で耐寒艤装をととのえたのち、南苑に進出した。

ここには陸軍の徳川兵団がいたが、ゲリラの襲撃で飛行機をこわされた直後とあって、基地全体が異様なほどの緊張状態にあり、済州島にくらべて、いよいよ戦場にやってきたとの感がひとしおだった。

陸軍部隊が占領したばかりの南苑は、基地設営もまだ不充分で、仮設のアンペラ小屋で寒さにふるえながら横になる始末であった。

おまけに、冬というのに猛毒のサソリがいて、危険このうえない。サソリとゲリラの両方を警戒しなければならないとあって、心身ともに休まるいとまもなかった。

このあと、飛行機実験部の西良彦技師も前線にでている。

西は松崎らと同じ有識工員あがりで、まだ判任官待遇の工長だったが、十二年八月にできた透明風防つきの九六式艦戦二号二型（A5M2b）の、戦地での実験に同行したものだ。

三機の九六式艦戦は、それぞれ空技廠飛行実験部の吉富茂馬大尉、三菱の万谷（旧姓石井）操縦士、河野操縦士の三人が操縦、これに、のちにハインケルHe118のテスト飛行で殉職した小松兵曹長の操縦する九六式陸攻で、西も同行した。

日華事変も二年目に入り、上海、南京など占領直後の都市周辺の基地に、日本航空部隊はいちはやく進出していたが、市内見物に歩くと、道路わきには並べてムシロをかぶせた中国人戦死者の遺体がいたるところに見られ、西もはじめのうちこそ無惨さにゾッとしたが、たくさん見ているうちになんともなくなった。

おそるべき感覚のマヒであるが、戦場ではそうでなければ生きて行くことはできないし、それがまた戦場心理の恐さでもある。

とくに南京は、歴史に名高い〝南京虐殺〟のおこなわれた直後だっただけに、状況はひどかった。

トラックで市内を見てまわった西は、揚子江に浮く手や足を上げたおびただしい死体を見たとき、マヒした感覚の底でも、さすがに、

「これはひどい」と思った。

虐殺には、それ相応の軍隊の論理があった。便衣隊とよばれるゲリラ活動がひどく、つぎの作戦地に出動するのに、部隊は、多くの兵隊を残さなければならない。ゲリラなのだ。だれがそうなのか判別がつきにくい。

そこで、警備を容易にするため、この地区の何歳から何歳までの男はぜんぶ殺せとなる。殺戮だけでなく、婦女子にたいする暴行もさかんにおこなわれ、あらためて戦争の悲惨さを、西に強く印象づけた。

横道にそれたが、A5M2bの方は、戦地での実用テストの結果、風防が後方視界をさまたげるとして、部隊からは不評で、けっきょく、風防は除去されて、もとの開放型にもどった。

これよりあと、士官、文官あるいは工員をとわず、空技廠からさかんに人が戦地に出向くようになり、太平洋戦争の勃発で、それがいっそう頻繁かつ大規模となるが、日華事変は、いわばそのはしりともいうべきものであった。

3　苛烈な航空戦の島に〈とり残された発動機部員たち〉

空技廠の総力をあげて

新しく空技廠長に就任した和田が、中島飛行機の提案したわが国初の二千馬力級エンジンの計画を採り上げ十五試「ル」号（NK9、のちの「誉」）として、空技廠による全面的な開発のバックアップを決意したのが昭和十五年九月。そしてこれを追うようにして、「誉」の装備を前提とした十五試陸上爆撃機Y20（のちの「銀河」）を、空技廠自体の手で開発することが決定されたのは、おなじ年の末だった。

まったく新しい構想の機体に、これもまだ試作すらできていない新エンジンをのせることは危険だが、少しでもよい性能の飛行機とするためには、先物を買うこともやむをえないし、しだいに緊迫の度を加えつつあった日米間の実情を考えれば、〝やらねばならぬ〟とする意気ごみが先行したとしてもふしぎはない。

このことは、なにも日本だけではなく、戦争は往々にして平時の常識をくつがえすような奇蹟を生みだすこともあり、技術者たちにしてみれば、高い目標ほどはげみになる一面もあった。

事実、「誉」にしても「銀河」にしても、驚くほどのはやさで試作一号機を完成しており、しかも性能目標を達成しているのである。

「誉」が異例のはやさで完成したことについて、中島の技師長だった関根隆一郎（故人）は、つぎのように述べている。

「『誉』は、太平洋の風雲急なことをはじめから念頭において、昭和十五年春に設計着手と同時に、初号機の摺りあわせ運転から耐久審査の日取りまでも、周到綿密なすじ書きをきめてかかった。しかも、不思議なくらいなにもかも予定どおりに進捗した。わずか十五ヵ月めに初号機が耐久運転を終わった。性能的にも外国の水準をぬいた。そのよろこびにもまして、圧倒的な感激をまき起こしたのは、このような快速をもたらした原因である。官民の一体化と社内の関係者の融和と努力はもちろんだが、当時、田中監督官、渡航空本部員、空技廠発動機部業務主任伴内徳司大佐を枢軸とする懸命な指導激励のもとに、住友金属工業のスチールクランクケース材、横河電機の点火装置を筆頭として、側面工業の諸社がこぞって頼まれものの観念をすてて、渾身の協力をしてくれたことは、永遠に称えられなければならない。まことに『誉』こそは、試作にして試作にあらず、芸術家の常用する制作の二文字こそ適当かと思う」

ここで関根がいっている田中監督官とは、空技廠発動機部から、のちに航本監督官として中島駐在になった田中修吾技術中佐、渡航空本部員とは航本発動機課長渡克己機関大佐のことである。

とくに田中技術中佐は、当時のわが国産業界にかけていた品質管理の重要性にいちはやく気づき、一台も不良をだすなとして、きびしく指導した。

官民あげて中島の開発陣をバックアップした結果、試作、耐久までは記録破りの速度ですすみ、六月末日に三百時間の一次耐久試験を終了した。

性能は離昇馬力で千八百馬力／三千回転＋三百五十ミリブーストであったが、追いかけて二〇型となり二千馬力／三千回転＋五百ミリブーストとなった。（注、ブーストとはエンジンの過給圧力のことで、ブースト圧が大きいほど、シリンダー内に吸入される空気重量がふえて、エンジン出力が増大する。現在のターボ付自動車エンジン搭載車の中には、過給をドライバーに知らせるブースト圧力計がついているものもある）

こうして、世界でもっともコンパクトな二千馬力級エンジンができ上がったが、順調だったのはここまでであった。以後、「誉」の苦難の歩みがはじまったのである。

地上での実験が終わった「誉」は、エンジンの実用実験の仕上げともいうべき、飛行実験を開始した。テストベッドになったのは、海軍十一試艦上爆撃機として愛知との競作にやぶれて不採用になった中島の機体で、社内ではＤＢと呼ばれていた。

飛行実験で最初に発生した事故は、主接合棒大端部のケルメット軸受けが、とつぜん、焼きつくことだった。この故障は「誉」の試作以来、地上運転では一度もでなかったものだ。

ケルメット軸受けとは、銅、鉛を主成分とした合金を低炭素鋼の裏金にライニングしたもので、軸に接触する表面は、銅の地金に鉛が網状に分布した比較的やわらかい組織だが、ボールあるいはローラー軸受けなどより、高荷重用として使われる軸受けである。いまでは自動車エンジン用として、クランク軸受けに多用されているもっともポピュラーな軸受けだが、当時はどちらかといえば新技術に属し、かならずしも完成されたとはいえない部分があった。

飛行実験のはじめのころは、エンジンをいたわって低出力で使っていたが、本格的な実験にうつってからは、許容最大出力まで回転を上げるようになった。

離陸時には離昇最大出力のブースト五百ミリ、回転数毎分三千、離陸後は全力上昇、ブースト三百五十ミリ、回転数三千の状態でいつも飛んでいた。

実験の当事者たちは、離昇馬力で離陸するさいの、「誉」の出力が想像以上に大きいのにびっくりした。滑走がはじまると、加速のGで背中がシートバックに押しつけられ、そのまま短い滑走距離で離陸、急角度の上昇にうつるさまはみごとなもので、二千馬力の威力をまざまざと感じさせた。

ケルメット軸受けが、とつぜん焼きつきを起こしたのは、飛行実験が進んで、順調なエンジンの仕上がりに関係者たちがホッとしかけた矢先であった。

さいわい飛行機はぶじ着陸できたので、さっそくエンジンをおろして原因の究明がおこなわれたが、それまで絶好調だったエンジンが、なぜこの日の離陸時に急にケルメットが焼けおちる事故を起こしたのかわからなかった。

地上実験のいっぽうでは、べつのエンジンを実験機にのせて飛行実験が進められたが、ふたたび同じ事故が発生した。このエンジンもまた、離陸直後にケルメットの焼きつきと思われる故障を発生、悪いことにエンジンから火をふき、空中火災を起こしながら、かろうじて着陸するという大事故になったのである。

こんどもまた、パイロットの沈着な処置で機体に損傷はなく、エンジンが大破しただけだったが、連続して二度も発生したこの事故は、関係者たちに衝撃をあたえた。これ以来、ケルメットの急焼損という言葉が使われるようになったが、その原因は整備、点検、取りあつかいなど、フィールド・エンジニアの分野にかかわるものではなく、構造的なものではないかと考えられるようになった。

主接合棒（メイン・コネクチングロッド）は前後シリンダー列にそれぞれ一本ずつあるが、その大端部には八本の副接合棒が取りつけられており、大端部はケルメット軸受けを介してクランクピンに接合している。

主接合棒は九つのシリンダーの馬力を集めて、クランク軸をまわすので、ここに加わる一千馬力（前後シリンダー列の一列あたり）ちかい力は、クランクピンを曲げ、引っ張り、圧縮、捩りなどの複雑な力となって作用し、これを回す大端部のケルメット軸受け部も、それに応じて複雑な反力をうける。

この力が、クランクと軸受けの双方に変形を起こさせ、均一に荷重をうけるはずのものが、ある部分だけに集中し、その部分のケルメットがかじりを起こし、全体の焼損を誘起したことが、ほぼ確実視された。

この対策はクランクピンの直径をふやし、軸受けにかかる単位荷重を軽くしてやることだが、この段階でこれをやることは、設計を根底からやりなおす大変更となる。海軍側も、この時期になってのエンジン主要部の重大故障に、愕然とした。

これには、十六年十二月に戦争に突入し、燃料事情がかわって、和田が確約した百オクタン燃料や良質のオイル確保がむずかしくなったことも一因だった。

それまでは、百オクタン燃料を使い、ゼロ・ブースト以上は水とメタノールを半々に混ぜたものを噴射して、快調な運転ができた。しかし、百オクタンは供給できないから、九十一〜八十八オクタンで運転するように指示があり、この時点からさまざまなトラブルが出はじめた。その手はじめが、シリンダー温度の異常上昇で、これは中島の中川技師らの努力でからくも押さえこむことができたが、主接合棒のケルメット軸受けの急焼損は、設計の根本にかかわりかねない問題だけに、より深刻であった。

これよりさき、空技廠は十五年三月と十六年六月の二回にわたる零戦の墜落事故対策で、たいへんな思いを経験しているが、「誉」の故障は人命にはかかわりなかったものの、海軍軍備にあたえる影響の大きさでは、それにまさるとも劣らなかった。

このため、ケルメットの急焼損対策は、官民あげて技術の総力を結集し、血みどろの戦いとなった。

材質をよくする、熱処理をかえる、表面仕上げの精度向上など、クランクピン自体を攻めるいっぽう、軸受けにたいしては、ケルメット材質そのものの改良、鋳込法の改善、バックメタルの強度、剛性の向上、ケルメットの面仕上げ改良などの対策がとられ、最後には、クランクピンの運転時のたわみに順応するよう軸受けの両端部をラッパ型に仕上げるなど、考えられるかぎりの手がすべて打たれた。

このなかでも、最大のポイントとなったケルメットそのものの改良は、中島の渡辺栄技師（戦後、日産自動車取締役）の、文字どおり寝食をわすれての努力と卓越した技術の賜であった。

和田も零戦の事故のときと同様、空技廠の総力をあげて問題解決にあたるよう指示したが、とくに、直接の担当である田中（修吾）監督官と赤松技師の熱意は、中島側にとって大きなはげみになった。

「死にに行くんだ」

「誉」の試作一号機が完成したころ、そのベースとなった弟分の「栄」も、困難な状況にあった。零戦の性能を向上するため、エンジンを「栄」一二型から二速過給器付の二一型に換装し、機体も零戦二一型（A6M2）の翼端折り畳み部を切断して、翼幅を十一メートルに変更するとともに、二十ミリ機銃の携行弾数を六十発から百発に増加した三二型（A6M3）が生まれたが、シリンダー温度やオイル温度の上がりすぎ、ブーストの不安定など、主としてエンジンの問題で実用化のノドがつかなかったのだ。

ところが、工場の方はすでに機体もエンジンも生産切りかえをやってしまったので、なにが何でも問題を解決しなければならない状況に追いこまれた関係者たちは、「誉」のケルメット軸受け急焼損のときもそうであったように、不眠不休の努力によって、かろうじて実用できる状態に仕上げることができた。

当時、空技廠飛行機部の戦闘機主務部員だった鈴木順二郎技術少佐は、実験部の担当パイロット、発動機主務部員とともに、和田廠長に呼ばれ、「ただちに鈴鹿航空隊に飛んで、この問題解決に専念し、解決するまで、空技廠に帰ってはならない」と、命じられたという。

それもこれも、すべては昭和十六年十二月八日にはじまった太平洋戦争のせいで、零戦の性能向上はさしせまった重要課題となっていたのだ。

「よもやアメリカと戦争するようにはならないだろうが、その準備だけはしておかねばなるまい」

かつて大東亜戦争とよばれたこの戦争の、勃発以前の空技廠内の空気はそのようなものだった、と樋口は語るが、服部も、「そうとう険悪ではあるが、まさか（連合艦隊が）千島列島に集結して、命令一下というところまでいっているとは思わなかった」という。

だから空技廠の大部分の人びとにとって、開戦はまさに〝青天の霹靂〟であり、彼我の技術力の差をよく知る技術者たちは、あいつぐ派手な勝報にもかかわらず、〈先々(さきざき)だいじょうぶかな?〉との危惧や不安を抱いた者も少なくなかった。

その懸念が現実のものとなる第一歩が、米軍のガダルカナル上陸だった。緒戦で予想外の大勝利をおさめた日本軍は、その後も着々と西南太平洋方面に勢力圏を拡大し、ソロモン群島に基地を前進させた。

このころになると、山本らのいわゆる航空主兵論者がかねて唱えていたとおり、戦争の主導権は完全に航空戦の帰趨にゆだねられるようになり、空の戦いに勝って制空権を握らないことには、いかなる作戦も不可能になっていた。

そこで日本軍は、開戦から数えて四十五日目の十七年一月二十三日には、ビスマルク諸島のニューブリテン、ニューアイルランドの両島を占領し、ただちにラバウルに海軍航空部隊を進出させた。

その後も航空勢力を拡大させながら、ニューギニアのラエ、サラモアなどにも航空基地を建設したが、目の上のコブは中央山脈をはさんで島の向こう側にあるポートモレスビーだった。ここを手中におさめれば、オーストラリアに直接脅威をあたえることになり、米本土との補給路の分断も可能だったからである。

ところが、ポートモレスビー攻略部隊がラバウルを出たあと、はじめて日米の空母部隊同士が遭遇した。この戦いは日本側は「祥鳳」沈没、「翔鶴」中破、アメリカ側は「レキシントン」沈没、「ヨークタウン」中破という、差し引きアメリカ側の〝負け〟に見えたが、日本も肝心の空母がなくなっては、海上からの攻略を断念せざるをえず、戦略的には向こうの〝勝ち〟に終わってしまった。

これがいわゆる珊瑚海海戦で、その後ポートモレスビー攻略は、ブナからオーエンスタンレー山脈を越えてする陸上作戦に切りかえられたが、これも不成功に終わった。

開戦以来、連戦連勝だった日本軍が味わったはじめての挫折だったが、オーストラリアへの補給を断つ意味では、フィジー、サモア、ニューカレドニアの攻略が効果的である。

そこで、六月はじめからキエタ、ブカ、ガダルカナルなど、ソロモン群島の島づたいに飛行場の建設を開始したが、それまでまったく名も知られていなかったガダルカナルが、にわかにクローズアップされるようになったのは、それからわずか二ヵ月あとだった。

あと二百メートルばかりの整地が終われば飛行場が完成という八月七日、ガダルカナルに陸上機が進出するまでのつなぎに、水上機および飛行艇隊を進出させていたツラギが、米軍によって攻撃され、同時にガダルカナル上陸が開始された。

二速スーパーチャージャー付「栄」二一型を装備した零戦三二型が、ラバウルに進出したのは、その直前で、急だったために、エンジン整備の講習がまにあわず、空技廠から現地に出向いて教育をおこなうことになった。

発動機部から担当の松崎敏彦技術大尉および菊地庄治技術大尉、飛行実験部から大木武国技師ら、そうそうたるメンバーにより指導班が、小林淑人中佐を長として、ラバウルに派遣された。菊地の記録によると、七月十五日となっているが、これは発令の日で、現地着は当然もう少しあとになる。

「あんたらは死にに行くんだ」

出発前、冗談ともつかずそういわれたが、一式陸攻で現地についた松崎は、日華事変のときとは比較にならない苛烈な航空戦がおこなわれているのを知り、この戦争の前途は容易ではないぞと感じた。

さっそく、敵機空襲の合間にエンジン講習を開始したが、一週間ほどしたある朝、ツラギからとつぜん電報が入った。

「敵猛爆中！」つづいて、

「敵上陸ス、ワレ最後ノ一兵マデ戦ウ、武運長久ヲ祈ル」

基地は騒然となった。

さっそく攻撃部隊の出勤命令が発せられたが、目標のガダルカナル敵上陸地点までは片道五百六十カイリ（千五十キロ）で、単座戦闘機の編隊による進攻としては前例がない。

それでも爆弾をつんだ二十七機の一式陸攻と、掩護の十八機の零戦、それに九九式艦爆などが出撃したが、数時間後に帰ってきたときは編隊もバラバラで被弾機も多く、しかも数が減っているのを見て松崎は、この攻撃がいかに困難なものであったかを知

零戦三二型。二速過給機付栄二一型エンジンを装備、端を切った主翼が特徴で、昭和17年4月ごろから生産開始

った。

記録によると、この日うしなわれたのは零戦二機、艦爆五機、陸攻五機となっているが、生存する撃墜王として有名な坂井三郎中尉（当時一飛曹）が満身創痍となりながら、単機帰還したのもこのときだった。

たまたま飛行機でそれを目撃した松崎は、いまでも坂井とは親しいというが、「一機で十機を相手にしてみせる」と豪語していた無敵台南航空隊の零戦をもってしても、この日の攻撃は手にあまるものがあった。

翌日、翌々日と攻撃はつづいたが、連日、損害が出るので、三日目には機数が減って、戦闘続行ができなくなった。

松崎、菊地、大木らは台南空といっしょだったが、夕方、士官室で食事をするとき、席のあちこちに空席が目にみえてふえていくのに、胸が痛んだ。壁には名札かけがあり、朝、出動するとき引っくり返して行くが、帰らない場合はいつまでも赤札のままなのが、なんともやり切れなかった。

その後、人員も飛行機も補充されてはきたが、ひとつの作戦が終わると半分くらいに減ってしまい、戦争がそれまでとはちがった段階に突入したことが感じられ、〈これはもう帰れない（内地に）かもしれない〉となかばあきらめていたとき、航本から、「松崎はセレベスのメナドにいる三空（第三航空隊）に行って指導せよ」との電報が入った。

空技廠の出張命令は、すべて上部機関である航本から出されるのだが、これで小林中佐と松崎はラバウルから脱出できることになったが、おさまらないのは菊地、大木らをはじめとする残された人たちだった。

「松崎さんたちが乗った一式陸攻を見送ったときは、鬼界ヶ島に残された俊寛の心境だった」

当時を回想して菊地はそう語るが、航空隊の人たちですら、ラバウルからは生きて帰れないと言っていたくらいだったから、むりもなかった。

松崎らのラバウル脱出は、横須賀から乗ってきた一式陸攻だったが、ラバウル到着以後の約二十日間、連日の敵の空襲から飛行機をやられないように隠すのがたいへんだった。もしこれをやられたら、もう帰る空の足がなくなってしまうからだった。

出発日が来たが、ひんぱんな空襲の合間をぬって、いつ飛びだすかタイミングがむずかしい。そこをうまくやってなんとかラバウルを後にしたが、直接セレベスに行くのは危険なので、いったんトラックに飛び、そこからパラオ経由でセレベス島メナドに行くコースがとられた。

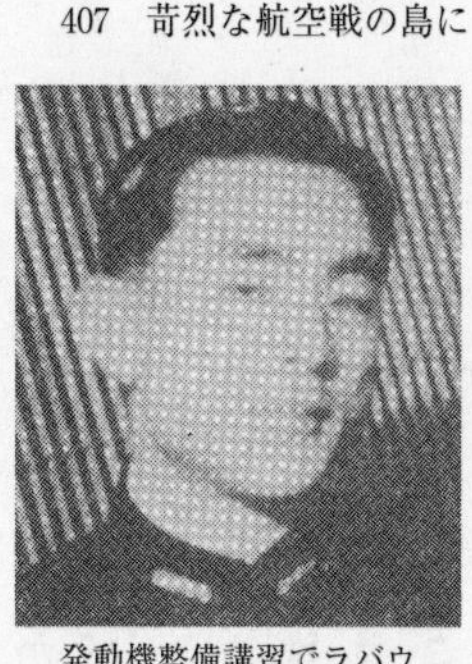

発動機整備講習でラバウルに赴いた菊地庄治大尉

敵機に発見されないよう一式陸攻は海上を低く飛んで、トラックまでは何ごともなかったが、パラオ付近上空と思われるあたりまで来たのに、雲でおおわれていて島が見つからない。搭乗員たちの焦りを見て、松崎はいささか心配になった。

〈このまま島が発見できなかったら、そのうち、燃料切れで海上に不時着か墜落ということになるだろう。せっかくラバウルを脱出できたのに、もしかすると、ここで一巻の終わりかもしれない〉

だが、飛行機はぶじパラオ飛行場に降りることができた。搭乗員がはじめて無電を打ち、「ワレ〇〇、位置知ラセ」と基地に問いあわせたからだ。

パラオで一晩とまって、翌日メナドに着いたが、激しい敵機の空襲に連日さらされているラバウルにくらべると、ここはウソのように平和だった。

空襲はほとんどないし、士官室にはジャワから持って来た洋蘭が飾ってあり、街のようすもどことなくのどかで、二、三日前まで修羅場のラバウルにいた松崎の目には、なんともチグハグに映った。そのあと、フィリピンに行ったところで、航本からの帰国命令があり、ぶじ横須賀に帰ることができた。

いっぽう、ラバウルにとり残された菊地や大木はどうなったか。

彼らは、ラバウルに本拠をおく第一〇八特設航空廠付となり、ここからカビエン、ブインなど最前線の支廠や分工場に出向いて、エンジンの講習指導をしてまわり、この間、ソロモン航空戦の凄惨な現実を身をもって体験させられた。

飛行場中央にある指揮所で講習をやっていると、空襲警報で中断されることはしょっ中で、ときには警報が出る前に、爆弾が落ちてくることもあった。そのたびに飛行機や施設がやられ、死傷者がでた。

菊地はのちには指導だけでなく、航空廠の修理責任者となり、さらに第一〇八航空廠が拡大されて南東方面海軍航空廠になると、行動範囲もマーシャル群島、ニューギニア、ラエ、サラモア、トラック島と拡大され、いよいよなくてはならない存在となった。

指導にいくといっても、なにせ広大な海面に散在する島々をまわるのだから、移動は飛行機となるが、そのための輸送機などあるわけがなく、三人乗れるという理由で、もっぱら旧式の九四式水偵が使われた。

七試として川西で設計されたこの水偵は、使いやすい傑作機とされた機体だが、複葉でスピードのおそい下駄ばき機（フロートつきの水上機のこと）なので、敵機に見つかったらひとたまりもない。

そこで、移動はわざと天候の悪い荒れ模様の日をえらび、発見されにくいよう水面スレスレに飛ぶ。

パイロットは、海面に泡だつ波頭から方向をわりだして飛んでいく。ニューギニアのような大きい島ならいいが、トラック島やはるか離れたマーシャル群島などは、大海の中の芥子（けし）つぶを見つけるようなもので、たどりつくのは容易ではない。

「島が見えた！」そのときは、まさに命が助かったという気分で、途中の心細さは、ラバウルやブインで敵の空襲を受けているときの比ではなかったという。

それでも、菊地は内地に帰ることができた。ラバウルにきて一年あまりたった昭和十八年八月、呉の第十一航空廠への転勤命令がでたからであった。

この命令は、空技廠発動機部で菊地の上司だった永野治技術少佐が、「菊地は本来の任務である現地でのエンジンの教育・指導は終わったのだから、はやく帰して『誉（ほまれ）』をやらせなければいかん」と運動したせいであると、赴任さきの十一空廠発動機部長稲富久雄技師（戦後、マツダ実験研究部嘱託）から聞かされた。

約一年あまりの戦地勤務で、菊地にとって忘れられない思い出の一つは、山本連合艦隊司令長官の戦死だった。

昭和十八年四月十七日、「い号」作戦指揮のため、ラバウルに司令部をうつしていた山本長官は、第一〇八航空廠の修理工場を視察したが、そのとき菊地は説明役として山本長官を案内した。

純白の第二種軍装もまぶしい長官に親しく接したのは、菊地にとってこのときが最初にして最後だった。山本長官は、翌日ブイン基地に視察に行く途中、待ちぶせしていた米軍機に乗機を撃墜され、ふたたび還ることがなかったからである。

4　逆境をはねかえす力〈異色の戦闘機紫電誕生の背景〉

ダーティー・ネービー

昭和十五年五月に空技廠発動機部副部長になった菊地庄治造兵中尉（のち技術少佐、現富士重工業常務）の仕事は、民間会社に試作させたエンジンの審査だった。

審査といっても、たんにでき上がったものについて運転をやって採否をきめるだけでなく、ボア、ストロークはいくらで、エンジン直径はどのくらい、最高出力はといった設計仕様の決定の段階から相談にのる。

そうして試作エンジンができると、ねらったとおりの性能が出ているか、耐久性は充分か、整備性はどうかなどについて、あらゆる面から検討する。たいてい五十とか百項目くらい問題点が摘出され、そのままでは使いものにならないから、対策をいろいろ考える。

大学を出て二、三年の新前技術士官では手にあまることが多く、上司の種子島時休機関中佐や永野造兵少佐らに聞いて、サゼッションを受ける。それを会社の人といっしょになって研究するのだが、「たいへん勉強になったのは、こういう実験をやっておいてくださいと頼むと、二、三日してりっぱな実験報告がでてきた」（菊地）ことで、採用してほしいから当然といってしまえばそれまでだが、会社側の熱心さには感心させられた。

これは、空技廠と民間会社との間のよき人間関係によるところが大きかったようで、この間の事情を、空技廠、航空本部の発動機部員を歴任した近藤俊雄技術少将は、つぎのように語る。

「民間会社の人たちが、空技廠発動機部を自分の家のようにして出入りしていた。だから、三菱のエンジニアでも中島のエンジニアでも、われわれと兄弟のような間柄にあった。

終戦後、海軍も飛行機もなくなったが、中島の技術者たちは、残ったアルミでナベや釜をつくったり、あとになって自動車をつくったり（富士精密―プリンス自動車）して、なんとか食えるようになった。世の中が少し落ちついたころ、エンジニアの一人が、自分たちが親しくしていた空技廠の人たちがどうしているのか心配して消息をしらべ、中島と海軍のエンジニアの集まりをつくった。

発起人は富士精密の代表取締役だった新山春雄（近藤の一年後輩、現日産自動車顧問）で、その新山と中島とネービーの頭文字をとって3N会と名づけられたが、戦時中ずいぶんケンカもし、苦労をわかちあった者同士の親しい会合は、いまもつづいている。

空技廠は海軍の航空部隊とも飛行実験部をつうじてよき関係を持ったし、三菱、中島をはじめとする民間会社とも、航空本部といういかめしいお役所をつうじてではなく、腹を割ったエンジニア同士の交流の場を提供したという点で、大きな功績があったと思う」

もちろん何ごとにも例外はあるが、このことは発動機部と民間会社との間にとくに顕著であったようだ。

会社から空技廠に持ちこまれた試作エンジンは、発動機部の試運転場でテストされた。

空技廠にはりっぱな防音運転室があったが、これは初代の発動機部長であり、のちに第四代廠長となった花島孝一中将の尽力によるものだった。

昭和六年ごろ、機関大佐で横須賀海軍工廠の航空発動機実験部長だった花島は、駒場の東京帝大航空研究所に、音響学の権威である佐藤孝二博士をたずねた。

用件は横須賀航空隊に隣接して建設される海軍航空廠の、エンジン試運転場の防音問題について、佐藤博士に協力を依頼することだった。

花島は航空廠に建設が予定されている発動機試運転場について、大角海軍大臣から、追浜の運転場の騒音で、横浜から逗子、葉山方面までの広範囲の住民からの苦情が絶えないから、このうえ運転場をつくるのは困ると釘をさされていたのだった。

といっても、運転場なしにエンジンの研究はできないので、音が外部に洩れない防音式にしたいというのが、花島の考えだった。

佐藤博士の研究を、じっさいの運転室に適用するには、従来にない複雑な構造と、内壁に良質の音響吸収材を張りつめる必要から、建設費が高額になるおそれがあった。

その後、航空廠ができて花島は発動機部長になり、防音運転室の建設を進めようとしたが、初代航空廠長の枝原少将をはじめ、海軍部内にも反対者が多く、意をけっした花島は、自分の裁量で佐藤に設計監督を依頼してしまった。

その後、花島は部内をどう説得したかは不明だが、ある日、航本技術部長の山本を同道して佐藤の研究室をおとずれた花島が、こんど新設される運転場に、佐藤の防音方法を採用することが正式に決まったことをつげた。

「私の未熟な能力に全幅の信頼をかけて、上司の反対を押し切って断行された花島さんの勇気と信念に敬服するとともに、非常な生きがいと責任を感じた」と、佐藤は花島の追悼文集で述べている。

ただ、この運転場は外部への防音効果は満足したものの、運転場としての設備にまでは充分に手がまわらなかったので、運転担当者はたいへんだった。

運転室のなかで、目の前で排気管からでる炎を見ながらエンジンをまわすのだが、轟音でたちまち耳がおかしくなった。おまけに、ひどい油で服はたちまち油まみれとなり、いわゆるダーティー・ネービーが松崎や菊地の姿だった。

「栄」二一型を仕上げたあと、すぐ「誉」にかかったが、これが尋常でなかった。ふつうは審査をやってダメなら、「適セズ」と報告を出せばすむものを、この「誉」にかぎって、「なんとしても審査を通せ」というのである。第一工場主任の種子島大佐からそういわれたとき、松崎はイヤな予感がしたが、それが的中して、後に「誉」と心中しかねない状況に追いこまれることになる。

「誉」には解決すべき問題がたくさんあったが、なかでも大物の一つに、各シリンダーへの燃料の均等な配分があった。

シリンダーへの燃料供給は、気化器（キャブレター）によっておこなわれるが、「栄」一一型が下についていたのにたいして、「栄」二一型は上につけた。一一型の場合は、ポンプで下から吸い上げなければならないが、気化器が上にある二一型は重力で落ち、その差だけでもずいぶん違うのがエンジンだ。

『丸メカニック』別冊の『零戦』に、零戦の一一型・二一型（「栄」一二型装備）と三二型・二二型（「栄」二一型装備）のエンジン・ナセル（エンジン覆い）の比較図がのっているが、前者はキャブレターの空気取入口が下にあり、後者は上に、それもナセルと一体になったかたちで配置され、零戦の各型式の識別上の重要なポイントになっている。

キャブレターは、それ自体の性能だけでなく、その取りつけ位置や空気取入口からキャブレターにいたる道中の設計の良し悪しも、重要な要素となる。こういうのはエンジン屋の仕事というより、機体とエンジンの仲をとりもつエンジン艤装屋の領分で、むしろ機体側に属する問題だ。

エンジン単体ではよくても、飛行機に装備して空に上がると具合が悪くなる場合は、主として冷却もふくめたエンジン艤装に問題があることが多い。

キャブレターの位置が上と下のどちらがいいかは、あらゆる条件を想定して、時間をかけて実験する必要があるが、すでに戦争がはじまって「栄」二一型装備の零戦三二型の前線進出が急務となり、その時間的余裕がなくなってしまった。

前線で飛行機の具合がわるいと、「爾後ノ作戦ハ中止」の電報が航本に入るが、松崎たちにはこれが一番こたえる。けっして彼らだけの責任ではないのだが、空技廠の直接の窓口として、とりあえず自分たちでやれるだけの処置をこうじなければならない幸い立場にあったからだ。

「誉」は十四気筒の「栄」にくらべると、四個多い十八気筒でありながら、外径はわずか三センチしか大きくない極度の高密度設計で、キャブレターからシリンダーにいく吸気管の長さは、あまり変わらない。しかし、エンジンが消費する燃料は、一時間に七百リッターにも達する。それをキャブレターで、しかもコンピューターもないころ、十八個のシリンダーに等分に供給するよう制御しなければならない。

キャブレターからシリンダーにいく吸気管内の流れを観察した松崎は驚いた。キャブレターは気化器と適訳されているように、燃料を空気とまぜて霧状に気化してやるところだが、気化どころか燃料がそのまま滝のように流れて、シリンダーに入っていくのだ。

「これはいかんなあ」

松崎は思わずつぶやいたが、さらにやっかいなことは、「誉」にはパワーアップのため、水メタノール噴射がおこなわれており、これもまた同様に各シリンダーへの均等な配分が要求される。

当時、エンジンの状態を知る手がかりとなるセンサーは温度計しかなく、あとは夜間運転で排気管からでる炎の色を日視で判定するほかはなかった。

燃料の均等な配分は、燃料噴射方式にすればらくだが、当時のわが国には、よい燃料噴射装置がなかったため、キャブレターに頼るしかなかった。いまの自動車用の四気筒とか六気筒エンジンですら、かならずしもうまくいっているとは限らず、排気管をはずして夜まわしてみると、赤い炎がでたり、青い炎がでたりする。それを、十八気筒全部から同じような青い炎がでるよう調整しなければならない。

地上運転は機体を固定し、ブレーキをかけておこない、飛行機は走らないから、プロペラ後流だけでは充分な冷却空気を送ることができないので、シリンダー温度の上がり過ぎをさけるため短時間の勝負となる。

エンジンを全開し、片側から炎を見る。ヨシとなったら大急ぎで反対側にまわるが、飛行機の前をまわるとあぶないので、遠まわりになるが、尾翼をまわって反対側にいく。ところが、後ろはものすごいプロペラ後流で、あるとき松崎は、三十メートルくらい吹き飛ばされた。

人間は走っているとき、両足とも地面から浮いている瞬間があることを、松崎はこのとき知った。

こうして地上で一応よしとなっても、じっさいに飛ぶ段になると、またかわる。走りだすと、キャブレターに通じる空気導入管内の流れがかわるし、上空に上がれば温度が変化して、気化の具合もかわる。しかもちょっとした突起のようなものができると、それまでせっかく順調だった燃料の流れがかわってしまう。

いまなら、燃料や空気の流量、吸気管内の圧力、各部の温度など、すべてセンサーで自動的に知ることができるが、それをエンジンの音や夜間運転での排気の炎の色などで経験的に判断し、うまい対策をやって調子のよいエンジンに仕上げるのが、松崎や菊地のような、フィールド・エンジニアの分野に首を突っこんだ者に課せられた使命だった。

とにかく、「誉」はキャブレターによる燃料供給が限界に達したことをしめしていたが、中島にはまだ燃料噴射装置がなかった。日本では、ダイムラーベンツを国産化した川崎と愛知の「ハ40」(海軍名「アツタ」)に使われていたが、自前の燃料噴射装置は、中島より三菱の方がはやかった。

「誉」二一型(NK9B)とほぼ同時期に試作された、三菱の二千馬力級エンジンMK9Aがそれで、キャブレターがよくなかった三菱は、それまで中島のをつけていたのである。もっとも、三菱はMK9Aの前に、すでに「火星」(MK4A)に燃料噴射をやっており、キャブレターが不得手だったために、かえってはやく燃料噴射に踏みきることができたといえる。

空技廠の、というより海軍のエンジン技術に欠けていたのは、本格的なエンジン実験設備がなかったことだ。機体の方はじつに多くの、それにいろいろな種類の風洞があり、あらゆる飛行状態がシュミレートできるようになっていたが、エンジンの方は花鳥以下の努力にもかかわらず、設備面でおくれていた。

はやい話が、零下二十度ではエンジンはどうなるのか、気圧がひどく低下したときはどうかといったことは、設備がないので地上では実験できない。だから高空性能は、すべて計算で推測するのみである。

やれるのは地上での千ミリバール、気温十五度のことだけで、たとえば気温が零度のときはどうか、上空にいって気圧が半分になったらどうかなどは、じっさいに飛んでみるしかない。しかも、空中でパワーを測る方法はない。

すべてがないないづくしの中で、経験とカンと根性で体当たりするのが、松崎らフィールド・エンジニアの使命であり、機体設計者やテストパイロットとはちがう彼らの心意気でもあった。

じっさいに上空でのエンジン状態をしらべるため、零戦の操縦席の後ろにもぐりこんで飛んだ松崎の話は有名だが、単座機の場合は、基本的にはパイロットに実験を依頼する。

「誉」は、松崎が南方の前線出張から帰ってまもない昭和十七年九月、海軍航空本部書信で正式に採用となり、海軍ではY20「銀河」につづいて、愛知の十六試艦爆（B7A「流星」）、川西の局地戦闘機（N1K1‐J「紫電」）、零戦の後継機である三菱の十七試艦戦（A7M「烈風」）、中島の十七試艦偵（C6N「彩雲」）などの主力試作機への搭載をきめた。

おなじころ、中島のライバルである三菱でも、「金星」をベースに冷却ファンを装備の空冷十八気筒エンジン「MK9A」の設計・試作に入っていた。「誉」が「栄」をベースにしたのと同じ要領で、ベースが「金星」であるため外径は「誉」を上まわるが、目標出力二千二百馬力だった。しかも「誉」がさんざん苦労した燃料供給装置には、キャブレターにかえて燃料噴射装置が採用されていた。「誉」より余裕のある設計とみられ、外径は五センチ大きかったが、出力も「誉」を上まわるかなり期待の持てるエンジンだったが、すでに制式採用がきまり、「銀河」での空中実験も進んでいた「誉」にくらべて少々出おくれの感があった。

初飛行の成功を祝う

超繁忙に明け暮れた昭和十七年も、いよいよ押しつまった十二月三十一日、松崎は飛行実験部の帆足工大尉とともに、大阪の伊丹飛行場におもむき、川西航空機が試作した局地戦闘機「紫電」の試験飛行に立ちあった。「紫電」（N1K1-J）は、川西がさきにつくった十五試水上戦闘機「強風」（N1K1）を改造することにより、比較的はやく性能のよい局地戦闘機ができるとの見こみから着手されたもので、はじめ仮称一号局戦とよばれ、N1K1（Nは水上戦闘機の記号）の後ろに、局地戦闘機をしめすJをつけた変則的な記号があたえられていた。

川西は九七式、二式とつづけて大型飛行艇の成功作を生みだしたあと、飛行艇の将来性が悲観的だったこと、十五試水戦「強風」によって、戦闘機への足がかりができたことなどから、積極的に海軍に売りこみをかけた企画だった。

開戦後まもない昭和十七年のはじめころ、川西の菊原静男技師（戦後、新明和工業でPS－1、US－1などを設計）は、航空本部に技術部長の多田力三機関大佐をおとずれた。多田は花島のあとの空技廠発動機部長で、昭和十五年五月に空技廠長になった和田操少将と入れかわりに航本技術部長となって三年目で、試作機の計画や発注の決定権限を持っていた。

川西が自社製水上戦闘機強風を陸上機に改造、誉エンジンを載せた局地戦闘機紫電。完成まで1年たらずだった

菊原は戦局にたいする自分の見とおしを述べ、局地戦闘機の必要性と、もし航本が命令を出してくれるなら、川西は全面的にこのプロジェクトに取りくむ用意があることを力説した。

とくに用意した資料もないまま、菊原は、紙に「強風」の絵をかき、具体的な改造プランを説明したところ、多田は、「よろしい、すぐにやりなさい」と即決してくれた。

しかも、エンジンや機銃関係の部員を呼んで、エンジンはこれ、機銃はこれといった具体的なアドバイスをあたえさせた。

多田が、あっさりと川西の売りこみをのんだ背景には、同じ目的で、さきに試作がすすめられていた三菱の局戦

「雷電」の進捗が、思わしくなかったこともあった。

「雷電」（J2M）は十四試として、零戦をやった堀越技師以下の設計チームが生みだした局地戦闘機だが、川西の十五試水戦「強風」より、わずか一ヵ月半はやい昭和十七年三月二十日に初飛行した。

昭和十四年度の試作発注にもかかわらず、初飛行までに二年半もかかったのは、小型の単座戦闘機としては異例だが、それにはさまざまな要因があった。

三菱の戦闘機設計チームが、昭和十五年と十六年の二度にわたる零戦の墜落事故、そして中国大陸の実戦にもとづく戦訓の対策などにくわえ、大戦争に突入する用意として、零戦を中島飛行機で転換生産するための雑用などに追われたことが、「雷電」の設計進行をいちじるしくさまたげた。

そのうえ、昭和十六年夏には、設計チームの副将的存在だった曾根嘉年技師、そして設計主務者の堀越二郎がオーバーワークであいついで倒れるという重ねがさねの不幸に見舞われたのである。

「水上機屋に戦闘機なんてできるわけがない」という声があったほど、三菱にくらべて川西の戦闘機設計にたいする信頼度は低かったが、川西設計陣の意気ごみはたいへんなもので、「強風」というベースがあったにせよ、設計から初の試飛行まで、一年たらずの驚異的なスピードでやってのけたのが「紫電」だった。

菊原技師が航本技術部長室で「紫電」の説明をしたさい、装備エンジンとして指示されたのが「誉」で、「紫電」は「銀河」についで二番目に「誉」を装備した機体となった。

試験飛行当日、松崎はみずから試作一号機に乗りこみ、丹念に地上運転をやって、帆足大尉とかわった。

伊丹飛行場は陸軍の管轄になっていたが、水上機屋で陸上飛行場を持っていなかった川西のため、海軍が試験飛行に使いたいとして、一時的にかりうけたものだった。

飛行場周辺には事前の取りきめによって、飛行を停止した陸軍の九七式戦闘機が扇形に散開して翼をやすめ、海軍の最新鋭戦闘機の初飛行にそなえて、空には一機も見あたらなかった。

じつは、陸軍側は最初からこの試飛行のために飛行場をかすのをしぶっており、ようやく納得したあとも時間をこまかく制限するなど、なにかにつけていやがらせをしたらしい。彼らにしてみれば、旧式の九七戦ばかりの目の前で海軍の最新鋭機に飛ばれて、性能の差をまざまざと見せつけられるのがくやしかったにちがいない。

第一線機の、一式戦「隼」や二式戦「鍾馗」などは根こそぎ南方の戦場に持っていってしまい、内地には九七戦しか残っていなかったのだ。

テストパイロットの帆足大尉は、長身、白いマフラーの飛行服がよく似あう青年士官で、海軍報道部長平出大佐の愛嬢と結婚することになっていた好漢。ひと口で評するなら、豪快、竹を割ったような性格で、自分がこうと思ったら、絶対にゆずらない一途な面があった。

本来、この日のような試作機の初飛行は、まず会社側のパイロットが乗るのがしきたりだが、零戦とちがって、見るからに精悍な感じのする試製一号局戦を前にして、帆足は無性に乗りたくなったらしく、地上滑走でも、とのたっての願いに川西側も折れ、さきに乗せることにしたものだ。

ところが、スルスルと地上滑走を開始した帆足は、轟然とエンジンの回転を上げるや、アッというまに飛び上がってしまった。最初からそのつもりだったのである。

初飛行は会社のパイロットの手で慎重にと考えていた川西の人たちは唖然としたが、いまさらどうにもならない。脚を出したまま悠然と飛んでいる飛行機を、ただ見まもるほかはなかった。

「いやー、どうもすまん。地上滑走だけのつもりだったが、ゼロ・ブーストで滑走をはじめたら、自然に浮いたんで、つい上がってしまった」

降りてくるなり帆足はそういって頭をかいたが、飛行機については、「調子はいい、これはなんとかモノになるよ」といってホメた。

これをそばで聞いた川西の副社長が松崎の手をにぎりしめ、涙を流して喜んだが、この人こそ元海軍中将で、退役後、川西に天下りした二代目航空廠長前原謙治だった。

その夜、松崎は帆足と灘の美酒で初飛行の成功を祝ったが、翌昭和十八年元旦、帆足はふたたび飛行場に姿をみせ、こんどは脚を引っこめて飛んだ。

帆足は上機嫌だったが、松崎は前途の多難さを思うと、いささか気が重かった。本来なら審査までで手が離れるはずなのだが、いきがかり上、「誉」の高性能を維持するための、キメ細かい管理をする義務が生じてしまったからだ。

その後、帆足大尉は三菱の「雷電」の審査も担当していたが、半年後に思わぬ事故で殉職してしまった。

5　燃えあがる炎の中で〈雷電につきまとった不運な影〉

堀越技師の苦悩

昭和十三年といえば、のちの零戦のルーツである十二試艦上戦闘機もまだ姿を見せてはいなかったころ、海軍部内では、日華事変の戦訓にもとづいて、飛行機の、とくに戦闘機の試作方針について、かなり活発な論争があったようだ。

その結果、艦上戦闘機のほかに、陸上戦闘機や三座戦闘機が必要であるとの意見が芽ばえたが、その中でもっともはやく具体化されたのが三座戦闘機で、これが「仮称十三試双発三座戦闘機兼爆撃機」として中島でつくられた、のちの夜間戦闘機「月光」だ。

ついで一年後の十四年に、こんどは三座戦闘機とはべつの、単座陸上戦闘機が「十四試局地戦闘機」（のちの「雷電」）として三菱の一社指定で試作発注された。

局地戦闘機とはわが日本海軍独自の呼び名で、英語ではインターセプター、つまり迎撃機のことだ。

局地戦闘機、略して局戦の使命は、来襲する敵爆撃機の被害から基地や都市をまもることで、日本海軍がその必要性を痛感するようになったのは、その航空作戦が主として陸上基地をつかっておこなわれたため、敵機の空襲によって、しばしば被害をこうむったからだった。

着艦能力、運動性、航続力など、多くの制約を課せられた艦上戦闘機の迎撃能力では、たとえ新鋭の九六式艦戦をもってしても、敵爆撃機の侵入を阻止することはむずかしく、ソ連製のSB(エスベー)爆撃機対策は焦眉の急だったので、海軍はドイツからハインケルHe112戦闘機三十機の緊急輸入をきめた。

He112は、メッサーシュミットMe109との競争試作にやぶれて、輸出型にきりかえられた戦闘機で、じっさいに日本に入ったのは、十二機だけだったが、さきにこれも輸入されたセバスキー2PA複座戦闘機と同様、期待を大きく裏切るものだった。

その上昇性能や運動性は、九六式四号艦戦にくらべてかなり劣り、肝心の最高速度もほとんど変わらないとあっては使いものにならず、ついに前線に出ることはなかった。

そうした苦い経験にもとづき、戦地の航空部隊、横須賀航空隊、航空技術廠の意見をまとめたものが、昭和十四年秋に三菱に内示された計画要求書案で、高々度での最大速度と上昇力を第一義とし、運動性、航続力、着陸速度や着陸視界などの要求は、艦上戦闘機にくらべてかなりゆるやかでよいだろうとする、きわめて常識的な考えで一致していた。

ところが、〝ゆるやかでよい〟とする程度が問題なのであって、いざとなるとその程度がきびしくなり、試作がすすむにつれて、およそ最初のコンセプトからはかけ離れた要求がつぎつぎにだされ、設計側を苦しめる結果になってしまった。

「雷電」にとって最初の不幸は、装備エンジンに適当なものがえられなかったことだ。すでに多用されていた「栄」や「金星」では、性能の向上は望めず、さりとて「誉」はまだ計画段階で検討の対象ともならず、選定対象となるのは、わずかに、三菱十三試「ヘ」号（のちの「火星」一三型）と愛知十三試「ホ」号（のちの「アツタ」一一型）があるだけだった。

三菱は、この十四試局戦の設計主務者にふたたび堀越技師を起用し、堀越は例によって、几帳面さと細心さをもって、両エンジンを装備した場合の計画を練ったが、それは彼にとって、けっして満足すべきものではなかったようだ。

「堀越技師は、この両発動機について試案をつくって航本に出頭し、当時の和田操技術部長はじめ関係者の前で、ヘ号は外径が大きいわりあいに出力低く、ホ号は原型のDB－600より性能が劣り、ともに新局戦の要求を満足するには不適当である旨を、技術者らしいフランクな立場で説明した。しかし、これ以外に発動機はないのであった。

筆者には純技術的に考えれば、ホ号の方が設計上の無理がなくてむしろ好ましく思われた。堀越技師も同感のようだったが、この方は試作成功の確実性や、戦闘機に日本海軍として不慣れな水冷を使用することの不安やらで抹殺され、結局、ヘ号に軍配があがり、これにドイツから製造権を購入したVDMプロペラを装備することにきめられた。

後年、着陸視界があれほどやかましく言われることがわかっていたら、だれもがあの直径の大きい『火星』一三型を採るに躊躇したであろう」

『航空技術の全貌』上巻（原書房刊）のなかで、当時、航本技術部戦闘機担当主務者だった巖谷英一技術少佐（のち中佐）はこう述べているが、空技廠の山名技術中佐が「彗星」に「アツタ」を採用したように、堀越もまた設計上の観点からすれば、水冷エンジンが望ましいと考えていたようだ。

えらばれた「火星」一一型は公称出力千四百八十馬力、当時えられた空冷エンジンとしては中島の「護（まもり）」につぐ大出力エンジンだが、千二百馬力の「金星」四三型にくらべ、直径が十二センチ以上も大きかった。だから、搭載機種も十二試陸攻（のちの一式陸攻）や十三試大艇（のちの二式大艇）など、もっぱら大型機に使われ、機体の小さい単座戦闘機にとっては不向きなエンジンだった。

それを、たんにほかに適当な大出力エンジンがないという理由で、不利を承知で使わなければならないところに、堀越技師の苦悩があった。

水冷式にくらべて、正面面積の大きな空冷エンジンで前面抵抗をへらすには、機首の形をできるだけスマートにしたほうが有利なことは当然だが、エンジン直径のもっとも太いところから、滑らかにしぼろうとすると、どうしても機首を長くしなければならない。

そこで「火星」エンジンの軸を延長してプロペラを前にだし、機首を細くしぼり、このかたちにあわせて胴体部分をすんなりふくらませた紡錘型とした。

この点は十四試局戦より一年おくれて、やはり同じ理由で「火星」エンジンを装備しなければならなかった川西の十五試水戦「強風」も同様たが、「雷電」はエンジン・ナセルを極端にしぼったので、冷却用の空気流量の不足を補うため、冷却ファンによって強制的に空気を吸いこむようにした。

「強風」のほうは、エンジン・ナセルはふつうの長さだが、そのぶん長く大きなスピンナーをつけて、機首を整形している。

おなじエンジンをつみ、紡錘型の胴体をもち、主翼構造もモノスパー（一本桁）にちかい主桁と補助桁の組みあわせを採用しているなど、水上と陸上のちがいはあるにせよ、設計的に多くの共通点が見出される「雷電」と「強風」は、試作年度は一年ちがいだが、試作一号機の初飛行は、ほぼ同時期の昭和十七年三月二十日と同年五月六日だった。

「雷電」の官試乗がおこなわれたのは、昭和十七年六月から七月にかけてで、担当は、空技廠飛行実験部が周防元成、帆足工両(たくみ)大尉、横空が戦闘機主務花本清登少佐だったが、試乗の結果、もっとも大きな問題として、視界不良とエンジンの出力不足があげられた。

もともと、設計当初からエンジンの出力に不満があることは承知のうえでの選択だったが、その物たりない出力ですら、額面どおりにでないとあって、試作機の性能は、予定をかなり下まわるものとなった。

このころ、すでに、ハイオクタン燃料の入手が困難になっていたことから、低オクタンでも、エンジン出力の向上と燃料節約を可能にする方法として、水メタノール（水とメチルアルコールの混合液）をスーパーチャージャー付近に噴射する研究が、三菱名古屋航空機製作所発動機部で実をむすび、まず「火星」に実施された。

これが「火星」二三型で、機体の方にはまだ多くの改善すべき問題はあったが、戦局の要請から海軍は制式化を急ぎ、昭和十七年十月に「雷電」一一型（J2M2）として採用された。

すでにガダルカナルは敵手に落ち、戦局は緒戦のはなばなしい攻勢から、連合軍側の反攻へとかわりつつあったので、迎撃専門の優秀な局地戦闘機の必要性は逆に高まっていたからである。

十四試局地戦闘機雷電。卓越した設計にも関わらず、視界不良などの点で、局戦としての高性能は見落とされた

だが、この時点で「雷電」はまだ量産化できる域にまで完成されたとはいえず、「雷電」より少しおくれて試飛行をやった川西の「強風」も、昭和十七年八月に第一号機を海軍に引きわたしたものの、その後の進展ははかばかしくなく、零戦の改良をもって、その穴を埋めなければならない状態だった。

それでも水戦の「強風」は、計画のはじめからかぎられた局面での使い道しか考えられていなかったし、じっさいに戦争がはじまってみると、この種の機体はあまり必要でないことがわかったので、大勢に影響はなかったが、「雷電」の場合は事情がちがう。

海軍が、主力戦闘機として多大の期待をかけた機体だったからだ。そこで海軍はあせった。「雷電」の不良対策を急ぐと同時に、三菱での零戦の生産をへらして、「雷電」を大量につくることが計画された。

零戦のほうは、すでに中島飛行機での転換生産が軌道に乗り、むしろ、改良で混乱がつづく三菱より、ハイペースで生産がおこなわれていたので、三菱の生産の主力を、新鋭の「雷電」におきかえようという海軍の考えであった。

それにもかかわらず、「雷電」の太い胴体と長い機首からもたらされる前方視界の悪さや、動力関係から発生する振動が大きな問題とされ、生産に入るに入れないジレンマに陥ってしまった。

とく振動問題は深刻で、多くの改良をほどこされてようやく制式となった「雷電」一一型も、「火星」一三型エンジンの不調とあいまって、その対策と試験飛行が長びき、ソロモン、ニューギニア方面ではげしい空の攻防がつづいている時期に、一年ちかくもかかったため、作戦的にも、戦闘機生産計画の面にも、大きな影響をおよぼした。

そして、最後に、振動発生原因はプロペラ翼の剛性不足(やわなこと)が主因とわかったが、この実験の最中に、テストパイロットの帆足大尉が墜落、殉職するという最悪の事態が発生した。

帆足大尉の殉職

この日の事故の目撃者の一人、三菱名古屋発動機製作所（名発）研究課員だった佐野朗技師は、当時、エンジンの振動に関する研究では、わが国で第一人者といわれた山室宗忠技師のもとで、難航した「雷電」の振動問題を担当した主力メンバーだったが、戦後、三菱重工のOBたちがまとめた記録文集『往事茫々』の中で、つぎのように述べている。

——航空事故は、昭和十八年六月十六日のことであった。日誌にはこの日は「晴」と書いてある。

場所は三重県鈴鹿海軍航空隊、試験機体＝十四試局地戦闘機一一型（社内名称J2M2、のちに雷電と命名）二号機、発動機＝「火星」発動機二三型。初飛行＝昭和十七年九月。振動試験開始＝昭和十七年十二月。事故当日の搭乗者＝海軍大尉・帆足工、機体＝名航・松浦技師、発動機＝名発・本田正技師、振動＝名発・佐野朗技師、整備＝鈴鹿工場・木佐貫技師。

寒い鈴鹿おろしの吹きすさぶ十二月に振動試験が開始され、すでに半年を経過し、花の四月はとっくにすぎたころ、私はいまの鈴鹿市白子町の鼓ヶ浦海岸ちかくにある西野屋旅館から、鈴鹿海軍航空隊に隣接する三菱重工名古屋航空機製作所鈴鹿整備工場へ、バスの車窓から麦秋をながめながら、疲れた体でその日も出勤していた。

余談になるが、われわれの逗留していた旅館西野屋というのは、当時、白子町には二軒しかないものの一軒で、筋むかいに劇場も経営し、南方基地テニアンなどからG4一式陸攻の空輸のため、内地にやってくる下士官パイロットが、待ちこがれた妻子と最初の夜を結ぶ宿舎でもあり、また海軍の審査のパイロットも白子泊まりの場合は同宿し、トランプに夜を明かすといった幅ひろい客すじの御用旅館であった。

一泊二食で二円五十銭、夕食には伊勢湾の新鮮な魚貝類が食膳をにぎわし、二の膳までついて、山海の珍味ならず海々の珍味が食べきれぬほどつき、おかわり無制限の銀メシなど、当時すでに物資の出まわりの悪くなっていた名古屋暮らしからすれば、食欲盛りの私たちには魅力的な出張者のオアシスでもあった。

その日は、振動試験のため一回飛行すれば、十二月以来の長期間の試験を一巡して、機体側の総点検に入る予定となっており、ひさしぶりに名古屋へも帰れるので、何となく浮きうきする日であった。

午前中の飛行もぶじ終わった。しかし、振動試験の目的は達せられなかった。振動対策の効果が現われなかったのである。

それで、午後もう一度、対策を強化したケースについて飛行をおこなうこととなった。

私はあわただしい昼食をすませて、さっそくプロペラボスのつけ根に二千五百グラム・センチの不平衡のバンドを取りつけたり、パイロット席の後方の胴体内に装着した電磁オシログラフの記録紙を装填したり、発動機減速機室、パイロット席床面、フットバーなどの振動計の較正を終わって帆足大尉の搭乗を待った。機体の整備も終了した報告を木佐貫技師から受けたので、石監督官に準備完了を報告し、飛行を願いでた。ちょうど、午睡中であった帆足大尉は、洗面所で顔を洗い、ねむけをさますと、やがてJ2M2の機上の人となった。

私は、帆足大尉をエプロンに送りだし、引き返して事務所の二階の会議室でオシログラフを調べかけた。……ほどなく、いつも耳なれた某兵曹長の性急な「J2が墜落しました」という声が、事務所いっぱいに響いた。

私は解析中のオシログラフを手に持ったまま立ち上がり、本能的に格納庫をへだてた南側の飛行場へ視線を走らせた。

ぶじ飛行していたいままでならば、機体の姿は見えなくても、とうぜん特長のある金属製の爆音（J2M2は、発動機の前面抵抗を小さくするために、プロペラシャフトを延長し、そのつけ根に冷却用ファンを装着してあるので独特の高音を発し、他の機体とすぐ聞きわけがついた）がするのであるが、そのときは、無気味なほど静かであった。

やがて事故の報道の真実性に納得ゆくと、転がるようにして階段を下りた。そのころは監視所の方からもバタバタ人がかけてきて、おりから車庫の中から引きだしてきた給油自動車に、消火器を持って十名くらいがとび乗った。

墜落位置がよくわからないので、とにかく現場にちかい方角に車をとばすと、途中で麦畑の中から一条の黒煙がのぼり、その位置が下士官集会所から近距離にあることがわかった。前後して、こんどは火炎が見えるようになり、間をおいてドカンという音が聞こえた。

もどかしい寸秒をへて現場に到着し、自動車から飛びおりてかけつけてみると、墜落の現場は下士官集会所の前方約三十メートルくらいのところで、毎日通勤するバス道から、十メートルとはなれていない麦畑の中で、すでに機体は炎につつまれ、主翼、尾翼の位置も明らかでなく、一瞬、機体全体から燃え上がっているかのごとくであった。ある者は消火器を使い、他の者はスコップで、はては素手で土砂を運んで消火につとめ、やがて炎は下火になった。なおくすぶっている煙の中から、パイロットの悲愴な正視できない殉職の姿が浮かんできた。

後で、われわれよりさきに集会所からかけつけた下士官の話を総合すると、墜落前後の模様はつぎのようであった。

非番で同僚と玉突きをしていると、聞きなれぬ爆音がするので外へ目をやると、おりしも集会所めがけて突っこんでくる機体がある。

これはてっきり不時着に相違ないと思って、同僚をつれてとびだした。このときはまだ機体は空にあり、発動機は回転し、パイロットの必死の努力が見られるようであった。

集会所の門からでたころ、機体は前方の農具小屋に激突し、あたりはもうもうたる土煙でおおわれた。さっそく搭乗員救出のため、ちょうど集会所に居合わせた軍医長以下数名がかけつけた。

現場にかけつけてみると、胴体は二つに折れて主翼の上にのり、後部胴体とおり重なり、発動機は取付架のところからもぎとられ、五メートル斜め前方にすっとび、パイロットは背当てシートとともに腰かけたまま、斜め後方に投げだされ、人事不省のまま大きく苦しい呼吸をしていたという。

まだこのときは土煙がおさまったばかりで、引火はしていなかった。下士官はパイロットを救いだそうとして、背後から腕の下へ自分の腕を入れ、だきかかえて引っ張ったが、バンドがかかったまま激突の衝撃でシートもこじれ、足も曲がっているので、容易にはずすことができなかった。

軍医長の命で、二、三名の兵がさっそく畳をとりにもどり、やがて畳も運ばれ、曲がってバンドをおさえていた足を伸ばしてバンドをはずし、体をかかえていよいよパイロットの体を引きずりだそうとした瞬間、おりあしく、突如、右主翼燃料タンクが誘爆した。燃料タンクの中のガソリンはしぶきとなって機体にかかり、炎は瞬時に機体全体をつつんでしまった。下士官も兵二、三名もガソリンをかぶり、大火傷をするにいたった。

私たちがかけつけたのは、こんなことの直後であった。とうとう二、三秒の差でパイロットは救いだすことができず、炎の中に置き去りになってしまったのであった。

その夜、遺体は空輸員控室（南方基地からG４一式陸攻を引き取りにくるパイロットらの控室で、二階建ての事務所の南側にある平屋の建物）に安置された。部屋を白幕で区切り、祭壇を設け、遺品の軍帽と短剣が遺体の上に飾られ、「故海軍大尉帆足工の霊」と書かれた。

霊前には御供物にまじって、煙草とトランプがとくに涙をさそった。毎夜遅くまで、煙草をくゆらせながら、トランプに熱をいれる帆足大尉の姿を、ふたたびそこに想像した。

やがて、名古屋航空機からは岡野所長以下、名古屋発動機からは稲生副長、堀工場長以下がつめかけ、監督長、監督官らの官側代表も到着し読経がはじまり、官側、会社側幹部に引きつづいて、現地でつねに接触の長かった私たち若手技師の焼香につづいて整備の工員にいたるまで、長い間いっしょにＪ２Ｍ２の玉成に邁進してきた者たちの悲しい御通夜がはじまった。夜がふけると、遺体は衛兵に守られて朝を迎えた。

帆足大尉は、「雷電」の設計開始当初から、飛行実験部主務部員だった小福田租少佐が、試作一号機の海軍側領収を前にして、南太平洋方面の第一線部隊の飛行隊長として転出した後をうけ、昭和十七年七月末に空技廠にやってきた若手の戦闘機パイロットだった。

兵学校六十三期、前任者の小福田少佐より四期後輩にあたるが、戦闘機主務者として、「雷電」「紫電」などの試作機のテストをはじめとする多忙な業務をこなしていた。

小福田少佐が去ったあとは、次席部員の周防元成大尉が一時期、帆足大尉と組んで審査業務をやっていたが、周防大尉は、十七年暮れに南方戦線から帰った同期の志賀淑雄大尉と交代して前線にでたので、飛行実験部の戦闘機担当部員は、小福田、周防のペアから、志賀、帆足にかわった。

志賀大尉は兵学校六十二期で帆足より一期上、したがって志賀が先任部員となるが、さきに着任していた帆足が、「雷電」も「紫電」も先任のかたちでテストをやり、志賀の着任を待って、帆足が「雷電」の主務となった。

したがって、「雷電」に関しては、志賀は帆足の後見役のかたちで、実験部員としての勉強のつもりで見まもっていたのである。

ふたたび、三菱名発の佐野技師の記述にうつる。

——事故発生の夕刻、この状況を急報するため、戦闘機が一機、横須賀海軍航空技術廠に飛びたった。

翌朝は、空路にて海軍航空技術廠実験部長ほか関係部員約二十名が一式陸攻で来格(らいかく)されて、厳粛に告別式がおこなわれ、官側実験部長、推進器部長原大佐、会社側岡野所長、稲生副長以下多数参列の中を、霊柩車は四日市の斎場に向かった。

遺骨は午後四時ごろには白木の箱におさまって飛行場に帰り、その夕刻、実験部長とともに兵学校の同期生に守られて、一式陸攻で空路、横須賀に帰ることとなった。

六月十七日はこうして暮れた。六月十八日は曇りであった。事故調査本会議は、後日、横須賀の空技廠でおこなわれることになり、さしあたりその日は、格納庫側に面して二階の会議室はすこし暑かったが、爆音を避けるため窓を閉めきって、これまでのＪ２Ｍ２の実験経過と成果がまず報告され、事故の状況が詳細に説明されるという大会議となった。

雷電の完成をめざしていた志賀淑雄大尉

会場は南側を背にして、民側が右から三菱名古屋航空機の関係者、ついで三菱発動機、住友ペラの関係者の順序で着席し、その向かい側には、黒板を背にして鉤の形に原大佐、石監督官、山田監督官、司会役の志賀大尉、松浦部員、鈴木部員などの官側が着席し、すでに黒板は全面を使って、現在までの試験の経過をそれぞれ機体関係、発動機関係、推進器関係にわけて、ところせますきまでに書きつくしてあった。

民側の出席者の主な顔ぶれは名航＝本庄、堀越、平山、田中、松浦、鏡淵技師、名発＝酒光参事、井口、山室、黒川、本田、佐野技師、住友＝小川技師ほかであった。

まず司会の志賀大尉から、帆足部員が生前、終始、熱心にJ2玉成に努力したにもかかわらず、問題の解決にいたらず、今回の事故発生により、不幸殉職という最悪の場面をむかえたが、現下の戦局をみると、J2の出現が一日もはやきことが要望され、完成の努力は一日もゆるがせにできない。

本日ここに、昨日までにおこなった実験の経過を報告し、その成果を検討し、今後の実験の方針を協議することを目的とする旨述べられ、最初に堀越技師が、機体側の実験の経過を報告された。

ついで、発動機関係を泉技師、振動試験の経過を山室技師が説明した。振動問題は、J2M2の玉成をはばんでいる一番の問題点であったので、山室技師は詳細な説明に時間をかけた。

当時、パイロット席のゴツゴツ振動といわれて重大視されていた振動は、発動機の減速比〇・五四×プロペラ四翅の回転アンバランスの振動と、発動機のクランク軸の二・五次の振動とか、うなりを起こす現象であり、この対象として、ついに減速比を〇・五に変えることにより、予期どおり、ゴツゴツ振動は消失したものの、なおビービー振動が残っているとのパイロットの所見で、この解決のためには、プロペラ側に不平衡を人意的に付加することによって、軽減しようとの試みの一環として、五百グラム・センチ、千五百グラム・センチの試験の結果と、その効果が比較説明された。

そうして、二千五百グラム・センチで、今回の事故発生につながった事実を説明された。いろいろ白熱した質疑応答があって、午前中の経過報告は終了した。

午後一時から再開された会議では、主として事故状況について論議された。午前の黒板の文字は消され、あらたに事故機の機体番号、飛行時間、発動機番号、運転時間、プロペラ番号、精密検査資料、かつ事故当時の整備状況などがギッシリ書かれ、色わけのチョークで胴体の折れ具合、主翼の位置、発動機の向き、墜落の瞬間つきあたったという農具小屋などの悲惨な情景が、鳥瞰図的に書かれ、事故当日の状況をあきらかにした。（後略）

情のこまかい士官

この事故状況の説明は、設計主務者の堀越二郎技師によっておこなわれ、地上運転、離陸、墜落直後の順に、黒板の文字が読みあげられたが、最後に、

「飛行場東南方約一キロの麦畑に墜落し、搭乗者帆足大尉は焼死殉職す」とむすんで説明が終わった瞬間、悲痛な空気が、一瞬、会議室をおおった。

しばらくは声を発する者もなかったが、やがてわれに返った人びとから、思い思いの質問が発せられた。

その中でもっとも多かったのは、発動機がどの程度の回転であったかということであった。

それは、離陸直後、発動機の異常音を聞いたという者があり、ここで発動機の異常をみとめ、不時着を決意して、発動機をしぼって滑空姿勢に入ったが、高度不足のため墜落したという考え方、また下士官の目撃のごとく、最後まで発動機が異常なく回転していたとすれば、離陸直後、操縦系統に異常をみとめ、この修正をほどこさんと最後まで努力したが、高度不足のため墜落したという説明もある。

あるいは、プロペラピッチの急変節による推力不足にあるのか、パイロットの殉職したこの場合、急速にきめてとなる原因はわからなかった。

会議は長い論議のすえ、機体、エンジン（発動機）、プロペラ（推進器）と三つに大別して、それぞれ専門的に工場に事故品を持ち帰り、分解点検して調査する項目と分担がきめられた。

もっとも疑われたのが、それまでにもとかく問題のあったエンジンで、離陸直後、エンジンの異常音がしたという証言から、すぐに空技廠発動機部の松崎部員担当で、エンジンの分解チェックがおこなわれた。

徹夜をふくみ二日かけて、エンジンをバラバラにしてみたが、どこも異常がみられない。プロペラのブレードが一枚抜けていたことからして、松崎はプロペラに疑問をいだいたが、キメ手となるものがない。

そこで、目撃者に何回も、エンジンの音を聞かせてどうだったかを聞いたが、これも確証がえられなかった。

「雷電」は、それまでの機体とちがって、細くしぼったエンジン覆いから空気を大量に吸いこむため、冷却ファンがついており、これが独特のサイレンに似た音を発したので、この聞きなれない爆音を異常音と聞きちがいしたのではないかとも考えられた。

エンジンだけではなく、機体、プロペラなどについても念入りな調査がおこなわれたが、これといった原因らしきものがつかめないまま、約三ヵ月ほどたったころ、まったく偶然のことから事故原因が判明した。

三菱の柴山栄作操縦士が、「雷電」一一型第十号機で離陸直後に脚を引っこめたところ、急に操縦桿が前に押されて、上げ舵がとれなくなった。

機首が下がり、飛行機は猛然と地面に向けて突っこみはじめ、帆足機とおなじ状態となった。

このとき、柴山操縦士はとっさに、脚上げでこうなったのだから、脚を下げてもとの状態にもどしてはと気づき、急いで脚をおろすと、さいわいにも操縦桿の自由が回復した。

着陸して地上試験をやったところ、尾輪のオレオ支柱が湾曲して、脚上げと同時に昇降舵の軸パイプを押すために、下げ舵となることが再現された。

こうしてテストパイロットの殉職といういたましい結果をまねいた「雷電」の事故原因は解明されたが、「雷電」の急速整備をもっとも必要としたこの時期の事故は、ただでさえもたつきがちだった生産に、いっそうの混乱をもたらす原因となった。

さきの『往事茫々』に事故の思い出を書いた名発の佐野技師は、六月十八日の会議後、ひさしぶりに名古屋に帰って、自宅のベッドで熟睡したが、その翌朝から、高熱に襲われて入院してしまった。

過労からきた右湿性肋膜炎で、それ以来、彼は通算して四年半もの間、結核との闘病生活をしいられることになった。だから、彼は回想記をつぎの言葉でしめくくっている。

「いずれにせよ、この経験は、当時若かった私にはよほど強烈であったにちがいない。あれから二十八年、私はいろいろの人生経験をしたが、この航空事故のイメージは、昨日のことのように、いまだに私の心に鮮明に焼きついている。

私のいま持っている出張日誌は、十八年六月十九日（土）曇以降は、長期欠勤のため空白となっている」

殉職後、少佐に進級した帆足は、若者らしい荒けずりさをむきだしにした青年士官で、海軍兵学校のハンモックナンバーもかなり上位にあった。

ひっ迫した戦局のせいもあって、仕事熱心さから三菱の人たちをなぐったりしたこともあったが、一面では前任者の小福田中佐（当時少佐）が、その著書『零戦開発物語』（光人社刊）の中で書いているように、

「実験部の戦闘機主務者として、繁忙重要な審査や実験に八面六臂の活躍をしながら、ソロモン方面にいる私と留守家族との連絡にまで気をくばるなど、じつに情のこまかい士官」だったようだ。

みじかい間ではあったが、帆足といっしょに仕事をした志賀少佐（当時大尉）も、

「もっと年をとって人間的な幅と落ちつきがくわわったら、山口多聞（中将）のようなアドミラルになったろう。飛行実験部より、むしろ横空分隊長にしたいような人物だった」と評している。

帆足の殉職によって、飛行実験部の戦闘機部員に欠員が生じたことから、後任として、かつて帆足の前任者だった小福田が急遽、前線から呼びもどされ、戦闘機主務者となったが、十八年度から準備に入り、昭和十九年度中には三千六百機も生産する大計画は、とうてい実現しそうになかった。

「雷電」が局地戦闘機として真価をみせたのは、昭和十九年末にボーイングB29が本土に来襲するようになってからだが、たびかさなる試作のつまずきや、計画変更などで量産は遅れに遅れ、総生産機数は約五百機にとどまった。

6 飛行機乗りと設計者〈決死の覚悟・飛行実験部部員〉

難問題が消滅した

帆足大尉が殉職した「雷電」の墜落事故のあと、飛行実験部戦闘機担当部員志賀大尉は、三菱の堀越技師に質問したことがあった。

「堀越さん、あなたは何でこんな飛行機をつくったんですか？」

これにたいして堀越は、「志賀さん、これは私の快心作なんです」といい、外径の大きいエンジンを使って空気抵抗を減少する方法として、エンジン覆いの前端を細くしぼった形とするため延長軸とし、そのため空力的にすぐれた設計になったことなどを、堀越らしい几帳面さで説明した。

それでも納得がいかない志賀は、重ねて聞いた。

「その延長軸が、じつは問題じゃないんですか」

「それは絶対にない」と堀越はキッパリ否定した。

「そうですか。なんとかはやく振動をなおさないといけませんなあ」

ここで会話は終わったが、振動問題については帆足にかわって「雷電」担当となった先任部員の小福田少佐が実験を担当したが、それからほどなく解決した。

同時期に実験中だった空技廠設計のＹ20「銀河」の成果を参考とし、プロペラの剛性を高めてやることにより、一年以上もかかったこの難問題が、あっけなく消滅してしまったのである。

もともとこの振動は、プロペラ自体の厚みを増して丈夫にしてやれば（剛性を高める）問題はなかったのだが、性能と重量の点から最小限の翼厚としたことが、裏目にでたのであった。とはいえ、かなりの質量を持ち、高速で回転する複雑な形状のプロペラ強度の確認は、静的なものは計算でもかなり正確につかむことが可能だったが、運転状態で発生する有害な振動については、それがむずかしかった。

海軍では霞ヶ浦の航空技術研究所時代から、千二百馬力、最大回転数毎分二千五百回転の強度試験装置をもっていたが、航空エンジンの性能向上から、より大出力の強度試験装置が必要となったので、昭和九年には横空の一隅にある夏島に、二千五百馬力の大々的なプロペラ試験装置の建設をはじめた。

当初の計画によると、当時の金で約七十万円にもなったことから、一時は実現があやぶまれたが、二代目航空廠長前原謙治中将ががんばって予算を獲得したため、昭和十一年に完成し、その後のプロペラ試験に大いに役だった。

プロペラ翼の振動やフラッターについては、このころからすでに研究がおこなわれていたが、昭和八年に科学部部員・島本克巳造兵少佐（のち中佐、十三年に九九式飛行艇の事故で殉職）が、プロペラの渦流理論を体系づけた論文を発表したのを皮切りに、同部員松浦陽恵造兵少佐（のち中佐、現宇宙開発事業団役員）と飛行機部部員山内享技師（のち技術中佐）が、共同でプロペラ設計基準を確立し、さらに松浦造兵少佐が胴体、またはエンジン覆いの干渉を加味して、だれにも使えるプロペラ性能計算図表をつくり上げ、山内技師はプロペラ強度計算法および剛性計算法を確立するなど、空技廠は、この分野でわが国の技術をリードしていたのである。

プロペラの研究は、最初、航空廠科学部でおこなわれていたが、その後、技術者ごと飛行機部研究課にうつり、主として飛行機部で研究が進められた。業務の拡大とともに十八年四月、新たに推進器部が設けられ、原豊大佐が初代部長となって、本格的なプロペラの研究と試作審査に乗りだすことになった。

しかし、機体やエンジンにくらべると、プロペラの研究は、組織的にも設備的にも、とかく二義的に見られたことはあらそえず、増本技師をはじめ、プロペラ関係者たちの努力によって、それをカバーするほかはなかった。

このことが、主としてプロペラに起因する「雷電」の振動問題の解決をおくらせ、ひいては「雷電」そのものの量産や部隊配備をおくらせる原因となったのである。

零戦のつぎの機種を

「貴様いつまで艦隊にいるんだ。いいかげんに陸に上がったらどうだ……」

いつもながら荒っぽい言葉ではじまる親友の周防元成大尉からの手紙は、心あたたまるものがあった。

空母「加賀」、そしてミッドウェー作戦に呼応したダッチハーバー攻撃のときの特設空母「隼鷹（じゅんよう）」と、一時、練成航空隊にいたことをのぞき、ずっと艦隊勤務だった志賀淑雄大尉に、航空技術廠飛行実験部員のポストをすすめる内容だった。

志賀は生粋（きっすい）の戦闘機乗りで、頭はシャープでよく切れるが、妥協を好まない性格で、すじがとおらなければ、相手がだれであろうと絶対にゆずらない一面があった。

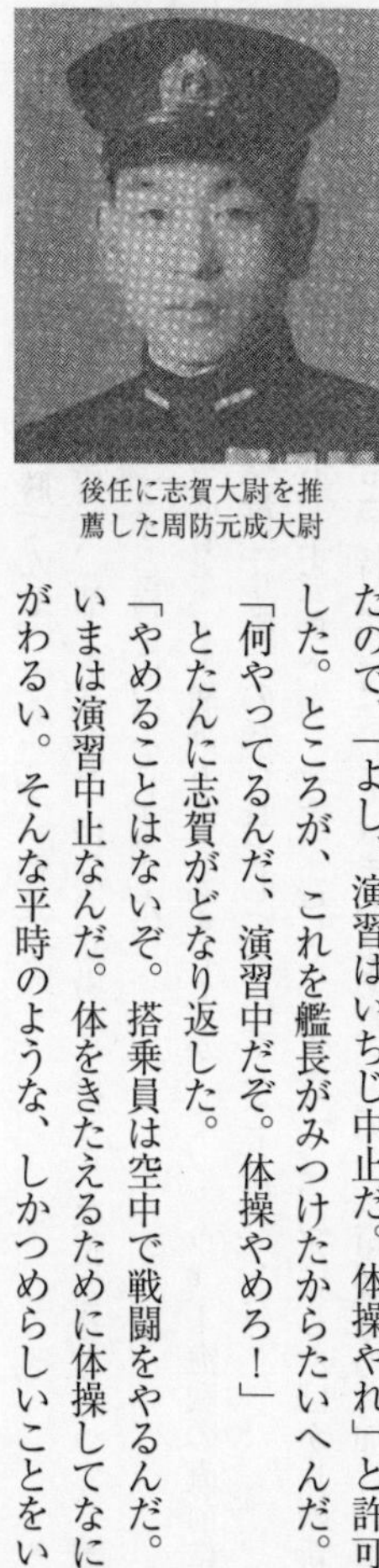
後任に志賀大尉を推薦した周防元成大尉

空母「加賀」乗り組みの時代、こういうことがあった。演習中のひととき、部下の威勢のいいのが搭乗員をあつめて、上甲板で体操をやっていた。いちおう志賀に了解をもとめてきたので、「よし、演習はいちじ中止だ。体操やれ」と許可した。ところが、これを艦長がみつけたからたいへんだ。
「何やってるんだ、演習中だぞ。体操やめろ！」
とたんに志賀がどなり返した。
「やめることはないぞ。搭乗員は空中で戦闘をやるんだ。いまは演習中止なんだ。体をきたえるために体操してなにがわるい。そんな平時のような、しかつめらしいことをいっていたんでは、戦闘には勝てんぞ。どうです、艦長！」

語気もするどくせまる志賀に、部下の手前、自分の立場を無視された腹いせもあって、艦長は、まっ赤な顔をして、プイと横を向いてしまった。

しばしば上官と衝突する志賀を、上層部もてあましたか、ミッドウェー海戦の直前に「加賀」をおろされ、特設空母「隼鷹」の飛行長として転出することになった。

豪華客船「橿原丸」（二万七千五百トン）を大改造した「隼鷹」は、完成したばかりの新鋭艦で、搭載機数も五十機と、特設空母にしてはまあまあだったが、正規空母の「加賀」にくらべると、だいぶ見劣りがした。

出港前に、機材の領収のため、三菱におもむくことになった志賀は、内心おもしろくなかった。というのは、本隊である「赤城」や「加賀」には新品の零戦が支給されるが、ミッドウェー作戦の意図をかくすためアリューシャン攻撃にむかう囮部隊の「隼鷹」は、九六艦戦でがまんせよというのだ。

冗談じゃない、怒った志賀は三菱にいき、なにくわぬ顔で零戦をうけとって帰った。三菱では、志賀がまだ「加賀」に乗っているものとばかり思っていたのであやしまれなかったが、二度目にはばれてしまった。

だが、「九六艦戦なんかで戦争ができるか。どうしても零戦をよこせ」といって、強引に「隼鷹」の戦闘機隊を零戦にかえてしまった。

志賀が参加したアリューシャン攻撃の方は成功したが、作戦の主目的であるミッドウェー作戦は、日本側の大敗をもって終わった。その後も、志賀はずっと母艦パイロットとして広大な海域を転戦、十七年十月二十六日から二十七日の南太平洋海戦のあとトラックに帰ったとき、「飛鷹」飛行長の辞令をもらった。

「志賀さん、悪いけどかわりがいないんだ」

すでに一年ちかく転戦している志賀にたいして、新配置をつげた海軍省人事局員は気の毒そうにいった。

「飛鷹」は「隼鷹」とおなじく商船改造の空母で、内地にいた。そこでひさびさに内地にもどったが、「飛鷹」に乗らないうちに、こんどは「空技廠飛行実験部部員」の辞令をもらった。

猫の目のようにかわる辞令が、当時の戦況のあわただしさを物語っているが、志賀の実験部員発令は、二五二空飛行隊長に転出する兵学校同期の周防のさし金によるものだった。

周防は志賀とおなじ兵学校六十二期、飛行学生もおなじ二十八期で、「日華事変中に個人撃墜十一機を記録して、空戦技術は士官パイロット随一」（伊沢保穂編『日本海軍戦闘機隊』酣燈社刊）といわれた優秀な技量の持ち主で、実験部には十六年四月にやってきた。

その後、約一年半にわたり、戦闘機主務部員の小福田大尉とともに、零戦と「雷電」の実用実験を担当していたが、十七年七月に小福田が六空飛行隊長として南方戦線にでたあとは、後任で一期下の帆足大尉とともに、引きつづきテストパイロットとして戦闘機の審査にあたっていた。

十七年も後半になると、飛行隊長、分隊長クラスの士官の戦死があいつぎ、小福田につづいて十七年暮れには周防も、戦死した二五二空飛行隊長の後任として戦地に赴くことになり、空技廠での自分の後任に、志賀を推薦したのであった。

ふつう、実験部員が部隊に転出するときには、前もって人事局に、後任候補者を二名くらい指名しておくならわしだった。小福田→帆足、周防→志賀の交替もそうしておこなわれたが、指名するたびに、その後任予定者が戦死して、ついに終戦まで実験部勤務をつづけた艦爆「銀河」「橘花」などのテストパイロット、高岡迪少佐のような例もあった。

志賀は実験部に着任して半年後に、同僚の帆足の悲惨な事故を目撃することとなったが、帆足の後任として、再度、実験部にやってきた小福田とは四年ぶりの再会だった。

日華事変の二年目にあたる昭和十三年二月十八日、のちに最初の零戦隊となった第十二航空隊付として、南京に着任した志賀（当時は四元）中尉は、その日の空戦で分隊長の金子隆司大尉が戦死したので、一週間後には、第二中隊長として九機をひきいて出動するハメになった。

この日の戦闘では、第一中隊が田熊繁雄大尉のひきいる十三空戦闘機隊、第二中隊が志賀の十二空だったが、田熊大尉は戦死した。

志賀が着任する十日ほど前には、かつての戦闘機教官だった潮田良平大尉も戦死しており、この方面の戦闘機隊の分隊長クラスは、飛行時間二百五十時間の志賀中尉一人になってしまった。

空戦のかけひきなど皆目わからない新参の志賀が、ぶじ帰ってこれたのは、列機に赤松貞明、黒沢利雄といったそうそうたる下士官パイロットの強者（つわもの）がいたからだと志賀は語るが、当時、この方面で対戦した義勇軍のシェンノートは、かけ引きがうまく、戦闘も強かったのである。

指揮官クラスのあいつぐ戦死にあわてた人事局は、横空から吉富茂馬、相生高秀、周防、そして小福田、艦隊の方からも応援に南郷茂章、中野忠二郎ら、優秀な士官パイロットをぞくぞく送りこんだ。

この年の八月、志賀は長江赤痢にかかったが、知れると出撃からはずされるので隠していた。奥地に進攻するには、いったん安慶でおりて補給しなければならないが、苦しくなった志賀が、ここで桑畑に駆けこんで下痢便を出していたら、小福田がとんできた。

用たし中だから待ってくださいというと、「お前は赤痢だから、もういけないんだ。かわりに俺がいくから帰れ」といわれた。「冗談じゃないですよ」と反抗してみたが、赤痢とあってはどうしようもない。けっきょく、南京に後送されて隔離入院、そのあと横空分隊長として転勤になってしまった。

小福田とはそれ以来の同一配置で、小福田は帆足のあとをついで「雷電」、志賀はより新しい「紫電」担当となった。

前線から、空技廠に着任して、志賀がまず感じたのは、「このままでは大変なことになる、零戦のつぎをはやく出さなくては」ということだった。

にもかかわらず、たのみの「雷電」の評判が悪くてどうにもならない。堀越技師に聞いてみると、「私としてはベストの設計をした快心の作」だという。ただエンジンの出力が額面どおりでていないこと、当初の趣旨とはちがった尺度で審査されたということに、不満を持っているように感じられた。

志賀は「雷電」に乗ってみると、なるほどこれまでさんざん乗ってきた零戦とはかなり異質だが、上昇力がいいし、すわりもいいから、弾の直進性もよさそうだ。

「帆足君、これがなんで悪いんだ？」

「ワシもそう思っとるんですが、視界と空戦性能がどうも……」

またまた空戦性能かと思ったが、志賀自身もし「雷電」に乗って敵機に遭遇したら、これまでの習性で、やはり格闘戦をやってしまう懸念は十二分にあったから、いちがいに否定することもできなかった。

飛行機乗りというのは、新しいもの好きな反面、あんがい保守的なもので、どうしても、これまでなじんだものから抜け切れないところがある。九五式艦戦から九六式に移るとき、九六式から零戦に移るときがそうで、どちらもかなり抵抗があった。

それが実戦によって、後者が強いことが立証されると、それまでの非難はケロリとわすれて、新しいものをほめそやす。そうした過去の経緯からみて、「雷電」も当然そうなるだろうと志賀は考えた。

実施部隊とちがって実験部のパイロットはそこまで客観的に見、この飛行機がどういう目的でつくられ、どうテストしたらいいかを考えなければならないと、志賀はようやく実験部員らしい考えを持つようになっていた。

だが、帆足をついで担当となった川西の「紫電」については、どうひいき目にみても、いいとは思えなかった。水上戦闘機の「強風」を最小限の改造で陸上戦闘機にしようとした無理がたたって、とかく故障がちの二段に伸縮する脚や、翼下に無格好にぶら下がった二十ミリ機銃、信頼性のないエンジンなど、いかにこれらの改善を指導して、よりよい飛行機に仕上げるかが飛行実験部員の仕事であるとはいえ、気のすすまないことこのうえない飛行機なのである。

しかも、新規設計の手間をはぶき、できるだけ短期間に強い陸上戦闘機をつくって、戦争にまにあわせようという当初のもくろみは、完全にくずれてしまっていた。

川西でもそれは充分承知していて、十八年二月、試作一号機が飛んでわずか二ヵ月あとに、「紫電」の改良型である「紫電改」の設計に着手した。

〝改〟とはいえ、胴体などはほとんど全面的に設計変更され、低翼となって見違えるように洗練された「紫電改」は、一ヵ月に残業二百時間という、ひと月に二ヵ月分はたらいた川西の技術者たちの努力により、設計開始からわずか十ヵ月後の、十八年十二月末に、試作一号機が完成した。

「紫電改」の設計が、追いこみに入っていた十八年九月には、中部太平洋戦線に二千馬力エンジンをつんだグラマンF6F「ヘルキャット」が出現しており、開戦以来の零戦の優位を取りもどすには、こちらも二千馬力級の戦闘機で対抗するほかはなかった。

こうした切羽つまった状況が、超スピードの「紫電改」完成となった。それにしても、「強風」から数えれば戦闘機としては三作目にあたることも大きな要因だったが、「強風」より一年も前に試作が発注された「雷電」のもたつきは、目をおおうばかりだった。

飛行機にも運不運があるが、「雷電」はまさに不運な飛行機の典型というべきだろう。

独得の戦闘機を生んだ要因

戦争である。暮れも正月もない。

昭和十九年一月はじめ、空技廠飛行実験部の「紫電改」主席テストパイロット志賀淑雄少佐と、サブの古賀一中尉が乗る九七式艦攻は、横須賀をあとにした。

めざすは、川西航空機の鳴尾飛行場である。あたらしくできあがった陸上戦闘機「紫電改」のテスト飛行のためだ。

ふつう、木型審査とか兵装艤装などのような大きな審査のときは、人数も多いのでダグラス輸送機や九六陸攻が使われたが、生粋の戦闘機乗りである志賀は、一人で出張のときはよく零戦ででかけた。つまり〝マイ・プレーン〟出張というわけだが、この日は、古賀中尉といっしょなので、零戦でなく三人乗りの艦攻になった。

志賀は、たびたび艦攻に乗っているうちに、零戦とちがって舵は重いが、いかにも安定感のある艦攻が好きになった。

機上から見る富士の姿も、地上のたたずまいも、心なしか新春ののどかさが感じられて、ふと戦争をわすれさせるほどであった。

だが、それもつかの間、鈴鹿山脈をこえ、大阪湾を斜めに横切って、翼下に鳴尾の飛行場を認めたとき、二人の海軍士官は、あらためて自分たちにあたえられた任務の重さを思いだした。

「紫電改」――それは、全海軍の期待と悲願がこめられた、おそらくはこの戦争で最後の制式戦闘機となるであろう決戦機種であった。この戦闘機のできの良し悪しが、あるいはその完成のはやいかおそいかが、これからの戦争のゆくえを、大きく左右するといっても過言ではなかった。

ゆっくり高度を下げ、いったん飛行場上空を通過した九七艦攻が大きく旋回して着陸すると、川西の人たちがかけよってきた。

志賀たちはひとまず川西本社まで行き、「紫電改」の全般について説明を聞いた。このあとの昼食には、川西龍三社長、前原謙治副社長、橋口義雄航空機部長らが同席したが、小柄な副社長の、きわめてていねいな応対が印象的だった。

あとからその人が、元空技廠長だったと聞かされた志賀も、「ヘエー、あの人が……」と、首をかしげるほどの慇懃さで、およそ噂に聞くモーレッツ副社長のおもかげは、どこにも感じられなかった。

海軍の将官から民間入りした前原副社長には、それなりにいろいろ苦労があったようで、軍にたいしては、会社のいいこともわるいことも、実質的にこの副社長がすべて責任を負っていたらしい。

こんな話がある。当時の飛行機の動翼(方向舵、昇降舵、補助翼)は、前縁部をのぞき布張りがふつうだった。布を小骨にぬいつけることをスタッピングといい、このうえから細長い布をもう一枚はって、ぬい目をカバーするようになっていた。あとに出てくるが、志賀少佐の急降下最終速テストのさい、このスタッピングが切れて補助翼(エルロン)の羽布がはがれ、舵のききがおかしくなり、あやうく降りてきたことがあった。

カンカンになった海軍は、空技廠に川西の責任者として前原副社長をよびつけた。ここの大会議室には、歴代廠長の写真が飾られており、前原は二代目の廠長だった。ちょうどその部屋で自分の写真を背にして、自分よりはるか後輩の大尉か少佐ぐらいの担当者にきつく叱られるハメになった元廠長の心中は、どんなものだったろう。この人は戦死した山本連合艦隊司令長官と同期であった。

昼食をおえて飛行場にもどると、あたらしい機体はすでにエンジンの暖機運転もすんで、試乗を待つばかりになっていた。

志賀は横須賀でたびたび「紫電」に乗ってみたが、たしかに、パワーの手ごたえと重量感はすばらしいのだが、なんとなく洗練されていない。たとえば失速にしても、「零戦」はスピードが落ちてそろそろあぶないぞというのがすぐにわかるが、「紫電」では、ある点で急にガタガタとやってくるぎこちなさがあった。旋回にしても、しかり。それに、川西が小型機の生産になれていないせいか、主翼や胴体の表面などがでこぼこで、これではせっかく採用された高性能の層流翼型の効果も、疑問に思われるほどだった。

こんどの「改」も、表面工作の悪さはあいかわらずだったが、さすがに根本的な再設計をおこなっただけあって、胴体も贅肉(ぜいにく)をおとして引きしまり、「紫電」で問題になった前下方視界も改善されていた。

川西が紫電をさらに洗練、高性能化した局地戦闘機紫電改。のち本土防空強化のため、優先的に生産された

「これは良くなっている！」

それが、コクピットにおさまった志賀少佐の第一印象だった。緊張して見まもる関係者たちにかるく手をあげて、ＯＫの合図。チョークが払われ、タキシングで離陸線に向かう。

ふつう、はじめての試乗では、何回か離陸寸前までの地上滑走テストをやり、乗り心地、偏向のクセはないか、舵のきき具合、ブレーキの調子などを調べ、つぎにわずかに浮き上がる、いわゆるジャンピングを数回やってから、本番にはいる。慣熟と異常の有無のチェックとが目的だが、急造のせまい鳴尾飛行場では、それができない。

前任者の周防元成少佐からも、「テストは慎重にやれよ。ただし、会社の整備をあまり信用するな」と注意されていた。しかし、それも承知で志賀は、いっぺんに上がってしまおうと覚悟を決めた。

「『紫電』のとき、前任者の帆足だって、会社のパイロットよりさきに上がってしまったではないか。もっとも気がかりなエンジンだって、松崎（技術少佐）がついているから大丈夫だ」

自信と、戦闘機パイロット特有の思いきりのよさから、はらをすえたところでエンジン全開、ブレーキをはなすと、飛行機は猛然と走りだした。

できるだけはやく尾部を上げるため、浮力がつくまでは昇降舵は下げ舵のまま、機速がついて、左右の景色の流れがはやくなり、尾部が上がったところで静かに操縦桿をもどしていく。浮力がついて主車輪が地面を切った（車輪が地面をはなれること）なと感じたところで、チラッと速度計に目をやる。このときの速度を確認するためだ。これより五ノットから十ノットぐらい上を、着陸前の降下速度の目安とする。予備知識なしではじめて乗る機種の着陸も、この速度でやれば絶対に失速（ストール）しない。

脚を入れる。すぐ海上にでた。そのまま、まっすぐ上がって高度をとる。やがて、左にゆっくりと第一旋回。右翼ごしはるかに淡路島が見える。

高度をさらにとって第二旋回。この間に、慎重に舵のききをためす。補助翼の癖はないか？　高度は二千五百メートルに上がり、左前下方に飛行場とそれにつづく鳴尾製作所の広大な敷地が小さく見える。

「『紫電』にくらべて視界がよくなった」

志賀は満足だった。ここでエンジンをしぼり、速度をおとす。百五十、百、九十と速度計の針がさがり、そろそろ近いぞと思うまもなく、グラリとくる。失速の前ぶれだ。すぐにエンジンの回転をあげて機速を回復する。ついで右旋回。そして左旋回。脚を出す、引っこめる。エンジンの筒温はどうか。油温はどうか、などをたしかめる。もっとも心配なエンジンも快調にまわり、振動も思ったより少ない。

やや速度をあげ、ふたたび旋回テスト。旋回半径をだんだん小さくする。ほとんど垂直旋回までもっていく。グッとGがかかり、翼後縁を見ると川西自慢の空戦フラップが、生き物のように張り出すのがわかる。

こんどは上昇。グングン機首を上げ、のぼりつめたところで、ガクンと機首が下がって失速反転。これもよろしい。これまでのテストで、志賀はこの飛行機が未完成の感が強かった「紫電」の欠点を克服して、みごとに生まれかわっていることを強く感じた。

第三旋回。そして第四旋回。ふつうなら、ここからゆっくり着陸のアプローチにはいるところだが、まだ母艦パイロットの癖がぬけていない志賀のやり方は、少しばかりちがっていた。

高度千五百あたりから機首を滑走路に向け、ゆるい降下（ダイブ）にはいった。地上すれすれで引きおこし、部隊への引き渡しのため滑走路わきにズラリとならんだ「紫電」の列線を、なめるようにして上空を通過。格納庫前で切りかえし、クルリとまわって降りてきた。空母への着艦操作とおなじ、あざやかな着陸だった。

はじめての試験飛行で、こんな飛び方をした前例はない。テストの状況いかにと、かたい表情で見まもっていた人びとは、颯爽たる「紫電改」の飛行ぶりに感激した。おまけに「こんどのテストパイロットは、われわれの整備を信頼してくれている」と、川西の人たちはひどくよろこんだ。

だが、一回飛ぶごとに時間をかけて整備しなければならないほど調子の悪いのを知っていたエンジン関係者たちは、いまにも異常がおこりはしないかと、ハラハラのしどおしだったらしい。

「こんどの飛行実験部員は、ひとり者ですか?」

中島の瀬川正徳技師が、思わずかたわらの松崎技術少佐に問いかけたほど、その飛行ぶりは大胆でハデにみえた。当の志賀は、これまでやってきた艦隊の作法にしたがったまでだとケロリとしていた。

ともあれ、このことがテストする側とつくる側との気持をちかづけて、相互に信頼しあうきっかけとなった。とくに、志賀とエンジンで苦労した中島の瀬川技師とは、当時きわめて貴重だった配給の酒を融通しあうほどのあいだがらとなった。左党の瀬川は、酒がなくなるとよく志賀に無心し、志賀はなんとか工面しては、夜も寝ずにエンジンの整備に取りくむ瀬川の苦労にこたえた。戦後、積水化学の常務となった瀬川に偶然再会したとき、そのころのお礼にと、こんどは志賀が丁重なもてなしをうけたという。

テストパイロットは飛行がおわると、機体の前におかれた大きな黒板に所見を書きつらねる。そのとき、上空で経験したことを地上の人たちにわからせるために、表現には苦労する。だれでもそうだったが、どうしても「零戦」との比較が多くなってしまう。

「おおむね、よろしい。しかし川西さんには悪いが、零戦はこれ以上に洗練されている。海軍が要求している空戦性能にたいして、これではものたりない」

最後に志賀は、こうつけくわえた。この所見にたいし、技術者からいろいろ質問が発せられたが、戦闘機パイロットとのつきあいがあさい川西の人びとには、なかなか理解できない。それまで川西でやっていた水上機のパイロットには、艦隊といっしょに行動するため、辛抱づよい人がおおかった。

志賀にいわせれば、「彼らは、じつに紳士でおとなしい。しかし、任務とあれば、自分を犠牲にしてもかえりみない責任感もある。彼らこそ、ほんとうの海軍士官だ」ということだが、戦闘機パイロットの方は、「がらがわるい」から、思ったことはズケズケいう。なんとかわからせようと、つい極言を吐くが、菊原をはじめ技術者たちは、けっして腹をたてない。重量もエンジン出力も「零戦」の倍もあり、局戦がねらいの「紫電改」を「零戦」と比較するのは、どだいムリな話である。彼らはいつも冷静に、理づめに反論した。

「菊原技師は綿密な計算、剛直な性格の外面を関西育ちの柔軟さでつつみ、進歩的な発案をだして意見を求められるので、こちらも正しい回答をとつねづね意識しながら接しなければならなかった」

志賀の菊原評であるが、戦後、志賀の従兄と菊原が三高時代の寮友であることがわかり、一夕をともにしたが、海軍時代の志賀たちにたいする恨みがましいことは、いっさい口にしない重厚な人柄に感銘したという。

また、志賀はこうもいっている。

「テストパイロットは、つねに飛行機の要求性能、性格がなんであるかを頭に入れて、評価をくださなければならない。ところがわれわれは、要求や設計の目的と反対のテストをやっていることが多かった。たとえば『雷電』は、設計者の堀越さんにいわせると、『私の設計した中でいちばんいい飛行機』だったが、迎撃機としていまのジェット機なみの急上昇性を要求して設計させておいて、いざできあがると、格闘性がわるいと文句をつけた。あきらかに誤りだが、戦闘機乗りは、とくにこうした傾向が強かった。

零戦だって、最初の半年か一年は鈍重でだめだといわれていたが、初陣で戦果をあげたとたんに、みんな『いい、いい』といいだした。だから、それまでが設計者の我慢のときだが、これはわれわれとわれわれの先輩たちの責任でもあった」

だが、反面では、日本のパイロットたちのこうしたムリな要求が、高速性と格闘性という、あい矛盾する性能を、あるていど両立させた独特の戦闘機を生む原因となったことも否めない。

稚気愛すべき男たち

つねに危険と背中合わせにあった飛行実験部の部員たちには、他部門とちがった独特の雰囲気があった。それはいうなれば、いつ死ぬかわからないというあきらめと引きかえの、底ぬけの明るさだったのかもしれない。

昭和十七年暮れ、飛行実験部飛行課（一科。整備課が二科）事務に、一人の乙女が入った。名は池田久子（現姓山崎）、横浜市磯子の親のもとで嫁入り前の気らくな日々を過ごしていたが、戦争がだんだん激しくなって、挺身隊にとられるおそれがでてきたので、空技廠の総務部にいた友だちのつてで、空技廠に入ることにした。

ところが、総務はいっぱいで、飛行実験部なら空きがあるといわれ、行ってみておどろいた。飛行場から帰ってきた少佐クラスの人が、部屋に入ってくると、開けたドアを後ろ足でドーンと蹴とばして閉める。かと思えば、口を開いて他の部員と話しているのが、大声でまるでケンカをしているかのよう。

〈これはたいへんなところに来てしまった〉

仰天した池田久子が小さくなっていると、業務主任の池田吉二技師が、

「とにかく、言葉も動作も荒っぽいし、声も大きい。最初はだれでもびっくりするけれど、ほかにはないよさもあるから、まあ二週間ほどがまんしてごらん。それにここなら、総務部あたりのように意地悪されることもないし」と言ってなぐさめてくれた。

なるほど、池田技師の言葉どおり、しばらくいるうちにだんだんよさがわかるようになったが、困ったのは、みなさんたいへんに茶目っ気の多いことだった。まだなれなくて、人の名前もよく覚えていなかったころ、水上班長益山光哉少佐の前にいって、

「益山少佐はどこに行かれましたか？」と聞いたことがあった。すると、当の益山少佐は、

「ン、益山少佐？　あれは死んだよ。今日一三〇〇から葬儀だよ」とすましていった。

実験部はたくさんの飛行機や兵器の実験をやっていたから、外からの電話が頻繁だった。あまりたびかさなるので面倒になった小福田少佐はしばしば、受話器を取るなり、

「だれかね。俺は空技廠長の和田だが」といって相手をまごつかせた。あるときそれをやったら、たまたま電話してきたのが当の和田中将だったので、

「いけねぇ」と飛び上がって廠長室に謝りにいった。

稚気愛すべき人たちであったが、機種によってそれぞれ性格も行動もちがうところが、女性の池田にはなんとも面白く感じられた。

おなじ部員でも小福田、志賀など戦闘機乗りは、細い廊下を池田が歩いていると、うしろから追い越していくが、高岡、大平（いずれも後出）など大型機担当は決してそれをやらない。戦闘機は命令が出たらすぐ飛びださなければならないが、戦闘機のように敏捷に動けない大型機は、いっせいに発動したら、燃料を大量に消費してしまうので、最初の機こそ駆け出すが、あとの機はそれから一服つけてもまにあうからだ。

飛行艇になると、もっとゆっくりしており、飛行機の性格がそのままパイロットに反映しているようすがありありと見られた。

飛行実験部一科（飛行課）は大部屋で、部員室、副部員室、事務室は、たんにロッカーで仕切られているにすぎなかった。部員室は部長が中央で、水上班、陸上班、兵装班にわかれており、ふだんはたいてい出払っていたから比較的静かだったが、雨が降って部員たちが出られないときなどはたいへんだった。

口笛を吹くもの、大声で議論をするもの、ブリッジをするものなど、部屋の仕切りがロッカーだけだから騒々しさは筒抜けだったが、その中にはなにかしら暖かさが感じられた。

用事があって部員室にいってみると、小福田少佐が机の上に足を組んでいるし、大佐相当官の池田技師がなにやら大声で怒鳴っている。一隅ではブリッジをやっているグループもあって、まるで飯場か何かのような雰囲気だが、帰りにはかならずお菓子や航空糧食などをくれた。

そんな一科内ではなにかと雑用も多く、ボタンが取れちゃったとか、進級したから襟章をつけてくれといったことはしょっちゅうで、たまに疲れた池田が居眠りをしていると、起こしもせず、「よく寝とるな」といってそっとしておいてくれた。

荒っぽさとやさしさをごちゃまぜにしたような飛行実験部員は、またやんちゃ坊主でもあった。飛行場にいくのに、よくダットサンを呼んだが、車がくるまでの時間がじれったいので、近くの防火用水槽で釣りをやっていた。防火用水にはボウフラ退治のため金魚が入れてあり、昼食のゴハン粒をとっておいて餌にするとよくかかった。

飛行靴をはいた大尉だの少佐だのが、真面目な顔をして、じっと釣糸をたれている図は、ほほえましいものであったが、それを上から見られて、「金魚を釣ってる部員がいる」と放送され、以後やらなくなった。

飛行場までいくのに使われたダットサンは、室内の広さはいまの軽自動車より狭い四人乗りだったが、つめこんだら、いったい何人乗れるかやってみようとだれかがいいだした。けっきょく十三人つめこんだが、重みで車がきしんだ。

「オイ、スプリングが折れるからゆっくり行けよ」

運転手にそういって、ギュウギュウづめのダットサンで、そろりそろりと飛行場に向かったが、さすがに二度とやろうという者はいなかった。

海軍に「初級士官参考資料」というのがあった。名称はいかめしいが、内容は女性に関するその方の解説書で、こういうことでは海軍は妙にゆきとどいたところがあった。

一科事務にさる女性がいたが、戦闘機の帆足大尉と水上機の宇都宮道生大尉の二人がはかって、「この書類は軍機に関する一番大切な本だから、絶対に見てはいかんよ」といって、その事務員に「初級士官参考資料」をわたした。あと、二人が隣室に入ってカギ穴からのぞいていると、案の定、見てはいかんといったものを見ている。そのうちだんだん顔が赤くなってきたところで、二人が「こらあ」といって飛びだした。

彼女もそろそろお嫁にいってもいい年ごろだから、参考までに見せてやろうという親切を、ちょっぴりいたずら心でまぶしてみせたものであったが、その後まもなく、帆足大尉は「雷電」のテスト中に殉職してしまった。

「飛行場に送りだすときはいつも明るく、少々無理なことをいわれても、けっしてさからわず、気持よく送りだしてくれるように」

池田は最初に業務主任からそういわれたが、あっけらかんとしているようでも、飛ぶ前はだれもが緊張して、気が昂ぶっているのがよくわかった。

事実、このころは、事故は日常茶飯といっていいほどに頻繁だったのである。

事故は悲惨だった。昨日まで、あるいはさっきまで身ぢかにいた人が、今日は死んでいるのだ。それも五体満足なことはめったになく、足が一本、骨が三本というようにバラバラに上げられ、なんということだろうと、その晩は寝られなかった。

翌朝、目をまっ赤にして出勤すると、「そんなことでつとまるか」と叱られ、オロオロする池田であったが、何度か経験していくうちにだんだんなれ、うす暗い部屋にとり残されたお骨が置いてあっても、何とも思わなくなった。

飛行実験部飛行課とは、かよわい女性ですら事故なれするほど危険な職場だったのである。

7 期待と悲願をこめて〈未知への遭遇・紫電改の試練〉

緊張と混乱の極に

さまざまな問題をかかえたままの「紫電」生産とその改良、それにあらたに「紫電改」の開発もくわわって、川西はこれまでに味わったことのない緊張と混乱の極にあった。「紫電」はまだ制式採用もきまらないうちから、仮称一号局地戦闘機のままで部隊編成がおこなわれることになっていたが、それにはあまりにも問題がありすぎた。実験部主務の志賀によれば、「まだ完成もしていなかった『ル』号(『誉』発動機の略称)のまぼろしを追って設計された」といわれただけに、機体とエンジンが競い合うようにトラブルをおこしたのである。

工場の組み立てラインの最後の検査で合格した機体は、工員たちの手で、隣接する鳴尾飛行場に押しだされ、会社の飛行課パイロットによるテスト飛行がおこなわれるが、ここで問題とされたのが振動だった。

振動はプロペラ機には大なり小なりつきまとう仕方のないものだが、どこまでを許容の限界とするかは、パイロットの感覚によってマチマチだ。

テストパイロットの言葉により、たとえば足にくる振動なら尾翼の方向舵関係、手にくる振動なら補助翼か昇降舵の操縦系統といった具合に、症状に応じて対策を講じてまた飛んでみる。これでとまればいいが、なかには、五回も十回もテストをやりなおす機体がでる。

できの悪いのは何回やってもとまらないが、部隊への引きわたしをおくらせるわけにはいかないから、あてずっぽうでプロペラを取りかえてみる。それでもダメなら、せっかく取りつけたエンジンを交換する。

こうしてようやく振動がとまったと思ったら、こんどはエンジンオイルが洩れる、シリンダー温度が異常にあがる。着陸しようとしたら、二段式脚が完全に伸びきらなかったり、ブレーキ不良で、せっかくよくなった飛行機がパーになることもしばしばだった。

川西は、これまで大型飛行艇とか水上偵察機などをつくっていたので、こんどのように月に何十機もつくるといった経験がなく、したがって整備員も少なかったから、飛行場には整備のまにあわない飛行機がたまるいっぽうだった。

そこで海軍は、川西を支援するため、盛岡嘉治郎少佐指揮のもとに、多くの優秀な整備員を鳴尾飛行場に派遣し、生産立ち上がり期の混乱をからくも切りぬけることができた。

こうして十八年八月、制式採用となった「紫電」一一型（N1K1-J）は、部隊編成につづき、台湾、フィリピンなどに進出した。空技廠からは鈴木順二郎技術少佐を班長とする十五人編成の特別修理班を編成して、部隊に同行させるなど万全を期したが、脚不良による着陸時の事故や、全般的な稼働率の低さをすくうことはできなかった。

はじめ「紫電」の生産は、もっぱら鳴尾製作所でおこなわれたが、「紫電改」がテストで好成績をしめすにしたがい、鳴尾で「紫電改」を生産する準備のため「紫電」の生産をメリヤス工場から転換した姫路工場にうつすことになった。

このあと生産のピッチも急速にあがり、空襲でやられるまでに、最盛時には月産五十機にたっした。

「紫電」は鳴尾、姫路あわせて十八年中に七十一機、十九年にはじつに八百二十四機、あわせて九百機ちかくも生産され、トラブルに悩まされながらも実戦に投入された。

全海軍の悲願

多くの問題をかかえながらも、ほかにかわるべき飛行機がないため「紫電」の生産が強行されたが、あらゆる点で「紫電」を上まわることがあきらかだった「紫電改」の、一日もはやい完成は、全海軍の悲願だった。

それだけに、関係者たちの努力、わけても飛行実験部主務部員志賀少佐の打ちこみようは、異常とも思えるほどだった。

十九年一月早々の初飛行以来、志賀や古賀中尉らによって各種のテストが急ピッチに進められ、三月にははやくも、もっとも危険な急降下テストにこぎつける段階になった。

志賀は実験部に着任して引きつぎのさい、自分を後任にえらんだ周防から、このテストについてはとくに念を押されていた。

「最終速試験だけは、絶対にやれよ。これをやらないから、実施部隊に引きわたされてから事故がおこるのだ。危険の多い作業だが、貴様なら絶対やると思うから推薦したんだ」

零戦は試作機時代、急降下（ダイブ）テスト中に空中分解をおこして、テストパイロットを二名も失っている。急降下爆撃機はもちろん、飛行機のテストのうちでももっとも危険度の高いのが、錐揉（きりも）みとこの急降下テストで、「アメリカでは、これをやると何万ドルも手当がでるのだが」といって、周防は笑った。

志賀少佐は、飛行経験はながかったが、テストパイロットとしては一年生だったから、急降下テストのやり方、最終速にどうやってもっていくかなどを、先輩や経験者に聞いてまわった。

ふつう、緩降下からはいり、昇降舵のタブを使って降下角度を深くしていく。ところが、スキーで斜面を滑降するときなどに経験するように、自分ではかなり急な角度だと思っても、じっさいにはそれほどでないことが多い。同様に飛行機での降下も、七十度ぐらいで突っこんだつもりでも、五十度ぐらいだったということがありうる。それに、加速すると揚力がふえるので、機体が浮きがちになり、どうしても角度が浅くなる傾向がある。

「紫電改」はこれまでの海軍機にくらべ、「雷電」をのぞけば翼面荷重はもっとも大きく、単発機としては「紫電」とともにエンジン出力は最大だったから、最終速はかなり高い数値になるはずである。おそらく、日本海軍の飛行機としては、いまだかつて経験したことのないスピードにたっすることが予想された。

急降下テストは三月はじめ、横須賀航空隊の追浜飛行場で、試作第三号機を使っておこなわれることになった。

のちに統合されて飛行審査部となり、横空の管轄下にはいって、すべての試作機のテストが一本化されておこなわれるようになったが、当時は航空技術廠飛行実験部と横須賀航空隊とで、それぞれ分担する組織になっていた。空技廠では、軍の整備によって試作機の整備をやり、それを実験部員の手でひととおりテストし、よければ領収してデータをそえて横空にわたす。何機かまとまったところで、横空で実戦部隊での使い方にちかい実用テストをやる。したがって鳴尾や伊丹では、あまりひどいテストはやっていない。海軍で引きとってから、苛酷なテストがはじまるわけだ。

これまでのテストをもう一度くり返して、異常の有無をたしかめてから、急降下テストが開始された。あさい角度からはじめ、様子をみながら、少しずつ降下角度を深くしてスピードを上げていく。最初は十ノットきざみで、そろそろ危険がちかづく三百八十ノット（約七百四キロ）あたりからは、五ノットきざみで上げることにした。

このころになると、もちろんエンジンは全開、ダイブ角度もほとんど垂直にちかく、いわゆるターミナルダイブである。まともに地球にむかって落下していく感じだ。不慮のトラブルが発生したときにそなえて、すくなくとも二千メートルでは引きおこすようにしたい。ところが、三トン半の機体を二千馬力でひっぱって六千メートルから逆おとしにしても、四百ノット以上は出ない。いろいろやってみるが、どうしてもダメだ。こうしたことが、一週間ぐらいつづいたとき、志賀は、ふと考えた。

「飛行機を背面にしてからダイブに入れたらどうだろう?」

これならまちがいなくスピードは出るが、もし万一トラブルがおきたら、まず脱出は不可能である。

「いま、おれはむずかしいテストをやっている。危険なことは戦争以上かもしれない。いつ死ぬかわからないから、よーく顔を見ておけよ」

三百九十ノットあたりから、志賀は鎌倉の自宅をでるとき妻にそういって最悪の事態も覚悟していたが、いよいよ背面ダイブで最後の可能性をためそうという朝は、横須賀線の車窓から、いつも見なれた風景がおどろくほど新鮮に感じられた。

テスト開始。

「誉」は快調にまわり、車輪が地面を切るとすぐ海にでた。東京湾をめざして高度をとる。軍港がチラッと目にはいる。碇泊する艦船の少ないこと。最盛時の連合艦隊の姿は、すでに過去のものとなっていた。

上昇しながら、プロペラ回転、シリンダー温度、油温などをチェック、いつもより入念にひととおりのテストをやる。異常なし。高度を六千メートルに上げ、緩降下からダイブにいれた。

一回目、二回目と、四百ノットちかくを記録して、もう一度、高度をとる。

いよいよ三回目。こんどこそ、といささか緊張したが思い切りはいいほうだ。六千メートルでクルリと背面になり、操縦桿をひく。天と地がひっくりかえり、すぐに空が見えなくなった。

時速四百ノットは、秒速にすると約二百メートルに相当する。だから六千メートルの高度から二千メートルまで降下するには、加速時間を考えると二十五秒ないし三十秒かかる計算である。ながいようだが、まだ写真計測のできなかったこのころは、降下中の記録もすべてパイロット自身が書いて記録しなければならなかったからいそがしい。プロペラ回転数、ブースト、油圧、高度計等々……。

さすがに加速ははやい。ものすごいGで、体がしめつけられるような感じだ。海面にむかって、まっしぐらに突っこむ。まだまだと思っているうちに、ヒョッと速度計を見ると、四百ノットをさしていた。

高度計指示は二千五百メートル。いつもより加速がはやい。このあとも加速の勢いはさらに強まり、みるみるうちに四百三十ノット（約七百九十六キロ）にたっした。と、突然ガタガタと操縦桿に振れがきた。

「フラッターか！」

一瞬、いやな予感が脳裏をかけめぐったが、見まわすと主翼も補助翼もちゃんとついている。

「空中分解はだいじょうぶだな」

操縦桿を左右に動かしてみる。補助翼のききは、わるくない。振動はすぐにとまったようだ。だがどうも補助翼があやしい。この間にも機速は増し、高度はグングン下がっていく。と、ふたたび操縦桿にガタがきた。

「あぶないっ！」

とっさに志賀は、テスト中止を決意した。四百六十ノット（約八百五十キロ）までやるつもりだったが、これ以上つづけるのは危険だ。

エンジンをしぼると、それまで強引に空気抵抗を打ち負かして降下をつづけていた機体の速度が急激におち、Gの減少によって背当てに押しつけられていた体が、軽くなるのがわかる。

あせる気持を押さえながら、少しずつ操縦桿をもどす。急激にやっては空中分解をおこすおそれがある。

極度の緊張から解放されてホッとしたが、万一にそなえて、脚、フラップをはやめにだし、飛行場をキープして用心ぶかく着陸した。

タキシングで列線にちかづいていくと、松崎少佐や樋口大尉がとんできた。爆音にかき消されそうになりながらも、大声でどなっている。

「やりましたなあ」

松崎が指さしたさきを見ると、補助翼の羽布が小骨から剥離してはためいていた。

このテスト飛行の前、志賀は振動の権威である飛行機部の松平精技師に、冗談まじりに、こういった。

「私を殺しなさんなよ。急降下では、零戦で下川さん（万兵衛少佐）も死んでいるし、奥山も死んだから、よく計算してまちがいのないようにしてくださいよ。私は戦場で死ぬのはいとわないが、テストではまっぴらだから」

それに対して、「こんどは絶対にだいじょうぶ」と松平技師は太鼓判を押した。そのとおり、今回の状況はフラッターではなく、機体のほうは四百三十ノットの高速にもびくともしなかった。

さっそく志賀もくわわって、空技廠で振動の原因究明がおこなわれたが、二週間後に結論がだされた。

松平技師と樋口技術大尉の調査によると、高速になって補助翼の表面が負圧となり、小骨に止められていた羽布が、マイナスの空気圧で引っぱられて耐えきれなくて剥がれ、これによって生じた補助翼の異常振動である。志賀部員の経験した計器速度四百三十ノット（ほんとうの機速は換算しなければならないが）が、ちょうど発生する限界ではないか、というものだった。

したがって、対策としては補助翼の羽布の小骨への結合を強化するだけですみ、この飛行機に関するかぎり、フラッターも空中分解もおこりえないとの結論にたっした。

だが、飛行機の性能のいちじるしい向上と、空戦訓練での激しい操作は、それまで海軍で規定していた以上の荷重を機体各部にしいることになり、部隊配備になってから、二度も空中分解事故がおきた。

高性能ゆえの試練

最初の空中分解は、志賀少佐が急降下テストで補助翼羽布の剥離による操縦桿の激しい振れを経験してから、ほぼ一年後の二十年三月、最初の「紫電改」(「紫電」二一型)部隊である三四三空での訓練中におきた。

現地で、事故が発生したとき、いっしょにダイブした僚機の報告によると、高度五千メートルぐらいからはげしいダイブに入り、事故は三千メートルあたりでおきたという。

このときの計器速度は、三百四十ノット(約六百三十キロ)前後と確認されているので、この程度のスピードでは「紫電改」が空中分解をおこすとは考えられない。しかし現実に事故はおき、尾翼が飛散した機体からとびだしたパイロットは、落下傘降下したものの、意識不明のまま死んでいるのだ。

空中分解は、原因がつかみにくい。とくに、機体が空中でバラバラになった場合は、なおさらだった。

零戦がまだ十二試艦戦とよばれていた試作機時代と制式になってからの二回、大きな空中分解事故をおこしたことはよく知られていたが、その経験を充分に生かした「紫電改」は、空気力学的にも、強度的にもまず万全と考えられていた。

とくに、三四三空の飛行長志賀少佐は、「紫電改」のテストパイロットとして最終速テストをおこない、この飛行機に関するかぎり、空中分解は絶対にありえないと断言していたのだ。

ともあれ、零戦のときの経験から、いちおうはフラッター（動翼のアンバランスによって起こる翼の異常振動）を疑ってみることとし、海軍側からは、零戦以来、フラッターの研究で有名になった空技廠の疋田遼太郎技術中佐と松平精技師（戦後、石川島播磨重工研究所所長）、川西から菊原静男設計部長、羽原修二技師ら四人が調査のため現地におもむいた。

この調査結果を持ち帰って、風洞試験やフラッター試験が試みられたが、テスト結果からは、フラッターが原因という根拠は何もでてこなかった。

もう一つの空中分解事故は、終戦をまぢかにひかえた七月、B29邀撃戦で発生した。

このとき、パイロットの仲睦愛一飛曹は、志賀少佐が最終速テストでおこなったのと同じやり方で、目もくらむような背面からの垂直降下でB29に一撃をかけたが、引き起こすときに胴体がまっぷたつに折れ、仲は錐揉み状態でおちる前部胴体からとびだし、落下傘降下して助かった。

このほか、空中分解はしなかったものの、胴体後部が捩れてシワが寄るという現象も、しばしば発生していた。

飛行機部の「紫電改」担当だった樋口周雄技術大尉は、生還した仲一飛曹から事故の状況を聞き、仲がやったと思われる急降下中の方向舵いっぱい、下げ舵いっぱいの退避操作で、胴体尾部にかかる力を松平に計算してもらった。

すると、尾翼のつけ根の少し前あたりの胴体の縦通材が挫屈をおこして破壊され、そのあたりから胴体がねじ切れることがわかり、全機の縦通材補強をやることになった。

補強部分は胴体の片側で五本分、それを四、五十機全部にやるのだからたいへんだった。

補強材は大村の航空廠にたのんで徹夜でつくってもらい、一機に四人ぐらいずつ女子挺身隊がついて、いっせいにリベット打ちをやった。

「お国のため」とばかり、純真な彼女たちはなれない作業を懸命にやってのけたが、この対策以後は、終戦まで期間が短かったこともあって、同じような事故はおきなかった。

これについて志賀は、「パイロットは、空戦中で敵の射撃を回避しようとして、無意識のうちに急激な横すべり操作をおこなうことがあり、やはりテストは、あらゆる場合を想定して、ムチャな操作もやっておかなければいけなかった」と反省する。

結局、根本的な事故原因についてはわからないまま時はすぎ、八月十五日の終戦をむかえて、この調査はうち切りとなったが、戦後、ジェット機が出現してマッハ（音速を基準にした速度表示）の領域の問題があきらかになりはじめてから、どうやら原因解明の手がかりがつかめたようだ。

紫電改空中分解原因究明
に奔走した樋口周雄大尉

飛行する物体が、音の速度（地上で千二百二十キロ、一万メートルで千八十キロ）を超えるあたりの速度領域を遷(せん)音速（サブ・ソニック）といい、マッハ〇・八から一・二ぐらいまでがふくまれる。

遷音速領域では、いったん音速にたっした空気の流れが、音速以下に押しもどされるとき、空気がはげしく圧縮される性質があり、このとき衝撃波（ショックウエーブ）が発生する。

マッハ〇・七ぐらいの速度でとぶ飛行機でも、機体表面の流れのはやい部分は音速を超えることがあり、「紫電改」が事故をおこしたときの対気真速度は、毎時八百キロにたっしていたと思われ、主翼から胴体のフィレット（整形覆い）あたりが、部分的に音速を超えたため、衝撃波が発生したとも想像される。

戦後の研究で、遷音速領域ではフラッター速度が低下する（おそい速度でも発生する）ことがわかったので、あるいはフラッターが原因だったとも考えられるが、いまとなっては確かめるすべもない。

フラッターによる空中分解事故をふせぐため、これ以上の速度を出してはいけないという制限速度がさだめられていたが、これについて菊原技師は、戦後、こう語っている。

「『紫電改』の事故は、訓練中に制限速度を超えてしまったことが原因だったのではないか。計器速度が高度により真気速との間に差異があり、それをいちいち計算して操縦をかげんするわけにはいかないから、知らずに制限速度を超えてしまうこともありうる。

どんな飛行機でも、制限速度を超えてフラッターを起こさせようと思えばできる。ダイブから急激に引き起こして、ぶっこわすことだってやれる。しかし、実用の飛行操作中に制限速度を超えるということは、考えようによっては、制限速度のきめ方がまちがっているともいえる。

　実用上必要なら、どんなことをやっても強度の制限内に入っているし、したがって安全だというように制限をきめるべきで、そこまで考えなければ、飛行機の仕様書の欠陥というべきだろう」

　菊原技師の発言を裏づけるものとして、同じく「紫電改」の設計に関係した川西の馬場敏治技師は、こう語る。

「『紫電改』が使われるようになって、再三、空中分解事故があり、大村に行って三四三空の鴛淵孝大尉らに会って、四百五十ノットの急降下制限速度を守ってくれるよう話した。すると若いパイロットが、零戦は制限が三百六十ノットだったが、しょっ中、三百八十から三百九十ノット出してもこわれなかった。だから『紫電改』も、四百九十ノット出してもだいじょうぶだと思ったというのだ。

三四三空の戦闘機隊長として活躍した鴛淵孝大尉

　そこで、三百六十が三百九十になるのと、四百五十が四百九十になるのとでは、大ちがいなのだと説明した。計器速度で四百五十ノットを超えた場合、計算で修正すると真速でマッハ〇・九ぐらいになり、音速の領域にちかづくからであった。
　鴛淵大尉は理解してくれたが、ほかのパイロットたちはわからんといった顔をしていた」

零戦にせよ「紫電改」にせよ、安全を見こんでつくられているから、制限速度を超えたところで、かならずしもすぐに壊れるということはないが、問題はこの速度で横すべりさせたり、舵をいっぱいに引いて急激な引き起こし操作をやったりすることだった。

いずれにせよ、それまでの常識からすれば問題なくがんじょうにつくられていた「紫電改」が、高性能ゆえに、遷音速というあたらしい領域にふみこんだために起こった試練であったといえる。

ちなみに、当時、一般には、絶対に音速を超えることはできないというのが通説だったらしい。音速が問題になりだしたのは、戦後のことである。

終戦まぢかには、ジェット機「橘花」やロケット推進の「秋水」なども出現したが、いずれも最高速をださないまま消え去ってしまったので、事実上、「紫電改」での志賀の最終速テストが、日本で音速の入口をかいま見た最初の経験ということになろう。

空母「信濃」への着艦テスト

志賀によって、急降下における最高の終速度を記録した「紫電改」は、その後も古賀一中尉や増山兵曹らの手によって、地味なテストがつづけられたが、志賀には、もうひとつのべつな任務があたえられた。

名機「零戦」の後継機として、海軍が絶大の期待をかけた三菱の十七試艦上戦闘機「烈風」の試作一号機が完成し、その担当を命じられたのである。

試乗は、五月末から六月はじめにかけて三回おこなわれたが、どちらかといえば、重い手ごたえの「紫電改」から、「零戦」に似てなめらかな操縦感覚の「烈風」に乗った志賀は、わすれていたなつかしい記憶を呼び覚まされたような気がした。

だが、このころから志賀は、ときどき全身を襲うふるえに身体の異常を感じはじめた。不安に思って軍医学校で診てもらったところ、肺浸潤との宣告だった。心臓の結滞が、はじまっていたのだ。

当然、入院加療が必要だが、戦争のなりゆきが思わしくない現状で、身体の手入れをしてどうなる。身体がまいるのがさきか、戦死するのがさきか。どうせえらぶなら後者だ。

そう考えた志賀は、入院をことわったが、志賀の身を案じた先任部員の小福田少佐によってすぐに後任がきめられ、久里浜にちかい野比の海軍病院に入院させられてしまった。

志賀少佐の後任となった山本重久大尉（のち少佐。戦後、航空自衛隊に入り一佐。石川島播磨重工）は、海軍兵学校六十六期で昭和十三年の卒業。まだ比較的余裕のあった時代だったので、九六式艦戦による中国大陸の戦闘で、充分な実戦の経験をつんでから、太平洋戦争に突入した母艦パイロットだった。

緒戦のハワイ空襲には、二十歳そこそこで空母「赤城」の戦闘機分隊士として参加。以後、数々の激戦をへて、第三次ソロモン海戦のころ、ガダルカナル攻撃で不時着、眼をやられたので内地に帰還した。

内地では、眼の治療がてら豊橋航空隊や大分航空隊で教官をやり、豊富な実戦の体験をもとに、後輩の錬成に力を入れていたころ、「紫電改」の設計が急ピッチで進められていた。

空技廠飛行実験部にうつってからの山本は、いちだんと多忙をきわめた。試作機の「紫電改」ばかりでなく、「紫電」「雷電」や零戦改造機などのテストもやらなければならなかったが、ここには山本よりずっと経験のある、古賀一中尉や増山兵曹らがいて、山本を助けてくれた。

このころ、先任部員の小福田少佐は、戦闘機全般を見ると同時に、みずからも中島の双発局地戦闘機「天雷」(J5N1)、および三菱の艦上戦闘機「烈風」(A7M1)のテストを担当していたが、期待した「烈風」の性能がかんばしくないので、零戦の後継機となるべき次期艦戦をどうするかで悩んでいた。

あるとき、ふと山本がやっている「紫電改」に考えおよんだ。

「山本大尉、『紫電改』を艦戦にしたらと思うが、どうだ?」

「そりゃいい考えです。『紫電改』ならまちがいありませんよ」

すぐ相談がまとまり、急いで一機改造することになった。

川西では、着艦フック取りつけのための尾部胴体の補強、操縦席内部の着艦フック巻き上げレバーの取りつけなど、改造工事をおこない、空気力学的には、着艦の最後の引き起こしでバルーニング(ふわふわして、なかなか接地しないこと)をおこさないよう、フラップ角度をいくぶん増した。

これが、N1K3-A(Aは艦戦であることをしめす)で、山本大尉が操縦して鳴尾から横須賀に空輸した。

Ｎ１Ｋ３－Ａは、艦上偵察機かぎ「彩雲」、艦上攻撃機「流星」とともに、当時、竣工したばかりの新鋭空母「信濃」を使って着艦テストをやることになった。

「信濃」は、世界最大の戦艦だった「大和」「武蔵」につぐ三番艦として、昭和十五年四月に横須賀海軍工廠で起工されたが、途中で空母に模様がえされ、十九年十月末に、いちおう完成したばかりだった。

いちおうというのは、艦体はでき上がったが、艦内の細かい艤装や兵装工事などはまだ未完成で、呉に回航してからおこなわれることになっていたからだ。

外洋は敵潜水艦にやられるおそれがあるので、「信濃」の公式試運転は、東京湾でおこなわれた。

飛行機の着艦テストも同時におこなわれるので、空技廠からも関係者が乗りこみ、川西からは設計部長の菊原静男技師がやってきた。艦戦型「紫電改」のテストの立ちあいのためだ。

公式試運転は十一月中旬、二日間にわたってつづけられたが、一日目は零戦や「天山」など在来機のテストで、二日目にいよいよ「紫電改」をはじめとする新型機の番になった。

天候は快晴、雲量ゼロの小春日和。山本大尉の操縦する黄色に塗られた「紫電改」試作機は、追浜飛行場を飛びたってまもなく、洋上を南下する「信濃」を発見した。

「大きいなあ」と、思わず嘆声がでる。

「赤城」「翔鶴」など、山本がこれまでに乗ったどの空母よりも巨大に見えた。

まずはじめは接艦だけで、アプローチのテスト。降りてきて飛行甲板に車輪をつけただけですぐ上がる、いわゆるタッチ・アンド・ゴーだ。

山本は「翔鶴」をおりて以来、しばらく着艦はやっていなかったが、一、二回の接艦で、すぐ感覚がもどった。

三回目、こんどはいよいよ本番だ。

高度が下がって甲板がぐっと近くなり、艦尾をかわった(飛行機が飛行甲板の端を通過すること)ところでスロットルをいっぱいにしぼり、操縦桿を引く。

すーっと尾部が落ちて三点姿勢となり、強いショックとともに、引きもどされるような感じで飛行機が停止した。

ねらったとおり、三番索に引っかかり、理想的な着艦だった。

作業員が十数人、ばらばらとかけよってきて、機体を少しおしもどし、索をはずすとすぐ着艦フックを巻き上げ、エンジンを吹かして発艦する。

二回目も成功、もうこれならだいじょうぶだ、経験の浅い若い搭乗員でもやれるだろう、そう思った山本は、三回目にエンジンをとめて飛行機から降りた。

艦橋に行き報告をすませてもどってくると、菊原技師がやってきて、しっかりと山本の手をにぎった。

このあと、作業員が押していってリフトにのせ、昇降から格納までのテストをいちおうすませてから、ふたたび発艦位置にもどされた。

「紫電改」といっしょにテストをおこなった「彩雲」や「流星」も結果は上々で、「信濃」の艦上は明るいムードにつつまれていた。

だが、好成績を土産（みやげ）につぎつぎに発艦する「彩雲」「流星」「紫電改」をたのもし気に見送る関係者たちは、十日後にこの巨艦をおそった悲劇的な運命を知るよしもなかった。

「信濃」は公式試運転を終えた後、十一月十九日に艤装未完成のまま、連合艦隊に編入させられた。もちろん山本大尉らによる「紫電改」その他の着艦テストも終わった後である。

そのうち、艤装のため呉に回航されることになり、兵員のほか工廠の作業員も乗せたまま横須賀を出港した「信濃」は、紀伊半島潮ノ岬沖で敵潜水艦の雷撃を受け、あっけなく沈んでしまった。

戦艦「武蔵」の沈没におくれることわずか一ヵ月あまり、あえない巨艦の最期だった。

ちなみに、病院を退院した志賀の新しい配置は「信濃」飛行長だったが、このとき乗らなかったので命びろいをし、まもなく自分がテストした「紫電改」の最初の実施部隊である三四三空飛行長が発令された。

「紫電改」つよし

三四三空の司令は軍令部をでた源田実大佐で、その本拠である松山に、「紫電改」の量産機がしだいにそろいだしたころ、横須賀軍港と背中あわせの追浜飛行場には、空技廠所管の黄色く塗った増加試作機をふくめて、十数機の「紫電改」があった。

昭和二十年二月十七日、冷えこみのきびしい朝で、この日、基地一帯は予想される関東地区への敵機動部隊艦載機の初空襲にそなえて、緊張の極にあった。

警戒警報につづいて空襲警報が発令されると、横空戦闘機隊、審査部（昭和十九年七月十日、空技廠飛行実験部が改変された）合同の迎撃戦闘機隊が緊急発進、審査部「紫電改」主務部員の山本大尉も、増山兵曹、平林一飛曹らをひきいて上がった。

雲が低く、局地的に雪がかなり降っていたが、この日、横須賀からあがったのは「紫電改」と零戦、「雷電」あわせておよそ三十機、厚木上空で編隊を組んでまちかまえていたところへ、敵編隊が低空でとびこんできたからたまらない。

優位の態勢から、つぎつぎに攻撃開始、北は八王子上空から、南は藤沢上空まで追いまくり、来襲したグラマンF6Fなど四、五十機の一梯団を、ほとんど撃墜してしまった。

「紫電改」の山本編隊は、厚木上空で下方に、コルセア、グラマンF6F、アベンジャーなどを発見、高度をとって理想的な後上方攻撃の態勢から、降っては上がり、降っては上がる反復攻撃をくわえて、ばたばたと撃墜したが、あまりの優勢な攻撃に、敵は逃げることもできなかったらしい。山本大尉らの目ざましい活躍は、翌朝の新聞にのった。

また、横空戦闘機隊の武藤金義少尉（のち三四三空に転じ、戦死）は、たった一機で十二機のグラマンにいどみ、四機を撃墜するという離れわざをやってのけた。

この日、関東地区に来襲した敵機はのべ六百機、陸海軍あわせて二百七十三機（米側軍の記録では四十九機喪失）を撃墜したといわれるが、「紫電改」の強さをまざまざと見せつけたこの日の戦闘は、やがてきたるべき三四三空の活躍の前ぶれとして、とかく沈みがちだった海軍戦闘機隊に明るい希望をもたらした。

なお、「紫電改」というのは通称で、正式には「紫電」二一型N1K2－Jと呼ばれた。

ついでながら、「紫電改」といえば、面白い話がある。

最近、よくテレビのCFにでてくる某化粧品会社の養毛剤に「紫電改」というのがあるが、かねがねこの商品名に興味をいだいていた「銀河」設計主任だった三木忠直が、あるところでその由来を聞いたところ、日本海軍最後の制式戦闘機である「紫電改」と関係があることがわかった。

日本は、太平洋戦争で最初のうちは零戦で戦争をリードしたが、かわりがでないうちに相手がヘルキャットをくりだして戦線が後退し、最後に「紫電改」が出て盛り返した（一時的ではあるが）。

つまり、養毛剤の「紫電改」もおなじで、ハゲによく効く最後の切り札ということで大笑いになったと、謹厳な三木が愉快そうに語ってくれた。

8 空技廠が育てた零戦〈改修に改修をかさねた戦闘機〉

零戦と「栄」の組み合わせ

自社の試作機には自社製エンジンをつむという、それまでの一般的な慣例をやぶったのは、三菱の九六式艦戦が最初だった。

設計主務者の堀越技師が、技術的にベターであるとして中島の「寿（ことぶき）」エンジンを選択したことについて、海軍は自社のエンジンにこだわらない三菱の公平さをほめた。

つぎの零戦でも同様なことがおこなわれたが、このときはいささか事情がちがっている。堀越技師は零戦のルーツである十二試艦戦の設計にさいし、自社のエンジンをつむことを考えていた。

候補エンジンとしては「瑞星」一三型（八百七十五馬力／高度三千六百メートル）と「金星」四六型（千七十馬力／高度四千二百メートル）の二つがあったが、堀越はこのうち出力の少ない「瑞星」をえらんだ。

戦闘機は空戦中、上昇や旋回をさかんに使うので、見かけの重量が倍加するから、出力はできるだけ大きいことが望ましい。また、十二試艦戦に要求された二十ミリ機銃や、長い航続距離に見あう多量の燃料をつむ必要性と、将来の性能向上の余裕からいって、大きい「金星」をえらぶのが設計の常道だった。

あえてそれをやぶって出力の小さい「瑞星」をえらんだのは、「金星」を装備すると九六式艦戦より七、八割がた重い戦闘機となり、パイロットに好かれないだろうという堀越の思惑からだった。

なぜなら、十二試艦戦は中島飛行機との競争試作であり、大型戦闘機にパイロットがなじむまでの時が待てない、それならパイロットの第一印象をよくするように、飛躍を極力おさえたいとする経営上の配慮もあった。競争試作である以上、なんとしてでも勝って、自社に仕事をもたらしたいと考えるのは当然だろう。

つねに、最高の性能をもとめる軍用機設計の本質からすれば、少々消極的といわざるをえないが、堀越のこの申し出を聞いた服部譲治課長も、「それでよい」と同意した。

ところが、競争相手の中島は計画審議の段階で、設計業務の多忙を理由にはやばやと降りてしまい、一社指定も同然のかたちとなった。

しかし、設計はすでに「瑞星」エンジン装備で走りだし、試作一号機が完成して、テスト開始まもない十四年夏、「瑞星」よりほんの少し（外径で三・二センチ）大きいだけの千馬力エンジン、中島の「栄」が海軍のタイプ・テストに合格したことで、運命の歯車は狂いはじめたのである。

この間の事情を、堀越は前出の『往時茫々』の中に痛恨の思いをこめて書いている。

――(最初の)「瑞星」の選択は、太平洋戦争が起こり、零戦が主役の座からおりられなくなったとき「われ過てり」と思った。

そのわけは、敵は打倒零戦の方針で二千馬力級戦闘機の開発を急ぎ、中盤戦には緒戦の主力戦闘機を引っこめて、あたらしい二千馬力級の陸海軍戦闘機を大量に太平洋戦線に投入してきた。こちらは零戦開発直後からずっと、太平洋戦争に入ってからはなおさらのこと、発動機をかえる(かえるなら「金星」が最適)ための設計の人手の捻出さえできない状態がつづいた。

昭和十七年の春、海軍航本の発動機担当の部員から「金星」への換装にたいする判断を、非公式に打診されたときも、命ぜられている当面の仕事とのやりくりがつかぬ、と答えざるをえなかった。もちろん日本が百パーセント力を発揮したとて、戦争終結が半年か一年のびた程度のことだったろうから、すべてのわれわれの戦力造出努力はむなしいものだった。

「瑞星」選択の結果は、またこうも考えられる。航本は零戦の試作三号機から、一方的に中島の「栄」にかえるように三菱に指令した。われわれとしては、鳶に油揚げをさらわれた形だった。その当時の「瑞星」と「栄」との比較では、正直にいって零戦には後者の方が、すこしではあるがまさっていた。しかし、もしはじめに「金星」を選んでいたら、どうだったろう。中島は設計の途中で競争からおりてしまったのだから、「金星」をつけた零戦を提供しても、われわれの一人舞台だった。

多くのパイロットは、艦攻みたいな戦闘機にたいして、はじめは随分悪口を放ったであろうが、審査を途中でうち切るほどにはならずに、新鮮な見方をするパイロットが真剣にねばり強くテストして、「栄」の場合より時間はかかったろうが、けっきょくは真価が認められて、「零式艦上戦闘機」になったであろう。その機体は「金星」に合うように翼面積や胴体長をすこし大きく設計したはずだから、それに小馬力の「栄」を装備して見ても、「金星」装備機に性能上劣るということになって、「栄」は零戦に用いられずにしまったであろう。競争試作に初期の間でも、中島が参加していたことは、「栄」と零戦を結びつける役割をしたともいえる。

堀越はこういっているけれども、いまにいたる零戦の高い評価の半分は、なんといってもこの「栄」エンジンにあたえられるべきであることも事実だ。十四気筒空冷星型、千馬力級エンジンとしてこれほどコンパクトで軽く、燃料消費量の少ないエンジンもめずらしい。太平洋戦争のはじまる直前、台湾にいた第三航空隊と台南航空隊でおこなった航続力延伸訓練では、時間あたり七十リッターを切ったパイロットもいたというから、零戦の長大な航続力のかなりの部分は、このエンジンに負うところが大きい。

零戦というと、とかく機体ばかりがとり上げられがちだが、P51ムスタングが、エンジンをアリソンからロールスロイス・マーリンにかえて、がぜん見なおされたように、零戦と「栄」の組み合わせは絶妙であった。というより、「栄」にピッタリの機体が零戦であったといっても過言ではない。

それはそれで当初のうちはよかったのだが、のちに零戦の性能向上がしきりに要求されるようになって、このことが逆にマイナスとなった。

「栄」も水メタノール噴射をくわえ、集合排気管を単排気管にかえて、ロケット効果をねらうなど、必死のパワーアップ努力が試みられた結果、十六パーセントの出力向上がえられたが、機体の方も防弾の要求、武装の強化などで重量がふえ、零戦の性能のバランスに変化が生じた。

二一型の翼面荷重が百七（キロ／㎡）で馬力荷重が二・五三（キロ／馬力）、五二型甲の翼面荷重が百二十八・六で馬力荷重が二・八〇。翼面荷重の増加は当然、旋回性能に微妙な変化をあたえ、それまでのようなスムースな運動性はうしなわれてしまった。

実際の数字は、二一型にくらべて五二型は四十キロ以上の速度向上を達成し、上昇力もよくなった。

この五二型にたいする評価はさまざまで、「本当の零戦らしい乗り心地は二一型まで」というベテランがいた反面、「単排気管からでる紫色の排気は、パッパッパッと歯切れよく飛び散り、まるで大型の軽快なオートバイにでも乗って、空をかけめぐる感があった」と歓迎した若いパイロットもいた。

老兵零戦の改造型

昭和十八年、零戦はデビュー以来、すでに四年目に入っていたが、後継機が現われないいま、いぜんとして日本海軍の主力戦闘機の座にあった。

当時、ソロモン方面には零戦二一型（A６M２）にかわって翼端を左右五十センチずつ切断し、二速過給器つきの「栄」二一型エンジンに換装した三二型（A６M３）が進出していたが、本格的な翼端短縮型である五二型は、まだ出現していなかった。

しかも、十四試局戦「雷電」は振動問題その他で制式化のメドが立っておらず、日本海軍の戦闘機の前途は、お先まっ暗の状態にあった。

この年の四月、ラバウルでは山本長官出席のもとに大々的な「い号」作戦研究会が開かれた。この研究会には、連合艦隊、基地および母艦航空部隊など実施部隊のほか、軍令部、航空本部、横空、空技廠、その他日本海軍の航空関係者がほとんど集まり、作戦だけでなく技術問題もふくめて広範な討議がおこなわれた。

とうぜん、この方面の攻守の要（かなめ）である零戦についても多くの論議がつくされたが、なかでも「零戦は総合性能おおむね優秀にして、現状においても南東方面出現の米軍戦闘機にたいし、とくに遜色を認めず」としている点が注目される。

しかし、この研究会の成果をもとに航本が作成した「将来戦闘機計画上の参考事項」では、零戦が優秀であるとするいっぽうで、「敵は海陸軍戦闘機の優秀機をあげて、南東方面に注入しつつあり、とくにP38およびF4Uは零戦では持てあまし気味、高々度性能の優秀なP38にたいしては、零戦をもってしては（高々度性能の不足から）戦闘が成立しないこともしばしば」と述べられ、矛盾をさらけだしている。

この点について、志賀は語る。

「ラバウル研究会の戦訓があとあとまで尾を引いた。実戦部隊はこうした研究会では、弱音を吐いてはいけない、いま自分たちがあたえられているものだけで勝たなければいかんという気分があるから、はっきり零戦ではもうダメなんだとはいいにくい」

新型戦闘機の開発に熱心だった小福田租少佐

だが、それをあえて唱えたのは、空技廠飛行実験部からラバウルの二〇四空飛行隊長としてきていた小福田少佐だった。小福田は、とかく防弾にたいして消極的な上層部にたいし、その必要性を力説し、「パイロットの命をもっと尊重しろ」と強硬に訴えた。

にもかかわらず、航本作成の参考事項では、「戦闘機といえども将来機にたいしては防御を考える必要があり」と述べており、その必要性は〝なるべく〟であって、〝絶対に〟といった強い調子ではない。

とにかく、航本の参考事項はいろいろな意見を総花的に羅列し、あちらを立て、こちらを立て式の作文になってしまったため、必要度のプライオリティー（優先順席）が、きわめてあいまいになったきらいがある。

たとえば、「零戦の局戦的用法においてもっとも不足を痛感するのは上昇力」であるがゆえに、「局戦にたいしては上昇力をもっとも重視」するのは当然であるとしても、「航続力は過少ならざるを要す」としている。その程度はといえば、大型機が重装備化されると、長時間反覆攻撃する必要があるから、「少なくとも零戦三二型程度の航続力は必要」であるという。

これはもう〝過少ならざる〟の範囲を越えており、もっとも重視すべき上昇力が阻害されることはあきらかなのである。

もっとも、これらのことは、具体的な数字として試作発注のさいは明示、あるいは明文化されるが、設計側には高い要求をだしておけば何とかするだろうという、用兵側の虫のよさはあらそえない。

しかも、この時点での海軍の次期戦闘機の開発状況は、局戦「雷電」および「紫電」は、多くの問題をかかえて審査中、本命ともいうべき十七試艦戦はまだ設計の段階とあっては、やはり零戦にたよらざるをえない。そこでまた零戦に無理をしいることになる。

そのしわよせは、もはや全盛期をすぎた零戦で、新手の敵を迎え撃たなければならない前線部隊と、用兵側の矛盾にみちた要求にふりまわされる会社の設計陣に重くのしかかった。しかし、この間にあって、零戦の改良に空技廠のはたした役割は無視することはできない。

零戦がデビューまもない昭和十五年秋、空技廠飛行機部審査班の戦闘機審査班長だった永盛義夫造兵少佐の下に入って、零戦の改造を担当した服部六郎技術少佐（当時、造兵中尉）

は、こう語る。

「私が入ったのは、まだ零戦をさかんにいじっているときだった。機銃の具合が悪いとか、機銃の新しいのができたからつんでくれとか、そういう小改造がたくさんあって、そのための図面をかくのも、審査部の仕事の重要なウエートをしめていた。

それを飛行機部の第三工場という試作工場で実機に改造をほどこし、飛行実験部で空中実験をやってOKになると、全機あるいは第何号機以降とかきめて改造をする。

クルシー(無線帰投方位測定機)の取りつけをやったのも空技廠で、小さな改造はいちいち三菱に出さず、ほとんど空技廠でやった。実施部隊あるいは母艦の飛行機の改造は、空技廠の図面にもとづいて、木更津とか佐世保とかちかくの航空廠でおこなわれた」

だから、十二試艦戦のときもそうだったが、零戦について空技廠のはたした役割は大きく、零戦は三菱ひとりでつくったわけではなく、空技廠との共同開発だという人さえいる。

零戦各型の中で、もっとも多く生産された零戦五二型などは、まさにその典型というべきものだ。

すなわち、五二型の第一号機は、二二型の一機を空技廠の発案で改造して実験機としたもので、翼幅をつめ、翼端を丸くしたかたちは、零戦各型の中でもっともスマートで、以後の改造各型をつうじて、この主翼平面形は変わらなかった。

その後、五二型は主翼外板を厚くして制限速度を四百ノットに向上した五二型甲(A6M5a)、胴体右側の七・七ミリ機銃を十三ミリにかえ、防弾ガラスを装備した五二型乙(A

6M5b)、主翼に十三ミリ機銃二梃を増設し、ロケット弾発射ラック、防弾式燃料タンク(胴体内のみ)の操縦席背後に、装甲鈑を取りつけた五二型丙（A6M5c）へと発展するが、五二型丙もまた、その先行試作機は空技廠でつくられた。

この五二型丙の改造第一号機が完成したのは、昭和十九年九月上旬、すなわち連合軍がフィリピンのレイテ上陸作戦を開始する一ヵ月前であった。

次期艦戦として試作した「烈風」（A7M1）が、エンジン出力低下のために、性能が設計値を大幅に下まわることが確実とみられ、整備計画のリストからはずされた。

また、「雷電」や「烈風」の不調の間隙をぬって浮上した川西の「紫電改」も、まだ生産に入るのはかなりさきとみられ、戦勢の悪化とともに、日本海軍の戦闘機の状況は最悪の事態をむかえていた。

そこで、またしても老兵零戦がひっ張りだされ、各種の改造型がつくられたが、そのもっとも大きなものは、エンジンを「金星」にかえた五四型丙（A6M8c）だろう。

零戦各型で最も多く生産された五二型のうち主翼に13ミリ機銃を増設、ロケット弾懸吊装置を備えた五二型丙零戦がその最初の計画のとき、堀越技師が「金星」も候補にあげながら採用しなかったいきさつについては前にものべたが、その後も、海軍の要求で「金星」装備の零戦が出現するチャンスがないでもなかった。

「栄」エンジンの性能向上の限界を見越して、より出力の大きい「金星」をつんではという考えは、海軍部内でも議論がわかれたようだ。

空技廠飛行機部は、太平洋戦争開始後、それまでの審査班と試作班を三つの班に組織変更をおこなっている。

すなわち、全体を設計係と研究係にわけ、設計係主任が山名正夫技術中佐、研究係主任が疋田遼太郎技師で、設計係を第一班（部内試作）、第二班（審査）、第三班（基本計画）にわけた。

一班および二班は従来の業務の継続だが、第三班は日本海軍の飛行機がこれからどうあるべきかの将来計画や、方向づけをする目的で新設されたもので、「銀河」の設計が一段落した三木忠直技術少佐が班長になった。

三木の仕事は将来計画だったが、零戦の後継機が難航している状況を見かねて、零戦の強化案も検討した。

「栄」よりも出力の大きいエンジンとして、「金星」と「火星」が候補に上がったが「雷電」で持てあましているように、「火星」では大きすぎるので、「金星」が残った。

「金星」は、「火星」より出力は劣るが、すでに九六式陸攻や陸軍の百式司令部偵察機などに使われて信頼性は申しぶんないし、計算してみたら重心位置もだいじょうぶだし、充分につめることがわかった。

若干機首が大きくなるが、パワーアップのぶん速度も上昇力も向上し、防弾その他の要求による重量増加への余裕も持てるし、「栄」のままで四苦八苦するより、ずっと素直な性能向上がのぞめるのだ。

しかし、この改造の実施は、三班の仕事ではないので、審査を担当する二班の戦闘機班長に、「零戦のつぎが出るまでの中継ぎとしてこれをやるべきだ」と申し入れたが、「はたから、よけいなことをいうな」と一蹴されてしまった。

「あのとき、あれをやっておけば……」は、三木のかえらぬくり言であるが、「金星」零戦の出現はあまりにもおそすぎた。

その後、「金星」装備案が復活したが、三菱工場の空襲による被害や、疎開などで改修工事がおくれにおくれ、「金星」六二型装備の零戦五四型丙（のちに六四型となる）一号機が領収されたのは昭和二十年五月、二号機にいたっては、六月末とあってはどうにもならなかった。

この間、すでに劣性能はあきらかだったにもかかわらず、なお第一戦機の地位をあたえられた零戦は、特攻機として、つぎつぎに死の攻撃にかり出され、多くのパイロットたちが運命をともにした。

改修のはざまで

日本海軍の飛行機の中で、零戦ほど多くの改造型がつくられた例はほかにない。それは、零戦が戦争をつうじてもっとも長期にわたり、かつ多く使われたからで、この間に何型とよばれる大改造のほか、おびただしい小改造がおこなわれている。

もちろん、これらの改造の中には、設計や製造上の不具合にもとづくものもあったが、その大部分は、現地部隊からの戦訓にもとづくものであった。

それがあまりにも多く、しかもひんぱんであったため、工場では改造が終わらないうちに、つぎの改造指示がきたりして大混乱をきたした。

前線の各部隊からは、じつにさまざまな改善要求が送られてくるが、それがそのまま飛行機会社に指示されるわけではなく、いったん航空本部に集められ、横空や空技廠、あるいは会社側と討議のうえで、整理されて改修が決定される。

改修にさいしては、当然その改修を実施した機体の審査を飛行実験部でおこなうので、担当の実験部部員の意見が重要なウエートをしめる。あまりにも実施部隊側の要求をいれすぎると、会社側に過分な負担をしいることになり、生産が混乱してかんじんの飛行機が出てこなくなるおそれがある。といって、要求を切りすぎると、会社側には気にいられるが、兵器として不十分なものとなって、実施部隊からはにらまれる。

このあたりをうまくかわしていくには、豊富な実戦経験と、冷静な技術眼、そして情熱と説得力を必要とする。

「雷電」の事故で殉職した帆足大尉にかわって、再度飛行実験部にやってきた小福田租少佐（のち中佐）は、日華事変、そしてラバウル航空戦を経験し、この間に飛行実験部員もやったことのある、戦闘機主務部員としてはまたとない人物だった。

どちらかといえば硬派で、必要と思ったことはかなり強引にやったところから、会社の人たちからは、おなじ飛行実験部で計測の仕事をやっていた本江豊治技師によれば、「あの野郎、殺してやりたいと思われるほどいやがられていた」という。

本江の学校の同級生が、三菱にいて、戦闘機の艤装をやっていたが、「小福田さんはひどい人だ、なんとかならないか」と泣きついて来たことがあった。

事情を聞いてみると、なるほど気の毒なところもあるが、小福田だってその場の思いつきで直せといっているわけではなく、実施部隊や航本と侃々諤々やり、その結果、やろうということになったものについて、指示をだしているのだ。

たとえば、零戦にかぎらないが、日本機に共通の欠陥のひとつにブレーキの不良があった。この点については、ラバウルでの「い号」作戦の研究会でも問題になったが、高温多湿の南方地域では、とくに錆びによるブレーキの咬みつきが多く、事故が頻発して、みすみす貴重な搭乗員と機材がうしなわれて、作戦に支障をきたすほどだった。

このことは小福田も現実に経験していることで、待ったなしだから、三菱にたいして、すぐ直すよう指示をだす。ところが、会社側の論理としては、すでに第何号機までは部品手配してあるので、それ以降にしてくれないかとなる。

だが、小福田は、「悪いんだから、いまのものからすぐ直しなさい」といって、がんとして突っぱねる。

一事が万事で、小福田は自分の言うことに自信を持っており、はたから本江が見ていても、なるほどと思われることばかりだから、たとえ同級生に、「会社としてはこまるから……」といわれても、「軍用機をつくっている以上しようがないだろう」と、なぐさめるよりほかはなかった。

民間会社にしても、あまりに改修要求が多いので、墜落とか不時着とかの大きな事故が発生したときは真剣になおすが、それ以外は、たんにベターだからというだけだから、ひどく抵抗を感じるのだ。

戦闘機だけではない。過大な要求性能をみたすために、防弾装備の脆弱さが問題になった一式陸攻の場合は、もっと深刻だった。どちらかといえば、その責任はむしろ仕様を決定した海軍側にあるのだが、現実に第一戦部隊が経験している一式陸攻の悲惨な状況への対策は、それをつくった会社側への要求となってはね返ってくる。

「本庄(季郎技師、三菱)さんなんか、そのつど呼びつけられて、気の毒なくらいやられていた。改修の計画書をつくるまでは、空技廠の近所の旅館にとまりこみで帰れない。食糧事情の悪いときだったので、こちらでどんぶり物を取りよせて差しあげたりした。

本庄さんにしてみれば、ずいぶん腹も立ったことと思うが、実施部隊の要求には、ほんとうに切実なものがあった」(本江)

その本庄が『海鷲の航跡』（原書房刊）の中で、おもしろいことを書いている。

本庄は病気がちの堀越技師にかわって、零戦や「雷電」の飛行試験にしばしば立ちあっているが、これは白子の飛行場で「雷電」の飛行振動試験をおこなったときの話だ。

「名古屋の本社から電話がかかってきて、急用があるから、できるだけはやく工場の方に帰ってこいというのである。

ちょうど、飛行振動試験が予定の項目を終わって、実験機から降りてきた帆足工（たくみ）大尉は、これを聞いて、『俺はいまから隊へ帰るから、本庄技師を名古屋まで送ろう』と申し出られた。それで私は、帆足大尉が隊から乗ってきた零戦の、操縦席後方の床に取りつけられたバッテリーのうえに腰をかけ、大尉の操縦で白子飛行場から離陸、帆足大尉は私を名古屋空港へ降ろした後、すぐ隊へむかってふたたび飛びさった。

会社の会議室に私が顔をだすと、集まっていた人々は、どうしてこんなにはやく帰ってこられたのかと私にたずねた。

私は大得意で答えた。

『零戦に乗ってきたんだ』――」

いかにも本庄らしいユーモアのきいた表現だが、ときに作業の進行について腹をたてて、三菱の人たちをなぐったこともある激情家の帆足の、青年らしい率直な一面がうかがえるエピソードである。

それにしても、ずいぶんつらい思いを味わったであろう本庄が、その書いたものの中に、個人的なうらみがましいことが一言もないのはりっぱである。

それからまもなく、帆足は殉職してしまった。あたかもそれは、飛行実験部員がつねに生命の危険と背中あわせにいることを、身をもってしめすかのようであった。

9 遅かった後継機誕生〈幸うすき運命をたどった烈風〉

「誉」か「八四三」か

ベルリンに航空本部造兵監督官として赴任した（空技廠の部員が海外駐在となるときは、かならず籍を航本にうつすならわしだった）巌谷英一造兵少佐の後任として、永盛義夫造兵少佐（戦後、航空自衛隊空将、故人）が、空技廠飛行機部から航本技術部に着任したのは、昭和十五年一月のことだった。

ここで永盛は、ふたたび空技廠にもどるまでの三年間、戦闘機の担当主務者として、零戦をはじめ各種の戦闘機、およびその他の開発業務を空技廠と連携しておこなったが、そのハイライトは、なんといっても十七試艦戦「烈風」の開発だろう。

永盛が着任してまもなく、川西の十五試水上戦闘機「強風」の開発がはじまり、戦闘機担当としては、零戦および前年度にスタートしていた十四試局地戦闘機「雷電」、さらにそれより一年前の十三試双発陸上戦闘機（のちの夜戦「月光」）などとあわせて、かなり多忙な日々を送ることになった。

しかも、十六年にはいると、米英との戦争が避けられないとの見方が濃厚となり、南方の島嶼での作戦にそなえて、軍令部から水上戦闘機の緊急開発要求が航本に持ちこまれた。

水戦については、すでに前年度に川西の十五試がスタートしていたが、とても開戦にはまにあいそうもないし、それに戦闘機に不慣れな川西がどんなものをつくるのか、心配なフシもあったからである。

南方作戦には、どうしても水上基地用戦闘機を欠かすことができないと考えた軍令部と航本の間で、すでに優秀な性能が認められていた零戦にフロートをつけて、水戦とする案がまとまり、小型水上機に経験の深い中島飛行機に、一社特命で試作要求がだされた。

のちに二式水戦（A6M2-N）となった、零戦一一型を改造した試作水上戦闘機の試験飛行は、奇しくも昭和十六年十二月八日、すなわち太平洋戦争開戦の日の午前、霞ヶ浦で成功裏に終わった。

この日、永盛は宣戦布告の放送を、霞ヶ浦海軍航空隊の士官室で聞いたが、それは一生忘れることのできない感激だったと、のちにある雑誌に書いている。

開戦の前後、日本の陸海軍は競うようにしてそれぞれの飛行機の試作を急いでおり、かぎられた日本の設計試作能力では、とても応じきれない状況にあった。

海軍は、零戦のあとを追うようにして、十四試局戦を三菱に発注していたが、飛行試験にはいると、予想以上に技術的問題点が多く、しかも艦隊に配備されだした零戦の改善事項も、三菱戦闘機設計陣を釘づけにする結果となり、予定計画にあった十六試艦戦を三菱に発注することは困難と判断された。

しかも、この間に戦争に突入したため、当面、零戦の性能向上（はじめのころは最大速度約二百九十ノットだったが、のちに三百ノットを越え、武装も強化された）を最重点と考えざるをえなくなったため、十六試艦戦計画は一年間くりさげられることになった。

戦争の最高指導部としては、戦争に突入した以上はできるだけ短期決戦の方針をとり、長期的な先の長い戦争をやろうとは考えないのが当然で、日本と同盟関係にあったドイツにしても、「一九三九年（昭和十四年）までに実験を終わって、生産に入る見こみのない試作機は、すべて中止せよ」との指令を、対ポーランド開戦前に発していたという。

したがって、メッサーシュミットＭｅ１０９の改良が最重点となり、戦争の長期化とともに、最後までＭｅ１０９が主力戦闘機の座から降りられなくなった点は、日本の零戦の場合とよく事情がにている。

日本海軍の軍備計画担当者が、戦争の見とおしについてどれほどの考えを持っていたかは不明だが、とりあえず、戦力発揮にもっとも効果的な零戦の改良が先決と考えるのは、ごく常識的な線だ。どんな優秀な飛行機の計画も、戦争にまにあわなくては、なにもならないからである。

不幸は、日独伊三国同盟のもとで、ドイツのヨーロッパにおける有利な戦いぶりに呼応してアジアでも立ち上がれば、東西呼応して早期に勝利へのゴールインが可能だとの目論みが、もののみごとに崩れさってしまったことからはじまった。

緒戦は日本の思惑どおり、あるいはそれ以上に順調にことがはこび、太平洋に、インド洋に、それこそ破竹の勢いで戦域を拡大していった。

劈頭のハワイでの大戦果のあと、インド洋作戦でも輝かしい戦績をおさめた南雲忠一中将の機動部隊が、つぎのミッドウェー作戦の準備のため、九州南部の志布志湾に帰還したころ、鹿屋航空隊で次期戦闘機の計画要求に新しい戦訓を取りいれるための合同研究会が開かれた。

この研究会には、艦隊のほか、航本、横空、空技廠の関係者があつまったが、圧倒的な勝ち戦さの実績をふまえて、艦隊からの出席者たちの威勢のいい発言が目だち、冷静な討議はともすればすみに追いやられがちだった。

この研究会には航本の戦闘機担当として永盛造兵少佐も出席したが、このときの思い出を、永盛は『丸』誌上（三十九年十一月号）でつぎのように述べている。

「その夜、われわれは鹿児島のある料亭でおこなわれた、南雲長官の招宴に出席した。

その席上、南雲長官は、

『永盛君、艦隊の者のいうことを、うのみにしちゃだめだよ。われわれは、ときには気分なり、いきおいで意見を述べることがあるから、君たちは、いろいろな状況を冷静に判断して、結論をだしたまえよ』

と、宴席で一人ひとりの盃をうけながら、私の前であぐらをかき、力強くさとされた。

いまでも、あの得意の絶頂におられた南雲長官の姿が、ありありと眼に浮かぶ」

それから二年後、南雲中将はサイパンで戦死することになるが、南雲の適切な助言はさすがであった。

このあと、会議の結果を持ちかえった永盛らによって、航本内部での次期艦戦構想がまとまり、設計試作を担当する三菱の関係者もまじえた第一次の小研究会が、空技廠で開かれた。

会議に出席した堀越技師によれば、その日は昭和十七年四月十四日とされ、「海軍の関係者の意気にはあたるべからざるものがあり、とくに戦闘機パイロットたちは気負いたってい た」という。

この席で、搭載エンジンについて堀越は、自社のMK9の採用を主張したが、航本発動機課の渡克己大佐から、中島のNK9（のちの「誉」）を強力に推すむねの発言があった。

この点について、堀越は著書の中で、

「『誉』は、その地上試験が終わり、その効率は、当時世界一だといわれていた。しかし、

航本で烈風の構想に力を注いだ永盛義夫造兵少佐

私が三菱や空技廠の発動機関係者に公平な意見を聞いたところでは、『誉』のこの成績は、あらゆる条件が理想的であった場合のもので、大量生産されたものが実施部隊で使用されるようになったときでも保証できるという数字ではなく、かつ現在この発動機は、信頼性、実用性の点で多くの問題があるということであった。そして本機が使用されるころには、MK9が有望であろうという人も少なくはな

かった。

ようするに『誉』の額面性能を実用のさい期待することと、MK9の実用化の現実性とは、どちらが望み多いともいえないというのが、公平な判断であった」（堀越・奥宮共著『零戦』出版協同社刊）と述べている。

こうした情勢からみて、このとき海軍のもっと広い範囲の人びとに直接働きかけたら、あるいはMK9の採用が実現したかもしれないというのが堀越の推測だが、航本の機体担当者として、永盛は前出の『丸』誌上でつぎのように書いている。

「『烈風』試作計画のなかで、もっとも問題になったのは、搭載エンジンを、当時中島に試作を命じていた『誉』にするか、それとも三菱の『八四三』（MK9A）にするかであって、これには大いに悩まされた。

飛行機の生命は、その搭載エンジンによってきまるといっても、けっして過言ではない。飛行機を試作するとき、いちばん好都合なのは、エンジンがすでに完成している場合であるが、少しでもよい性能の飛行機を作りたいとばかりに、先物（さきもの）を買うこともある。

しかし、ここには、時間という重大な要素があることを忘れてはならない。ある必要な時点にまにあわなければ、あとの祭りにすぎないからだ。その当時としては、エンジンの選定には、とくに慎重を期し、ぎりぎりのところまで待った」

第一回の官民合同研究会の後も、エンジンについてはしばしば検討がかさねられたが、十七年八月二十八日の研究会では、この春に空技廠発動機部から航本技術部に移った永野治技術少佐は、海軍側委員として、「どちらのエンジンもまだ改良すべき箇所が多く、今後の完成時期についての見とおしは大差はないので、判定はむずかしい」と発言している。

しかし、海軍側委員の大半は、「ル」号NK9Bとして、すでにY20陸上爆撃機（「銀河」）に搭載して、空中実験を開始していた中島のエンジンを推す空気が強く、その採用が決定されてしまった。

どちらのエンジンを選ぶのが正解だったかは、かんたんに結論づけられないが、十七試艦戦に搭載された「誉」の性能が、試作の当初のものにくらべて低下していたため、「烈風」が予定どおりの飛行性能をだすことができなかったのは、まぎれもない事実だ。

とはいえ、これはあくまでも結果論で、戦時生産のため、材料、工作、あるいは燃料、オイルなどにいたる予想外の悪い要素が介入したことも大きな要因だ。

「ハ四三」にしても、生産にはいれば同じような理由で、試作のものより性能低下が起きたかもしれず、たんに余裕のある設計だったという理由だけで、「ハ四三」を選ぶ方が正しかったとするのは当たらない。

だからこれは、どちらのエンジンを選ぶかという以前の、日本のエンジン技術およびそれをささえる基礎産業のレベルの問題というべきであるが、現実にエンジンの出力不足で、さんざんつらい思いを味わった堀越にしてみれば、「誉」へのうらみつらみもまた当然かもしれない。

大きな禍根を残す

エンジンの選定問題とならんで「烈風」の基本計画でのもう一つの大きな問題は、翼面荷重の決定だった。

当時、海軍では用兵上の要求から、戦闘機を甲戦、乙戦および丙戦に大別し、それぞれの性能、兵装の基本的要求をしめしており、艦戦は甲戦の部にいれられていた。

艦戦は、もともとせまい航空母艦の甲板上に発着しなければならないので、発着速度は陸上機とちがって一定の限度があった。しかも、戦闘機としては空戦性能をもっとも重視されたから、この面からも翼面荷重をあまり大きくしてはいけないとされていた。

当時、日本の戦闘機関係者の間では、さかんに重戦と軽戦という言葉が使われていた。軽戦は九六式艦戦や陸軍の九七式戦闘機によって代表されるように、水平面での格闘性を主とした狭義の空戦性能を重視した戦闘機で、重戦は「雷電」や陸軍の二式単戦「鍾馗」のように、空戦性能より、むしろ速度優先の一撃離脱戦法をとる戦闘機と考えればわかりやすい。

九六式艦戦や陸軍の九七戦は翼面荷重百キロ／㎡以下だったが、それぞれの後継機である零戦や「隼」は百二十〜百三十となっていた。ちょうどこのころが、世界の戦闘機が大出力エンジンの出現とともに、軽戦から重戦に移りかわる時期で、零戦や「隼」は、いってみれば軽戦の最後をかざった戦闘機だった。

だから、大戦末期の戦闘機は軒なみに高翼面荷重となり、九七戦や「隼」まではがんこに軽戦にこだわっていた日本陸軍ですら、大戦前に、すでに翼面荷重百五十キロ／㎡を越える

「鍾馗」を計画し、さらに百七十、百八十といった高翼面荷重の「飛燕」「疾風」を出現させている。

格闘性をすて、高速による一撃離脱戦法への思想変換であるが、その中でも技術の進歩によってかなりの格闘性能も維持できるようになった。

航本の「烈風」にたいする格闘性能の要求は、零戦三二型ていどというものだったが、格闘戦の空戦性能は、飛行機の翼面荷重の設計値によって基本性能がきまってしまうもので、「誉」の出力をもって、軍令部が要求する最高速度三百四十五ノットを実現し、しかも空戦性能をよくすることはむりだった。

最高速度を満足しようとすれば、翼面積をできるだけ小さく（したがって翼面荷重は大きくなる）、かつ機体をコンパクトに設計することがのぞましく、空戦性能をよくしたければ翼面荷重を小さく、したがって主翼面積が相対的に大きくなる。

格闘戦に強いといわれた初期の零戦は、翼面荷重は百十ていどだった。それがしだいに大きくなって、百三十ちかくにもなったが、「烈風」は要求性能を満足するには百五十ていどとなり、空戦性能の低下は歴然であった。

三菱では計画をさまざまな角度から検討し、風洞実験や性能計算をやってみたが、でてくる具体的な数字は、いずれも要求性能と空戦性能の両立が不可能であることをしめしていた。

昭和十七年八月二十八日、ふたたび空技廠でひらかれた官民合同研究会の席上、三菱の堀越、曾根両技師から、このことについて報告があったが、空技廠飛行実験部の周防元成部員から、翼面荷重を少しへらして百三十ていどとし、そのかわり最高速度は三百三十ノットていどがまんするという具体的な提案がしめされた。

周防部員の発言は、最高速は軍令部の要求を満足していないが、実戦上はこれで充分に優秀な戦闘機として適用するという見解である。

この提案について結論を出すため、翼面荷重を百三十（第一案）と百五十（第二案）の両方について具体的に比較してみることとなり、三菱側でこの両案にもとづく計画図面の作成と性能計算をおこなった。

一ヵ月後の十月十二日、再度、官民合同研究会がひらかれたが、この両案について海軍側の意見はわかれた。軍令部の井上中佐は、「烈風」が実用化されるであろう二年さきには、敵の戦闘機は三百五十ノットていどの高速になると思われるから、「烈風」は速度を重視すべきだとする、当初の軍令部側の主張をかえなかった。

しかし、実施部隊の意見を代表してたった横空戦闘機隊長花本清登少佐（のち戦死、大佐）は、速度偏重には不安があり、零戦ていどの空戦性能が必要であることを力説し、前回の空技廠飛行実験部の周防部員の意見にそって、第一案がもっとも実現の可能性があり、したがって軍の要求とすべきであると発言した。

航本の小林淑人中佐も、花本少佐の意見に同調したので、軍令部の要求を満足する第二案計画はできるだけ促進していくけれども、航本としては、さしあたって翼面荷重百三十キロ／㎡の、第一案計画を進めるという方針が決定された。

速度よりも空戦性能――これが実戦部隊の現実的な要求だったが、それだけなら設計側にまだ自由度はあった。それが翼面荷重の規制にまでおよぶと、手足をしばられたも同然で、設計者たちの苦悩は頂点にたっした。

これは明らかに行き過ぎであったが、それがのちに大きな禍根を残すことになろうとは、用兵者側のだれもが思いおよばず、この時点ではベストの選択と考えていたのである。

「他日、私が小林中佐の部屋をたずねたときに、小林中佐の机のうしろの壁に、大きな太平洋地図が掲げてあって、その地図上の南の島々に、ひろい範囲に日の丸の小旗が、押しピンで止めてあって、日本軍の進出点がしめされてあるのを見た。

彼は私にその地図を指さして、いまの日本は圧倒的に優勢な戦況にあるように見えるが、これからは、勝つということを考えるより、いかにして敗けないようにするかということを考えなければならない。自分は『烈風』についても、絶対不敗のものを作り上げる必要があると考えている、としみじみ語った」

零戦の後継機として開発された十七試艦上戦闘機烈風。要求性能を達成するには誉エンジンでは出力不足だった

堀越技師をたすけて「烈風」開発の主導的役割をはたした三菱の曾根技師の述懐であるが、こうして「烈風」の試作方針が決定され、具体的な設計がスタートした。

たとえ、艦戦と陸上戦闘機のちがいはあるにせよ、翼面荷重を零戦や「隼」の時代までさかのぼることは完全に時代錯誤であり、設計側が主張した百五十ですら、当時の世界的すう勢からすれば、むしろひかえめな数字であった。

用兵者側と設計側の間にたって、さすがに航本や空技廠の担当者たちは、その要求がむりであることを知っていたが、堀越によれば、

「操縦者たちはそのむりな要求を通そうとし、その他の海軍の関係者たちも、しいて操縦者たちの意見を牽制しない方が、かえって会社側を刺戟してよい飛行機ができるのではないか、と考えているというふうに見えた」（堀越・奥宮共著『零戦』）という。

この点について、「烈風」計画の推進者である永盛は、「用兵者側が、あまりにも技術者の領域に深入りしたにもかかわらず、これに自信をもって反抗せず、われわれ技術者が安易な妥協をよぎなくされた」と、『丸』誌上で反省の弁を述べている。

いずれにせよ、このことが「烈風」をゆがんだものにしてしまった。おなじ「誉」エンジンを装備した陸軍の「疾風」が、「隼」とたいしてかわらない大きさだったのにたいして、「烈風」は零戦にたいして、翼面積がざっと五十パーセントもふえ、艦攻なみのかなり大型の戦闘機になってしまった。

できるだけ、コンパクトさが要求される艦戦としては、はなはだ不本意な結果といわざる

をえない。

しかも、重量は零戦五二型の八十パーセント増し、大きさはグラマンF6Fヘルキャットなみという「烈風」にたいし、A6M3すなわち零戦三二型か、あるいは二二型なみの空戦性能が要求された。

おそらくこの要求はさきの零戦のときに要求された、「空戦性能は九六式艦戦なみ」より、もっときびしかったと思われる。

この要求にたいしては、川西の「紫電」「紫電改」同様、空戦フラップが用意されていたが、

「操縦性にクセのない飛行機だったが、なにしろ大きいので面くらった。そしてシャープな運動性と、何にもましてもっとスピードがほしかった」と、試作一号機ではじめて飛んだときの印象を、飛行実験部の志賀少佐が語っているように、機体の大きさからくる全体的に鈍い感じは、ぬぐえなかったようだ。

めまぐるしき運命の変転

A7M1第一号機は、十九年春に完成し、五月には試験飛行がおこなわれたが、最高速度は予定を一割以上もしたまわる三百ノット以下で、空技廠飛行実験部担当部員である小福田、志賀両少佐を失望させた。

最高速度だけでなく、上昇力も六千メートルまで九分三十秒から、十分もかかることがわ

かり、海軍側の「烈風」にたいする期待は大きくゆらいだ。

原因はあきらかにエンジンの出力不足にあったが、曾根によると、

「海軍側は、機体の設計や工作上に速度不足の原因があるとして、発動機側の問題を正式にとりあげようとしないので、われわれはなにか自分たちの過失を責められているような苦しい立場に追いこまれ、たえられない気持だった」という。

このあと、三菱としては、いろいろな性能分析と資料をつくり、エンジンの出力不足の公式な認定をもとめるという手段に訴えたが、海軍側はなおもそれを認めようとはせず、かわりに「烈風」改の計画資料をえるという名目で、三菱のMK9A（「ハ四三」一一型、会社名A-20）への換装を認めた。

これがA7M2であるが、あくまでも三菱の自主試作で、航本や軍需省が正式には認めない、いわば私生児であった。

「烈風」のめまぐるしい運命の変転がこのあたりからはじまるのだが、その最初のものが、八月四日の、

「A7M1は次期戦闘機として見こみなし。三菱はその生産を中止して、『紫電改』の生産を準備せよ」とする軍需省の通達だった。

軍需相は十八年十一月一日に新しくできた官庁で、航空戦力を増強するため、軍需生産とくに陸海軍用航空機生産の一元的なコントロールを目的としていた。

軍需省の設置にともない、企画院と商工省（いまの通産省）を廃してその業務の大部分を

軍需省にうつし、陸海軍現役武官を軍需省職員とすることにした。

ときの海軍航空本部長塚原二四三中将は、この設置に大反対だった。その理由は、「元来、陸軍と海軍とは、それぞれ永年にわたって作りあげたそれぞれ特有のしきたりを持っており、しかもたがいに異なるものがある。このようなものを、突然いっしょにした新しい官庁の運営はうまくいくものではない。かりにうまくいくとしても、そうとうの年月を必要とするだろう。平易なときであればそれもいいが、情勢が切迫しているいま、このような改変のために能率低下をきたすことは忍びない」というものだった。

航本の各部長は、総務部長の大西瀧治郎少将と第三部長の多田力三少将をのぞき、本部長と同じ意見だった。

このさい、空技廠を軍需省の管轄下に入れるかどうかが問題となり、軍需省設置後もしばしばむしかえされた。大西少将がもっとも熱心だったといわれるが、航本の反対でついに実現しなかった。

「飛行機の生産不如意と補給難にくわうるに、新型機の質の低下、部品の不足、整備能力の低下などの原因によって、第一線部隊の飛行機実働率が低下し、作戦上、重大な支障をきたしているのが実情である。この対策のひとつとして、空技廠で数個の技術指導班を編成し、これを戦地に派遣し、第一線部隊の飛行機の整備取りあつかいなどに協力させ、実働率向上に大いに効果をあげている。これは、現在、空技廠の重要任務のひとつであるが、もし空技廠を軍需省の管下に入れると、この任務を迅速適切に遂行することは、すこぶる困難にな

る」(『日本海軍航空史』(3)制度篇)

これがその理由だが、どんなにいい制度にしても、それがうまく運営するまでには時間がかかる。それを塚原中将が言ったように、目前に火の粉がふりかかっている時期に、しかも、とかく仲の悪い陸海軍人をいっしょに仕事させようというのだから、無謀であったというほかはない。

その軍需省が、A7M1は見こみなしと通告してきたことで、三菱の関係者たちはショックをうけたが、彼らはA7M2になおも期待をつなぎ、突貫作業で十月上旬に試作機を完成させた。

その後、十二月までに社内飛行試験をおこなった結果、最高速度は高度五千八百メートルで三百三十七ノット、上昇力は六千メートルまで約六分と、いちじるしい性能の向上がみられた。

このニュースに、それまでA7M2にとかく否定的だった海軍側もいろめきたち、十二月六日と十五日の二回にわたっておこなわれた合同研究会の席上で、海軍側による試験飛行を、至急、実施することがきまった。

この間に、小福田少佐は鈴鹿にいって試乗をおこない、その性能を確認した結果、横空司令および空技廠長の連名で、

「本機は艦上戦闘機としてでなく、局戦として、もっとも期待できる機種で、『雷電』、『紫電』にくらべて操縦は軽快であり、空戦性能も良好で、未熟搭乗員でも充分に使いこなせる

と思われる。生産も装備エンジンさえまにあえば、比較的容易であると考えられるので、『烈風改』（A7M3-J）の実現はそうとうおくれそうな現状からして、本機の生産は『烈風改』の試作に支障をおよぼすことはないから、至急、生産を開始する必要あり」といった内容の意見を航本に提出した。（空技廠飛行実験部は、この年の七月、横空に移されて横空審査部と改称された）

ところが、航本は昭和十九年はじめに発注した「烈風改」の試作がおくれることを懸念し、しかもMK9Aを採用できない事情（すでにNK9B一本でいくことをきめてしまったので）もあって、A7M2の生産に踏み切ることができなかった。

MK9Aは、すでに二年前に採用が見合わされていたので、三菱には、正式に海軍向けのものは一台もできておらず、このことが「烈風」のその後に、またしても暗雲をなげかけたのである。

航本が「烈風改」の木型審査を急いだので、それに使うエンジンが必要であるとして、せっかく優秀な成績をおさめたばかりのA7M2一号機のエンジンを取りはずし、A7M3-Jの実大模型のある三菱航空機の名古屋大江工場に送り返さなければならない羽目になった。しかも、その直後に、横空審査部よりA7M2を、至急、領収するむねの電報がとどくなど、チグハグさがめだった。

しかたがないので、また鈴鹿にあった予備エンジンの装備に着手したが、この間に十二月七日の東海大地震、十二月十三日の名古屋大幸発動機工場、十二月十八日の大江工場のB29

による初空襲など、天災、戦災があいつぎ、作業を阻害した。

とくに、十二月十三日の名古屋発動機工場の空襲による潰滅的な打撃によって、部品の入手は困難をきわめたが、それでも関係者たちの懸命な努力で、二十年一月元旦には整備をおえ、一月三日には飛行再開にこぎつけた。

ところが不運はあくまでも「烈風」につきまとい、一月十九日には、エンジンが焼失するという事故をおこしてしまった。

ちょうどこのころ、第三号機が完成しつつあったので、三菱は全力をあげてその整備を急ぎ、二月はじめには、海軍側に引きわたせる状態にこぎつけた。

二月四日は節分の日、鈴鹿飛行場は白い雪におおわれ、底冷えのする寒い天気だったが、三菱の関係者たちは熱い思いでこの日をむかえた。

海軍からは横空審査部の小福田少佐が領収にやってきたが、小福田はA7M2で鈴鹿を離陸するにさいして、工場内の黒板に、

「本機の発動機は、海軍としてははじめて空中実験にうつしたものであるが、短時日の間に領収の域にたっしえたことは、会社側関係者の不眠不休、異常なる努力によるものと認む」と書き残したという。

このことについて、曾根は『丸』誌上でこう述べている。

「関係者の日夜の努力が、ここにみのった感激は、一生忘れることができない。（中略）いままで、なにか濡れ衣をきせられていたような気持も、鈴鹿おろしに一掃されて、冷たい風

もいっそうさわやかに感じられ、白雪にかがやく銀翼が小さな黒点になるまで、Ａ７Ｍ２の機影を見送ったのである」

だが、設計の最初の時点で、エンジン問題のもたつきでうしなわれた九ヵ月あまりのタイムロスは、あまりにも大きく、「零戦の再現なり」と激賞した小福田少佐をはじめ、海軍側がその優秀性を認めたときはすでにおそく、試作一号機もふくめて七機が完成しただけで、もちろん戦争にはまにあわなかった。

「すでに四十年もむかしのことであるが、『烈風』のあのスマートな機影とともに、『烈風』にかかわった多くの人たちのことが、私の脳裏に浮かび、いまはなつかしい思い出である」とは曾根の述懐である。

「烈風」の企画当時、航本技術部員だった永盛は、十八年一月に空技廠飛行機部にもどったが、同年九月、技術中佐に昇進すると同時に、航本造兵監督官としてドイツに赴き、終戦までをかの地ですごしている。

その永盛も、設計主務者だった堀越もすでに亡く、いまは「烈風」を知る人も少なくなってしまった。人の運命とおなじく、「烈風」は幸うすき飛行機であったと言えよう。

10 苦しき戦いの中から〈機銃開発に賭けた機銃屋たち〉

私生児として生まれて

「戦闘の最後の目的、最終のねらいは、相手を撃墜することにある。いかに格闘戦に強くても、それだけでは意味をなさない。戦闘機にとって、撃墜するための唯一、かつ最後の手段である『火力』は、きわめて重要な意味をもつ。

強力な発動機も、優秀な機体も、終極的には機銃を運ぶための存在といってもいい」(小福田晧文『零戦開発物語』光人社刊)

「戦闘機とは必要なときに、必要な場所に有効な銃弾を射ちこむためのものである」(志賀)

実戦部隊および空技廠飛行実験部をつうじて戦闘機との長いつきあいのあった小福田中佐と志賀少佐の、戦闘機は機銃を運搬する道具にすぎないという認識は興味がある。

しかし、これも零戦が二十ミリ機銃を装備して活躍をはじめてからのことで、それ以前の日本海軍全般の航空機銃にたいする認識は、お話にならない、というのが実情だったようだ。

まだ日華事変がはじまる前、昭和十年から十二年ごろの日本海軍の主力戦闘機である九〇式艦戦や九五式艦戦に装備されていた七・七ミリ機銃は、イギリスのヴィッカース社設計で、「毘式（びしき）」と呼ばれていた。

それも国産は、横須賀海軍工廠機銃工場で製造にかかったばかりで、実施部隊で使われていた機銃はヴィッカースから直接輸入されたものがほとんどだった。

ところが、この機銃というのが難物で、空中ではげしい飛行操作をやると、故障をおこして弾丸がでなくなることがしょっ中だったから、パイロットは空戦中に修理をやらなければならなかった。

九〇式艦戦も九五式艦戦もパイロット前方の計器板上方両側に装備されていたから、手をのばして機内で修理することは可能だったが、これでは射撃のチャンスをうしなうばかりか、はげしい空戦の最中に機銃の修理に気をとられていたら、自分がやられてしまう。

「どうして、こう弾丸のでない戦闘機を長年なおざりにしてきたものだろう。もし大戦争が急に起きたら、どうするつもりか。だれもこれを研究改善する人もおらず、またそうさせる係もおいていなかったことを思うと、不思議に思われてならなかった」

横空戦闘機隊で機銃の整備に活躍した田中悦太郎

当時、日本海軍で数少ない機銃整備の専門家として、佐伯航空隊にいた田中悦太郎兵曹長（のち大尉）は、危機感

を いだき、これがのちに田中を、〝機銃狂〟と呼ばせるほどに、機銃整備および装備法の研究に熱中させる端緒となった。

昭和十一年十一月、佐伯航空隊から横須賀航空隊に転任となった田中兵曹長は、戦闘機隊付として機銃や戦闘機兵装を専門に研究することになり、航空廠兵器部の川北智三造兵少佐などに協力して、毘式七・七ミリ機銃の改良にのりだした。

空中実験を担当した横空戦闘機隊では、田中の改良した機銃を搭載しては飛び、やがて機銃の不具合部分やその改良法をつかみ、どんな急激なGをかけても、順調に発射できるところまでこぎつけた。

この成果にもとづいて、実施部隊の戦闘機に搭載されていた機銃を順次ひきあげ、横須賀海軍工廠機銃工場で、特急の改造工事が開始された。

それからまもない昭和十二年七月、日華事変がはじまり、改良直後の好調な機銃をつんだ九五式艦戦や、新鋭の九六式艦戦がみごとな戦果をあげた。

田中兵曹長らの努力で、機銃の改良がかろうじて実戦にまにあったのだが、のちに航空廠飛行実験部陸上班長として、十二試艦戦の要求性能について、横空戦闘機隊長の源田実少佐と、有名な論争をやった柴田武雄少佐も、先覚者の一人といえよう。

柴田少佐は、当時、海軍航空部内を風靡していた、「戦闘機無用論」の牙城である横須賀航空隊に、分隊長兼教官として昭和十年十一月に着任したが、彼は戦闘機無用論を粉砕する手段の一つとして、毘式七・七ミリ機銃の故障続発問題の解決をはかろうと考えた。

柴田は、自己の論文『仮称海軍戦闘機隊史資料』の中で、つぎのように述べている。

「当時、海軍戦闘機の毘式七・七ミリ固定機銃は、その射撃時、不給弾、二重給弾などの故障が続発し、故障するのはあたり前といった空気までかもしだされていた。

これは、いったんことあるとき、ゆゆしき問題である。また、このような調子では、戦闘機の実力を過少評価され、『戦闘機無用論』に拍車をかけることにもなりかねない。また、論より証拠の最基本の問題としてもきわめて重要である。これだけはどうしても早急かつ具体的に解決しなければならぬと考え、あらゆる態勢における全弾無故障発射の研究実験に着手した」

ここで柴田がとくに〝あらゆる態勢〟とうたっているのは、6G以上の大荷重、あるいは背面状態でも無故障発射を可能にするためであり、〝全弾無故障〟は当時の機銃が携行弾数が多くなるにしたがって故障がふえる傾向があり、実戦で全弾装備したときにもっとも多く故障するようでは、致命的と考えたからだ。

これはもともと柴田の自発的研究実験だったが、兵器の改造をともなうので、航本の諒解をとっておこなわれた。

柴田は横空の兵器員に命じて不具合箇所を改造させた機銃を、横空第四分隊所属の九〇式艦戦に搭載し、みずから飛んで、鎌倉沖の漁船の少ない海面上空で発射テストをした。

発射テストとはいっても、水平に飛びながらではなく、計器板の中ほどにG計（加速度計）を取りつけ、そのG計を見ながら垂直旋回をおこないつつ、5G付近から連続射撃し、

6Gをすぎて血が下がり、目がかすんでG計が見えなくなりかかるころ、射撃を止めるというはげしいものだった。

こうした実験を午前中、何回もくり返し、機銃の改良が順調にすすんだころ、とつじょとして、心臓付近に激痛を覚えた。痛みは数分でとまる性質のものだったが、あとでレントゲン撮影して原因がわかった。

あまりにもはげしいGをくり返しあたえたため、心臓の左下の部分が一部ふくらんでしまい、それがたまたま肋間神経を圧迫したとき激痛が走るという、軍医長の説明だった。

このあと背面射撃の実験などもふくめ、この実験は一年ちかくつづけられたが、昭和十一年秋の異動で、柴田は空母「加賀」に転勤となったため中止された。

田中兵曹長が佐伯空から横空に転勤してきたのと、ちょうど入れかわりになったわけだが、このころ航空本部では、ひそかに二十ミリ機銃の導入がくわだてられていた。以下、当時、航本技術部の主席部員だった和田操大佐（のち中将、六代空技廠長、最後の航空本部長）の談話である。

——それまでわが国の飛行機は、口径七・七ミリの機銃を使っていたが、これは第一次大戦以来つかわれていたもので、その威力ははなはだものたりないものだった。なんとかよい手はないものかと考えられていたとき、昭和十一年にスイスのエリコン二十ミリ機銃について、同社のガスダというセールスマンがきて、その詳細を説明してくれた。

さっそく、機銃の専門家に調査させたところ、発射機構その他に、不満の点があるとかなんとか理屈をいうものもあったが、とにかく、炸裂弾を使用して破壊効果が大きく、しかも軽量小型で、戦闘機の翼内にいれるのにつごうよくできている。それでこれにかぎると思って、その採用と製造技術の導入を提唱したところ、当時、技術部長は原五郎少将（十一年十一月に航空廠長）、航空本部長は山本中将がなっておられたが、ただちに採用の方針がきめられ、実行にうつすことになった。

ところが、当時、機銃は製造その他、無線と同様、艦攻本部の所掌となっていたので、私はすぐ艦本第一部長の谷村造兵中将のところにいって、このことを話したところ、「エリコンなどから製造権など買わなくてよろしい。艦攻本部でつくってやる」といわれた。

しかし私は、この仕事は艦本のようなスローモーションのところにたのんでいたのでは、いつできるかわからない、急激なテンポで進んでいる航空兵器は、それではまにあわないと思った。そこで海軍省の兵器所掌区分では変則かもしれないが、二十ミリ機銃だけは艦本のせわにならず、航本自身でやってしまおうと決心し、省内の軍務局その他関係方面を説得してまわった。そのとき、軍務局長の豊田副武中将（のち大将、最後の連合艦隊司令長官）を説得するのに、もっとも骨を折ったことが記憶に残っている。（雑誌『東郷』昭和四十五年十一月号）

すでに十八インチ（四十六センチ）砲を搭載した超巨大戦艦「大和」「武蔵」の建造を決

定し、大鑑巨砲主義のまっただ中にあった日本海軍では、飛行機の機銃などは〝鳩の豆鉄砲〟と軽視されていた時代であり、和田の苦労も容易ではなかったと思われる。

けっきょく、艦本側の完全な了解がえられず、航本による技術導入はできないことになったので、原五郎少将は民間会社にやらせることを思いつき、二、三の会社と折衝したところ、最終的には海軍を退役した寺島建中将が社長をしていた浦賀ドックにきまった。

航本との内密の約束のもとに、浦賀ドックはエリコン社と技術提携し、最初の数十梃の機銃と弾薬、工作機械、材料などを輸入し、同時に専門技師数名をまねいて、国産化がはかられた。

のちに、日本海軍戦闘機の一大特徴とうたわれるようになった二十ミリ機銃は、こうしていわば私生児のようなかたちで生まれたのであるが、多くの障害にも屈せず、やかましいルーチンを曲げてまで、その実現に努力した和田大佐と、これをバックアップした山本航空本部長や原技術部長らの熱意は、それが予見のむずかしい時期であっただけに、敬服に値いするものである。

航本の動きに応じて航空廠でも兵器部射撃科が主となって、エリコン社から買い入れた二十ミリ機銃数型式について試験研究をおこない、地上試験のあと、じっさいに戦闘機に搭載して、空中実験をおこなうことになった。

戦闘機のせまい翼内にうまく装備できるかどうか、格闘戦のさいの強いGにたえて故障なく発射できるかどうかを研究するためで、昭和十三年八月に九五式艦戦および九六式艦戦の左右翼内にそれぞれ一梃ずつ、フランスからサンプルとして買ったデボアチンＤ５１０戦闘機に、プロペラ軸をとおしてモーターカノン型を一梃装備して、比較試験がおこなわれたが、最新鋭の九六式艦戦のものが総合的にみてベストだった。

はじめての、胴体中心から遠くはなれた翼内装備ということもあって、弾丸の左右の散布が大きい欠点はあったが、その後の研究で、飛行機の横安定をよくすれば改善されることがわかり、おりから三菱で設計中の十二試艦戦（のちの零戦）の翼内機銃として採用されることになった。

その後、十二試艦戦が零戦となって実戦で大活躍したが、その威力のもとは、なんといっても初装備の二十ミリ機銃だった。しかし、二十ミリ機銃の威力が実証されるほどに、実施部隊から携行弾数をふやせという要求が強くなり、空技廠（昭和十四年四月に航空廠から航空技術廠―空技廠にかわった）兵器部で、それまでの六十発入り弾倉を百発入りに改造する研究に着手し、横空の〝機銃狂〟田中少尉らの協力で完成した。

ところが、太平洋戦争がはじまってからは、もっと弾数をふやせという要求が高まり、ついにベルト給弾に移行することになったが、この二十ミリ機銃に関しては、本家であるスイスのエリコン社でも、ベルト給弾方式は成功しておらず、その実現は容易ではないと思われた。

のびのびできた仕事

ここで、海軍や大日本兵器とは別個に、二十ミリ機銃の研究をやっていた日本特殊鋼の河村正彌博士についてふれなければならない。

元来、日本特殊鋼は陸軍の小銃や機関銃をつくっていた関係で、陸軍の管理工場になっていたから、河村博士も陸軍技術本部(技本)依頼の仕事をやっていた。しかし、陸軍の軍人がとかく軍服をかさにきて、やたらに威張りたがり、仕事の面でも、民間をなにかと蔑視するので、枝本の仕事がイヤになってしまった。

そこへ立川の陸軍航空技術研究所(航技研)から、高発射速度の二十ミリ機銃(陸軍では機関砲とよんだ)の研究試作を依頼され、苦心の末につくりあげた。試験射撃をすることになり、弾丸の支給をたのんだところ、願書をだせという。ところが、願書をだしても、いっこうに弾丸を支給してくれるようすがなく、一ヵ月くらいたったころ「願ノ件許可セズ」といってきた。

「開発をたのんでおきながら、試験用の弾丸をよこさないとはなにごとだ」

河村は怒った。つくづく陸軍の仕事に愛想をつかしていたところへ、海軍から二十ミリ機銃用ベルト給弾装置の開発の話があった。

ベルト式とは、回転ドラム式とちがって、機銃弾をリンクで連結してベルト状とし、そのリンクと射ちおわった薬莢(やっきょう)とを、発射ごとに空中に放出してしまう装置で、弾丸ベルトを収納するスペースさえあれば、いくらでも弾丸をつめるから、戦闘持続能力が増す。

じつはそれ以前に、海軍航空本部が二十ミリ機銃の導入を検討していたとき、河村たちが開発中の二十ミリ機銃が、かなりよさそうだというので、海軍も注目したが、日本特殊鋼が陸軍の管理工場であるところから、陸軍との摩擦がおきるのを恐れて、エリコン社のを買うことにしたといういきさつがあり、日本特殊鋼へのベルト給弾装置の開発依頼は、海軍としても、よくよくのせっぱつまった処置だった。

煮えきらなかった陸軍にくらべると、海軍の協力はたいへんなものだった。開発の話を河村のところに持ってきた空技廠兵器部の川北智三（のち健三と改名）技術少佐が、河村の後輩ということもあったが、河村が、「エリコン機銃をまだ見たことがないので、現物がなければ設計ができない」といえば、翌日、水兵が日本特殊鋼のある大森まで、機銃をかついで持ってきてくれたし、弾丸がほしいといえば、これも翌日、ほしいだけとどけてくれた。

航空廠は、十四年四月一日に名称を航空技術廠と改められたが、十六年四月一日、爆弾部が新設されたのを機に、追浜より手前の金沢に支廠が開設され、兵器部もここに移った。現在、東急車両の工場になっているところで、京阪急行の釜利谷という駅（現在の金沢文庫駅）のすぐ前にあった。

海軍は河村を部内にかぎって高等官あつかいとし、手帳をくれたので、それを見せればスイスイ廠内に入ることができ、窮屈だった陸軍とちがって、のびのびと仕事ができた。

海軍が、二十ミリ機銃のベルト給弾装置の開発を依頼してきたのが昭和十七年春、そして九月には約束どおり半年で完成という、この種の仕事としては、世界に例を見ないスピード開発を、日本特殊鋼の河村グループはやってのけた。

完成試射の日、海軍からは戦闘機パイロットもふくめて三十人ほどが会社にやってき、二十ミリ機銃ベルト給弾装置にたいする期待の大きさを思わせた。もちろん、その中には中尉になっていた横空の田中の姿もあった。

公開テストは、地下にもうけられた試射場でおこなわれ、河村の「射て」の合図で、機銃は猛然と発射を開始し、たちまち百発を射ちつくしてしまった。しかも、全弾、無故障であった。

「これで前途が明るくなった」ともらす人もいて、河村はそれまでの苦労が報われた気がしたが、こんどはこのあとを引きついだ空技廠や横空の担当者たちが、苦しい思いを味わう立場になった。

空技廠の手に移ってからも、さまざまな改良をくわえて、年末には地上試験をおわり、十八年早々から空中試験にうつったが、これをつたえ聞いた各社が、試作機の計画にぞくぞく取り入れたからである。

携行弾数の増加はもちろんだが、弾倉式にくらべてコンパクトで軽いため翼内装備が容易、したがって、片翼に二梃装備も可能なこと、動力銃架とした場合は弾倉交換の必要がないため、リモートコントロールができること、発射速度が若干増加したことなど、メリットがたくさんあったから当然だが、機銃関係のむずかしいところは単体としては成功しても、じっさいに飛行機に取りつけて飛んだときに、いろいろ問題がおきることだ。

「背水の陣をしいて、空中実験は昼夜兼行でおこなわれ、機銃にも機体にも各種の改造をかさね、苦心惨憺のすえ、昭和十八年五月にようやく終了した。空中実験における苛酷な試験では、予想もしなかったいろいろの事故がおきて、そのたびごとに改造し、地上試験や空中試験をくり返し、途中、幾度かあまりのむずかしさに放棄しようと思ったこともあったが、各種の飛行機に採用されることを考えるとそれもならず、戦機の熟する中にあって、苦々しい数ヵ月であった」

当時、空技廠支廠の射撃部にあって、川北技術少佐のもとで機銃の研究開発をやっていた川上陽平技術少佐は、『航空技術の全貌』下巻に、そのときの状況をこう述べているが、これは日本特殊鋼の河村以下の開発グループ、空中実験担当の花本清登少佐以下の横空グループ、とくに装備担当の田中にしてもおなじであった。

最大の難関だったのは翼内の艤装、つまり、主翼内につくられた細長い箱型をした弾倉と、機銃をつなぐ給弾通路で、これは機銃側にも機体側にもぞくさない盲点だった。おのずとその仕事は、現場主務者としての田中らの肩にかかった。

機銃ベルト給弾装置完成に情熱を傾けた川上陽平

日本特殊鋼にベルト給弾装置（および機銃の改良）の開発を依頼するのと同時に、翼内装備についての研究を開始していれば、もっと手際よく作業が進んだはずだが、まず機銃の開発、そして弾倉、それができて両者の結合上の問題点を考えるというように、作業が押せおせだったから、後のほうになるほどどきつくなった。

零戦が百発入りのドラム型弾倉からベルト給弾式にかわったのは五二型（Ａ６Ｍ５）からだが、翼内構造の関係で百二十五発より多くすることはできなかった。それが設計時点の新しい「紫電」や「紫電改」になると、最初からベルト給弾を想定して主翼の設計をおこなったため、二百発にふえ、しかも片翼内に二十ミリを二梃も装備したため、火力は零戦三二型の四倍、五二型にくらべても三倍以上に強化されている。残念だったのは、その出現の時期が遅きに失したことだ。

なお、この間、昭和十八年四月一日に空技廠の組織変更があり、あたらしく推進機部と医学研究部とがもうけられ、べつに神奈川県相模野に航空技術廠の出張所がもうけられた。相模野出張所の開設は、航空機機体部品の造修を飛行機部から分離するとともに、増大する空技廠の業務に対応するための工員養成を目的としたもので、一年後には高座工廠に統合された。

同日づけで、金沢の支廠でも、兵器部が発展して射撃部、爆撃部、雷撃部に分離独立し、べつに火工部、光学部、計器部が新設、爆弾部が製鋼部と改称、空技廠から電気部がうつされるなど、機構拡大にともなう大幅な改変があった。

日本海軍の先見性

二十ミリ機銃が零戦に搭載されて、その威力が海軍部内にみとめられるようになったころ、空技廠では兵器部射撃科の川北技術少佐が、二十ミリよりさらに強力な大口径機銃の必要性を熱心に提唱したことがあった。

このときは採り上げられなかったが、それからまもなくはじまった太平洋戦争での戦訓は、川北の意見が正しいことを実証し、十七年三月に航本から空技廠に大口径機銃の研究命令がだされた。

ソロモン群島方面に、さかんに出没するボーイングB17やコンソリーデーテッドB24などの米軍四発重爆にたいしては、零戦の二十ミリ機銃をもってしても、撃墜が困難だった。もっともこれは、二十ミリ機銃の弾丸そのものに威力がなかったわけではなく、搭乗員が照準器からはみだす四発機の大きさになれなかったことから、距離感を誤ったこと、敵の防御火力が強力だったことなどから、有効射程外からはやめに射撃をしがちなためであった。

この戦訓から、弾道の直進性をよくして、遠距離から射撃しても命中率が高まるよう、発射時の弾丸の初速を、秒速六百メートルから秒速七百五十メートルに向上した二十ミリ二号銃が採用され、同時に携行弾数も百発に増加されたが、しばらくすると、連合軍側の大型爆撃機はもちろん、戦闘機も防御力を強化したので、さしもの二十ミリ機銃をもってしても、一撃で必墜ということは困難となりつつあった。

日本の機銃の性能向上と敵の防御力強化とのいたちごっこだが、搭乗員には厚い防弾鋼板、燃料タンクには防弾ゴムをおしげもなく使って、人命と機材の損耗をふせぐ連合軍側の飛行機設計思想は徹底していた。

たいする日本側は、たとえば格闘性を重視するあまり、零戦は防弾鋼板も防弾タンクもなく、防弾をもっとも必要とする一式陸攻ですら、燃料タンクはまったく無防備だったから、敵側の十二・七ミリ機銃で簡単に火を吹いて、搭乗員たちから自嘲的に一式ライターなどと呼ばれた。

用兵思想とそれにもとづく飛行機設計思想のちがいであるが、とにかくこちら側としては、機銃の威力増大の必要にせまられていたのだ。

空技廠では、兵器部長田中保郎大佐が主宰して、何度か研究会をかさねるいっぽうでは、具体的な三十ミリ機銃の計画に着手し、機銃の設計は卯西外次技師担当で、日本特殊鋼に発注された。日本特殊鋼では、ふたたび河村技師が主となり、加瀬、望月技師らとともに、ふつうこの種の新しい機銃開発には十年から二十年はかかるといわれていたのを、わずか三年という短時日で完成させ、二十年五月に制式採用となった。

二十ミリのベルト式給弾装置のときと同様、この三十ミリも完成しないうちから、「秋水」「震電」「烈風改」「電光」「雷電」「天雷」「月光」夜戦などに搭載がきまり、川北、川上ら空技廠の担当者たちは、またしてものっぴきならない立場にたたされた。

日本特殊鋼で完成した三十ミリ機銃の最初の一門を海軍に納入してから四、五日後、追浜をおとずれた河村は、飛行場で「月光」に斜め銃として取りつけられているのを見た。

「あれ、最初から斜めですか?」

河村はかねて顔見知りの田中悦太郎大尉に聞くと、田中は取りつけの苦労や、ベルト給弾のガイドウェイ機構の改良などについて、熱っぽく語ってくれた。田中とは二十ミリ機銃以来のなじみであるが、機銃装備というだれもやり手のない現場の仕事に、技術士官でもないのにひたすら情熱をそそぐ田中を見て、〝余人をもって代え難し〟とはこのことだな、と河村はつくづく思ったという。

陸海軍をつうじて、日本独自の設計になる航空機銃で、生産に移されたのはこの機銃だけで、改造によるむだと混乱を承知のうえで、試験終了をまたずに量産に入った。終戦までに豊川海軍工廠と日本製鋼所で生産され、海軍が在庫していた三十ミリ機銃は二千梃をこえたが、あいつぐ空襲などでかんじんの機体の方がまにあわず、わずかに「雷電」に装備されて、鳴尾と厚木の両基地に少数機が配備されたにとどまった。

30ミリ機銃の開発者として知られる河村正彌

日本特殊鋼とはべつに、エリコン二十ミリ機銃の国産化を担当した大日本兵器でも、二十ミリ機銃をもとに三十ミリ機銃を試作、零戦に試験的に装備してラバウルで実戦による実用実験をおこなったが、敵機は一撃で空中に飛散したという。なぜか量産はされず、終戦まぎわに「雷電」の一部に装備されただけだった。

こうして、実戦にはほとんど役にたたなかった日本海軍の三十ミリ機銃だったが、米軍はその技術に着目していたらしく、戦後、朝鮮戦争も末期のある日、日本特殊鋼大森工場にいた河村のところに、一人のアメリカ人がたずねてきた。

河村がでて応対すると、その米人はいった。

「じつは、いま朝鮮では米軍機が三十二ミリ機銃を装備したソ連のミグに片っ端から墜とされている。このことは新聞には一行もでていないが、このままでは戦争遂行上、重大な支障をきたすことになってしまう。

そこで、ミグに対抗するため、三十ミリ機銃がほしいが、アメリカではできないので、太平洋戦争中に経験のある日本特殊鋼でつくってほしい。ミスター河村のことは、国防総省でもよく知っている」

緊急をようするので、十五分ほど前に羽田に着いてそのままジープで直行してきたというその米人に、河村は憤然として答えた。

「私がかわいがっていた機械、鉄砲の孔あけ機械もフライス盤も、すっかり壊してしまったのはだれだ。いまになって緊急生産しろといったって、何ができる。もう三十ミリ機銃をつくる機械など残っていない」

敗戦後、接収にやってきた米軍の破壊命令から機械をまもろうと、河村はせめて半分に切断するくらいにして、あとから溶接すればまた使えるようにしておこうと考えていたのだが、米軍将校が「ダメだ、ブロックにしろ」というので、やむなく製鋼部にわたして溶解してしまったといういきさつがあったのである。

さらに、河村は話をついでいった。

「日本の理化学研究所のサイクロトロンをぶっ壊して東京湾に放りこんだのは、いったいなにごとだ。

サイクロトロンは核の研究はやるが、あくまでも基礎科学の研究のためで、原子爆弾をつくっているわけではない。ああいうのは科学にたいする冒涜だ」

ブロークンな英語だったが、意味は通じたらしい。

「そういうことは知らなかった。日本に進駐した兵隊は、日本軍と戦ってきた連中だから、日本人への敵愾心も強かったと思う。どうか勘弁してやってくれ」というその米人は、「こちらではつくれないから、アメリカでつくるなら図面をわたそう」との河村の申し出に対し、「ここに頼めばつくれると思ったのに」と、さも残念そうに立ちさった。

それから一週間後、三十八度線の板門店で、米軍と北朝鮮軍との間で休戦が成立したので、この話は立ち消えになってしまったが、日本の機銃技術も、意外なところで認められたものである。

ところが、あとで河村が調べてみると、ミグが搭載していたのは、二十三ミリ機銃で、件(くだん)の米人は二十三ミリと三十二ミリを逆に覚えていたものとわかった。

それから二十年後の中東戦争で、三十ミリ機銃を二梃つんだイスラエル軍のミラージュ戦闘機が、たちまちのうちにアラブ側の戦闘機を潰滅させてしまった。その後、フランスがミラージュをアラブ側にも売ったので、今度はイスラエル側の旗色が悪くなった。

戦争末期にとんだ「震電」は、すでに三十ミリ機銃四梃をつんでおり、この点に関する限り、日本海軍の先見性はたいしたものだったといわざるをえない。

河村は戦後、日特金属工業で自衛隊六二式機関銃、七四式車載機関銃など、戦時中の技術をいかした開発を手がけるいっぽうでは、ブルドーザーの開発に二十年も情熱を燃やしつづけた。

昭和四十七年からは、独立して東京渋谷に日本特殊技術研究所をもうけ、いまなお活発な研究活動をつづけているが、五十三年には「喫煙パイプの研究」で、東京都発明奨励賞を受賞している。

これは河村自身がヘビースモーカーであるところから、なんとかたばこの害を避ける方法はないものかと研究をはじめたものだが、それもかつて彼が手がけた機銃の技術と、無縁でないところが面白い。

研究にさいして、まず試験方法や測定方法を考え、現状の測定と分析をおこなうのは、河村がこれまでやってきたすべての技術開発の基本的手法であるが、試験をやってみると、シガレット(通常の紙巻たばこ)は猛烈な不完全燃焼で、煙に癌の原因となる多量の凝着性タール微粒子をふくんでいることが確認された。

いっぽう、パイプたばこは、ほぼ完全燃焼で、シガレットよりはるかにきれいだが、ときどき濃厚なタールが出るし、四十七度以上の煙のため、舌が軽い火傷(やけど)を負っていることもわかった。

そこで河村は機関銃の銃身冷却法にヒントをえて、外層に冷却フィンをそなえた、パイプの中を特殊な二重構造にして、煙道をできるだけ長くし、この間に熱交換が充分におこなわれるようにしたところ、煙は三十四度以下に冷却され、味もマイルドになった。しかも、煙の中のタールの微粒子は液化されて、パイプ中につめられたティッシュペーパーに凝着され、清浄な煙となってたばこの害が避けられるというもので、凝着したタールは瓶に集められるほどもあった。

河村が、この研究成果をもとに専売公社（現日本たばこ産業株式会社）にいってたばこの害を説明し、

「専売公社は一日に八億四千万本もシガレットを製造し、癌を日本中にバラまいている」というと、

「あなたはとんでもない研究をやっておられるが、どうか、そんなことを、あまり公表しないでいただきたい」と懇請されたという。

たばこの不完全燃焼に起因する癌で死ぬ人が日本で一年に約十万人、世界中では約四百万人にもたっし、シガレットの発明以来、約五億人ほどの人が、このために死んでいると推定されている。

河村の発明は現在、「クリーン・ホルダー」の名で市販されているが、「もしこれが、世界中に普及すれば、何千万、何億の人びとが、たばこが原因の癌による死亡から救われる」と河村は明言している。

話はかわるが、民間側から海軍を客観的にみる立場にあった河村は、その印象をこう語っている。

「戦後、ブルドーザーの関係で北海道などに売りこみにいったが、北海道開発庁や建設省の

役人が、夕方、とつぜん、友だちを連れてやって来て、飲ませてくれなどということがよくあった。

それにくらべて海軍はりっぱだった。仕事でおそくなって会社で食事を用意しようとしても、『公と私の混同はこまります。帰って食事をしますから御心配なさらずに』といって接待をうけようとしなかった」

それだけではない。戦後、河村は川北技術少佐の家によばれて御馳走になり、「あのおりはいろいろ御苦労をかけました」と、丁重に頭を下げられたという。どうやら河村も、海軍の人とよい関係を持つことのできた一人であったようだ。

なお、河村が川北とともに海軍の機銃関係でとくに貢献の大きかった人物としてあげる横空の田中悦太郎大尉は、いま藤沢市に健在。そして、川北とおなじ空技廠射撃部の川上陽平技術少佐は、戦後も専門をいかして、防衛庁技術本部第一技術研究所長となり、現在は桜護謨㈱常務取締役として、なお第一線にある。

「終戦後、今日にいたるまでの、製造工場、防衛庁での航空工業の再建工作、研究開発において、つねに私を助けてくれているのが、七年たらずの空技廠での、機銃との生活の体験である。

海軍航空の遺産は貴重である。私は心から、誇りをもって、そう叫びたい」(『海鷲の航跡』川上陽平)

11 技術屋魂を発揮して〈世界に誇る技術を持つ計器部〉

地味で忍耐強い努力

昭和七年四月、航空廠が開設したとき、総務、会計、医務などの支援部門をのぞいて、科学、飛行機、発動機、飛行実験、兵器など、五つの研究もしくは実験部門があった。

その後、昭和十三年四月に材料部が加わり、昭和十四年四月に航空技術廠と改称されたとき発着機部が、昭和十六年四月に電気部が新設されるなど、組織は膨張をつづけ、追浜地区の空技廠所在地域だけではせまくなったので、金沢八景にちかい釜利谷に兵器部がうつり、新設の爆弾部とあわせて支廠が開設された。

しばらくはこの態勢がつづいたが、昭和十八年四月に、ひさしぶりに大きな改変があり、空技廠に推進機(プロペラ)および医学研究の二部があらたにできた。支廠も兵器部が発展して、射撃、爆撃、雷撃の三部となり、べつに火工、光学、計器の三部が新設されたので、製鋼部と改称された爆弾部とあわせると、追浜の本廠に劣らない大組織となった。

さらに、昭和二十年二月に、空技廠は第一技術廠と改称され、これとは別個に、電波、音響関係の実験研究機関として、第二技術廠が設けられた。

一技廠では昭和二十年四月、ジェットおよびロケットエンジン研究グループが、発動機部から独立して噴進部となったので、一技廠は作業部として十三部を持つにいたった。

ところが、十三も作業部門があると、たとえば飛行機部や飛行実験部などのように、その業績が人目につきやすい〝陽のあたる〟部門もあれば、地味であまりめだたない部門もある。

空技廠支廠に設けられた計器部なども、その一つだが、意外にも、ここで研究されたものの中には、世界に誇るべき技術があったのだ。

海軍が航空機用「転輪羅針儀」と呼んでいたジャイロコンパスの開発もその一つで、もしこれが完成していたら、画期的なことであった。

陸上を飛ぶ陸軍機とちがって、目標となるものがきわめてとぼしい海上を飛ばなければならない海軍機にとって、方向を知るうえに、コンパスはなにより重要であり、飛行機の搭乗員にとっては命の綱ともいえる計器だった。

昭和十七年八月、ユンカースJu88でのテスト中、急にやってきた雷雨をともなう前線から退避した、飛行実験部の田淵初雄大尉らが行方不明となったのも、ちかくを飛ぶだけだからと、コンパスをつんでいなかったのが原因と想像された。

それほど重要な計器でありながら、当時、一般に使われていた磁気コンパス（マグネチックコンパス）には、多くの欠点があった。

磁気コンパスは、地球上に存在する地磁気の方向性を利用したものであるが、磁石そのものは鉄材の影響をうけやすく、引きこみ脚式の飛行機の場合は、脚を引き上げただけでも誤差が生ずるほどに、過敏な性格を持っている。

しかも、地磁気の方向は、緯度によっても変わるから、自差修正とよばれる地上でのコンパス調整は大事な作業だったが、完全を期することはきわめてむずかしいとされていた。

それも、飛行機の行動圏が小さいうちは、誤差もあまり問題にならなかったが、太平洋戦争がはじまってそれが拡大されるようになると、誤差の影響が大きくではじめた。

とくに機銃、爆弾、魚雷など武装の強化にともなって、飛行機内の構成鉄材がふえ、さらに電気艤装がふえるにおよんで、機体内の地場攪乱がひどくなり、コンパスの自差変化が原因の航法誤差により未帰還となる例が、母艦、基地をとわず、頻発するようになったのだ。日本では、無線連絡や誘導技術がおくれていたので、コンパス不調の影響が、よけい顕著にでたのである。

航空ジャイロコンパス
研究を担当した富沢豁

果然、これが大きな問題として上層部でとりあげられ、昭和十八年秋、空技廠計器部にたいして、磁気の影響をうけない航空ジャイロコンパス研究の訓令がだされた。

ジャイロコンパスの研究を担当することになった富沢豁技術少佐（現慶応大学名誉教授）は、昭和十年に東京帝大理学部から、有識工員として空技廠兵器部に入った物理屋で、おなじ空技廠の飛行機部に入った新羅一郎、北野多喜雄の二人は同期だった。一時、航空本部にかわって三年目に技師、そして昭和十四年の最初の武官転官制度実施のとき、造兵中尉となった。

計器部が兵器部からわかれて独立したのは昭和十八年四月だが、富沢は電気磁気関係を担当する研究二科の所属で、それまでにも飛行機の無線操縦などに成功していたことから、富沢に白羽の矢が立ったものだ。

ジャイロコンパスは、艦船ではかなりまえから使われていたが、飛行機は速度がはやいうえに、搭載重量や容積などにも制約があって、各国ともその実現に努力はしていたものの、まだ成功したという情報はなかった。

他の業務をいっさい放擲することを条件に、開発を引きうけた富沢は、それから一週間、ほとんど夜も寝ずに外国の文献をしらべ、難解な方程式を見つめては考えた。

そして、彼が気づいたのは、

〈艦船と飛行機の場合で根本的にちがうのは、たんに航行速度と加速度の点だけだ。艦船用ジャイロコンパスだって、航行速度と加速度の誤差はあり、機械的に目盛り修正をやっている。

飛行機ではこの誤差は何倍にもなり、ときには、ジャイロの回転をまったく不安定にしてしまい、使用不能となる。

これは、地球の自転と飛行機の運動とに関係する力学的原因にもとづくもので、たんなる機械的な目盛り修正では見せかけだけのことで、ほんとうの誤差防止にはならない。力学的原因にたいしては力学的に補償して、誤差を発生しないようにして防止すべきではないか〉ということだった。

「昭和十八年の秋であった。それから真面目なおとなしい関村技手と、二人だけで一室にたてこもった。ジャイロコンパスの原理的な運動方程式に、飛行機の運動を考慮にいれ、さらに地球自転の条件をいれた、新しい運動方程式の立て方と理論的誤差の計算に、二、三ヵ月をついやした。静かな部屋に鼠もなれてきて、平気で二人の足もとで遊んでいた。いまでも賢そうな光をもつ瞳が目に見えるようだ」

『航空技術の全貌』下巻の中で、富沢はそう述懐しているが、あわただしい当時の戦局と対照的な研究室の静かな印象が、妙になまなましく感じられる。

とかく、技術者の基礎研究あるいは実験というものは、おそろしく地味なものが多く、それは計器部にとどまらず、他の部門もすべて同様であった。

以下は、昭和十八年十二月八日、奇しくも二回目の開戦記念日に、空技廠飛行実験部に着任した、金子英郎飛曹長（のち特務中尉）の体験だ。

南陽方面の第一線からかえった金子飛曹長は、水上班長兼飛行艇主務部員の益山光哉少佐のアシスタントとして、飛行艇を担当することになった。金子の飛行艇操縦は、海軍随一との定評があったからで、手はじめに二式大艇のポーポイズ実験、およびその防止対策のテーマがあたえられた。

ポーポイズとは、跳ねるようにして飛び上がり、頭から水面に落ちるイルカの水上運動のことで、飛行艇で離水滑走のさいにこれが起きると、だんだん大きくなり、ついには機首から水面に突入して、沈没してしまうおそろしい現象だ。

二式大艇は空中では高性能だったが、過荷重状態での離水時に、しばしばこれが発生して問題となっていたのである。

ポーポイズ実験といっても、いきなり実機でやるわけではなく、そのまえに水槽実験による入念な現象解析が科学部でおこなわれる。

とりあえずすることがないまま、金子が飛行場の海岸寄りにある夏島の水上班指揮所でストーブにあたっていると、益山少佐から、

「水槽実験室にいって、小川技術大尉の手つだいをして、どのくらい実験がすすんだか見てこい」と声がかかった。

いわれるままに金子は科学部の水槽実験室に行き、小川豊技術大尉に会っておどろいた。水槽は幅五メートル、長さ二百四十メートルの巨大なプールで、もちろん火の気などないから暮れの冷えこみは格別だが、その中で小川技術大尉の顔はと見れば、洟水が白く凍り、睫毛に涙が凍りついて、まるで白髭の老人のようだった。

小川技術大尉といえば、東京帝大物理学科出身の端正な顔つきの美男子であったが、つり上がったその目は、まるで別人の趣きで、実験の苦労のほどをしのばせていた。

実験は、長大な水槽上に着水した状態の二式大艇の模型を、各種の計測器を装備した台車

でひっぱるのだが、台車には風よけもついていない。

小川は、二人の部下工員と、水しぶきを上げながら高速走行をするこの台車に乗って、朝から実験をくりかえしていたのだ。

「一見弱々しそうに見えるこの人のどこにこんなファイトがあるのか、体を張って実験にうちこんでいるようすを目のあたりにしてその技術屋魂に胸を打たれ、ぬくぬくとストーブにあたっていた自分を恥じた」

小川技術大尉の姿に感動した金子は、この実験のあと、あらためて実機による再現テストをおこない、ポーポイズ防止対策を確立した。

零戦のフラッター解析のさい、やはり寒中の実験室内で計算器のハンドルをまわしつづけて、指に凍傷をつくった飛行機部の松井信夫技師にしてもそうだが、大きな仕事の成果のかげには、かならずこうした地味で忍耐強い努力の積みかさねがあるのだ。

富沢技術少佐の場合もまさにそうで、理論的研究と並行して基礎的な実験をおこない、コツコツと理論の裏づけをしながら、設計試作をすすめた。

研究があるていど進んだ段階になると、研究員も何名かつき、ほかに動員学徒や女子挺身隊員も実験にくわわるなどして、作業のピッチもはやまり、東京計器の協力をえて、基礎的な地上実験ができる試作品が完成したのは、十九年末のことであった。

艦船用ジャイロコンパスの航行速度誤差は、地球緯度航行速度および方位に応じて、計算機構によって計算され、方位目盛り装置上で自動的に修正されるようになっている。

このとき、弾動誤差とよばれる誤差の発生と、修正の間のタイムラグをなくすために、特別のジャイロコンパス機構をもっている。

ところが、飛行機の速度は、艦船の数倍ないしは数十倍のはやさで、加速度も大きいから、航行速度誤差が数十度にもたっし、機械的に目盛り修正をすることはもとより、弾動誤差をなくすことは、不可能にちかい。

富沢の方式のすぐれていた点は、航行速度誤差の発生はやむをえないとして、目盛り修正する従来の方式にかえて、誤差を発生しないよう力学的に防止するようにしたことだ。

試作品ができて、あと一息という昭和二十年元旦、それまでのむりがたたって、富沢はついに倒れ、それから約半年間を病床にすごすことになったが、地上実験は残った人びとによってつづけられた。

それもほとんど終わって、あとは空中実験を残すだけとなったころ、戦争末期の混乱で、ついにそれができないままに終わったが、もし完成していたら、世界的な発明になっていただろうと、富沢はいまでも残念がる。

富沢は、この航空用ジャイロコンパスに着手するまえ、昭和十二年秋ごろから、無線による飛行機の自動操縦装置を研究し、昭和十六年春には、九四式水偵による実験に成功している。

その作動はほぼ完璧であったため、六機の九四式水偵が無線操縦機に改造されたが、それ以上の実用化は見送られた。

無線操縦機の目的としては、大型爆弾を持って空中の敵編隊内に突入させて爆破するもの、魚雷を搭載して敵艦に肉迫攻撃するもの、試作戦闘機の無人試験飛行、あるいは実弾射撃訓練の標的機や、敵攻撃をあざむくための囮(おとり)機とするなど、さまざまな案が会議で検討されたが、問題はコストにあった。

自動操縦装置は、自動発着装置をふくめて五台を試作し、当時の金額で一台五万円ほどだった。無線装置をふくめると七万から八万円となり、飛行機を十二万から十三万円として、あわせて一機分が二十万円になった。

量産になれば、一台あたりの価格も二万円くらいに下がり、無線装置をふくめても、三万から四万円程度になるものと予想されたが、当時、パイロットを一人前になるまでに育てあげる費用は、一人一万円ていどだったから、その方がずっと安あがりとの結論から見送られたものだ。

軍備もコストと効果とのかねあいの経済原則の例外ではないが、このあと三、四年して特攻隊が出現し、自動操縦装置のかわりに人間が、爆弾や魚雷を抱いて敵艦船に突入していった事実は、無線操縦機の開発にかかわった人びとにとって、なんともやりきれないものであった。

有能なるプロジェクトリーダー

空技廠支廠の計器部がやったもう一つの画期的な技術開発は、航空機搭載用の磁気潜水艦探知機だ。

四面を海に囲まれた日本では、いまでも、P2JやP3Cなど、対潜哨戒機にはもっとも力を入れているが、その重要性は、太平洋戦争当時でもかわらなかった。

ところが、日本海軍の潜水艦探知にたいする認識がうすく、この方面の技術開発がおくれていたので、緒戦の景気のいい段階がすぎて米軍の反攻がはじまり、敵潜水艦による輸送船の被害がめだちはじめると、にわかにあわてだした。

米軍はすでにレーダーを使いはじめ、その一部は緒戦の段階で日本側の手に入ったが、陸海軍ともに、日本のレーダー開発はいちじるしく立ちおくれて、機能的に不充分なものだったし、艦船搭載のソナーにしても探知能力が低く、沈下式磁気探知機は近海防御以外には使えないとあって、潜水艦対策は手づまりの状態だったからである。

時期はガダルカナル攻防戦たけなわの昭和十七年秋から、十八年はじめのころと思われるが、軍令部第二部長の黒島亀人少将が、空技廠に和田廠長をたずね、輸送船団を護衛する飛行機に搭載して、潜航中の敵潜水艦を発見する新兵器をつくってほしいと要望した。

だが、空技廠としても、この種の兵器はまったく手がけたことがなく、しかも空技廠内で担当する部門も見あたらないので、和田は海軍随一の無線送信器関係技術者として知られていた海軍技術研究所の池谷増太技術少将に研究を依頼した。

役所の縄張りあらそいはいずこもおなじで、艦攻本部系の技術研究所に、航空本部系の空技廠から仕事をたのむことには、部内の抵抗がかなりあったが、池谷技術少将は和田の要望をうけいれ、ひそかに研究を開始した。

池谷は、電波は水面で反射して水中に入らないからダメだが、磁気を応用すれば、敵潜水艦の発見は可能だと考えた。

原理はいたって簡単なもので、中学などの物理で教わる「フレミングの右手法則」どおり、電気コイルの中に磁気をとおすと、その強さの変化に応じて、コイルの端子に電圧が発生するから、その電圧を機上で検知すればよい。

潜水艦にかぎらないが、鉄製の艦船はかならず磁気を帯びているから、その付近には固有の磁場（たとえば水の波紋のような磁気のひろがり）がある。つごうのいいことに、磁気は海水や空気の影響をうけないから、磁場の存在は潜水艦がどんなに深く潜っていようと、関係ないのだ。

問題は、その磁気にたいしてどのくらいの距離で、どのくらいの電圧が発生するかだが、その関係は距離の四乗に逆比例して急速に弱まる性質があり、上空をとぶ飛行機と、海面下の潜水艦との距離を考えると、絶望的なくらい弱くなってしまう。

こうした微弱な信号を、さまざまな妨害（ノイズ）の中から取りだして、機上のはげしい振動や、すさまじいばかりの爆音音圧の中で、人間が感知できるようにしてやろうというのだから、その技術的困難は想像を絶するものがあった。

しかもこれとはべつに、部内の意見の不一致もこの開発の障害となった。所掌のちがう技術研究所への依頼研究には、どうしても限界があり、しかも飛行機搭載兵器であるから、どうしても空技廠各部門の協力なしにはできない。

意をけっした和田中将は、関係方面を説得して、池谷少将を強引に空技廠に引っぱった。これが昭和十八年四月の空技廠支廠での計器部創設となり、池谷の部長就任となったが、この開発にたいする他部門の反発は、根強いものがあった。

その一つは艦本系の技術研究所からやってきた池谷少将にむけられたもの、もう一つは磁気探知機が計器部本来の仕事の範疇からはみだしていることや、その技術陣容にたいして、あまりにも大物すぎることへの不信だった。

航本と空技廠の佐官以上の関係者が集まった会議の席上で、計器部案の説明にたいし、「これができたら両手を上げる」といって、絶対に実現不可能と主張する電気部の部員もいて、航本としても、正式の開発を認める訓令を出ししぶっていた。

この危機を救ったのは、池谷のよき理解者であった空技廠長の和田で、あらゆる反対の声を押しきって、計器部による航空機用潜水艦磁気探知機(通称KMX)開発の正式承認を実現させてしまった。

航空廠——空技廠とつづく歴史の中で、花島中将を基礎をつくりあげた第一の功労者とするなら、和田はその上に各種の花を咲かせた第二の功労者で、あまりにも多岐にわたるその業績や、和田個人にたいして批判の声もないではないが、このKMX開発の決断は、二十ミリ機銃の導入とともに、和田の功績の最たるものと言っていいのではないか。

KMXは研究二科の担当となり、最初は無線操縦などをやった富沢技術少佐が主担当だったが、まもなく富沢が飛行機用ジャイロコンパスの開発に専念することになって、清原叡技術少佐にかわった。

ＫＭＸの開発にあたり、解決すべき大きな問題は四つあった。その第一は、さきに述べたようにきわめて微弱な電流を取りだすための大倍率増幅装置の開発、第二は、潜水艦の発する磁気にくらべて、数千倍も強い地磁気の影響にたいして安定であること、第三は、そうとうな量の電気的ノイズを排除する超低周波濾過器の開発、第四は、飛行機がローリングするたびに、地磁気によって発生される環状電流が強力なノイズとなり、これをどうやってうち消すかだった。

どれをとっても大変な問題をかかえた計器部の開発主要メンバーといえば、清原のほか三井（技術少佐）、島田、日下部（技術大尉）、酒井（技術中尉）、富村（技師）、多和田、海谷（技手）らほんの数人で、あとから他部門の応援をえてふえたものの、計器部だけでは手にあまったので、東芝、北辰電機、日本測定器、横河電機、東北帝大金属研究所などを組みこんだ、大がかりなプロジェクト組織として開発をすすめることになった。

清原は、はじめに技術者を二つのグループにわけ、そのほかに雑用の作業グループをおいて、室外実験の段どりなどを担当させた。

それをすぎて各技術部門における技術上の必要条件が見えはじめた段階で、ＫＭＸの装置をいくつかの機能機器にわけ、それぞれ専門技術者をわりあて、さらに仕事がすすむにつれて、それらを細かくわけていく方法をとった。

最初に全体についていっしょに議論したり、研究したりといった経過があるので、全員が他の部門の技術についてもよく理解しており、それぞれ専門にわかれたあとも、基本的にくいちがいがなく、しかも互いに気心はよく知れていたから、清原のやり方は成功し、作業の能率向上に大いに役だった。

清原は、毎朝、各部門の責任者から報告をうけ、それをもとに指示をだしたり、必要があれば研究会を開いたりした。

こうして清原は、研究のながれを大局的につかみ、KMXの装置としての全体像を見うしなわないようにするとともに、完成後の装備上あるいは用兵上などの問題についても、あらかじめ思いをめぐらすことができた。

と同時に、上司や他部門への根まわしや、飛行機自体の勉強も、清原にとって重要な仕事だった。

たまたま他の部の部長が、清原たちの研究状況を見にきたとき、その部長から帰りぎわに、「君はなにを研究しているのかね」と、皮肉まじりの質問をされた清原は、返答に窮したことがあった。

清原が、煙草をくゆらしながら天井を見つめたり、窓ぎわに立って外を眺めたりしていたのが気にくわなかったらしいが、なにか道具を手にしてブツをいじっているとか、いそがしげに机に向かっていなければ仕事ではないと考えているかたい頭に、プロジェクトリーダーの仕事のなんたるかを理解させるのは、どだいむりな話だった。

組織協力の勝利

あとで述べる特攻兵器などとちがって、こうした正攻法的兵器の開発には、それ以前からの長い研究期間を必要とするだけに、これを短期間でやりとげるには技術者たちが、それこそ寝食を忘れて時間をちぢめるよりほかはなかった。

しかも激務にくわえて、食糧事情の悪さからくる栄養不足がわざわいして、清原をはじめ、健康をそこなう者が続出したが、とかく孤立しがちなKMX研究班に、当時としては貴重品だったバターを差し入れるなど、終始あたたかい目で見まもってくれたのは、空技廠長の和田だった。

試作品ができ上がると、兵器化研究が横須賀航空隊によっておこなわれた。空技廠飛行実験部がKMXにたいして否定的であったため、協力してくれなかったからだ。

KMXは、敵潜水艦の磁気をキャッチした信号が現われると、まず操作員のレシーバーに特徴のある鳴音が生じ、同時に計器盤上の検流計がふれ、ついで警報灯とブザーによって、搭乗員全員に警報が発せられ、さらに他の飛行機や護衛艦艇に敵潜水艦の存在位置をしめすための目標弾が、自動的に発射されるようになっていた。

横空の献身的な実験協力と、その所見にもとづき、「三式一号探知機」として、KMXの兵器採用がきまったのは昭和十八年十一月で、あとは研究室を葉山の鈴木別荘にうつして、改善のための研究をつづけるとともに、生産、用兵研究、兵員教育など、研究班はますます多忙になった。

量産品が出はじめると、昭和十九年四月から、台湾方面に配備されていた九〇一空の九六式陸攻に試験的に搭載され、ボッボツ戦果が報じられるようになったが、KMXの活躍が最高潮にたっしたのは、昭和十九年八月二十五日から翌九月十五日までの約二十日間であった。ちょうどこのころ、米軍のフィリピン作戦開始直前とあって、台湾海峡には、航行が活発化した日本輸送船団をねらう米潜水艦が多数出現して、九〇一空との本格的対決となったが、この期間に九〇一空は、「探知および発見後攻撃せる敵潜水艦合計四十二隻。うちKMXによるもの十五目標。攻撃し撃沈確実となったもの合計十二隻。うちKMXによるもの六隻」（『航空技術の全貌』下巻）という戦果をあげた。

その後は、米軍による制空権の拡大によって、KMX装備機の活動がしだいに封じこまれるようになったが、台湾で九〇一空が大活躍した当時、空技廠派遣の兵器指導班として現地にいた富沢技術少佐の記憶によると、

「もし情報が信じられるものとすれば、敵潜撃沈確実数合計三十数隻におよんだはず」で、KMX機一機に探知されて逃げきれず、ついに洋上降伏した敵潜水艦もあったという。

KMX開発にかかわった人びとの努力に報いるに、充分な戦果というべきだろう。

この種の磁気潜水艦探知機をもたなかった米軍は、戦後、KMXを本国に六台もち帰ったが、その後、米海軍および海上自衛隊で対潜作戦につかわれている略称MADは、このKMXと同原理であり、その技術をうけついだものと考えられる。

ＫＭＸは、その開発にあたって多くの民間会社が協力したが、ともにその開発で苦労した仲間によって、戦後、ＫＭＸ会が結成された。会合は数回ひらかれたが、ＫＭＸ開発のころ空技廠（支廠）計器部業務主任として、側面からこのプロジェクトを支援した馬場伝中佐は、興味ぶかいエピソードとして、つぎのように語っている。

「昭和四十七年十二月の、横須賀におけるＫＭＸ会には和田中将や井深大技師（ソニー初代社長）が参加された。

そのときの話だったと記憶するが、井深氏は、私はＫＭＸの開発に外部から協力した中で、清原チームのよさを学び、戦後ソニーを創設してから、むずかしい大物の仕事に当面すると、かならずプロジェクトチームを編成して解決し、だいぶ儲けさせていただいた、といって会場を笑わせた」（『海鷲の航跡』）

たしかに、日本海軍が新技術あるいは兵器の開発にさいして、各部門にまたがる、あるいは他の機関や民間会社もふくめたプロジェクトチームをつくって、作業を展開したことは、進んだ考え方だった。

数ある中には、もちろん運営のまずさからうまくいかなかったものも少なくないが、このＫＭＸ開発などは、もっとも成功した例といっていいのではないか。

12 芽ばえた特攻の思想〈人間を機械におきかえた桜花〉

太田少尉の着想

昭和十九年、四年目に入った太平洋戦争は、日本にとっていよいよ旗色の悪い状況となりつつあったが、その夏、戦争指導部がもっとも恐れていた事態が発生した。

六月十五日の米軍サイパン上陸に端を発した中部太平洋マリアナ諸島の攻略で、それはこれらの島々の基地化によって、日本本土の直接空襲が可能になることを意味していた。

米軍による日本本土空襲は、開戦後まもない十七年四月十八日、空母「ホーネット」から発進した十六機のB25爆撃機によるものがあったが、日本側はその事実にショックはうけたものの、あくまでもゲリラ的攻撃であり、実質的被害はたいしたことはなかった。

しかし、マリアナ諸島の失陥は、当時すでに日本側にも情報が入っていた超大型爆撃機ボーイングB29による、本格的な空襲のための基地を米軍が手に入れたことになり、〝王手〟をかけられたも同然であった。

事実、建設能力にまさる米軍は、サイパン島上陸の一週間後には、はやくも飛行場の使用を開始、硫黄島やグアム島を爆撃するとともに、B29の大部隊を受け入れるための大々的な基地建設に着手したのである。

七月七日、サイパン島守備隊玉砕。同二十一日、米軍グアム島上陸。つづいて同二十四日、テニアン島上陸。そして八月三日と同十日、テニアン、グアム両島の守備隊があいついで玉砕と、悲報とともに事態は急転しつつあった。

そんな十九年の夏もさかりのある日、空技廠飛行機部三木忠直技術少佐の机上の電話のベルが鳴った。

受話器をとり上げて耳にあてると、和田操廠長のなにか緊迫した声が聞こえた。

「三木君か、グライダー爆弾の案を持ってきたものがある。説明するからすぐきたまえ」

このころ、日に日に不利になる戦局に焦りをいだいてか、とてもすぐには実現できないようなさまざまなアイデアが、空技廠に持ちこまれるようになり、飛行部でもその対応に苦慮していた。

敵の防御砲火の威力圏外から発射させるグライダー爆弾、有翼のロケット推進爆弾などは、だれでもいちおうは考えつくアイデアだが、問題はそれを目標に当てるための誘導装置にあり、これまでにも無線操縦をはじめ、光のトンネルの中を進行させるとか、熱線や超短波に鋭敏に感じて追跡していくものなど、いくつかの方式の誘導装置が実験的にはうまくいっても、実際につくってやってみると、ものにならなかった。

このころ、飛行機部設計係は、設計および部内試作担当の第一班、審査担当の第二班、基本計画担当の第三班にわかれていたが、「銀河」のあと、第三班の班長になった三木のところは、いろいろ新しいことを計画する任務の性質上、外部から持ちこまれる〝決戦兵器〟のアイデアの窓口にならざるをえなかった。

〈またか……〉と、いささかうんざりした思いで、三木は設計係主任の山名技術中佐とともに、廠長室に出向いた。

廠長室に入ると、和田廠長のほかに見なれない顔の少尉が一人、緊張した面持で立っていた。和田から第四〇五航空隊付の太田正一特務少尉であると紹介されたこの人物が、電話で聞いた新しいグライダー爆弾の考案者であった。

太田少尉は、構造図や基本資料をもとに、自分のアイデアを熱心に語ったが、これまでにもしばしばあった似かよった案と大きく異なっていたのは、誘導を器械あるいは電波装置によっておこなうのではなく、人が乗って目標をとらえようという点だった。

すでに緒戦の優位は完全にくつがえり、飛行機も搭乗員も消耗に補充が追いつかず、とくに搭乗員の技量の低下は、目にあまるものがあった。

ふしぎなことであるが、開戦前、日本海軍は陸軍の七百五十名の三倍ちかい二千名のパイロットを、毎年送り出していた。このため戦争に突入してからも教育施設や人員の拡大をおこなわず、開戦と同時にパイロット養成計画の拡大をはじめた陸軍に追いぬかれた。

海軍が本格的に養成計画に力を入れはじめたのは、ソロモン方面の航空消耗戦が激化した十七年暮れからで、この年に送り出したパイロットは二千五百名、翌十八年には二千七百名となって、陸軍とならんだ。

しかし、なにより痛かったのは、緒戦の快進撃をささえた熟練パイロットたちが、戦争開始からの一ヵ年の間に、ほとんどうしなわれてしまったことだった。「行ったが最後、二度と生きては帰れない」と、ラバウルの航空部隊の兵士たちが嘆じたように、日本側はその熟練したパイロットを、たいせつにして休養をあたえ、交替させることについて、米軍側のそれよりはるかに考慮に欠けていた。というより、養成計画のおくれが、たとえその必要を感じていたとしても、実施を不可能にしていたのである。

おくればせながら、実施にうつされた養成計画によって、パイロットの数はいちおうそろったものの、この二年間に陸海両軍パイロットの飛行時間は、いちじるしく減少していた。開戦時のパイロットの大部分がうしなわれたため、訓練課程終了まもないパイロットを、さらに実施部隊で訓練する余裕がないまま、戦闘に投入しなければならなかったからだ。

特攻兵器桜花の発案者・太田正一少尉

しかも、熟練した指揮官クラスの不足はいっそう深刻で、このため技量の低いパイロットを有効に活用することが、いよいよ困難になった。

こうして日本の航空戦力は日ましに弱まり、第一線部隊の間には、どうにもならない焦燥感がひろがりはじめていた。それがいつしか、「どうせ死ぬのなら体当たりで」という、のちに「特攻」とよばれるようになった思考の芽ばえとなった。

体当たりなら、むずかしい空戦技術も、練度もたいして必要としない。たとえ練度が低い者でも、容易に戦果があげられるではないか。そうした考えはパイロットたちだけでなく、指揮官の中にも肯定する者がふえ、太田少尉の着想は、そんな背景の中から生まれたものだった。

それまで一年あまりを、第一線ですごした太田少尉は、内地に帰って、陸軍が「イ号」と称する母機から投下する誘導弾を開発中であること、しかしその誘導装置がきわめてむずかしいことなどを知り、それを人間におきかえればかんたんに実現できるではないかと思いついたのだ。

太田少尉の説明を聞きながら、三木は複雑な想いにとらわれていた。

「まだ、特攻隊というものは編成されていなかった当時、技術者としては、このような必死の兵器をつくることは、むしろ技術への冒涜であるとさえ感じていたが、わが国の総合国力と急速に下り坂にある戦勢を考えあわせるとき、最後には、ある部分はこれでいかざるをえまい、部隊の要望するものを要望するときにまにあわせなければ……と、提案者の火と燃える熱意に動かされたのであった」

そのときの心境を三木はこう語るが、太田は自分のアイデアをより確かなものとすべく、すでに東京帝大航空研究所の小川太一郎教授に相談にいって、模型や図面など、説明に必要と思われる資料を用意していたのだ。

昭和三年に海兵団入団という下士官あがりの古参搭乗員（偵察）である太田は、これらの資料をそろえたうえで、自分の隊の司令をつうじ、武器として採用するよう関係方面にはたらきかけた。

これを知った軍令部は、必死の人命をもってする人間爆弾の着想を実施に移すことをためらっていたが、これといって、すぐに実現可能な敵の反攻阻止策がないまま、ずるずると正式採用にかたむき、発案者である太田少尉の頭文字をとって㊅（マルダイ）と名づけ、同時に試作五十機が発注された。

設計主務には三木が任命され、構造は服部六郎技術少佐、性能は鷲津久一郎大尉の担当で、昭和十九年八月十六日から、設計陣は空技廠庁舎の一室に泊まりこみで設計を開始した。

母機には一式陸攻が予定され、頭部爆弾は千二百キロ、胴体は軽合金製で円型断面のかんたんなセミモノコック構造、翼型はとくに設計する暇がなかったので偵察機「彩雲」のものを使った木製翼、胴体後部に四式一号二〇型火薬ロケット三個を装備して、敵の防衛線突破のさい、必要に応じて電気的に作動させる計画だった。

艤装としては、速度計、高度計、前後傾斜など、最小限の計器に、ロケット始動用電装、母機との交話用伝声管などが用意された。

㊅はのちに「桜花」と命名されたが、「桜花」は母機である一式陸攻に懸吊していくため、プロペラを装備することはできないので、動力はロケットまたはジェットとせざるをえない。

動力用ロケットとして五種類が候補にあがったが、いずれも計画もしくは実験中のものばかりで、火薬ロケットが実用化の目途のついた唯一のものだった。ジェットエンジンもまだ設計段階にあり、時間的にもっとも確実性のあるところから、けっきょくは火薬燃焼時間わずかに十秒程度のものを三本という、性能上はきわめて不満足ながら、火薬ロケットを採用することになった。

風洞試験による空力性能の確認、相似模型によるフラッター実験、強度試験、振動試験など、普通機なみの試験をまじえながら、設計は異常なはやさですすめられ、なんと設計着手後、一ヵ月に満たない九月初旬に、「桜花」一一型空技廠一号機が完成した。

技術者としての無上の喜び

無人のダミー「桜花」一一型による最初の投下実験は、十月二十三日、相模湾上空でおこなわれることになった。

この日の朝、重さ二千二百五十キロの〝子〟を懸吊した親子飛行機は、木更津飛行場の滑走路をいっぱいに使って離陸した。

離陸状況や離脱後の運動を両側から撮影するため、二機の一式陸攻が左右にしたがい、三機編隊で相模湾上にでた。

設計責任者の三木は「桜花」の母機に乗りこみ、速度にたいする機体傾斜を前後傾斜計で測定し、ほぼ模型風洞実験から推定した計画どおりの姿勢をキープした。準備完了、高度四千メートル。最高速でメインパイロットの大平吉郎大尉が、秒読みとともにスイッチボタンを押した。

その瞬間、機体が浮きあがるような軽いショックを母機にあたえて、「桜花」はなめらかに離脱し、母機の床に設けられた観測用の孔から見ていた三木によれば、「黄色の機体を朝日にきらめかせながら、左右の偏りもほとんどなく、滑るように遠ざかっていった」のである。

しばらく飛んだ「桜花」は、その後、計算どおりの経路をとり、やがてあらかじめバネの強さで〝下げ〟舵に調整してあった昇降舵の効果により、典型的な放物線をえがいて、垂直降下の姿勢に入ったのち、白い水煙を高く上げながら、海面に突入した。

実験終了後、母機と列機の両方から撮影したフィルムを、急いで現像して映写したところ、ほぼ予定どおりの成績をおさめたことが確認され、三木は胸をなでおろした。

だが、この実験は最初とあって、無人でやったが、操縦性、安定性のほんとうの性能をつかむには、どうしてもパイロットが乗ってみなければならない。

「桜花」の全備重量は二千百四十キロ、翼面積はわずか六平方メートル。したがって翼面荷重は三百五十七（キロ／㎡）となり、零戦五二型のじつに二・七倍以上の高翼面荷重だ。しかも、主翼の縦横比は極端に小さい四・二で、着陸時に使える動力がないときては、着陸はまず不可能にちかい。

じっさいの使用時には、生還を期さない特攻機だから、着陸にたいする考慮は不要だが、テストや訓練では、機体の反復使用が必要だ。つまり、いまのスペースシャトルのごく小規模のようなものと考えればいいが、とにかく機体の重量を着陸可能なところまで落とさなければならない。

そこで、空中実験時にはバラストをつんで、実機にひとしい翼面荷重とし、必要な実験項目を終えたのちバラストを放出する方法が考えられた。バラストにはいろいろ考えた結果、水が使われ、胴体にはグライダーのように着陸用橇がつけられた。

それでも着陸速度は八十ノット（百五十キロ）くらいになり、車輪つきならともかく、グライダーでそんな速い着陸をおこなった例はないので、橇に工夫するとともに、機体も実験機にかぎって、主翼は鋼製、尾翼は軽合金製（量産機はいずれも木製）とし、重量を軽くするなどの改造がくわえられた。

有人実験にさきだって、母機に抱いたままのバラスト水放出や、着陸などの予備実験をおこない、いずれも問題はなかったので、いよいよ本番の飛行実験を決行することになった。

十月三十一日、この日は薄い断雲はあったものの、秋晴れのまずまずの天気だったが、「桜花」の高速着陸にそなえて、実験場にえらばれた広い茨城県百里飛行場には、軍令部、航本、空技廠のお歴々も顔をそろえ、緊張した空気がみなぎっていた。

こんどは地上から実験を観測することになった三木が、無線電話で機上と連絡をとっているうち、実験機をつった一式陸攻が、観測機として随伴する「流星」艦爆と、二機編隊で飛行場上空にあらわれた。

〈あの機体の中には人間が乗っている……〉

そう考えると、三木は胸がしめつけられる思いがした。

これまでにない高翼面荷重だし、必要な空中実験を終えたのち、バラスト用の水タンクからの放出が、はたしてうまくいくかどうか。もしそれがうまくいかないときは、風防離脱装置を引いて、パラシュート降下するようにしてあったが、それもこれもすべてが気がかりだった。

上空の実験機から信号弾が投下された。「すべて準備よし、五分後に離脱」の合図である。

三木が、ストップウォッチと上空を交互ににらみながら見まもるうち、一式陸攻の腹の下から小さな物体が離れるのが確認された。

「あっ、はなれた！」

見上げる地上の人びとの間から、期せずして歓声があがった。

母機を離れた「桜花」は、まるで落下するような姿勢に見えたが、やがて水平飛行にうつった。

〈飛んでいる！　人の乗った「桜花」が飛んでいる〉

言いしれぬ感動が、三木をおそった。

しばらくすると、「桜花」がとつぜん、白煙を噴きだした。一瞬、ドキッとしたが、バラストの水をタンクから放出したのだと気づいて安心した。

「桜花」は晴れわたった秋空に、飛行雲のようなまっ白い水煙をひきながら、飛行場の上空を二周し、軽い金属性の音をひびかせながら、追尾する零戦をひき離して着陸コースに入った。

遠くでよくわからないが、「桜花」はたしかな姿勢でアプローチし、軽いジャンプののち、広い飛行場の一隅にとまった。

三木は着陸地点に急行する車の中から、パイロットが風防を開いて、機体から降りたったのをみて、全身の緊張がいちどきに解けるような気がした。

「微傷も負わず、橇さえもこわれていない完全な実験機のそばに降りたった長野一敏飛行兵曹長と顔をあわせたとき、関係者一同は手をにぎりあって喜んだ。これは、特攻機という観念をはなれて、航空技術廠はじめてのこの計画が、夜を日についでいくどか徹夜ののち、わずか二ヵ月余という短期間に、しかも設計どおりにいったときの、あの技術者としての無上の喜びの一瞬であった」

三木の回想であるが、第一回の有人飛行実験は予想以上にうまくいった。

「水を放出すると、機体が浮かびあがる感じがあるだけで、安定、操縦性ともに、ほとんど変化は感じられず、その軽快さは戦闘機なみで着陸も容易」という長野飛曹長の報告は、三木に成功の確信をもたらした。

増速用の補助ロケットの地上噴射試験は、十一月六日からはじまった。

超人的な離れ業

昭和十九年一月、東京都立航空工業学校の精密機械をくり上げ卒業した加藤米二（現ダイヤモンド社書籍編集部）は、飛行機がやりたくて空技廠に入った。配属は飛行機部設計係で、第二班の山名技術中佐のところであった。

四月に試験があり、技手養成所に入る資格をえるための選科生となった。

技手養成所は二年制で、専門学校ていどの教育をやるところで、卒業後は技手、技師への昇進が約束されていた。

だが、戦局の悪化で、勉強などやっているときではないと、八月でストップ、現場に帰ったものの、これといった仕事がなく、十月になってやっとマルダイをやれといわれた。

なにも知らされていなかった加藤は、強度試験場の隅におかれていたマルダイを見て、こんな小さな飛行機を何に使うのかいぶかしく思った。

〈プロペラがないから、グライダーとして飛ばして射撃訓練にでも使うのか？〉

そうこうしているうちに、「桜花」のロケット噴射試験をやることになり、上司の命令で加藤も手つだうことになった。

測定器をつんだ自転車で、エンジン試験場のある青島にいってみると、すでに実験用のマルダイが、太いロープで翼、胴体、頭部をしばって固定されていた。

翼、胴体後部、そして尾部に三本でていたロケット噴射孔に、それぞれ温度計を取りつけ、加藤たちは二十メートルほど離れたところに掘られた退避壕にかくれた。砂袋で防護された壕の中からのぞいていると、やがて「テー」（射て）の合図でロケットに点火され、耳をつんざく轟音とともに、からだ中が押さえつけられるような猛烈な風圧が襲ってきた。まっ赤になったロケット噴射孔からは、炎がほとばしり、マルダイのうしろの砂や土を吹きとばした。音と炎で興奮状態になりながらも、加藤は操縦席のうしろあたりから、白煙が出ているのをしかと見た。

ロケット噴射が終わって行ってみると、ベニヤ製の座席の塗料と接着剤が、ロケットの熱で焼けて、煙がでたものとわかった。つまり、操縦席内がそのくらい高温になっていたということで、これに乗る人はたまらないなと加藤は思ったが、この時点でもまだ、マルダイが特攻に使われるとは知らなかったという。

機体各部の温度上昇は、温度計の前に設置したアイモで撮影したデーターによって、かなりになることがわかり、胴体のロケット装備部の換気をはじめ、細かい点の改良をおこなったうえで、十一月十九日、再試験がおこなわれた。

この結果、ほぼ問題点の解決が確認されたので、すぐに、じっさいに飛行中のロケット噴射実験を実施することになった。

テストパイロットは、初の有人飛行のときとおなじ長野少尉で、ロケット一本を搭載したマルダイは、高度四千メートルで母機を離脱し、指示速度三百五十ノット（七百〜七百五十キロ）まで増速したのち、あざやかに着陸した。

「私は、複座の零式練習戦闘機の後部座席に乗ってマルダイを追いかけたが、たちまち引き離されてしまった。秋晴れの青空を背景として、ロケット一閃、煙りを噴いてグングン速度をはやめて滑る黄色の小型機――特攻機という観念をはなれれば、まったく爽快な飛行実験であった」

この日の実験の模様を三木はこう語るが、このあと十一月二十日からは、「桜花」一一型として実用弾頭を装着した機体の投下試験が鹿島灘でおこなわれ、着水時の確実な起爆も確認された。

ドイツのロケット兵器V1号をヒントに特攻兵器として登場した桜花。設計着手後1ヵ月で1号機を完成させた

実用機としてのテストの最終仕上げともいうべき制限速度確認試験は、あけて昭和二十年二月、これも鹿島灘上空で実施されたが、高度三千五百メートルで滑空速力二百五十ノット（四百六十五キロ）以上が計測され、ロケット噴射時には五百ノット（九百三十キロ）にもたっしたことが確認された。

このテストの結果をまつまでもなく、「桜花」一一型の生産がすでに空技廠管理のもとに、日本飛行機、富士飛行機、茅ヶ崎製作所をはじめ、地方工場を動員して開始され、同時に初の「桜花」部隊も編成されて、茨城県神池基地で、練習機による操縦訓練が開始された。

「桜花」練習機は、空技廠で一一型とほぼ並行して設計試作されたもので、「桜花」K一型とよばれた。

外形は一一型とほとんどかわりはなく、着陸用に胴体下部の主橇および翼端橇、それにフラップが装備され、弾頭や尾部ロケットのかわりに、重心をあわせるための錘りが、胴体前方に搭載されていた。

母機から離脱時の翼面荷重をあわせるため、座席前後に各一個の水バラストタンクをそなえ、翼面荷重を減じて着陸速度をおそくするため、着陸前に放出する点も、一一型実験機とおなじだった。

部隊編成は太田少尉のマルダイ提案とほとんど同時に開始されたもので、体当たり攻撃を強く進言していた館山の三四一空司令岡村基春大佐を司令、岩城邦広少佐を飛行長として、十九年十月一日に発足した。

正式な部隊名は「第七二一海軍航空隊」、すなわち七二一空だが、岡村基春司令の発案で、〝疾風迅雷（じんらい）〟の音から〝神雷〟をとって、通称「海軍神雷部隊」と名づけられた。

岡村大佐といえば、大尉で横空戦闘機分隊長時代、「源田サーカス」「岡村サーカス」とよばれた編隊特殊飛行で鳴らし、三菱の堀越技師が設計した七試艦戦のテスト中、水平錐揉みにはいった機体から脱出するときに、プロペラで左手の指四本を切断された大変な経験の持ち主である。

どちらかといえば親分肌で、〝何々一家〟というような呼び名の好きな、気性のはげしい武人だった。

神雷部隊はもとより人間爆弾「桜花」が主兵器だったが、このほかにも零戦に二十五番（二百五十キロ）、五十番（五百キロ）爆弾を搭載した体当たり機も併用した特攻部隊で、「桜花」の母機である一式陸攻の飛行隊長は、空技廠飛行実験部水上班の船田（渡辺）正少佐と同期の、野中五郎少佐だった。

昭和二十年三月二十一日、その野中少佐は、「湊川だよ」の一言を残して出撃した。だが、護衛戦闘機の少ないままに出撃した結果、「桜花」は十八機の母機もろとも、敵艦突入以前に全滅してしまった。

適艦隊の上空に到達するまでに、展開された敵戦闘機群による猛烈な妨害は、とうぜん予想されていたことであったが、危惧が現実のものとなって、そのうけたショックは大きかった。

もともと、この「桜花」は予想されるフィリピンへの敵の進攻を、重大な決戦期と考えていた軍令部が、圧倒的な勢力をほこる敵空母陣にたいして、とても正攻法ではかなわないというところから、なんとか五十機ていどでも用意して、一矢むくいたいとの要望で計画をスタートしたものだ。

そして山名設計主任、三木をはじめとする空技廠関係者の不眠不休の努力が、八月十六日に設計を開始して、一ヵ月たらずで試作一号機を完成、十一月二十日には性能試験にこぎつけるという、超人的な離れ業をやってのけた。

はたせるかな、十月二十日、米軍は強力な機動部隊の掩護のもとに、レイテ島に上陸を開始した。

そして十月二十五日には、最初の神風特別攻撃隊が出撃、そのあと陸海軍ともに特攻を中心とした猛烈な反撃に出、すくなくとも米軍上陸から一ヵ月くらいの間は、戦いの帰趨はどちらともいえない一進一退の状況がつづいた。

この時期、戦闘機による特攻よりはるかに強力な破壊力をもつ「桜花」を、戦線に投入できればとの願いは、それがたとえ尊い人命の犠牲をともなうものであったとしても、とくに戦争指導部の人たちにとって切なるものがあった。

いたましき犠牲

部隊編成につづいて、十一月中旬から訓練は開始され、「桜花」の戦線投入は時間との競争となった。

最初の目標であった五十機の「桜花」がそろった時点では、まだ勝機はあった。レイテ島がイチかバチかの天王山なら、「桜花」を母機に抱き、掩護戦闘機をつけて島づたいに飛ばまにあうはず。

時機を失してはせっかくの苦労も水の泡、そう思いながら、三木は焦燥の中にも、「桜花」の実験と改良にあけくれたが、ついにそれはおこなわれず、竣工したばかりの新鋭空母「信濃」に搭載して運ばれることになった。

十一月二十八日午後、護衛駆逐艦「雪風」「浜風」「磯風」の三隻にまもられて、横須賀を出港した「信濃」は、翌二十九日未明、出港直後からあとをつけてきた米潜水艦「アーチャーフィッシュ」の魚雷攻撃により、潮ノ岬沖であえなく沈んでしまった。

この「信濃」には、艦長以下千八百名の乗組員にくわえて、技術者や作業員約七百名が同乗していたが、艦長以下、千四百三十五名が艦と運命をともにし、九州の特攻基地に送られるはずだった「桜花」も、海の藻屑と消えた。

この事実をつたえ聞いた三木は、大きな衝撃をうけたが、このあと十二月十日に、米軍はオルモックに新手の一個師団の揚陸に成功し、レイテ決戦の勝敗は完全にきまってしまった。「信濃」とともに「桜花」がうしなわれたことが、その後の「桜花」の出撃を大幅におくらせ、二十年三月の神雷部隊による初出撃も、米軍が邀撃戦闘機多数を進路に配備し、一式陸攻が米空母にたいする「桜花」の射程内に到達する以前に、親子もろとも撃墜する戦法を採ったことにより、完全な失敗に帰した。

このことから、敵の直衛圏外から「桜花」を離脱させるため、弾量をへらしてもいいから、航続距離を伸ばすべしという強い要望がだされた。同時に、母機も一式陸攻では鈍重だし、飛行性能も不足なので、「銀河」を使うこととなり、またしても特急の設計作業が開始された。

この改良型は、原動機として「ツ一一」型ジェットエンジン一基を後部に装備して離脱後の自力航行能力があたえられ、さらに緊急時の増速用として「初風」ロケットを装備し、「桜花」二二型とよばれた。

空技廠では二十年二月十五日、最後の組織改正がおこなわれ、それまでの空技廠は第一技術廠(一技廠)と改称されるとともに、新たに電波、音響関係の実験研究機関である第二技術廠(二技廠)が設けられた。

たんに技術廠として航空の名が消えたのは、海軍の技術のすべてを航空に結集するところから、もはやとくに航空を冠する必要がなくなったからだ。

「桜花」二二型は、改称まもない一技廠で設計に着手し、一ヵ月で完了して、すぐに五十機の製作に入ったが、肝心の動力である日立製「ツ一一」型ジェットエンジンの完成がおくれ、実験の進捗ははかばかしくなかった。

「桜花」二二型部隊として、あらたに第七二二航空隊が編成され、横空の協力のもとに、七月二十八日から神池基地で性能試験が開始されたが、「ツ一一」型の空中点火不能、燃料ポンプの性能不足など不具合が多く、ついに満足な結果をみないうちに終戦を迎えてしまったが、この呪われた小さな特攻機は、出撃した神雷隊員の命だけでなく、実験関係者の中からも犠牲を強要してやまなかった。

その日は、昭和二十年六月二十六日だったと、三木は記憶している。

飛行実験部の大型機担当副部員である河内大尉の操縦で、離陸した「銀河」の腹に抱かれた「桜花」には最初の有人実験飛行以来のベテラン長野少尉が乗っていた。

重い一式陸攻にくらべると、さすがに「銀河」の上昇ははやく、高度四千メートルで発射態勢に入った。

「ツ一一」に点火、そして河内大尉が電声管で長野少尉と離脱の合図をかわそうと思った瞬間、なにか衝き上げられるような衝撃を感じ、ガリガリという接触音が聞こえた。

下でなにが起きたのか、母機上ではわからなかったが、機体が軽くなったことで、「桜花」が離れたことだけは理解された。

あとでわかったことだが、長野少尉がなんらかの原因で、離脱前に「桜花」の胴体下に取りつけられた加速用ロケットを噴射したので、「桜花」は母機の腹をこすって前方に飛びだしてしまったのだ。

このために、尾部をもぎ取られて操縦不能におちいった「桜花」は、そのあと錐揉み状態となって墜落した。

長野少尉は遠心力で機外に放りだされたが、パラシュートが充分に開かないまま、かなりの速度で落下して、作業のため盛られてあった砂の上に尻からたたきつけられた。このとき、まだ意識ははっきりしていたが、内出血がひどく、四時間後に死んだ。

「銀河」の胴体下面は無残に引きむしられ、これでよくぶじだったと思わせるほどだった。

「桜花」には一一型、二二型のほか、弾量を八百キロにへらし、わが国で初のターボジェット「ネ二〇」（特殊攻撃機「橘花」に搭載されたのと同じもの）を装置し、一式陸攻または四発長距離攻撃機「連山」を母機とする性能向上型「桜花」三三型、母機搭載をやめてカタパルトから射出するようにした四三型などが、つぎつぎに計画されたが、いずれも陽の目をみることなく終わった。

この四三型とはべつに、陸上射出訓練用として「桜花」K一型の主翼を大きくし、複座にして火薬ロケット（制止スラスト六十八キロ、燃焼時間八秒）一個を胴体後部に取りつけた、四三型用練習機がさきに完成した。

射出実験は、空襲のあい間をぬって六月末、武山基地（現陸上自衛隊）の丘陵上に設けられたカタパルトによっておこなわれた。

「用意」「テー」の合い図で飛びだした「桜花」練習機の前席には、パイロットの伊東祐満大佐、後席には設計者の三木が乗り、途中でロケットに点火した。

安定操縦性にはこれといった難点もなく、快適な滑空飛行ののち、橇でぶじ着陸した。あまりの気分のよさに、

「戦争が終わったら、比叡山の頂上から、カタパルトで射ちだして、琵琶湖に着水する観光飛行にしたらいいなあ」といって、伊東と三木は顔を見あわせて笑った。

とかく暗いことのみ多かった「桜花」開発の中で、唯一ともいうべき明るいエピソードだった。

13　桜花からモノレール〈新境地をひらいた多彩な技術〉

「桜花」の苦い思い出

　戦後十年ほどたったころ、三木忠直は、アメリカの航空映画「テストパイロット」を見た。この映画は、米空軍のテストパイロット、C・イエーガー大尉が、一九四七年十月、史上初の超音速飛行をおこなった実験用ロケットX－1シリーズの開発過程をえがいた米空軍の記録映画で、このときの印象を三木はつぎのように語っている。

「B29を母機として、その爆弾倉につり下げられた子飛行機X－1に、母機の床の孔から乗りこんだテストパイロットが、秒読みの合図とともに、みずからボタンを押していくその光景――とくに、それを母機の床の四角い孔から見下ろした、滑るように、はるか彼方に遠ざかって、小さくなっていく子飛行機の、斜め上からの後ろ姿――は、私が太平洋戦争の末期に設計した一式陸攻を母機とした、日本最初のロケット機「桜花」試験飛行の姿と、あまりにもそっくりそのままなのに唖然として、おもわず映画館にそのまま居すわって、二回も見てしまった」

この映画を見てから、三木は米空軍がX－1のテストに、「桜花」のやり方をそのまま借用したのではないかとの思いが、ずっと脳裡を離れなかったが、ごく最近になって、特攻兵器を調査しているという退役米海軍中佐に会ったさい、それについて質問してみた。

すると、おどろいたことに、彼は「confidential」（機密）と捺印された「桜花」に関する、米空軍の詳細な調査資料を見せてくれた。

中には、一式陸攻や「銀河」のほか、まだ試作中だった四発陸攻「連山」や陸軍の重爆「呑龍」「飛龍」にも搭載できること、弾頭部や信管はもちろん、離脱一定時間後に自動的に信管がはずれるようになっていることまで絵入りでのっており、しかも日づけは一九四五年六月とあった。

一九四五年六月といえばまだ戦争中であり、三木は米軍のおそるべき諜報網に舌を巻くとともに、これでは勝てっこないとの思いをあらたにした。そしてこの中佐は、この資料から見てX－1のテストが「桜花」を参考にしたことはまちがいないだろうといった。

終戦の三日後、神雷部隊発祥の地である神池基地では、「桜花」の着想者である太田特務中尉が、自分の発案による体当たり飛行爆弾「桜花」が正式兵器として採用されて以来、今日まで数多くの若い命を死地に投じた事実に思いをはせ、敗戦によって、自分は戦争犯罪人として糾弾されるのではないかと、ひとりなやみ考えこんでいた。

そして十八日午後、彼は連絡用の零式練習用戦闘機に飛び乗り、鹿島灘にむけて飛びたった。彼は偵察員ながら、長年の見ようみまねでおぼえた操縦で、よたよたしながら沖合へと消えていった。

後刻、ふきんの海を捜索したが、太田も機体も発見できなかった。所属部隊では死亡したものとして、公務死の処理がなされた。

のちに、漁船に救助され、姓名をかえて生存しているという説も流れたが、その真偽はさだかではない。（『丸』昭和六十年三月号　武田剛吉上飛曹の記録より）

空の人間爆弾ともいうべき「桜花」と対比されるものに、海の人間魚雷「回天」があった。

これは日本海軍がほこる九三式魚雷を、人間が操縦して敵艦船に体当たりしようというもので、誘導を人間がおこなう必死の兵器という点では、「桜花」と軌を一にするものであった。

ただ「回天」の場合は、発案者の黒木博司（海機五十一期）大尉（のち少佐）はみずから試作艇でテスト中に事故で殉職、おなじ仁科関夫（海兵七十一期）中尉（のち少佐）は「回天」特攻第一号として、敵艦隊の泊地に突入して戦死している点が「桜花」の場合と異なる。

「桜花」の発案者は偵察員であり、搭乗配置になかったことがもっとも大きな要因であるが、空技廠の廠長室で、「自分も、これで敵艦に突入する覚悟です」と熱をこめて語った太田特務中尉（当時少尉）を思うと、三木の心中にはなにか割りきれないものが残った。

戦争が終わり、すべてのものが根底からくつがえった。と同時に、生きていく精神的な拠りどころをうしなった三木は、母や妻のすすめで、その年の十二月、洗礼をうけてキリスト教に帰依した。

そして「桜花」の苦い思い出から、戦争に関連するような仕事には、いっさいタッチしないと心に決めたが、ちょうど鉄道省(現在の運輸省)鉄道技術研究所(鉄研)から話があり、鉄道は平和産業だし、飛行機の技術も生かせるところから、この道をえらぶことにした。

このとき、三木のほかにも海軍航空技術廠、陸軍航空技術研究所、中央航空研究所などから、多数の航空技術者が鉄研入りしたが、これは当時の中原鉄研所長の卓見によるものだ。

「優秀な技術者は十年、二十年たたないと育たない。軍がなくなったいま、この人たちをみすみす散逸させてはならない」

そう信じた中原は、戦後の混乱期に、あえて部内の反対の声があったなかで、陸海軍をはじめとする航空技術者の大量採用を断行したのである。

空技廠関係からも近藤俊雄、川村宏矣、中田金市、松平精、三木忠直、佐藤唯雄ら多くの技術者が入ったが、二十三年暮れ、マッカーサー司令部の公職追放令で、近藤、川村と戦艦「大和」の設計者だった松本喜太郎の三人は、鉄研を去らなければならなかった。

中田とともにこの三人はいずれも部長だったが、近藤、川村、松本ら委託学生出身者は、職業軍人とみなされたためだ。中田は最初、技師として入り、あとから武官に転官したので、やめなくてもよいことになったのである。

旧職業軍人追放の指令をうけた鉄道省としても、どうぞ来てくれといって彼らを引っぱった手前、やめてくれとは言いにくい事情があったようで、その苦衷をみてとった近藤らは、自発的に辞表を書いて中原所長に提出した。

それを見た中原は、「近藤君、どうしてやめるなどというのか。給料に不満があるんだったら、幾らでもふやしてやるからやめないでくれ」となだめた。

近藤はそれをさえぎって言った。

「いや、けっして給料が少ないというわけではありません。われわれは鉄研に入ったときから、最後までごやっかいになるとは思っておりませんでした。われわれがタネをまき、それが腐りもしないで地上に芽を出したら、なにも、花が咲いたり、実がなるまでいなくとも、よそからそれを見るだけで満足です。いま、まがりなりにもその芽は出たと思うので、われわれは御免こうむるのです」

それでも中原はウンとは言わなかったが、三人はいさぎよく鉄研を去った。鉄研をやめたのち、近藤はパイロット万年筆に二十年つとめ、川村はみずからTK技術インフォーメーションという会社を興して、いまも社長の座にあり、松本は五十八年に没するまで鋼材関係の会社の社長と、それぞれの道を歩んだ。

追放をまぬがれた中田は、鉄研に残って第二理学部長の要職にあったが、のちに鉄研所長となり、やめたのちは隣接する消防技術研究所の所長として、消防や災害予防の研究に大きな足跡を残した。

これら部長の下に入った松本や三木は、中田とおなじく職業軍人でなかったところから、追放令の適用をうけず、残って研究を続けることができた。

情熱を燃やして

飛行機の機体をやっていた三木の頭からは、どうしても飛行機のイメージが離れなかった。そこで三木は考えた。

〈飛行機の翼のかわりに車輪で胴体を懸吊し、これを飛行機のエンジン、プロペラで動かすモノレールを走らせれば、東京~大阪を二時間で結ぶことも可能ではないか〉

さっそく、その構想を絵にして発表したところ、とかく暗い話題ばかりの占領下に、希望をあたえる格好のニュースとして大新聞が取りあげ、報道したところから、西武鉄道が着目した。

西武は実車ではないが、その大型模型を自社が経営する遊園地「豊島園」につくり、子供たちを乗せて夢をあたえるべく、設計を依頼してきたのだ。

昭和二十五年、「空中電車」と命名されて華々しくデビューした懸吊式モノレールこそ、後年、三木がこの分野に深くかかわるようになる端緒であった。

二十六年、講和条約が成立し、二十七年には航空の禁止がとかれて、自衛隊の前身である保安隊が結成されるにさいし、三木はその航空技術部門の責任者にとの要請をうけたが、終戦当時の自己の信念にもとるとして辞退した。

鉄道研究の道に入った三木たちにとって気がかりだったのは、朝鮮動乱を契機として、自動車産業が急速に伸び、日本も欧米先進国にならって、高速自動車道を整備すべしとする声がしだいに大きくなりつつあったことで、そうなれば欧米がそうであるように、鉄道は斜陽の交通機関になるだろうと予想された。

しかも、民間航空の再開は、旅客機まで鉄道のライバルとして、将来大きく成長することが見こまれ、鉄道にとっては、日本の輸送力の主役でありながら、見とおしの暗いときだった。

ここで三木は、またしても鉄道に人びとの関心をむかせるに充分な一石を投じた。「飛行機の技術を鉄道に応用すべく、車輪の軽量化、高速化の研究をすすめていた三木は、これを軽くて重心の低い流線形の電車にまとめ、線路も改良すれば、東京～大阪間四時間半の特急は可能であり、飛行場から都心までのアクセス時間を入れれば、ダグラスＤＣ４クラスの旅客機に充分に対抗できると、その研究成果を発表した。

昭和二十八年、三木がこれを発表した当時の、東京～大阪間は特急「つばめ」で八時間もかかっていたから、各新聞はビッグニュースとしていっせいに報道、鉄道省から名称がかわった運輸省も、昭和二十九年度指定研究課題に採り上げることになり、「高速鉄道車両に関する研究」として研究補助金があたえられた。

三木らはさっそく車両模型による風洞実験など、飛行機屋のチエをフルに発揮して研究を開始したが、たまたま、新宿～箱根間のスピードアップのための新しい特急をと考えていた小田急電鉄からの依頼で、三木の原案である低重心の八両編成関接式流線型軽量電車を設計することになった。

SE車（Super Express）と名づけられたこの特急電車は、昭和三十年に設計が開始され、二年後の三十二年に実車ができ上がった。

自社の路線では小さなカーブが多くて最高速度がだせないので、直線区間の長い国鉄の線路上で実験したいとの小田急の申し入れにたいし、「鉄道技術発展のためなら」と、十河信二国鉄総裁は快く応じた。

私鉄電車の速度試験が、国鉄の線路上でおこなわれるというのは、もとより空前絶後のことであったが、昭和三十二年九月、東海道線三島～沼津間で、SE車は三木の設計どおり時速百四十五キロの、狭軌上の世界速度記録を樹立した。

このSE車は、いまでも新宿～江之島間を走っているが、「特急ロマンスカー」の名称は、戦争の最後の仕事となった「桜花」の暗い思い出にくらべ、なんと心はずむひびきであったことか。実験車の車中で上昇をつづける速度計の数字を見ながら、平和の喜びをしみじみ噛みしめる三木であった。

SE車は、東海道新幹線実現までの、一つのステップであった在来線の高速化に役だち、これをもとに、東京～大阪間六時間半の日帰りビジネス特急電車「こだま」が生まれた。

これよりさき、昭和三十二年五月三十日、鉄道技術研究所創立五十周年記念行事の一つとして、銀座のヤマハホールで、「超特急列車、東京～大阪間三時間運転の可能性」と題する記念講演会が開かれ、他の三人の講演者とともに、三木も講師として出席した。

三木の演題は、「車両について」だったが、理論計算、模型実験、現物試験などの研究成果から、広軌の新しい線を新しい構想にもとづいて建設するならば、実用最高二百キロ（車両性能としては最高二百五十キロ）、平均時速百七十キロの可能性は充分にあり、東京～大阪間は三時間で走破できると述べた。

当時は、わが国で初の本格的な高速自動車道として名神高速道路が着工されようとしていたし、飛行機も国産輸送機YS11の設計が開始されようとしており、鉄道斜陽論はいぜんとして根づよいものがあった。

だから、膨大な費用をようする新しい高速鉄道の建設は、かつての万里の長城やピラミッドの建設にもひとしい愚挙であり、自動車と飛行機が輸送の主役となるであろうこれからの時代に、逆光するものだとする反対意見を粉砕すべく、三木は熱をこめて参会者たちに語りかけた。

「千キロくらいまでの距離ならば、時速二百～二百五十キロの速度分野では、高速大量輸送機関として鉄道が、エネルギー効率からみてもっともすぐれている」

専門的なグラフやスライドをしめしながら、鉄道の他の交通機関にたいする優位を述べ、最後に「鉄道関係者は、いまこそ勇敢に立ち上がるべきときである」と、檄をもって結んだ。

小柄な三木の身体からほとばしる気迫は聴衆の心をうったが、つづく三人も、それぞれ自分たちの専門的立場から、「夢の超特急」がたんなる〝夢〟でないことを、こもごも力説した。その一人、かつて空技廠時代の三木の僚友だった松平精の演題は、「乗りごこちと安全性について」だった。

講演会は参会者たちに大きな感銘をあたえ、成功裏に終わった。十河総裁は、この機をとらえて超特急電車の計画推進を決意し、世界銀行への借款を申し入れた。だが、技術後進国の日本で、欧米よりはやい高速旅客鉄道が実現するはずはないと、なかなか応じようとしなかった。

世界銀行から専門家たちが調査にやってきたが、鉄道技術研究所でおこなわれていた実験を見て彼らは日本の技術レベルの高さにおどろき、納得して帰った。世銀からの融資で資金の目途もつき、車両の開発と並行して軌道の建設も急ピッチですすめられた。

昭和三十七年十月末、鴨宮～綾瀬間につくられたモデル路線上で、四両編成の試作電車がはじめて時速二百キロの壁を破り、翌三十八年三月末には、三木の計算どおり、時速二百五十六キロの、電車では世界で最高のスピードを記録した。そして東京オリンピックの年、「夢の超特急」は、東海道新幹線として現実のものとなり、その後、山陽、東北、上越とのびて、日本の動脈として輝かしい成果をあげていることはよく知られている。

飛行機の設計者として、鉄道のスピードの限界にいどんだ三木は、東海道新幹線の完成をもっていちおうの区切りとし、こんどは、公害の少ない都市交通機関として、モノレールの開発に転じた。

現在、片瀬、西鎌倉、大船間を通勤、観光客を乗せて走っている湘南モノレールがその成果だが、三木は引きつづき、千葉県都市部モノレール建設課の技術顧問として、新しい路線の建設にかわらぬ情熱を燃やしている。

「銀河」「桜花」など航空機から一転して、小田急SE、東海道新幹線、そしてモノレールなど、鉄道に新境地をひらいた三木の多彩な技術遍歴は、外国人にも興味があるらしく、アメリカの歴史雑誌「マンカインド」一九七三年（昭和四十八年）四月号に、七ページにわたって紹介された。

14 振り回された空技廠〈まぼろしの飛行機景雲の最後〉

研究機的色彩をおびて

とうぜんのことだが、日本海軍は陸上用の偵察機にたいして、少なくとも日華事変の半ばごろまでは、まったく無関心だった。艦上偵察機についても同様だったが、偵察機の必要がある場合は、他機種を流用すればよいと考え、偵察専用の陸上偵察機を持っていなかった。

海軍がその必要を感じはじめたのは、中国大陸での戦線が拡大し、おかしな話ではあるが、この方面の航空戦の主戦力として、海軍機が陸上の戦闘に投入されるようになってからだ。

陸軍はすでに作戦にさきだって、敵の情報をさぐる専門の機種、司令部偵察機（九七式司偵）を持ち、それが有効なはたらきをしているのを見て、海軍でも譲りうけて使うことにした。これが九八式陸上偵察機（C5M1～2）であるが、このほか応急策として、アメリカからセバスキー2PA－B3複座戦闘機を緊急輸入して使うなどしていた。

太平洋戦争がはじまると、広範囲な作戦区域の偵察に、高性能偵察機の必要性がいっそう切実なものとなり、さきの九七式司偵につづいて、ふたたび百式司偵を譲りうけて、陸軍の制式名のままつかった。

ところが、百式司偵では海上作戦用としては航続力が不足なので、たまたま性能が不満足で制式採用があやぶまれていた遠距離掩護用の十三試双発戦闘機を偵察用に改修し、二式陸上偵察機として使ったものの、とても充分な活躍はのぞむべくもなかった。

そこで海軍としてもおくればせながら、本格的な陸上偵察機の試作を計画し、空技廠で担当することになったのが十七試陸上偵察機（R1Y1）だが、民間会社である中島飛行機が担当したおなじ十七試の艦偵「彩雲」が、素直な設計でスムースに仕上がったのにくらべ、もたつきぶりがめだった。

おなじ海軍部内の、いわば身内の試作とあって、とかく用兵側のわがままがでやすかったこと、現実から遊離しがちな、お役所仕事の弊害がモロにでた悪い例が、この十七試陸偵と、それにつづく一連の「景雲」シリーズの開発であった。

もともとこの十七試陸偵は、昭和十六年度の実用機試製計画に「Y30」として取り上げられたもので、十七年に正式に試作が決定されたが、開戦当時の景気のいい勝ち戦さを反映して、その要求はおそろしく高度なものだった。

最大速度は高度六千メートルで三百六十ノット（六百六十七キロ）、航続力は高度四千メートル、巡航速度二百五十ノット（四百六十三キロ）で四千カイリ（七千四百十キロ）以上で、最大速度は同時に試作が発注された十七試艦偵とおなじだが、航続距離は倍ちかい。

空技廠飛行機部では、大築志夫技術少佐（のち中佐）を設計主務として、さっそく研究を開始した。

大築技術少佐は、のちにドイツ駐在監督官として、終戦を中立国のスウェーデンで迎えることになった永盛義夫技術中佐とともに、昭和七年、東京帝大航空学科をでて、海軍に入った委託学生出身の技術士官だ。

大尉になったばかりのとき、留学のためアメリカのＭＩＴ（マサチューセッツ工科大学）に派遣されたほどの秀才であるが、人間的にはさばけていて、おもしろい人だったと、飛行機部で強度試験などを担当していた中川恭次技術大尉は語る。

太平洋戦争がはじまってから、空技廠でも当直が強化されるようになり、何人かのグループが交代で役所に泊まることになった。当直といえば、きびしい服務規定があるが、戦局がそれほどきびしくなかったころは、よくブリッジや花札をやったりして楽しんだ。そんな夜、当直指揮官の大築にいわれて酒を買いにいくのは、きまって中川（当時、中尉）だった。

「中川中尉、水交社の俺の部屋のロッカーに空びんがあるから、それを持ってフイッシュにいってこい」

フィッシュとは横須賀の料亭「魚勝」の隠語。物資の統制がやかましくなり、実施部隊でない空技廠では酒が手に入りにくくなっていたが、「魚勝」は海軍御用ということで、特別に酒の割りあてがあり、空びんを持っていけば買うことができた。

そこで中川は軍装をととのえ、海軍定期バスで横須賀にいき、「魚勝」で、「大築さんは今夜は当直で帰れないからかわりにきた」というと、「それはおかわいそうに」といって、めったに口に入らなくなった寿司などをつくってくれた。

酒ともらった寿司を持ってなにくわぬ顔で空技廠の門をくぐり、「行ってきました」と報告する中川を、「オウ、御苦労だった」と相好をくずして迎える大築であった。

御馳走にありつき、酒が入ると座はいちだんと盛り上がり、中川が机をたたきながら得意の活弁の物マネで、「怒ったのはメリーさん……」とかなんとかいいだすころには、最高潮にたっした。

それ以来、中川技術大尉には「中川メリーさん」のアダ名がついた。

若い技術士官たちにとって、いっときの羽目はずしであったが、そうした余裕も、戦局の逼迫につれてしだいに失われ、空技廠内の空気もとげとげしいものにかわっていった。

話が横道にそれたが、大築グループの懸命な努力にもかかわらず、研究の結果は、当時、実用されていたエンジンをもってしては、どうやっても要求性能を満たすことが不可能であることをしめしていた。

思案にあまった大築は、ややリスクは大きいが、三菱で研究中の水冷H型（出力二千五百馬力で、将来は三千馬力以上にパワーアップの予定）エンジンを並列双子にして使う（合計五千馬力以上になる）ことを思いたち、この案でさらに研究をすすめてみた。

これによると、重量八トン程度の比較的小じんまりした三座機にまとまるが、最大速度はいぜんとして要求にたっせず、しかも大きなエンジンが前にあるために、操縦員や偵察員の視界不良ということで、用兵者側から駄目がだされた。

そこで、またしても機体型式のバリエーションや、試作エンジンをもとに試案をつくるなどして時がたつうちに、おなじ空技廠飛行機部の三木グループがやっていた陸上爆撃機「Y20」(銀河)の試作機が飛びはじめ、かなりの高性能であることが分かった。

それならいっそ「Y20」改造型にちかい双発機とした方が、完成期間を極力短縮するという目的にもかなうし、生産上も有利であるところから、新「Y30」として開発する方針がきまった。

ところが、設計が七十パーセント方すすみ、あと半年もすれば試作機が完成するというときになって、雲ゆきがあやしくなった。

昭和十七年夏以降から、ソロモン方面を皮切りに、連合軍側の反攻がはじまったため、発見されることを考慮して、高々度の強行偵察をおこなう必要から、用兵者側ができるだけ小型で高速であることがのぞましいといいだしたからだ。

飛行機部では、またしても案を練りなおし、いくつかの計画案をだしたが、その一つに高度一万メートルで四百ノット(七百四十キロ)の高速をだすというのがあった。

ただし、その具体化にはかなり困難がともなうものと予想されたが、しだいに不利に傾きつつある戦局に焦りを感じていた用兵者側は、すぐにこの案にとびつき、「Y40」として開発を進めることをきめた。

「われわれは、あくまでもつくりやすく、整備しやすく、稼働率の高いY30をものにした方がよいと主張したが、ついにY30を中止して、Y40を急速に試作せよという命令が発せられてしまった。私もY30につづいて、Y40の胴体と兵装、艤装をうけ持つことになり、設計主任であった山名技術中佐からの指示にしたがって、いろいろの案を練った。
木型審査のまえに、実物大の視界審査用モデルを数案つくって研究した結果、今日のジェット戦闘機、たとえばF86のサイドビューのような、非常に視界のよい形のものにまとまり、これを骨子にして設計がすすめられた」（『航空ファン』昭和五十年八月号）
大築技術少佐のもとで、設計を担当した油井一技術大尉（のち少佐）はこう述べているが、十八試陸偵は、ふたたび十七試陸偵の初期の案のような特殊なエンジン配置をとることになった。
十七試とちがうのは、おなじ水冷エンジンの並列双子型ながら、エンジンを胴体中央部に装備し、操縦席を思いきって前に出すなど、十七試で不評だった視界の問題が改善されたことだった。

景雲の胴体・兵艤装を担当し設計主務となった油井一

エンジンはドイツのダイムラーベンツを愛知で国産化した「アツタ」三〇型千七百馬力二基を並列につないでW形としたもので、四メートルちかい延長軸を、座席の下をとおして、機首の六枚羽根のプロペラをまわす特殊な機構とした。

もっとも、これは昭和十五年夏、塚田英夫中佐らがドイツから持ち帰ったハインケルHe119の駆動型式をまねたものだが、問題は、初めての試みである水冷双子型二十四気筒エンジンと、これに関連した動力装置、使用予定の排気タービンの実用化の目途が、まだ立っていないことだった。

双子エンジンを収容するために、胴体中央部の幅は二メートルにもなり、二百三十五（キロ／㎡）という、大きな翼面荷重にたいして安全性を確保するため、当時としては、めずらしい首車輪を持つ三車輪式を採用した。

乗員三名のうち、操縦席は機首付近で延長軸にまたがり、偵察席と通信士席は、それより後方で延長軸をはさんで、左右にわかれるという、これもめずらしい配置で、何からなにまで日本では初の新機軸づくめであるところが、多分に研究機的色彩をおびていた。

「とかくむずかしいファクターが多かったが、せめてつくりやすく整備しやすい構造にするよう考慮した」と、油井は述べているが、燃料タンクを造りつけ（インテグラル）にするについてはもめた。

設計主任の山名技術中佐は、航続力をのばすため、インテグラルタンクを主張したが、主翼担当の服部六郎技術大尉は反対した。

「山名さん、一式陸攻のような悲劇をくり返すようなことになりますよ」

「なにをいうか。君はうまい設計をやれる自信がないから、そんな弱音を吐くんじゃないか」

服部はムッとしたが、それならすばらしいインテグラルタンクをつくってやろうと、意を決してひき下がった。

このあたりは、部下を燃えさせるための山名の手であったかもしれないが、服部は、従来のインテグラルタンクでリベットが一列しか打っていないところが洩りやすいことを思い出し、現場と協力しながら三列鋲が打てるような構造とすることによって、この問題を解決した。

まぼろしの飛行機

設計的に多くの新しい試みをとり入れたこと、それを実現するには、日本の技術の蓄積があまりにも少ないことなどに悩みながらも、「Y40」は設計をほぼ終え、構造審査にこぎつけた。

そしてあと一歩と、全員が完成にむかって最後の努力をふりしぼっていたやさき、またしても開発中止の決定がつたえられた。

南東太平洋方面は戦力的にすでに無力化し、中部太平洋方面もサイパン、テニアンの失陥をはじめ、戦況がいよいよ不利になりつつあった十九年秋のことで、最初は強い関心を示して何かにつけて口を出した軍令部や第一線部隊の熱が、急激にさめたせいであった。

もう一つの原因は、量を急ぐあまり生産機の質が低下し、くわえて整備員の練度不足などで、第一線機の稼働率が極度に低下し、その解決が火急の問題となっていたことだ。

しかも焦った用兵側からは、現用および試作機の攻撃力強化、全機特攻化、特攻機試作促進などの案がまるで思いつきのようにつぎつぎだされ、とてもまともな仕事をできる状態ではなくなっていた。

そこで、民間会社の試作指導をおこなうべき立場にある飛行機部の審査班から、整備の指導、応援のために人を出すことになり、いくつかの班が編成されて、それぞれ第一線に派遣された。

開発中止の景雲をジェット化で蘇らせた大築志夫

手薄になった審査班へは、事実上、休止状態となった試作班のメンバーが応援にふりむけられ、油井技術大尉も、戦闘機関係の審査班長として「秋水」「烈風改」、排気タービンつきの「雷電」三二型など、本土空襲にやってくるB29の迎撃機関係の担当となった。

すでに「景雲」（R2Y1）の名があたえられ、設計主務として困難を承知で開発にとり組んできた大築の苦悩は大きかった。ここで中止するくらいなら、こんな特殊な飛行機にしないで、オーソドックスな十七試「Y30」をやるべきだった。そうすれば、すでに試作機は飛んでいたはずだったし、急げばこれからの戦争にまにあったものをと悔まれた。

しかし、ここまできてはすべて手おくれだった。これまで「Y30」「Y40」とつづけて注がれた資材と労力、そして、なにものにも代えることのできない貴重な時間の浪費を、海軍は国民にたいしてどう償うべきかについて、大築は悩みぬいたすえ、ひとつの結論にたっした。

それは、どんなことがあっても、この「景雲」を完成させ、たとえ一度でもいいから、敵機の侵入を未然にふせぐのに役だたせることで、そのためには、用兵側の関心をそそるような魅力的な材料が必要だった。

折もよし、発動機部研究二科では種子島大佐が中心となって、ジェットエンジンの開発がすすめられていたし、ドイツから潜水艦で帰ってきた巌谷技術中佐がもたらしたメッサーシュミットMe262の資料をもとに、初の国産ジェット機「橘花」の開発もはじまっていた。

そこで目をつけたのが「景雲」のジェット化で、もともと、胴体中央部に水冷エンジンを並列に装備した「景雲」は、ジェットエンジンを収容するに充分なスペースがあり、機体そのものもプロペラを取ってしまえば、そのままジェット機といってもおかしくないかたちをしていた。

当時、試作がすすめられていた四グループのジェットエンジンの中から、三菱の「ネ三三〇」（地上静止スラスト千三百二十キロ）をえらび、これを双発並列型に胴体内に装備するものとして性能を検討したところ、海面上で全速四百三十ノット（約八百キロ）、しかもピストンエンジンとちがって、高度八千メートルまでほとんど変化がなく、航続力は約六百五十カイリ（千二百三キロ）とでた。

これなら強行偵察はもちろん、魚雷や爆弾をつんで攻撃機としても使える。航続力の方は、戦線が本土周辺に限定されてきたことから、もはや初期のような長大さは必要ではなくなっていたのである。

山名設計主任をつうじて提出された「景雲」のジェット化案、「景雲改」(R2Y2)は果たして海軍部内の関心を呼んだ。機体については、「景雲」の双子型ピストンエンジンのかわりに「ネ三三〇」を二基並列につみ、あらたに燃料タンクを増設するほかはたいした改造を必要とせず、「ネ三三〇」さえできればすぐにでも試作機の工事に着手でき、はやい時期に戦力化が見こまれることも、せっかちな用兵側を喜ばせた。

だが、ジェット化にはエンジン開発の状況からしてまだ間があり、その前にやりかけのR2Y1をそのまま完成させ、機体としての性能や操縦安定性などを試験しておく必要があるとの意見が採り上げられ、いったん中止したR2Y1の作業が再開された。

大築の作戦がみごと功を奏したことになるが、当の大築は、そのときの第一線に派遣されていて不在だったので、飛行実験をおこなうことを主眼に、油井技術少佐がかわって主務に任命された。

「景雲」は試作中止となったころには、すでに設計図面もほとんど出図を終わり、試作機も六号機までが治具上で組み立てがはじまっていたので、とりあえず、一機だけ急いで完成することになった。

排気タービンはまにあわなかったが、二十四気筒、公称出力三千百馬力の「ハ七〇」が大急ぎで搭載されて、飛行試験に必要な最小限の装備をして試作一号機が完成したのは、二十年四月末のことであった。

横空審査部で地上運転をおこなったのち、船で対岸の木更津飛行場まではこばれた。のちの「橘花」のときもそうだったが、試験飛行にはせまい横空の飛行場よりは、木更津の方がなにかにつけて安全だったからである。

主務者である油井のほか、「景雲」設計チームの志熊平治郎技術少佐、島文雄技術少佐、水野映男技術大尉、それにエンジン運転担当の樋田技術大尉らが木更津に集まり、テストは「彩雲」や「天山」などを手がけた飛行実験部の名パイロット北島一郎少佐の操縦によっておこなわれた。

「昭和二十年五月二十七日、折しも海軍記念日のよき日に、最初の地上滑走をおこなった。北島少佐の操縦により、私と志熊少佐が同乗したが、調子がわりとよかったので離陸してしまった。ところが、急に湯温が上昇してきたというので、すぐに着陸した。あとで聞いたところによると、後部胴体からだいぶ煙をひいていたらしい。これは内側排気管の冷却不足と、防熱のためまいた石綿にしみた油がくすぶったためであった」

「景雲」初飛行についての油井の記述（『航空ファン』昭和五十年八月号）であるが、この飛行もふくめて、三回の飛行実験がおこなわれたものの、四度目の飛行のまえに、地上運転中の操作ミスでエンジンを焼きつかせてしまったため、修理しているうちに、終戦を迎えた。たった一台の試作エンジンで、代えようにもかわりがなかったのである。

木更津での実験中には、B29による横浜、川崎の大空襲や、艦載機による関東各地の空襲があり、飛行実験はもちろん、整備も思うにまかせない状態がつづいたが、動力系統の不調が、それに輪をかけて実験を阻害した。

シングルの「アツタ」三〇型ですら、信頼性に難があったものを、ダブルとした「ハ七〇」は装備法が特殊なこともあって、トラブルが多く、飛ぶよりも地上運転の時間の方がやたらに長かった。

そんな状態だったので、とても全速運転での飛行試験などはできなかったが、テストパイロットの北島少佐の評価は、「低速での安定、操縦性はくせがなく、舵の効きもまあまあ」ということで、機体としてのできはそれほど悪くなかったようだ。

「エンジンさえ好調だったら……」は、関係者たちのせつなる思いであったが、終戦をまぢかにひかえて殉職者をだした「桜花」や、「秋水」の轍を踏まなかったことが、せめてもの救いだったし、「景雲」に関係した人びとの戦後の活躍は、紆余曲折をたどったこの飛行機の思い出を明るいものにしている。

設計主任だった山名技術中佐は、東大教授にカムバックし、退官後は明治大学教授や他大学の講師として、後進に航空工学をおしえ、「景雲」設計の主務者だった大築志夫技術中佐は、清水建設に入って技術研究所長となり、耐震建築の権威として著名である。

「中川メリーさん」こと中川恭次技術大尉も、大築とおなじ建築関係だが、中川が入ったのは建設省の建築研究所。専門は地震工学で、そもそものキッカケは、戦後、ビルに設置された停電対策用の自家発電装置から発生する振動問題にかかわったことだった。

自家発電装置は、コンプレッサーと発電機が一体になったもので、地下室におかれたこの装置が運転をはじめると、振動が建物全体につたわり、どこかが揺れるという振動障害問題がしばしば発生したのだ。

中川は、空技廠でやったエンジンの防振技術に目をつけ、基礎を二重として、その基礎と基礎の間に弾性ゴムを入れ、発電装置をささえるようにしたところ、問題はきれいに解消した。

発動機を胴体内に２基並列させ機首まで延長軸を延ばす方式をとった十八試陸上偵察機景雲。ジェット化も計画

ちょうど、いまの自動車エンジンが、車体にゴムを介して取りつけられているのとおなじ理屈で、それを建物内の大型機械装置に応用したようなものだが、そのゴムのことでは、ブリヂストンに行った服部六郎技術少佐にも相談したという。中川は、最後には研究所の所長になった。

試験飛行に三回も同乗して運命をわかちあった二人の飛行機部員のうち、油井一技術少佐は、防衛庁技術研究本部の航空機担当技術開発官（空将）として、C1輸送機やT2ジェット練習機の開発に関係し、のち小松製作所取締役技術研究所長をへて、現在、同研究所技術顧問をしている。

志熊平治郎技術少佐は、日本発条の副社長としてスプリング業界をリード、主翼の設計を担当した島文雄技術少佐は、YS11で有名な日本航空機製造取締役をへて現在、民間航空機(株)役員として活躍中である。

「景雲」については、米軍でもその特異な形態に注目し、かなり空中写真を撮ったらしい。敗戦で茫然としていた油井は、昭和二十年八月末に、突然、航空本部から呼びだされ、米軍が、「景雲」を本国に持ち帰って調査することになったから、整備するようにといわれた。

そこでエンジンを整備するなど準備にかかったが、木更津にいってみると、掩体格納庫に入れてあった機体は、すでに爆破されたあとだった。終戦直後の混乱時に、部隊の若い兵隊がやったものとわかったが、これで「景雲」は、米軍にとっても幻の飛行機となってしまった。

可能性への挑戦

「景雲」や後出の「震電」などは、空技廠がやった仕事の中でもまともなほうだが、それ以外にも思いつきに類するようなものまで、さまざまな仕事が空技廠に持ちこまれ、とくに飛行機部はその対応にふりまわされた。「空弾」「空雷」「空中凧」などは、その最たるものといえるだろう。

「空弾」の一つは、「震電」の設計者鶴野正敬技術大尉の考案になるもので、機上から発射するミサイルだった(記号は「IX」)。ロケット推進の飛翔体で、どんな姿勢でも揚力がたもてるように十文字に翼がつけられ、横須賀周辺に実験基地をさがしているうちに終戦になった。

もう一つの「空弾」は、飛行実験部の田淵初雄大尉が考案した滑空爆弾だった。十キロ爆弾に翼をつけて滑空させ、補助翼を母機から無線操縦して艦船に命中させようという、いわば空対艦ミサイルだった。

実験では下面の平たいクラークY型の翼断面を持った有翼爆弾を、考案者の田淵大尉が操縦する母機から高度千メートルで分離したところ、うまく滑空したので、これは有望と関係者たちは色めきたった。

ひきつづき研究を継続せよとの和田空技廠長の命令で、飛行機部の山本晴之技師、河村一技手らが担当して改良をすすめたが、田淵大尉がべつの実験でユンカースＪｕ88に乗ったまま、行方不明になってしまったため、この計画は打ち切りとなってしまった。

事故のあった十七年八月十八日、木更津で山本技師らと打ちあわせをおこなった直後に飛び立ったあと、とつぜんの天候異変に遭遇して、行方をたってしまったもので、山本らにとっては、なんとも後味のわるい結末となった。

これより二年あと、似かよった着想で無線操縦を人力操縦にかえた人間爆弾ともいうべき特攻機「桜花」が生まれたことを思うと、この種の兵器にまず必要な目標追跡装置や飛翔体自体の姿勢制御装置など、エレクトロニクス関連の技術がいちじるしく立ちおくれていた日本では、「空弾」のようなものは無理だったのではないか。

「空雷」は、戦争末期に敵潜水艦が東京湾口ちかくに出没するのに対応して考えられた対潜用木製グライダー爆雷で、「空雷六号」とよばれた。

金属の影響を極力さけるため、本体は木製とし、胴体内に火薬を充填して、磁気を感じれば起爆装置が作用して爆発するという構想だった。

飛行機部の佐野技師と雷撃部の永島技師が組んで、「仮称空雷六号」の海中投下実験をおこない、海底にたっするまでの水中での運動をしらべているうちに、終戦になった。

「空中凧」は、低空接近で機銃掃射をしてくる敵機から、艦船や飛行場をまもる目的で考えられたもので、「空弾」の「ⅠX」にたいして「ⅡX」と呼ばれた。

長方形のあんどん型構造で、いわば飛行機凧のようなものだった。「空弾」とおなじ山本、河村グループが設計を担当し、風の日に追浜飛行場の一隅で実験をおこなったため、あわただしい航空隊のちかくで一見のんきそうに凧揚げをしているグループの存在は、評判になった。

設計主任の山名技術中佐も、折りたたみ式の案について設計図に手を入れたりして、のちに「ⅡX」は科学部でつくられて実用されたというが、効果のほどは定かでない。

「空弾」（ⅠX）、「空中凧」（ⅡX）につづいて、光電管追跡装置をもった滑空爆弾「ⅢX」も計画されたが、これも「ⅠX」とおなじ理由でモノにならなかった。

空技廠飛行機部では、このほかにもMX系の番号で呼ばれる一連のグライダー、「MXY6」（「震電」の研究用）「MXY7」（「桜花」の練習用）「MXY8」（「秋草」「秋水」の練習用）の試作を昭和十八年から十九年にかけてやっているし、おなじ時期に「桜花」「景雲」

「震電」も手がけており、このほかにも現用機の改修要求への対応や、細かい試作など、いくら手があってもたりないほどの作業が、集中豪雨的に押しよせ、かつての落ちついた雰囲気はまったく消えてしまった。

15　世界一の戦闘機の夢〈技術者パイロット一号機震電〉

心おどる仕事

「飛行機設計者は操縦もできなければならない」

海軍機関科士官で飛行機設計者でもあった中島知久平大尉が、アメリカで技術修得のかたわら、飛行機操縦を習った大正の昔はいざ知らず、設計者と操縦者はまったくべつという、それまでの通念をかえようと、日本海軍が思いついたのは、太平洋戦争がはじまってからだった。

貴重な技術者を一人でも多く確保しようと、陸海軍は大学および専門学校の工科系学生を競って採り、軍服を着せて技術士官とした。海軍では、その技術士官に、さらに飛行機操縦を習得させることにより、設計者としての能力をたかめようとしたのであるが、そのねらいは正しかった。

複座あるいは双発以上の飛行機では、設計者も同乗して、いろいろな感覚をつかむこともできるが、戦闘機のような単座の小型機では、それができない。

もっとも、戦闘機のせまい胴体のうしろにもぐりこんで同乗した設計者もあるようだが、それとて、じっさいに自分で操縦桿をにぎって、じかにつたわってくる操縦感覚には、はるかにおよばない。

設計者はパイロットのいうことを聞いて、それを分析し、自分の設計にフィードバックするのだが、完全な意志の伝達というのはむずかしく、たがいにイライラすることも生じる。設計者がパイロットであれば、そういう悩みは解決する。

そこで、昭和十六年に航空本部技術部長多田力三機関少将（最後の空技廠―一技廠長）の提案で、飛行機の設計に従事する技術士官の一部に、操縦教育が実施されたことは前にも述べた。

この結果、昭和十六年度が鶴野正敬（戦闘機）、安田忠雄（水上機）両造兵大尉、十七年度が兼弘正厚（戦闘機）、奥平禄郎（攻撃機）両技術大尉、十八年度が加藤正明（水上機）技術大尉の、あわせて五名のエンジニア・パイロットが生まれた。

震電設計者で、試験飛行もこなした鶴野正敬大尉

もっとも、これ以前にも、造兵あるいは技術士官にたいする操縦訓練がおこなわれたこともあったが、それは、操縦を体験させるための初歩練習機の課程までで、第一線機も乗りこなせる本格的なものではなかった。

その意味では、鶴野技術大尉らの存在は、日本海軍の中では異色であったが、鶴野自身がやった仕事もまた日本では前例のないものだった。

学生時代から戦闘機の設計に興味をもち、どうしたら高性能の単座戦闘機を設計できるか、しょっ中考えていた鶴野は、東京帝大航空学科を卒業して海軍造兵中尉に任官した昭和十四年秋、空技廠で実習中にエンテ型戦闘機を思いついた。

エンテとは、ドイツ語のエンテ——鴨のことで、主翼が胴体のずっとうしろにあり、機首が長く突き出した先尾翼型の飛行機を、そのかたちが鴨に似ているところから、エンテ型とよぶようになったものだ。

簡単にいえば、ふつうの飛行機をそっくり逆向きにしたかたちで、機首部に従来の尾翼に相当する小さな前翼があり、操縦席は胴体中央部だが、主翼もエンジンも後部にあり、最後端にプロペラがつく。

戦闘機としては、あいている胴体前半部に大口径機銃が装備できるという、単発機でありながら双発機なみのメリットもある。

造兵中尉に任官した鶴野は、連合艦隊と航空隊の規定の実習コースを終え、昭和十五年秋に、空技廠飛行機部設計係副部員に任命された。

ここで、ちょうどはじまったばかりの双発陸上爆撃機「銀河」の機体強度の計算を担当、構造の詳細設計に必要な計算をほぼおえた昭和十六年七月、この年からはじまった海軍のエンジニア・パイロット養成の要員の一人として、霞ヶ浦および大分の練習航空隊に派遣され、海軍兵学校出身の士官たちといっしょに、一年間の戦闘機操縦訓練をうけた。

兵学校六十七期および六十八期の士官たちがコレス（同期）にあたり、中に鈴木宇三郎中尉（のち少佐、戦死）、鴛淵孝中尉（のち少佐、戦死）ら、後年、勇名をはせたそうそうたるメンバーがいた。

昭和十七年七月に空技廠にもどると、こんどは操縦もやれるということで、飛行実験部部員も兼務になった。

空技廠での勤務は、午前中は飛行実験部で実験中の戦闘機や急降下爆撃機など、ときには戦利品であるダグラスA20やカーチスP40などのテスト飛行もおこない、午後は飛行機部の設計室にもどるという、他の技術士官とはちがった毎日であった。

「テスト飛行はいつも危険な飛行ばかりとはかぎらないが、ほんとうに危険なテスト飛行もたびたびあり、そのような予定の日の朝、家をでるときは、かならず一度ふり返って見た。なにも知らない女房は、いつもとおなじ笑顔で手をふったものである」

海空会編『海鷲の航跡』の中で、鶴野はこう書いているが、設計室での鶴野には、かねてからいだいていたエンテ型戦闘機の研究という、心おどる仕事があった。

エンテ型の飛行機としては、古くはライト兄弟が飛んだ機体をはじめ、いくつかの前例があるにはあったが、日本ではほとんど経験がないところから、その操縦性や安定性について、飛行実験部は否定的な意見だったが、飛行機部の小谷敏夫技術大尉や、科学部の北野多喜雄技師らの指導やはげましで、鶴野の研究は着実な歩みをみせた。

鶴野がエンテ型に期待した最大のものは、なんといってもスピードの向上で、それも時速七百キロ以上をめざしていた。

当時、ピストンエンジンでは、ピストン速度やプロペラ翼の限界速度などから考えて、水平飛行で時速八百キロを出すことは、ほぼ限界と考えられ、ドイツ、イギリス、アメリカなどでは、そろそろジェット機が出現しつつあった。

時速七百キロから八百キロにかけての速度の〝壁〟がいかに厚かったかは、一九三九年（昭和十四年）八月に、メッサーシュミットMe109R速度記録機が三キロのテストコース上で樹立した七百五十五・一一キロの世界速度記録が、その後、五年ちかくもピストンエンジン機によって破られることが、ついになかった事実からも理解できよう。

日本でも、速度向上のためのあたらしい機体の計画がいくつかこころみられたが、出力の向上にたよるほかに、空気抵抗をへらす機体形式として、双胴あるいはエンテ型による推進式が有力と考えられた。

立川飛行機のキ94I型、三菱の十七試局戦「閃電」や満州飛行機のキ98などが、いずれもエンジンを胴体後部に収容して推進式プロペラをまわし、尾翼を二本のビームで支持する方法（立川のキ94I型のみ胴体前部にもエンジンがある双発型）を採用したのにたいし、鶴野大尉はエンテ型が有利であると判断した。

機首にプロペラとエンジンを装着するこれまでの牽引プロペラ式単発機とはぎゃくに、エンジンおよびプロペラを後ろにもっていくことにより、前部胴体を理想的なかたちに整形して空気抵抗をへらし、胴体との干渉がなくなってプロペラ効率が向上する点では、双胴型もエンテ型もおなじだが、後部にある尾翼をささえるために、主翼から二本のビームを張り出さなければならない双胴型は、表面積がふえて、摩擦抵抗が大きくなる不利がある。

主翼を後ろに下げ、水平尾翼を前にもっていって、胴体前部からじかに張り出すようにすれば、空気抵抗や構造重量軽減のさまたげになる二本のビームを省略することができる。

エンテ型とよばれる先尾翼型のこうした利点を、鶴野は熱心に主張し、時速八百キロを達成するには、これ以外にないことを上層部にうったえた。

さいわい鶴野の意見は、飛行機部長の佐波次郎少将や、設計主任の山名技術中佐ら、よき理解者にいれられ、エンテ型戦闘機主務部員を命じられた。同時に広田武夫技手以下、数名の部下が配属となり、実機の設計研究はいちだんと加速された。

いっぽう、実機とはべつに、予備実験としてエンテ型のモーターグライダーをつくることになり、おなじ飛行機部の山本晴之技師、河村一技手以下の設計メンバーに、科学部の北野技師らの協力もえて、さっそく設計に着手した。

ＭＸＹ６と名づけられたこのグライダーは、鶴野の構想による「震電」戦闘機とそっくりの外形をもち、日本内燃機製の「せみ」一一型二十二馬力エンジンが装備されていた。

機体は、ヨットなどをつくって木工に経験のふかい茅ヶ崎製作所で二機つくられ、実験のため横須賀航空隊にはこばれた。

横須賀では、まず自動車による曳航テストからはじめられたが、曳航金具の取りつけ位置がわるかったため、機首下げのモーメントがはたらいて離陸できず、「飛行機ではなく歩行機だ」とヤジられた。

この問題は、フックの位置をかえることですぐに解決し、機体を横須賀よりずっとひろい木更津にうつして、本格的なテストをおこなうことになった。

昭和十九年一月三十日、寒風ふきすさぶ木更津飛行場で実験開始を待つあいだ、始動のわるい「せみ」エンジンで実験に支障をきたすことのないよう、実験員たちは点火プラグを懐（ふところ）に入れたり、肌につけたりして暖めた。

航空隊の訓練の合間をぬって、「震電」グライダーの実験が開始された。

MXY6二号機に乗るのは、もちろん鶴野、そして曳航の九七式艦攻を操縦するは、鶴野の大学後輩で、これも一年あとのエンジニア・パイロットである兼弘正厚技術大尉だった。

航空隊の訓練の合間をぬって、九七式艦攻に曳航されて空中に上がったMXY6グライダーは、高度千メートルで離脱すると、自力で飛行した。

鶴野はこの飛行によって、この先尾翼機が操縦性や安定性に、なんの不安もないばかりか、失速しにくいこと、失速特性のよいことをも確認し、自分の主張にいよいよ自信をもった。

のこる問題は、実機となった場合に、翼幅の小さい機体に強力なエンジンと大直径の六枚プロペラをつけたときのカウンター・トルク（プロペラの回転方向とぎゃくの方向に機体軸をまわそうとする力）の、機体の横のつりあいにおよぼす影響と、プロペラが後ろにあるための搭乗員の緊急脱出をどうするかだけであった。

その後、追浜飛行場でも、飛行実験部陸上班長の崎長中佐によるＭＸＹ６の試験飛行がおこなわれ、エンテ型機の飛行特性や操縦性が、通常型式の飛行機となんらかわりないことが確認された。

これらのグライダー実験の成功と、おなじ飛行機部設計係の小谷敏夫技術少佐が航本に転勤して、強力に運動してくれたこともあって、エンテ型戦闘機実現の機運は急激に高まった。

軍令部、航本、横空、空技廠をふくむ数回の会議が開かれたが、用兵側の委員たちは、それまでのどの戦闘機にたいしても（「雷電」のような局地戦闘機にさえ）そうであったように、相もかわらず格闘性に固執して、空戦フラップの装備を要求した。

出席した空技廠飛行機部、科学部の委員たちは、その効果を疑問視する発言をおこない、用兵者側と技術者側の意見が対立するかたちとなったが、軍令部の源田実中佐（のち大佐、戦後、空将、航空幕僚長、参議院議員）の、

「四百ノット（七百四十キロ）以上の高速戦闘機がほしいからこれをやるのであり、あまり付帯要求をだしすぎて、速度が落ちるようなことがあってはならぬ」との、ツルの一声でおさまった。

巴（ともえ）戦と呼ばれた従来の格闘戦をさけ、高速一撃離脱戦法をとる高速戦闘機をつくるという方針に用兵者側も納得して、要求性能および戦闘機の名称を十八試局地戦闘機「震電」、符号をＪ７とすることがきまり、同時に、エンテ型式の飛行機を「前翼型」と呼ぶことも決定された。

「六月五日、飛行実験部戦闘機担当の小福田租少佐らの手でまとまった要求書第一条の『目的』は、『敵重爆撃機の撃墜を主とする優秀なる高速陸上戦闘機をえるにあり』となっており、その主な要目は、

乗員＝一名、発動機＝「八四三」四二型二千二百馬力、兵装＝三十ミリ機関銃機首に四門

要求性能は、

高度八千七百メートルにて最大速度四百五ノット（七百五十キロ）、実用上昇限度＝一万二千メートル

であった。私はこれなら大丈夫やれると思った。ちなみにB29は、高度一万五百八十メートルで最高時速五百八十四キロという性能であった」（『海鷲の航跡』鶴野正敬）

世界一の戦闘機を……

このころ、鶴野は二十七歳になったばかりの若さで、末期的状態にあった戦争の現実も、〝世界一の戦闘機をつくってやろう〟という燃える情熱の前には、なにほどのこともなかったのである。

この決定のあと、九州飛行機に正式な試作命令がだされ、鶴野はＭＸＹ６モーター・グライダーにたずさわった飛行機部の製図員たちとともに九州飛行機にうつった。

九州飛行機は、主として練習機や小型水偵などを手がけていた会社で、戦闘機などはまっ

たく未経験だったが、空技廠や大手各社の設計部門が、手いっぱいであるところからふりあてられたものだが、会社はこの大役に感激した。

さっそく技術陣を大々的に編成がえをし、野尻康三設計部長のもとに、小沼誠技師以下約百四十名の人員をもって、「震電」設計専門の第一設計課を新設し、この試作に会社の全力を集中する態勢がとられた。

日本最初のエンテ型機で、特性を生かして高速・強武装をめざした十八試局地戦闘機震電。先進的な形態だった

「震電」の最大の特徴は、なんといってもエンテ型の主翼と前翼の配置だが、平面形を見ると、機首に小さな水平翼、後方に約二十度の後退角のついた主翼があり、ピストンエンジンとプロペラのかわりに、ジェットエンジンをのせても、そのまま通用しそうな高速むきのかたちだった。

ふつうの飛行機は、主翼平均弦長の三十パーセント前後に重心があるが、エンテ型では前翼と主翼の間にあるのが特徴で、前後の翼をうまく使って、ひろい範囲の迎角の変化に対応することができ、これによって失速に入りにくく、入ってもすぐに回復するという性質がある。

前翼の後ろ半分はフラップになっていて、主翼のフラップと連動するが、ある迎角以上にフラップを下げたとき前翼が失速しないよう、翼内にスラットが組みこまれていた。

ふつうの飛行機の水平尾翼に相当する前翼は、効率がよいので極端に面積が小さく、この昇降舵の上下と機首の上下運動との関係は、ふつうの飛行機とはまったくぎゃくである。

つまり、ふつうの尾翼の場合は、昇降舵の上げ下げは機首の上下と一致するが、先尾翼の場合は、昇降舵が上にうごくと機首が下がり、下にうごくと機首が上がる。もちろん、操縦桿の操作と機首の上下は一致するようになっていた。

垂直尾翼は、左右主翼のそれぞれほぼ中間につけられ、大きな迎角をとって離着陸するさいに、垂直尾翼下端が地面に接触するのをふせぐために、小さな車輪がつけられていた。

強力なプロペラのトルクのため、機体がプロペラ回転と反対のほうに傾こうとするカウンター・トルク対策としては、操縦桿はニュートラルの位置に保持されていても、補助翼が自動的にトリム（修正）舵角をとって、横転を防止するような方法がとられた。

戦争中のことなので、搭乗員の安全などは、いまのように真剣に考えなかった時代だが、それでもパイロットが脱出時にプロペラでたたかれないよう、プロペラ軸にしこんだ火薬式作動筒で、六枚のプロペラ羽根を軸ごとふきとばすようになっていた。

このほかパイロットの防護として、防弾ガラス十九キロ、防弾鋼板六十五キロによって、パイロットを前後から防護し、燃料タンクは二十二ミリの防弾ゴムでおおったうえに消火装置もあり、日本の戦闘機としては、防弾装備にじゅうぶんな配慮がなされていた。

主脚は支柱だけで一・八メートルもある長いものだったが、中島の艦上偵察機「彩雲」と共通とし、日本としてはあまり前例のない三車輪式の前脚は、むずかしい機構をおなじ空技廠で試作中だった、十八試陸上偵察機「景雲」に使われていたのを、そのまま使用することにした。

エンジンは最初、「烈風改」とおなじ三菱の「ハ四三」（ＭＫ９系）四二型の予定だったが、入手困難だったところから、中島のハ四五「誉」四二型に変更された。

九州飛行機では、昭和十九年十一月に強度試験用の0号機完成し、二十年一月には第一号機の試験飛行を開始する予定で突貫作業に入ったが、十九年八月に九州八幡にB29が来襲したのを皮切りに、しだいに空襲がはげしくなったため、工場疎開や外注部品の納入がおくれるなどで、予定は大幅にくるってしまった。

それでも鶴野や会社側の熱意で、昭和二十年三月には0号機が完成して強度試験を開始し、六月十九日には試作一号機の完成審査にこぎつけた。

審査は空襲をさけて、現在の福岡板付空港の東側地区の谷間に掘られた防空用の横穴の中でおこなわれたが、その夜、横空審査部の審査関係者は、博多市内の中心部にちかい旅館に泊まったところ、夜中にB29の空襲にあった。

中心街はまたたくまに火災につつまれ、逃げ場をうしなった審査部の人たちは、ちかくの川の鉄筋コンクリートの橋の下に避難した。

ところが、あいにくの満潮とあって、水位が刻々とあがり、しまいには胸のあたりにたっした。水はせまり、しかも、胸から上は、呼吸すら困難な熱風とあって、「文字どおり水火に攻めたてられたこの一夜は、『震電』とともに忘れられない思い出である」と、審査に立ちあった一人である横空審査部戦闘機主務小福田租少佐は、その著書『零戦開発物語』（日本海軍戦闘機全機種の生涯、光人社刊）の中で述べている。

試作一号機の初飛行は、完成審査から二週間後の八月三日、陸軍の蓆田飛行場（現在の福岡板付空港）でおこなわれ、会社のテストパイロット宮石操縦士によって成功裏に終わった。

脚をだしたままの飛行であったが、福岡の市民たちは、低空を飛ぶ前後がぎゃくになったような異様な機体を、おどろきの目で見上げたといわれる。

三日の第一回に引きつづき、蓆田陸軍飛行場で六日と九日にも試験飛行がおこなわれた。三回の飛行時間の合計は四十五分で、いずれも脚はだしたままで、本格的な試験飛行はおこなわれなかったが、操縦は容易だったようである。

九州飛行機は、このころ対潜哨戒機「東海」の量産をしていたが、「震電」のテストと並行して、その量産準備がすすめられ、工場の半分はすでにこの仕事にとりかかっていた。

したがって、終戦の日には武装をつけた二号機がほとんど完成し、三号機以下も組み立てラインで、その姿をととのえつつあった。

「震電」は戦後、ほかの多くの機体とともに、一号機が航空母艦でアメリカ本国に送られた。この機体は、三回目の試験飛行のさいに破損した部分がそのままだったので、はたしてアメリカでテストがおこなわれたかどうか不明である。

終戦後、日本に進駐してきた米軍は、さっそく日本陸海軍の試作機の調査を開始したが、なぜか「震電」がリストから洩れていたという。

——彼らは、すでにみずから作成した詳細な試作機のリストをたずさえて空技廠にあらわれ、応対を担当した飛行機部の国本隆技術大尉（現東海大学工学部教授）をして、その綿密さと徹底ぶりに驚嘆せしめた。しかし、さらに不思議に感じさせたことは、そのリストの中に、関係者の輿望をになっていた「震電」が、全然記入されていないことであった。

私は生来、筆不精の方で、九州飛行機に出張して以来、「震電」の設計・試作の経過などについて、航本や空技廠にあてた文書による報告を、一度もださないで、ひたすら「震電」の早期完成に刻苦精励した。

ただ一回の大きな連絡は、航本あて「『震電』の試飛行準備完了、燃料を送られたし」と、打電したことだけであった。

私の筆不精が防諜上、大いに寄与したのではないかと、後日笑い話になった。（『海鷲の航跡』鶴野正敬）

それにしても、「景雲」といい、この「震電」といい、戦争末期に空技廠の技術者によって設計された飛行機が、いずれも高速をねらって、きわめて特殊な動力配置と駆動方式をとり、機体の形状もまた特異なものになっていることは、功罪はべつとして、空技廠の研究機関としての一面をあらわしているといっていいだろう。

この両機に共通しているひとつの要素に、大出力を吸収するための直径の大きな六枚羽根プロペラがあるが、これは効率の面で、プロペラ機の限界をしめすものだろう。

そして、おもしろいことに、この両機はプロペラを取り去り、エンジンをつみかえれば、すぐにでもジェット機として通用しそうな形態をしている点も共通している。ついでにいうなら、終戦前に三回飛んでいる点もである。

戦争をべつにして考えれば、この両機は、いずれジェット化されるべき運命にあった機体といえよう。

空技廠にいた多くの技術者が、戦後、各方面で活躍していることは、これまでにもたびたび触れたが、鶴野の戦後も、まためざましいものがある。

戦後、百八十度方向転換した鶴野は、イワキ・セメント、住友セメント、日鉄セメントと、セメント畑ひとすじに歩き、現在も石川島播磨重工（ＩＨＩ）顧問として、同社のセメント・プラント部門になくてはならない、この分野における世界的権威として著名だ。

「震電」に高速戦闘機の夢を画いたように、「いまでもセメントの理想を追っている」とは、おなじＩＨＩの副社長をつとめた永野の鶴野評である。

16 ドイツでうけた衝撃〈ロケットエンジン開発の経緯〉

ねぎらいの一言「優秀！」

一九四四年（昭和十九年）七月二十八日、ドイツの奥地深く侵入して、重工業地帯を爆撃したアメリカ陸軍第四十五爆撃兵団のB17「空の要塞」の大編隊が、イングランド東部の基地から発進したP51ムスタング戦闘機の掩護のもとに帰路につきつつあったとき、それは忽然としてあらわれた。

編隊はライプツィヒ西方三十キロのメルゼブルク上空にさしかかっていたが、P51のパイロットの一人が異様な飛行物体を発見、マイクにむかってけたたましく怒鳴った。

「六時（まうしろ）上空、二条の航跡発見！」

その飛行物体は、編隊の後方約八千メートルのはるか上空を、積雲のような白い水蒸気の航跡を引きながら、急速に接近しつつあった。

ムスタング編隊は、いっせいに反転し、見なれない敵機の襲撃にそなえた。

ちかづくにつれ、それが〃コウモリ〃のような異様な形であることが確認され、あきらかに攻撃の意図をもったこの二機の敵機は、B17編隊の後方から矢のように降下し、攻撃が終わると、太陽にむかって四十五度の急上昇で、たちまち姿を没した。

あっというまの出来事で、あまりの高速に、立ちむかった八機のムスタングは射撃するひまもなく、なんらなすすべもないまま取り逃してしまった。

このドイツ機こそ、ライプツィヒちかくのブランディス基地から発進した五機のロケット戦闘機メッサーシュミットMe163で、ムスタングのパイロットが発見したのは、このうちの二機であった。

つまり、彼らが世界で最初にロケット戦闘機との交戦を経験したパイロットということになるが、この初の交戦は、連合軍側にあらたな緊張をもたらした。

交戦が小規模かつ短時間であったため、双方とも被害はなかったものの、米第八航空軍戦闘機兵団指揮官ウイリアム・ケプナー少将は全航空隊にたいし、「約一万メートルの高度から、爆撃機の背後にちかづく飛行雲に注意せよ」との警告を発した。

世界初のロケット戦闘機メッサーシュミットMe163・コメートの出現は、連合軍側にとって衝撃的な出来事だったが、同盟国として、ドイツとの間に技術交換協定を結んでいた日本は、ドイツのロケット迎撃機の開発状況を、かなりはやくから知らされていた。

昭和十八年八月、日独伊三国同盟の取りきめにもとづいて、軍事委員としてドイツに派遣されていた野村直邦海軍中将（のち大将）は、ヒトラー総統が日本海軍に贈った潜水艦「U－511」で帰国した。

野村中将は島田海軍大臣に任務報告のさい、「日本は単独に降伏するのではないか……」とするドイツ指導部の日本にたいする不信の空気をつたえ、任地での在勤が長いため、日本の現状にくわしくない海軍武官をはじめ、補佐官、監督官を総入れかえし、日独海軍の協力と相互信頼を、いっそう強化する必要があると力説した。

この提言にもとづいて、新駐独海軍武官小島秀雄少将をはじめ、十七名の新しいスタッフが選ばれ、ドイツ出張が発令された。

このなかには空技廠の梅崎鼎、永盛義夫（いずれも航空）、田丸直吉（電気）、川北健三（機銃）各技術少佐がくわわっていたが、その辞令には、

「昭和十八年九月十日　海軍省　補海軍航空本部造兵監督官　独国へ出張を命ず

昭和十八年九月十日　海軍航空本部長

貴官独国へ出張中は同地監督長の命を承け服務すべし」とあった。

当時、空技廠飛行機部部員だった永盛技術少佐によれば、この命令は飛行機部長から直接口頭でつたえられたという。空技廠の部員が外国に出張するときは、かならず上部組織である航空本部に籍をうつし、監督官として派遣されるしきたりになっており、梅崎、永盛らもその例に洩れなかった。

十七名の新しい駐独要員を乗せたイ二九潜水艦は、昭和十八年十二月十六日、シンガポー

ルを出発し、航程一万五千キロ、八十七日間におよぶ苦難の大航海のすえ、翌十九年三月十一日朝、ドイツ占領下のフランス西海岸ロリアン港に到着した。

当時、ドイツが極秘のうちに研究試作をすすめていた兵器は、原子爆弾、レーダー照準器、誘導弾（V1およびV2）、ジェットおよびロケット推進航空機、シュノーケル型潜水艦などがあり、ドイツにいた阿部勝男中将はジェット機メッサーシュミットMe262、ロケット機Me163、およびそれらの推進エンジンの製造に関するいっさいの資料提供を、空軍長官ミルヒ元帥に要求していた。

しかし、日本とドイツの間には技術協定が結ばれていたにもかかわらず、日本側からあたえるものは少なく、しかも、昭和十五年度以降の試作機については、ドイツにたいしても極秘あつかいであったため、ドイツ側も容易に研究試作の内容を日本側にあかそうとはしなかった。

彼らが渋っていたMe262およびMe163の秘密を日本側に提供することになったのは、イ二九潜がもたらした貴重な贈り物の代償としてであった。

それも酸素魚雷や航空魚雷用空中安定器といった兵器にたいしてではなく、合計二百十七トンにおよぶ生ゴム、タングステン、錫、亜鉛などの戦略物資への見返りとしてであり、ヒトラーはMe262およびMe163の日本におけるライセンス生産を承認した。

昭和十九年四月六日早朝、ドイツ側の案内で大使館付武官補佐官豊田隈雄中佐、庄司元三技術中佐、巌谷技術中佐と永盛技術少佐の四人は、ハインケルHe177重爆の残骸や、多数の弾痕が未処理のままになっていた、空襲の跡もなまなましいレッヒフェルド空軍飛行場をおとずれた。

ここは、けちょうど空技廠と横空のある追浜とおなじドイツ空軍の実験用飛行場で、連合軍側の重要爆撃目標の一つとしてねらわれていたのだ。

「飛行場の一隅には、多くのMe262型ジェット戦闘機が一列に翼をつらねていた。テストパイロットの若い空軍中尉が、無造作にその中の一機に乗りこむと、主翼の下に二つのジェットエンジンを装備したプロペラのない美しい低翼機は、すべるように離陸していった。

やがて、われわれの目前に姿をあらわし、低空を矢のように飛んでゆく。あまりの速さにただ驚くばかりで、飛行機が通過したずっとあとをエンジンの音が追っかけてゆく。まことにすばらしいの一言につきた。おそらくジェット機が飛ぶのを見たのは、日本人としてこの四人がはじめてであろう」

在独中、ジェット機の飛行を見学した巌谷英一中佐

永盛は、その遺稿『一駐独技術士官の想い出』の中でそう述べているが、いっしょにその飛行を見た巌谷技術中佐も、「はじめてその快速にせっしたときは、身の内になにかゾクゾクするもの、すなわち人間がとてつもなく偉大なものにせっしたときに受ける、あの畏敬の気持」と表現している。

これに反し、つづいて案内されたロケット機Ｍｅ１６３はまだ問題があったらしく、ロケットエンジンの地上運転の見学だけに終わったが、液体ロケットのワルター式エンジンの発するものすごい音と、衝撃波で振動する青緑色の炎には一行も圧倒され、さすが独創的技術をほこるドイツと脱帽せざるをえなかった。

これよりさき、Ｍｅ２６２とＭｅ１６３のエンジンおよび機体の概略説明書、ロケット燃料に関する取りあつかい法と一般資料各二部が手わたされ、日本にはこばれることになった。

日本とドイツは同盟国とはいっても、たがいに距離が遠く、しかも中間の国々がことごとく敵側であったため、まったく別々に戦わなければならず、しかも、連絡は潜水艦による以外に方法はなかった。

それもインド洋からアフリカ南端喜望峰をまわり、大西洋を北上してフランス西岸にいく、はるばる一万五千カイリの大航路をとらなければならなかった。途中、敵潜水艦、飛行機、哨戒艦艇との遭遇の脅威のほか、南極圏の暴風帯など自然の猛威とも戦わなければならず、せまい潜水艦の、それもほとんど潜航を主とした航海の苦労は、言語に絶するものがあった。

このため、日独潜水艦とも損害が大きく、成功の確率が低かったので連絡航海は文字どおり決死だった。だが、こんどの資料は、日本にとってかけがえのない重要なものなので、どうあっても無事に送りとどけなければならず、同じものを二隻の潜水艦につみ、別々に出発させることになった。どちらかが、日本に到着するのを期待したのだ。

昭和十九年三月三十日、まず第一艦として吉川春夫技術中佐らを乗せた「Ｕ－１２２４」

ツにきて、充分な訓練をうけた日本海軍の乗組員約六十名によって運航されていたが、五月十三日になって、大西洋上で猛烈な爆雷攻撃をうけたとの連絡を最後に、消息をたってしまった。

攻撃したのは米駆逐艦ロビンソンで、吉川技術中佐は、ほかの乗組員や艦と運命をともにした。

「U－1224」に約二週間おくれて、四月十六日、第二艦であるイ二九潜が、べつの一組の資料と、永盛技術少佐と交替で日本に帰る巌谷技術中佐をのせて、フランス西海岸のロリアンを出港、約三ヵ月の海中航海の後、七月十四日にシンガポールに到着した。

しかし、イ二九潜水艦は、休息ののち内地に向かう途中、七月二十六日、台湾南方のバシー海峡で待ちぶせしていたアメリカ潜水艦の雷撃によって沈没、艦長以下大部分の乗員とともに、ドイツから持ちかえった貴重な資料や兵器、資材などが失われてしまった。

さいわい、一刻をあらそう重要な報告と開発および生産準備のため、飛行機で内地に飛んだ巌谷技術中佐が携行した資料があったので、全滅はまぬがれたが、それは、Ｍｅ１６３Ｂ型ロケット戦闘機の機体およびエンジンの設計説明書、ロケット推進薬の化学的組成の説明書、翼型の座標値と巌谷中佐のメッサーシュミット社における調査報告などであった。

東京では、巌谷中佐の到着を待ちこがれていた。羽田に到着した後、重要書類を持って航

本に直行した巌谷が、帰任の挨拶に伊東裕満大佐のところに行くと、

「例のものを持ってきたか？」と聞かれた。

「ここに持ってきてあります」

巌谷の言葉を聞いたとたん、伊東大佐は満面に笑みを浮かべて、「優秀！」といった。

それは、海路はるばるたいへんな苦労をかさねて資料を持ってきた巌谷にとって、なに物にもまさるねぎらいの言葉であった。

ただ、巌谷にとって予想外だったのは、伊東大佐が「例のもの」と言ったのは、Ｍｅ１６３を意味していたことだった。

巌谷の考えでは、日本に持ち帰って役にたつのは、ターボジェット機Ｍｅ２６２の方で、Ｍｅ１６３は将来の研究資料ぐらいのつもりでデータを集めたにすぎなかった。それが、すぐにほしいのはＭｅ１６３の方だと知ったとき、巌谷は、なにかはぐらかされたような気がした。

Ｂ29爆撃機による本土爆撃の激化にそなえ、この奇襲戦闘機に多大の期待がかけられていたからだが、すでに侵入してきているＢ29にたいし、いまから開発をはじめるとは、まさに〝ドロ縄〟の感がないでもなかった。

しかし、予想した以上に、自分がもたらした資料にたいする期待の大きさを知って、巌谷は身体の熱くなるのを禁じえなかった。

巌谷は、その足ですぐに空技廠におもむき、和田廠長みずから主宰する研究会に出席した

が、なにしろ、わが国初のジェットならびにロケット噴進航空機の開発とあって、七月二十日のこの会議は紛糾した。

とくに、すでに開発が先行していたジェットエンジンよりも、ロケットエンジンが問題だった。エンジンそのものの試作はともかく、その推進薬である八十パーセント濃縮過酸化水素（甲液）や、水化ヒドラジン・メチルアルコール混合液（乙液）などの生産は、はたして大丈夫なのか、またそれらの取りあつかいや保管は、研究室ならともかく、実戦部隊でまちがいなくやれるかどうかが、ひどく懸念されたからだ。

一回わずか五、六分の飛行に、合計二トンちかくも消費するこれらの薬液を、大量に生産するためには、ぼう大な電力を必要とするため、ほかの化学工業を圧迫するおそれがあったし、甲液は人体に有害な猛毒があるばかりか、爆発しやすい危険な薬品だったからである。

二十日、二十一日の二日間にわたった空技廠での部内会議も、とにかくやらなければならないという和田廠長の強い意向で、議論に終止符が打たれ、巌谷中佐は帰国して三日後に、やっと足かけ五年ぶりのわが家にもどることができた。

十九試局戦の開発はじまる

六月十六日には、B29「超空の要塞」が中国奥地の基地から、初の日本本土空襲にやって来、七月には、マリアナ諸島のサイパン、テニアン両島が陥ちて、事態は急を告げつつあった。

資料は不足であり、反対意見も少なくなかったが、これ以上、Ｍｅ１６３にかんする詳細な資料が潜水艦によってとどくのを待つ時間的余裕も、その成功の見こみもほとんどなかったので、陸海軍の統一計画として、総力をあげて開発に取り組むことが決定された。

Ｍｅ１６３Ｂの原設計に、できるだけちかい設計を主張する海軍と、完全な再設計をという陸軍との意見の対立があったが、妥協が成立して機体は海軍主導、エンジンは陸軍主導、実務はそれぞれ三菱の機体およびエンジン部門が主となってやることになり、海軍はＪ８Ｍ１、陸軍はキ２００、陸海軍統一名称として十九試局戦「秋水」と名づけられた。

このあと八月七日、指定メーカーである三菱の服部譲次、河野文彦、高橋己治郎の各技師が、空技廠の研究会に出席し、ロケット戦闘機試作の趣旨と、ドイツにおけるＭｅ１６３の調査事項の説明をうけた。

だが、巌谷中佐がもたらした資料の一部は、ごく簡単な図面と説明書だけで、無尾翼機の性能を左右する独特の後退翼についても、キャビネ大の縮尺図にとどまり、正確な翼型を決定するのに必要な座標の数字がどこにも見あたらないのだ。

三菱側は、正確なデータがないかぎり、復元には自信がないとして、この仕事を引き受けることに難色をしめした。

とすれば、三菱でやってもらうには、翼型その他の必要なデータを空技廠でそろえるよりほかはない。

「科学部でなんとかならないか」

煮えきらない三菱の態度に、和田は科学部主席部員の越野長次郎技術中佐にそう問いかけた。その表情には、藁をもつかみたいといった苦衷がありありとうかがわれた。

越野技術中佐は、ちょっと間をおいて答えた。

「一ヵ月以内に設計の基礎データをそろえましょう」

けっして自信があったわけではない。越野の無尾翼機に関する知識といえば、かつて東京帝大航空研究所の深津了蔵博士が空力安定条件を計算した理論式に、興味を持ったことがあるといった程度のものにすぎなかった。

参考にできる他の文献は見あたらないが、これを指標にしていけばどうにかなるだろう。それに、ドイツの技術者なんかに負けてなるものかという意地もあったのである。

越野は「秋水」に全力をあげるため、家族を国に帰し、みずからは科学部の第四風洞の一隅に寝所をかまえて、一か八か（いちばち）の突貫作業に取り組むこととなった。

Me163基礎データを苦労してまとめた越野長次郎

キャビネ大の翼断面図を、風洞模型の規定寸法にまで伸ばしてみると、線が太り、ぼやけてしまったが、そのどこかにかならず正しい線図が見出せるはずだ。

作業の手順としては、まず、安定性能を決定する中心線をわりだし、つづいて翼厚を肉づけすればよろしい。越野は深津論文をそえて、榊原芳夫技手に計算を命じ、期限を一週間に切った。

「コシチョウ、つまり越野長次郎部員は、人使いの荒いことでは人後に落ちなかった。命ぜられるままに、夜も昼も歯車式タイガー計算機をガリガリまわした。思うような答えがでない。計算ミスも続出する。脳神経がおかしくなり、身体の調子まで狂ってくる。まさに末期的な計算中毒症状であった。そんなとき、コシチョウがどこで手に入れたのか、水アメのビンを差し入れしてくれた。あの、透明な薄茶色は、いまでもはっきり覚えている」(『海鷲の航跡』)

計算を担当した榊原技手の言葉だが、榊原は深津理論をみたす翼型の中心線を、期間内にりっぱにさぐりあてたのである。

中心線さえきまれば、上下の肉づけはそうむずかしくない。

風洞班の班長内藤初穂技術大尉によって風洞試験の手配がおこなわれ、科学部の主力である第三風洞で、島村登一技手、山口季男工手らのチームによる測定が開始された。

彼らは夜どおし天秤の数値の読み取りをやり、あくる朝、早出の女子工員にそのデータをわたして、カーブになおす。それを見て、模型の一部に手直しをくわえ、また第三風洞で試験をする。

そんなことを二、三回くりかえし、〝コシチョウ〟部員が約束した一ヵ月がちかづいたある日、トレーサーによって、墨入れされたばかりの測定カーブが、オリジナルの資料と、まったく変わらない性能をしめした。

これほどの海軍側の熱意をみせられては、しかも条件とした翼型や飛行性能の実験的デー夕を提示されては、三菱側も「否」とは言えなくなり、堀越二郎技師のあとをついで、局地戦闘機「雷電」の設計主務者となった高橋己治郎技師をチーフとして、各設計課から技師や技手を選抜して第六設計室をあらたに編成し、機密保持と設計の促進をはかるため、現図場といっしょに新築したばかりの設計室の二階に陣どり、仮眠室を設けて昼夜兼行で設計をすすめることになった。

設計完了までは夜八時まで残業が原則、必要とあれば徹夜作業もやる。

食糧もとぼしくなっていたが、体力の消耗をふせぐために、特別に強壮剤とバターが支給された。

暑い日々がつづき、冷房などはもちろんのこと、扇風機もない設計室で、夜は夜で蚊になやまされながら技術者たちはがんばった。

九日には最初の木型模型が完成し、それから三週間で、小改造や変更をして、陸海軍による共同審査をうけ、十一月はじめには予定どおり設計が完了した。

かんじんの設計図は、それをのせたイ二九潜が、シンガポールを出港して内地に向かう途中、沈められてしまったので一枚もなく、あるものはかんたんな設計説明書だけであった。「秋水」の胴体構造設計を担当した楢原敏彦技師によると、

「説明書のなかの小さな全体図を研究課で撮影してもらい、そのぼんやりした写真から外形寸法をわりだすのに、まず苦労した。（中略）

つぎに苦労したのは風防や降着装置（離着陸用車輪、着陸用橇（そり））の取り付け部などのディ

テールで、もとの全体図は小さいし、のばした写真はぼやけているし、これも経験から推定するしかなかった。

もう一つは、胴体中央部を大きく占領している燃料タンクのため、胴体の上半部を着脱可能にしなければならないことで、これが胴体強度の弱点となり、その補強に苦労したことである。

さらにやっかいだったのは、そのタンクは濃縮過酸化水素液をいれるもので、液の供給や点検、整備を慎重にやっても洩れることがあり、そのさい、ものすごい急激な酸化がおきる。このため、その付近には鉄鋼系の材料が使えないので、アルミ系の合金か、特殊合金の材料で結合しなければならないことであった。

そのほかにも、いろいろ設計上の苦心があり、ほかの担当者たちも、それぞれかなり悪戦苦闘していた」（『丸』昭和四十七年十月号）という。

九月二十七日には、陸海軍合同の最終木型審査をうけたが、この審査では海軍制式無線電話機を搭載するため、胴体先端の防御鋼板円錐型おおいを、原型よりわずかに前に延ばしたほかは、ほとんど問題はなかった。

以後の試作は、空技廠中口博技術大尉（東京大名誉教授、現千葉大学教授）と、三菱の高橋技師とのコンビよろしく順調にすすみ、十一月はじめ、予定どおり設計が完了し、十二月はじめには試作一号機がほぼ完成した。

17 みじかき薄幸の生涯〈秋水その数秒のロケット飛行〉

三菱航空機工場の被爆

比較的順調にすすんだ機体グループにくらべ、あたらしい経験であるロケットエンジンを担当した動力グループの方は、たいへんだった。なかでも難物だったのは、過酸化水素の分解による蒸気で駆動する、薬液圧送用蒸気タービン駆動ポンプの試作および実験で、ロケットエンジンそのものの設計は、機体よりはやく終わったにもかかわらず、実物の完成は難航した。しかも、設計が一段落して設計者たちがホッとしていた十二月七日正午ごろ、突然、大地震に見舞われた。

設計室は、天井のしっくいがあちこちではがれ落ちて、白いほこりが立ちこめるなかを、技術者たちは、よろめきながら屋外にのがれた。東海地方を襲ったいわゆる三河大地震であった。さいわい、図面は安全に保管されていて助かったが、試作や実験は大幅におくれ、その被害があるていどまで復旧したころ、こんどはＢ29の爆撃が激化し、重要目標となってい

空襲の中、ロケットエンジンを開発した持田勇吉

た三菱航空機工場は、執拗にねらわれた。

日本の航空戦力を弱めるには、エンジン生産工場をたたくのが一番と考えたアメリカは、十一月二十四日と十二月三日の二回にわたって、東京近郊の中島飛行機エンジン工場を爆撃した。この爆撃は、爆撃隊の不なれや天候にさまたげられたこともあって、あまり成果があがらなかったが、十二月十三日の三菱航空機大幸工場（エンジン）の爆撃は大成功だった。

七十五機のB29から投下された爆弾および焼夷弾により多くの工場施設が破壊され、死者二百四十六人、負傷者多数という被害がでた。

ここには、持田勇吉技師（現日本自動車エンジニアリング会長）以下の、ロケットエンジン開発グループがいたが、ロケット実験場が破壊されたため、実験ができなくなってしまった。

この実験場は、計測装置や、ロケット機が爆発したさいの危険防止のための防爆壁を持った特殊な施設だったので、修理には時間がかかり、明日からの実験再開など、のぞむべくもない。しかも、実験場を修理したとしても、爆撃はくり返されるにきまっており、場所をどこかにうつした方がよいと考えられた。

翌日午前、開発責任者の持田は、空技廠発動機部から協力のため三菱に派遣されていた藤平右近技術大尉に相談したところ、最近、夏島に完成した空技廠のロケット実験場がよかろうとのサゼッションをうけた。

さっそく、持田は重役に申しでて、追浜に引っ越したい旨の了解をとりつけ、藤平技術大尉とともに、その日のうちに空技廠にむけ出発した。

東海道線が地震で不通なので、中央線経由で二十時間かけて追浜に着いたが、海軍はあたたかかった。持田の実験場借用の申し入れに対し、発動機部の種子島大佐や永野技術少佐はこころよく応じて、その場で設計室や実験室を割りあててくれ、「すぐやりたまえ、こちらも手つだおう」といってくれた。

このことはすぐ電報と電話で工場につたえられ、待機していたロケット開発グループ十五名は、トラック六台に満載した試作ロケット、実験器具、製図机などとともに、空技廠にむけて出発した。

いまとちがって満足な舗装部分も少ない一号国道をガタガタ揺られながら、三日がかりで十二月十八日、追浜の空技廠の門前に到着したところ、将校に引率された陸軍の兵数名が着剣のままあらわれ、入門を阻止された。

「秋水ロケットの技術指導は陸軍であるのに、その実験を海軍傘下の地でおこなうことは許せない。陸軍は松本に疎開実験所を建設することとしたから、松本に移動せよ」と、将校がいった。

もっとも、このときロケット開発グループの責任者である持田は、追浜にむけて出発した一行と入れちがいに名古屋にもどっていたので、このことは電話連絡で知った。

おどろいた持田は、すぐ立川にいっていた三菱の上甲昌平陸軍技術中尉（もともとは三菱の技師だが、召集されて短期現役の技術将校となった）に連絡し、陸軍第二航空技術研究所所長の絵野沢静一中将に会って釈明しようと、単身、立川におもむいた。

絵野沢中将といえば、陸軍の航空エンジン関係の大御所であり、陸軍の関係者はもとより、民間人である持田にとっては、神様のような遠い存在だったが、持田も必死だった。

おそる恐る絵野沢中将の前に立った持田は、

「私どもは、『秋水』のロケット開発が、陸軍主務であることは百も承知であります。しかし、いま松本にいってはなにもないから、陸軍の設備ができるまでの間、海軍の場所を使わせてもらおうというだけで、実験はあくまでも陸軍の方針にしたがってやります」といっ気にしゃべった。

絵野沢はすぐ事情を理解し、

「陸軍の設備が松本にできるまで、三菱が海軍の実験場を借りることを許可しよう。ただし、原動機開発は陸軍の責任においてやっているということを忘れず、おれの方針にしたがって実験をすすめろ。

俺の方針とはな、技術は三菱にまかせる——だ」といって、ニヤリとした。

要するに持田の根回し不足で、三菱が陸軍にことわりなしに海軍の設備を借用しようとしたことに対し、いちおう、陸軍として釘を刺したというところだが、「技術力のある海軍のなかで仕事をやられると、引っかきまわされるおそれがある」とする、陸軍側のひがみも多少はあったようだ。あとで、このことを持田から聞いた永野治技術少佐は、「絵野沢さんも、ずいぶん、芝居がかったことをやるな」といって苦笑したが、そういう点をのぞけば、絵野沢は、とかく尊大で頭のかたい陸軍の将官連のなかでは、話のわかる人だった。

陸軍の了解がとれて肩の荷がおりた持田は、その足ですぐに追浜にいき、旅館で待機していた三菱ロケットグループを空技廠内に入れた。

さっそく準備に入り、年末もまったく休みなしで作業再開に努めた結果、年あけ早々にはなんとか目途がついた。そしてあとから到着したメンバーもくわえ、設計および実験員をふくむ総勢五十五人の三菱〝持田部隊〟は追浜に分宿して、昼夜兼行の作業に入った。

食糧のとぼしかったころとあって、持田らにとってなにより有難かったのは、腹いっぱい食べられることだった。会社から米穀通帳をもらって来てあったが、昼は空技廠で通帳なしで食べさせてくれた。そこで、持参した三食分の通帳で朝食と夕食を食べ、夜の十一時か十二時にはまた空技廠で通帳不要の夜食を食べ、毎日四食ずつ食べた。

食事だけでなく、あらゆる面で空技廠がバックアップしてくれたおかげで、持田グループの作業は急速にすすみ、一月十六日には、いちおう点火しての部分負荷、そして十九日には全力燃焼実験に成功した。

この実験には、種子島大佐以下の空技廠関係者はもちろん、陸軍の絵野沢中将も立ち合ったが、その夜、宿舎の旅館で開かれたささやかな完成祝いには、絵野沢中将が清酒一升を下げてやってきた。五十五人に一升だから、ホンのなめる程度しかないが、それでも、「ドブロクみたいな酒しかなかった当時、感激した」と持田は、その夜のことを懐かしむ。

このあと、陸軍の松本実験場が完成したので、三菱のロケット・チームは四月から五月にかけて、順次、思い出多き空技廠（一技廠となった）を去った。

ここで、話をふたたび機体のほうにもどそう。

時は少しさかのぼって、昭和十九年十二月十八日、この日は待望ひさしい「秋水」の構造審査がおこなわれるとあって、名古屋の三菱大江工場には、陸海軍の「秋水」関係者のほとんどが集まっていた。

しかし、審査が開始されてまもなく、工場はB29大編隊の昼間空襲をうけ、施設や建物が破壊されたばかりか、多数の死傷者をだした。

津波のような大空襲が去ったあとには、多くの死体が累々として横たわり、あちこちに鮮血や肉片がとび散っていたが、「秋水」一号機は奇蹟的にまったく被害もなく、審査は再開された。

十二月七日の大地震、そして十二月十八日の空襲とつづけて大きな被害をうけた三菱大江工場では、「秋水」の機体には直接被害はなかったものの、工場のガスがとだえて熱処理作業ができず、水道もとまって青写真も焼けない状態だった。

住居を焼かれたり、交通が寸断されたりで、作業員の出勤もままならないので、試作ばかりか、工場の飛行機生産もストップしてしまった。

しばらくすると、空襲の被害をさけて、設計室の疎開がはじまったが、「秋水」の機体の方は追浜の空技廠にうつされ、横穴壕内の工場で作業を続行し、年末に第一号機が完成した。

年があけて、昭和二十年一月二日に完成審査がおこなわれたが、かんじんのロケットエンジンはなく、しかも、空技廠側の主務操縦者の小野少佐が病気になって、犬塚豊彦大尉にかわるなど、この飛行機の前途多難を思わせた。

熱意の人びと

日本の軍部が、この「秋水」によせた期待は大きく、まだ試作機もでき上がらないうちから、陸海軍では二十年三月までに百五十五機、同九月までに千三百機、二十一年三月までに三千六百機という膨大な生産計画を立てていた。

しかし、「秋水」の主力工場である大江工場のたびかさなる被害は、これらの計画を画餅に帰するおそれがあった。

このような状況にあわてた軍需省は、三菱にたいして「秋水」の生産を促進するよう、きびしく要求してきた。まだ試作機も完成せず、部品も、実験やテストによって、どうかわるかわからない。生産の手配をしても、ムダになることはあきらかだったから、会社側では反対したが、たびかさなる軍需省の要求におされて、改修が目にみえている部品を大量に用意するという、ひどい状況となった。

一部に、こうした混乱はあったものの、あらゆる障害をこえて、「秋水」を完成させようという人びとの熱意には、おどろくべきものがあった。

とくに難関とされた、ロケット用薬液の研究や生産に関しては、陸海軍および官民をまじえた呂号委員会（呂はロケットの略号）が設けられ、「秋水」用の「特呂二」（KR10）ロケットエンジンの試作には、海軍の空技廠、第一燃料廠、陸軍の二研（第二技術研究所）および四研、三菱の名古屋発動機製作所および長崎兵器製作所、九州帝大の葛西泰二郎教授などがくわわり、これに生産を担当する三菱重工、海軍広工廠、陸軍兵器本部、ワシノ精機、新潟鉄工所などもくわえると、挙国一致ともいうべき大布陣であった。

三菱における実機の試作とはべつに、操縦訓練用として使う重軽二種のグライダー（滑空機と呼んだ）の試作もすすめられた。

このうちの軽滑空機は空技廠の担当だったが、ここではひと悶着あった。

「秋水」は日本でも前例のない飛翔体であるだけに、ほんとうに飛行が可能なのかどうかの不安は拭いきれず、実物大のグライダーによって、じっさいにたしかめて見るべきだとする意見が強く、空技廠も三菱を指導する立場にあったことから、軽滑空機の試作に異存はなかった。

しかし、本来、この試作を担当すべき飛行機部は手いっぱいで、とてもすぐにはやれないという。たしかに、飛行機部は「秋水」よりさらに緊急をようする特攻機「桜花」の設計試作をはじめ、多くの仕事をかかえており、無理はだれの目にもあきらかだった。

そこで図工十名を応援に出すから、科学部でやってくれないかという飛行機部の申し出を、「どうせ乗りかかった舟だから」と〝ゴシチョウ〟部員が独断でひきうけてしまった。

これまで科学部の工場では、風洞実験用のソリッドな縮尺模型はたくさんつくっていたが、実機をつくったことなどまだなかった。

「無茶だ」「約束するにことかいて……」と、非難の声が部内からあがったが、もう後にはひけなかった。

まだ残暑のきびしい九月はじめ、越野のもとに北出大三、榊原芳夫、田丸三吉、山口季男らベテランの技手、工手クラスが集まり、それぞれ分担をきめると、突貫作業に入った。

たよりとなる資料といえば、小さな写真とかんたんな説明書だけ。しかも、水平尾翼も昇降舵もない無尾翼機とあって、操縦系統は特異なものとなる。一日でもはやくとの思いが残業、徹夜のくり返しとなり、とうぜん疲労が蓄積されていった。

ある日、テストパイロットの犬塚大尉が北出のところにやってきて、

「これを飲んでやれば、徹夜も平チャラだよ」といってクスリをくれた。ヒロポンだった。

常習になるとたいへんだから一回だけでやめておけよ、という犬塚のアドバイスを無視して、北出は三日つづけて飲んだ。つまり、三連続徹夜をやったのである。

出図された図面は、すぐに科学部工場に持ちこまれて、風洞模型とおなじくらいの丹念さで、全木製羽布張りの実機に仕上げられた。

昭和十九年十二月二十六日、科学部苦心の結晶である「秋水」練習機は、練習機「白菊」に曳航されて、茨城県百里基地上空に舞い上がった。高度三千メートルで、曳航機から離脱した「秋水」練習機は、あたかも青空に浮かぶ黄色い蝶のように静かな滑空をつづけたのち、ぶじ着陸した。

テストパイロットの犬塚大尉は飛行後、「『秋水』の練習用として申しぶんなし」と折り紙をつけ、そのスタートは幸先のいいものとなった。この軽滑空機は二機つくられ、一機は慣熟飛行用にと、陸軍航空審査部の荒蒔義次少佐のもとに送られた。

空技廠試作にややおくれたが、三菱の重滑空機試作一号機のテストは、昭和二十年一月八日、場所もおなじ百里基地でおこなわれた。

パイロットはおなじく犬塚大尉で、午後二時十分、こんどは高速偵察機「彩雲」に曳航されて離陸した重滑空機一号機は、実機さながらに、高度五十メートルで車輪を投下すると橇と尾輪を引きこみ、高度千七百メートルで曳航機から離脱して、静かに滑空を開始した。

今回もまた、完璧な飛行だった。二時三十五分にぶじ着陸した機体から降りたった犬塚大尉は、「舵のきき、安定、釣り合いともに良好」と報告、三菱の関係者たちをホッとさせた。

その後、数回の飛行で発生した小さなトラブルは、いずれも改良されたが、グライダーとはいっても、形状は実機とおなじで、しかも重量は一トンをこえる重いものであったから、滑空速度は百六十ノット（約三百キロ）以上にもなり、エンジンつきの初歩練習機などより、ずっと速かった。

この重滑空機は、中間練習機として実機そのものからタンク類、動力装置、兵装、その他不要装備を取りのぞいたもので、三菱で二機製造されたが、軽滑空機と比較してとくに整備の必要がないことがわかり、製造は打ち切られた。

いっぽう空技廠で試作した軽滑空機の方は、陸海軍「秋水」部隊での訓練用に、至急整備がきまり、海軍用は「秋草（あきぐさ）」、陸軍用は「ク一三」（クはグライダーの略号）と名づけられ、九州の前田航研、京都の横井航空機、奈良の松田航空機、富山の呉羽航空機、仙台の大日本航空などをはじめ、日本全国の木工場を動員して量産に入った。

重軽両グライダーによる試験で、無尾翼機「秋水」の操縦性や安定性がきわめてよいことが実証され、練習用グライダーの生産も開始されたことから、陸海軍では部隊編成に着手した。

海軍は十九年末、最初の「秋水」実施部隊として、第三一二航空隊を編成し、練習用グライダー「秋草」の配備をまって訓練を開始した。

飛行機に曳航されたグライダーは、空中で離脱すると宙返り、上昇、急降下、反転などの高等飛行訓練をやってのけ、「まるで実機のようだ」と、たまたま同基地に出張した三菱の楢原技師らを感嘆させた。

秋水隊の司令柴田武雄大佐は、海軍戦闘機界の第一人者であり、空技廠飛行実験部時代には、零戦の育成にも関与した冷静なる頭脳の持ち主で、あたらしい技術の開発が、いかに困難であるかをよく知っていた。だから、実施部隊の指揮官として、「秋水」の完成のおくれには、だれよりも頭を痛めていたにちがいないが、それをすぐに技術側にぶつけたり、精神論で尻をたたくようなことはやらなかった。

ロケットエンジンは、挙国的な態勢で並行しておこなわれたものの、実験がすすむと、つぎつぎにあたらしい問題がおこり、まだ一基も完成していない「KR10」に、はやくも、「KR20」「KR22」の改良型がでる始末で、もっとも改良のすすんだ「KR22」ですら、全力運動にはほど遠いありさまだった。

こうして、「秋水」の前途をあやぶむ声もぼつぼつでるようになった。

かさなった悲運

「これはいかん」

それまでは開発の進行を、しずかに見まもっていた柴田大佐は、はじめて積極的な行動にでた。昭和二十年四月十一日、会議の席上で柴田大佐は、「万難を排して一度飛行する必要がある」と主張し、ひるみがちな関係者を督励した。

この結果、エンジンの耐久試験をまたず、二分間の全力運転をおこなって異常がなければ、そのまま飛行する、という結論にたっした。

ところが、四月二十二日に初飛行の予定も、エンジン実験中に爆発事故があって、中止となり、その原因探求と対策に、またしても日時をついやすことになった。しかも、追いうちをかけるように激化したB29の空襲は、皮肉にもこの「秋水」の実用化を、ますます必要なものとした。

海軍はロケットエンジンの実験場を神奈川県山北にうつして、「KR20」と「KR22」を平行して実験をおこない、六月十二日に、ようやく三分間の全力運転に成功した。いっぽう、松本市の特兵部の実験場ですすめられていた陸軍の試作エンジンも完成し、やっと機体に装着可能となった。

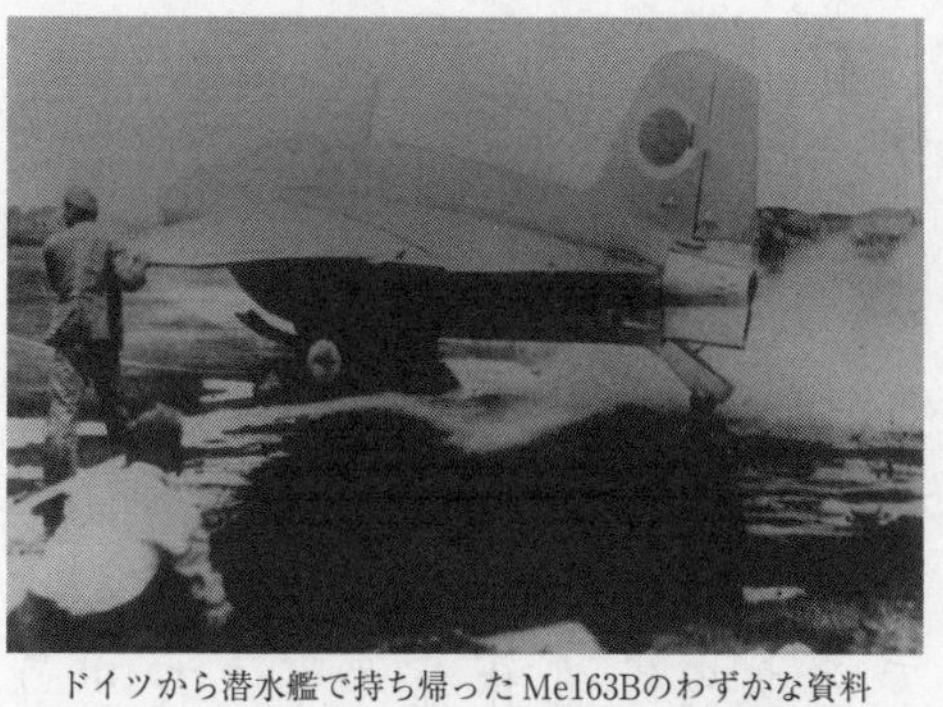

ドイツから潜水艦で持ち帰ったMe163Bのわずかな資料を基に、陸海軍共用機として試作された局地戦闘機秋水

山北の海軍第一号、松本の陸軍第一号ともに、六月下旬に一技廠（二十年二月十五日、空技廠は第一技術廠—一技廠と改称された）に送られ、それぞれ「秋水」一号機および二号機に装備されて、陸海軍同時に整備に着手した。

このときから、さきに病気で一時退いていた越野技術中佐が、一技廠の「秋水」主務者となり、「秋水」をめぐる動きは、にわかに活発となった。

「六月二十七日夜、二号機を、海岸に固縛して地上運転。燃焼状況は異常なきも、エンジンより液の洩れ多し。二十八日、一号機地上運転。始動不良で甲液を増加してやっと始動、だが燃焼不安定で飛行には不適」

最初の地上テストは、こういう状態であった。

一号機の不調の原因は、乙液ポンプ入口にボロ布がつまっていたこと、タンク燃料管内に削りくずや、こまかいホコリがつまっていたなど、ごくつまらない整備不良に起因することがわかった。

つまっていたボロ布をのぞき、タンク燃料管を十数回洗浄してふたたび地上運転をおこなったところ、こんどは好調ですぐに飛行にうつすことになった（越野中佐の記録によると、担当は一技廠噴進部・藤平右近、稲川達両技術少佐で、領収運転完了は七月二日となっている）。

エンジンは横空に送られて機体に搭載し、ここではじめて、「秋水」としての地上運転をおこなったのが七月五日、これも順調に終わったので、フライト・テストの実施は七月七日と決定された。

日本で最初のロケット飛行機の試験飛行には、厚木飛行場が予定されていたが、慎重な柴田大佐は、追浜飛行場でおこなうことを主張した。

もし「秋水」が離陸時に、エンジン不調などの突発的な故障があっても、水中に飛びこめば、陸上に激突するよりは安全である。したがって、海にむかって離陸できること、また空襲のはげしいこの時期に、他の飛行場にうつすことは時期をおくらせ、かつ危険である、というのがその主旨であった。

けっきょく柴田大佐の主張どおり、せまいけれども追浜を使うことになり、そのかわり燃料を約三分の一だけつんだ軽い状態で飛ぶことになった。

だが、これが悲劇の原因となった。

運命の七月七日、関係者たちにとっては長かった、「秋水」試験飛行の日をむかえた。彼らの労苦にむくいるかのように空は快晴であった。慎重に準備がすすめられ、飛行ＯＫとなったのは、やがて午後五時をまわろうとするころだった。

薬液が一滴でもこぼれると、ロケットに点火したとき、それに火がついて爆発する恐れがあるので、「秋水」の後方に、ホースで放水がおこなわれた。

この日のために、あたらしい飛行服に身をつつんだテストパイロット犬塚大尉が乗りこみ、整備関係者たちも「秋水」から離れようというとき、持田は手をさしのべて機上の犬塚大尉と握手し、万感の思いをこめて、「お願いします」といった。

気持よくうなずいた犬塚大尉が、手をふり風防を閉じると、車止めがはずされた。ロケットに点火されて尾部から緑色の炎をひきながら、「秋水」は轟然と走りだした。

滑走を開始して十一秒後、三百二十メートルほど走ると、三点姿勢いっぱいに引きおこして離陸、急角度で上昇をはじめた。

すぐに車輪を投下、橇も尾輪も引きこみ、ロケットの炎を引きながら、これまでに見たこともない急上昇をつづける「秋水」に、一同われを忘れて見まもるうち、高度三百五十メートルあたりで、急に炎が黒煙にかわり、パンパンという不協和音とともにエンジンが停止した。なおも余力で五百メートルくらいまで上昇したところで、機体は水平にもどり、旋回して海上から飛行場に進入してきた。

沈着な犬塚大尉は、滑空姿勢をととのえ、非常放出弁から甲液を放出しながら出発点にもどろうとした。だが、沈下速度が大きいため、施設部の屋根に右翼が接触し、飛行場西端に不時着大破した。重傷を負った犬塚大尉は、

「振動もなく、操縦性もよく、いい飛行機だ。一日もはやく戦争に使えるように……」との言葉をのこし、翌八日午前二時ごろ絶命した。

さっそく開かれた合同原因調査会議で、原因は薬液を三分の一しかつまなかったので、急上昇中、甲液タンクの薬液が加速のGにより後部に移動し、薬液取り出し口が前方部にあったため、燃料がとだえてエンジンが停止したものとわかった。

このとき、原因をタンク設計ミスとして三菱側をなじろうとするムードもあったが、柴田大佐は、

「こんどの事故は、こんな大事な飛行実験を追浜でやったこと、薬液を安易な判断で三分の一にしたことなど、すべて責任は、自分にある」といって、技術者たちを弁護した。

それどころか、責任を感じて、昼夜をわかたず仕事に打ちこもうとする三菱のスタッフたちの仕事場をおとずれ、

「こんどのことは、君たちのミスということになったが、薬液を搭載して空戦してみないと、結論はでないよ。犬塚大尉の死を君らは苦にしているようだが、あれは偶然の事故と思ってゆるしてくれ」

という言葉とともに、当時、貴重品だったパイナップルの缶詰や、タバコをおいていった。

「私はそのとき、柴田大佐にたいする感謝と、申しわけなさで、胸がいっぱいだった」と、「秋水」動力装備担当の三菱の豊岡隆憲技師は回想する。

陸軍側に引きわたされた二号機は、陸軍の秋水隊のある千葉県柏飛行場で整備がすすめられ、追浜の一号機とほぼ同じ時期に、地上運転がおこなわれていた。東京帝大航空研究所の木村秀政教授らも協力して、海軍一号機と前後して飛ぶのは、時間の問題とみられたが、七月七日の夕方、追浜の悲報がつたえられて、関係者たちはショックをうけた。

それからまもなく、ここ柏でも悲しい事故が発生した。海軍からゆずりうけた「秋水」のグライダー「ク一三」で操縦訓練中のことであった。

八月十日に伊藤陸軍大尉は、「天山」艦上攻撃機に曳航されて離陸したが、車輪が落下せず、しかも途中で曳航機から離脱してしまった。

「ク一三」は正規の誘導コースに入らないまま、付近の松林に不時着、機体は大破して伊藤大尉は意識不明の重傷を負ったのである。

かさねがさねの不幸であったが、それからわずか五日後には敗戦という、さらに大きな悲報にせっすることになって、多大の犠牲がはらわれた「秋水」は、短い生涯を閉じたのである。

「秋水」の生産は、試験飛行をまたずに別個にすすめられ、三菱は北陸（小松）および嶽南（富士大宮）の二ヵ所、日本飛行機は富岡および山形に、日産輸送機は鳥取で、それぞれ生産を開始していたが、被爆や疎開などで部品がそろわず、二十年八月末の時点で、外形がほぼでき上がっていたのは、三菱四機、日本飛行機二機の計六機であった。

それもロケットエンジン搭載の目途はたたず、二十年九月までに千三百機、二十一年三月までに三千六百機という生産計画との大きなへだたりが、当時の日本の国力、あるいは技術力の限界をしめしていた。

とはいえ、イ二九潜で巌谷技術中佐がもちかえったわずかな資料をもとに、一枚の設計図もない状態でスタートしてわずか一年で、原型のメッサーシュミットMe163Bとほぼ同程度のものをつくり上げた関係者たちの努力も、また特筆にあたいするものであったといえよう。

いっぽう「秋水」試作について、きびしい批判の声があることも忘れてはならない。

日本で最高の航空エンジニアの一人であり、九六式陸攻や一式陸攻の設計者として著名な、三菱の本庄季郎技師（戦後、三菱重工名古屋航空機製作所研究部長、防衛大学教授、三菱重工技術本部顧問などを歴任）は、『海鷲の航跡』の中に、「秋水の設計」——ローマは一日にしてならず——と題する一文をのせているが、「秋水」の試作について、

「きわめて不完全な資料だけで着手したこの計画は、従来、失敗をくりかえした猿真似思想にもどったもので、こんな計画を実行したということは、軍側にも会社側にも、真に技術というものを理解している首脳部を持たなかったことを証明している」と述べ、

「世間で、よく〝こんなことが二度とあってはならない〟というが、『秋水』の試作決行はまさに、この言葉がつかいたい事件であった」と、手きびしく断じている。

さらに、持田も、

「戦争末期に、火薬をいっぱいつんだ自爆機（「桜花」のこと）をつくるという話を聞いて、イヤな気がした。とにかく当時の状況では、考えるよりもなによりも、可能であることを実証するのがさきだった。

『秋水』にしても、ドイツで飛んでいるのはわかっていたから、あとはわれわれ若い者がガムシャラにやれば、なんとかなるだろうと思ってやったが、けっして本当のエンジニアリングの姿ではない。

たとえば、三菱でやった零戦や新司偵（陸軍百式司令部偵察機のこと）は、いくつかの新機軸を入れながらやったから、わずかでも技術の前進があった。

土壇場の『ネ二〇』（双発ジェット攻撃機『橘花』のエンジン）やロケットは、ドイツですでにやっているという前提のもとに、当時の日本の技術でやっと真似ができたといったところで、努力賞ていどのものだろう。

むしろ、その技術や体験は戦後の発展につながったところに意義がある」と語る。

その持田がいうとおり、彼自身も戦後は自動車畑にすすんで、三菱自動車工業副社長となり、いまは日本自動車エンジニアリング㈱会長として、自動車産業の激烈な競争の渦中にあり、

「どんなに忙しくても、戦時中のロケットエンジン開発の苦労を思えば、がんばることができる」とその意義を強調している。

「秋水」は、アメリカのカリフォルニア州にほぼ完全な一機、そして日本にも航空自衛隊岐阜基地内に、地中から掘りおこされた、破損はひどいが胴体だけの展示がある。

18　不利な条件のもとで〈ジェット時代を開いた空技廠〉

ジェット時代の到来

第二次大戦中に生まれた技術革新の一つに、航空機の画期的な性能の向上をもたらしたジェットエンジンがあるが、ジェットエンジンをふくむ航空用ガスタービンにかんする海外の動きを、日本に最初につたえたのは、昭和十年から十三年にかけて、パリに造兵監督官として駐在して帰朝した種子島時休機関中佐（のち大佐、戦後、日産自動車顧問）だった。

「日華事変もたけなわのころで、欧米なにするものぞと鼻息の荒かった日本は、このような夢想がすぐさま育つ空気はなかったけれども、種子島氏は若い技術者をしだいにかかえこんで、ストドラの英語版をたよりに、啓蒙実験に余念がなかった。筆者もその熱気にあおられつづけた一人である」

のちに、空技廠発動機部でジェットエンジン開発の主務部員となった永野治技術少佐（現石川島播磨重工顧問）はこう語っているが、そもそも種子島と永野との出合いは、昭和八年、まだ永野が東京帝大に在学していたころにさかのぼる。

海軍委託学生だった永野は、この年の夏、広海軍工廠に実習にいったが、そのときの指導官が航空機部発動機課長の種子島機関少佐だった。

種子島は海軍の選科学生として、永野より一年前から東京帝大航空学科にきており、永野にとっては同窓の先輩にあたる。

このあと、三年ほどパリに駐在し(この間、中佐に進級)、昭和十三年に帰朝して航空廠発動機部勤務となったが、ここにはすでに永野が部員としていた。

このころ、永野は発動機部で試作エンジンの審査をやるいっぽうでは、実施部隊で発生するさまざまなエンジンの故障対策を手がけていた。

発動機部には、試作エンジンの実験や分解整備、あるいは点検などをおこなう組み立て工場があったが、このころになると、現用エンジンの整備の作業量がふえて、試作エンジンのそれを上まわるようになったので、航空廠本来の作業に支障をきたすようになった。

そこでべつに実験工場ができ、種子島が工場長となり、永野はそこの部員となったが、種子島の身辺からは、ガスタービンとジェットへの強烈な臭いが発散していたという。

「なにごとにも思いつめる、夢見型の人」と、永野の目に映じた種子島は、本来のレシプロ(往復ピストン式)エンジンの研究開発にあきたらず、自分の好きなジェットの実験を工場の中ではじめた。

「はじめはごく素朴な啓蒙実験がつづいたが、その目標は主としてフリーピストンエンジンにむけられた。そしてユンカース・ユモ205・ディーゼルエンジンのシリンダーを利用した、フリーピストン・ガスジェネレータ（ガス発生装置）の試作に取りかかり、これを使ったガスタービン駆動大型飛行艇のアイデアのすばらしさに、陶酔するといったようすだった。当時、私なども種子島さんの配下にあって、日夜、現用機や試作機のなまぐさい実験に、文字どおりうき身をやつしながらも、半分をこうした夢の世界にひたることができたのは望外の幸せであり、それはかぎりなくたのしい時代であった」

永野の思い出であるが、このフリーピストン・ガスタービンエンジンは、模型ではあったが、じっさいにつくられた。

初代発動機部長だった花島機関大佐が集めてきた多くの人材のなかに、民間のスパークプラグの会社からスカウトされた宮田応礼という技師がいたが、学生時代から、模型エンジンをつくるのが趣味だった宮田がそれをつくった。

初のガスタービンエンジン製作に参画した永野治

タービンのローター部分は永野の設計になるこのガスタービンエンジンは、部品をすべて宮田が機械で削ってつくりだし、机上に置けるていどの大きさにまとめ上げた。そしてこのミニ・ガスタービンは、永野や宮田らの見守る前で、静かにまわった。

最高一万二千回転、出力は十分の一馬力ていどにすぎなかったが、これこそ、日本で最初のガスタービンエンジンであった。

永野が、航空廠に入った昭和九年ごろは、まだ開設まもないこともあって、学卒のエンジン屋は永野一人で、設計部も研究部もすべて兼務をしていた。そういう時代がしばらくつづいたが、その後、少しずつ人数もふえ、種子島が欧州から帰って発動機部に着任する前の年、加藤茂夫、曾根健哉(元日大教授)の二人が研究部に入って、研究活動も活発になった。

このころから、欧米の航空技術雑誌などにジェットエンジンにかんする記事や論文が見られるようになったが、独英はいずれも極秘あつかいとして一般には知らされず、イタリアのカプロニ・カンピーニだけが公表されて〝ジェット機時代の到来〟としてマスコミをにぎわした。

日本で一般の人びとがそれを知ったのは、『航空朝日』昭和十七年十月号誌上で、巻頭のアートページを飾ったプロペラのないカプロニ・カンピーニの特異な飛行写真は、航空ファンたちの好奇心を、大いにかきたてたものであった。

「たとえ、二時間十五分という短い時間、四百七十五キロという短距離の飛行であったにせよ、このカプロニ・カンピーニ式噴流飛行機の試験飛行は、いわゆるロケット飛行機の将来をまねく重要な出来事であったといわねばならぬ。……この試験飛行では、ロケット飛行機にたいするもっとも大きな期待である速度は、平均時速二百九・四五一キロという期待を裏切ることおびただしい数字でしめされている」

と写真説明がなされていたが、当時、日本ではジェットエンジンを「ロケット」、本来のロケットを「補助ロケット」とよんでいたので、文中のロケット飛行機というのは、ジェット機を意味するものである。

性能的にはたいしたことはなかったとはいえ、このカンピーニのジェット飛行の話がつたわると、種子島グループにたいする海軍部内の目も、すこしずつではあるが、変わりはじめた。

ずっとつづけてきた実験の成果や、こうした部内の空気の変化をみてとった種子島は、それまで片手間にやっていたガスタービンやジェットエンジンの研究を正式のプロジェクトにしたいと考え、発動機部長の松笠潔機関少将に、そのむね提言した。

これがいれられ、昭和十七年一月、ジェット推進法を専門に研究する研究二科が発動機部に設けられ、種子島はその研究主任を命じられた。

部下には、田丸成雄技術大尉と、有識工員からあがった加藤茂夫技術大尉が配されたが、ジェットエンジンにたいする造詣は、加藤の方が種子島よりふかく、昭和十三、四年ごろには、すでにジェットエンジンの具体的な構想を考えていた。

「当直の夜おそく行ってみると、加藤君がジェットエンジンの図面をかいていた。これどうだというから、こんなの実用にならんよといってけなした。しかし、戦後、アメリカから入って来たジェットエンジンをみたら、図面から見た基本構造は、燃焼室をのぞき、アメリカのＪ33とほとんど変わらないものだった」

おなじ発動機部で、エンジンの強度関係を担当していた、川田雄一技師（のち技術少佐、現明治大学工学部教授）の回想である。

夢多き孤軍奮闘

昭和十六年春、駐独四年の監督官勤務をおえて、空技廠にもどってきた熊沢俊一技術中佐（のち少将）は、おりにふれて、ドイツのガスタービン研究状況の話をして、人びとの夢をかきたてた。

それによると、ＤＶＬ（国立航空研究所）やハインケルでさかんに排気タービン過給器（スーパーチャージャー）の研究をおこなっているが、ドイツでは排気タービン過給器そのものにはあまり熱意はなく、もっとすばらしい計画をもっているらしいというのだ。

その後、さらに昭和十七年になって、ドイツではすでに三年前（一九三九年）に、タービンジェットを動力としたハインケルＨｅ１７８が飛んだという情報が、熊沢技術中佐と駐日ドイツ空軍武官とお私的交際からもたらされた。こまかい技術内容についてはまったく未知であったが、当時、大げさに話題となったカプロニ・カンピーニ機とちがって、どうやらすばらしい快速機らしいことから、関係者たちは、その正体をいろいろと憶測しあった。

空技廠発動機部にジェット推進法研究専門の研究二科が生まれたのも、こうした背景が大きな力となったもので、空技廠だけでなく、民間会社でもラムジェット、エンジジェット、タービンジェットなど、これまでのピストンエンジンとはちがった、新しい推進法の研究や実験をはじめるところが出てきた。

種子島らの研究二科が最初に手を染めたのは、タービンエンジンそのものではなく、ガスタービンのもっとも手ぢかな応用である、高々度飛行に使われるエンジンの出力低下をふせぐための排気ガス駆動による過給器、すなわち排気ガスタービン過給器だった。

加藤技術大尉が中心になって昭和十七年（一九四二年）九月に完成した、超高空用特大型排気ガスタービン加給器ＹＴ15型（高度一万五千メートル、二千五百馬力用）がそれであったが、技術的に未完成だったので実用化の見こみには、ほど遠いものがあった。そこで、いっそこれを改造して、タービンエンジンにしてしまおう、という加藤の考えを種子島がとりあげたのが、ジェットエンジン試作の第一歩となった。

このエンジンは「ＴＲ」とよばれ、昭和十八年六月から試験をはじめたが、タービン翼、軸受け、燃焼室の故障が続出して、予定の毎分一万六千回転、推力三百キロという性能を確認することはできなかったが、日本ではじめて生まれたジェットエンジンとして、画期的なできごとだった。

だが、戦争によって海外からの技術資料の入手もとだえ、すべてが未知の技術であったことから、実験は思うようにすすまず、三基の試作エンジンによる一連の運転試験がおわった昭和十九年七月の時点でえられた結論は、解決すべき問題は山積して、前途はほど遠いという悲観的なものだった。

それでも、いちおうの改造案がだされ、「ＴＲ10」と名づけられて、排気ガスタービンに経験のある民間数社と海軍の分担で、七十基の大量試作をすることになった。

「TR10」増加試作の内訳は、三菱、中島と日立製作所グループ、石川島航空と同芝浦タービン・グループの三グループで各二十台、それに空技廠が十台というもので、それを二ヵ月で完成せよというのだ。

だが、どう考えても、この計画にはむりがあり、多少なりとも技術のわかる人びとは、この「TR10」にたいして疑問をいだいていた。

こうしたヒステリックな計画の出どころは、技術に暗い軍令部だが、ヨーロッパ戦線では、ドイツの新兵器V1号飛行爆弾の阻止に、イギリスのグロスター・ミーティア・ジェット戦闘機が活躍し、ドイツではメッサーシュミットMe262ジェット戦闘攻撃機や、薬液ロケット推進のMe163邀撃機の出現がつたえられるなど、この分野での日本の技術的なおくれは目をおおうばかりだった。

だから、エンジン生産関係者一般の空気は、こうした技術的未完成品に、はなはだしく逼迫していた材料や工作関係のかなりの能力をさくことに、きわめて冷淡で、軍令部の焦りにもかかわらず、試作工事はいっこうにすすまず、種子島グループの孤軍奮闘のかたちになってしまった。

とはいえ、それまでの種子島の熱意は、時代的な背景も手つだって海軍部内にジェットエンジン技術について学ぼうとする気運をもたらした。ちょうど現代のマイコン普及の初期と似たものといっていいだろう。

「当時、私は横須賀海軍航空隊（横空）の教官を兼務しており、ある日、教室で大、中尉級学生にジェット推進の講義をしたとき、横空司令、副長、飛行長が後席に列席したのを見て、用兵者がジェット推進法を重視しはじめたことを感知した。その後、中央当局から命令が発せられ、まもなく空技廠長和田操中将が実験室にこられて、詳しい説明を求められた。その後、和田中将はジェットエンジンを完成するため、空技廠各部は全力をあげてこれに協力せよと命令された」

『海鷲の航跡』海空会編（原書房刊）の中で、種子島はこう述べているが、昭和十八年六月から第三十二期整備学生として横空にいた角信郎中尉（のち大尉、機関学校五十一期）は、種子島教官の講義を聞いた学生の一人として、その印象を、

「恰幅のよい種子島大佐による航空工学（発動機）の講義は、独特の味があったが、タービンロケット（いまのジェットエンジンのこと）の話におよぶと熱が入る。私が終戦まぢかに、タービンロケット機『橘花』を担当するようになろうとは夢想だにしなかったが……」と語っている。

ジェットエンジン開発の中心的人物・種子島時休中佐

ジェットエンジンにかぎらず、昭和のはじめごろ、東京湾の潮の干満の差を利用して、発電できないものかと、みずから小舟に乗って、連日、調査したこともあったとかで、夢多き種子島の講義は、聴講者一同を魅了してやまなかったようだ。

「身分をわきまえたまえ」

和田中将は、ジェットエンジンの完成に部内の協力を命ずるいっぽうでは、東京帝大の仁科芳夫、中西不二夫、兼重寛九郎、八田桂三の各教授に、民間会社の一名をくわえた廠長顧問団をつくったが、これには種子島の希望で、さらに東北帝大の沼知福三郎、棚沢泰の両教授がくわえられた。

加藤技術大尉とともに種子島のもう一人の腹心、田丸成雄技術大尉はエンジンジェット用軸流ファンを研究していた。イタリアのカプロニ・カンピーニとおなじ方式で、ピストンエンジンをジェット用軸流ファンの駆動に使おうというものだ。

田丸技術大尉のエンジンジェット用軸流ファンは、昭和十七年二月に完成し、その駆動用には空冷四気筒百十馬力の「初風」エンジンに増速装置を取りつけたものを使うこととし、一年後の昭和十八年二月から、エンジンジェットとしての試運転を開始した。

増速装置のベアリング問題でてこずったりして、どうにか全力運転にこぎつけたのが十九年十月、夏島にできた動力装置試験用大風洞で性能を確認し、引きつづき一式陸攻の胴体下に取りつけて、空中実験がおこなわれた。

「ツ一一」と名づけられたこのエンジンジェットは、その後、用途についてあれこれ論議されたが、二十年はじめ、特攻機「桜花」二二型の動力用として使われることになった。

しかし、六月二十六日の「銀河」による離脱飛行試験のさい、「桜花」のテストパイロットが、誤って補助ロケットをはやめに吹かしてしまったことから、墜落殉職したことはさきに述べたとおりだ。

海軍だけでなく、陸軍、そして民間会社も、各種のジェットエンジンの研究試作にそうとうな熱意をもって取り組んだが、当然のことながら、いずれも不完全で実用にはほど遠く、暗闇をぬける目途は容易にたたなかった。

だから、昭和十九年七月末に巌谷技術中佐によってメッサーシュミットMe163関係の資料とともに、Me262ジェット戦闘攻撃機、BMW003型ジェットエンジンの二十分の一程度に縮尺した断面図やユンカース・ユモ004B実物見学記録をふくむノート一冊がもたらされたとき、関係者たちは狂喜した。

「私は、これ（BMW003の縮尺断面図）を見た瞬間、ジェットエンジンの全部が了解できた」と、種子島は『海鷲の航跡』のなかで述べているが、ここまでくると、冷淡な態度であった軍令部が、手のひらをかえしたように、ジェットエンジンの早期開発を要求しだした。

図面その他、資料の大部分と、エンジンの現物がうしなわれたとはいえ、巌谷資料の到着で、ジェットおよびロケットの開発は、あたらしい局面をむかえた。

重要資料とともに沈没したイ二九潜についで、五ヵ月の間をおいてロリアンに到着するイ五二潜で日本に送るべく、ドイツでは、駐在監督官の永盛技術中佐がジェットエンジンをはじめ、国産化のさいの参考にするための主要部品の見本や、図面などの入手に奔走していた。

ところが、六月二十四日、そのイ五二潜が大西洋のアゾレス群島ちかくで、アメリカ空母艦載機によって撃沈されてしまい、せっかく永盛が集めた貴重な資料を、日本に送るのぞみは断たれてしまった。

東京からは、わずかにもたらされた巌谷資料をもとに、さかんに永盛あてに電報で疑問点を問いあわせてきたが、輸送できなくなったこれらの資料にもとづいて、永盛はせっせと返電を打った。

ジェット機やロケット機にかんする技術資料は大量なので、電報処理が問題だったが、さいわいベルリンには海軍技術研究所で発明された新しい機械式暗号機が設備されていたので、容易にさばくことができた。

東京からの問いあわせに応じて、主翼の線図や翼型なども、暗号電報によって送られた。巌谷資料と、これにもとづく東京〜ベルリン間の暗号電報による追加資料によって、「TR10」試作グループ各社に陸軍関係者をまじえて、空技廠で研究会が開かれ、新しいジェットエンジンの設計をはじめることになった。

このため、技術的に未完成だった「TR10」は、民間各社に発注した試作はうち切られ、空技廠だけが引きつづきその完成に努力することになった。また、陸海軍協定がむすばれ、タービンジェットは海軍主務、薬液ロケットは陸軍主務と、縄張り協定ができた。

名称も陸海軍統一名称とし、タービンジェットやラムジェットは、それまで陸軍が使っていた燃焼ロケットの頭文字「ネ」を冠して呼ぶことになった。

したがって、それまでの「TR10」を「ネ一〇」、石川島グループのものを「ネ一三〇」、中島、日立グループのものを「ネ二三〇」、三菱グループのものを「ネ三三〇」とし、薬液ロケットは過マンガン酸ソーダを使うものを「特ロ一号」、海軍で「ＫＲ10」と呼んでいたワルター式を「特ロ二号」と、呼称がそれぞれ変更された。

「ネ」シリーズの記号数字の頭の一桁は、それをつくった会社をあらわし、終わりの二桁、一〇とか二〇とか三〇とかはそれぞれ千馬力級、二千馬力級、四千馬力級を表示し、空技廠のものは頭の一桁をつけず、たんに馬力表示のみときめられた。

　このころになるとＭｅ２６２だけでなく、イギリスのグロスター・ミーティアや、アメリカのベルＰ59など、ターボジェット装備の戦闘機についてのニュースが、断片的ではあるがつたわってくるようになり、かんたんなものながら、Ｍｅ２６２の資料が入ったのを機に、空技廠長和田操中将は早急なジェット機の実用化を決意し、昭和十九年十一月、双発ジェット攻撃機「橘花」の試作を中島飛行機に命じ、エンジンは民間会社のものがまにあいそうもないので、空技廠開発のものを使うことになった。

　だが、かんじんのエンジンは「ネ一〇」が「ネ一〇改」および「ネ一二」に進化し、いっぽうでは「ネ一二」の約三倍のスラストをもつ大型の「ネ三〇」の試作もおこなったが、どれもあまり自信のもてる成果はえられていなかった。

「ネ一〇」の不成功の原因の大半は、遠心型圧縮機の強度不足にあったことから、「ネ一〇改」以降は四段の軸流式となり、「橘花」には「ネ一二」を装備することにして量産計画がたてられた。

　ところが、生産型となった「ネ一二」Ｂは、試験の段階で、依然としてタービン羽根と燃焼室の故障がたえず、関係者たちをやきもきさせ、少しおくれてスタートした「ネ一二」よりやや大型の「ネ二〇」の完成に希望をつなぐことになった。

これまでのたびかさなる経験に、ドイツのBMW003ジェットエンジンの資料がくわわったこともあって、大戦末期の悪条件下にもかかわらず、昭和二十年一月の出図開始から、わずか一ヵ月後の三月一日に、すべての部品図をふくむ出図が完了した。

出図のそばから工作現場にまわされた部品は、三月二十日にはぜんぶできあがり、組み立てられた「ネ二〇」は、二十六日に第一回の火入れ運転をおこなうという、それまでの「ネ一〇」以来のもたつきが、うそのように思える快調ぶりであった。

「ネ二〇」の試運転は、追浜飛行場の背後の崖に掘られた横穴式のトンネル内でおこなわれ、ジェット噴流は外に向けて吹き出すようになっていたが、そのさきには、すぐちかくに藁葺き屋根の家があるというひどい場所だった。

空技廠は、二月に第一技術廠（一技廠）と改称されたが、四月にはロケットおよびジェットの研究部門だった研究二科が、発動機部から独立して、新たに噴進部がもうけられ、石川雄三少将が部長に着任した。

実験場所が民家にちかくては、騒音問題と危険のおそれがあったこと、二月には横須賀にも米艦載機がやってきて、落ちついて実験ができなくなる恐れがあるなどの理由から、噴進部の疎開がきまり、研究所は神奈川県秦野のジェットエンジンと、同県山北のロケットエンジンの二か所にわかれることになった。

種子島は秦野の所長として、ジェットエンジンの責任者になり、航空本部からふたたび空技廠にもどってきた永野技術中佐以下、研究二科時代のメンバー七十人が秦野にうつった。研究所とはいっても、追浜時代とは大ちがいで、秦野の専売局タバコ試験所の倉庫をかり、つまっていたタバコの葉を外にだして実験室につかい、エンジンの試運転は付近の畑の中に台をすえてやるというお粗末なものだった。

宿舎は地方銀行の建物を改造し、全員がここで寝起きしたが、なにしろ小さい部隊なので、専任の主計科士官も配属されず、食糧にはことのほか苦労した。

近所から調達しようとしたが、つごうの悪いことにちかくに日本鍛工秦野工場があって、近在の農家から食糧を買い占めてしまい、こういうことに不慣れな技術者集団は、しょっ中ひもじい思いを味わうことになった。

いっぽう、日鍛の方は民間会社ではあるが、軍需工場とあって、なにやかやと物資の特配があるらしく、そのうえ買い占めで食糧も豊富なところから、しばしば飲めや歌えやの宴会をやっていた。

「支給されたものだけでは満腹にならないので、あとは個人で食物を見つけるしかない。カンパチの葉を食べたり、ヘビやかたつむりも食った。縞ヘビがうまかったのが印象に残っている。

自分たちが空腹なのに、よそでは、宴会などやっているところがあるというので、おのずと心がすさんだが、太陽のあたたかさや桜の花の美しさなど、変わることのない大自然がそれをいやしてくれた」

現在、羽田飛行場のちかくに日鍛の工場があるが、それを見るたびに、いまでもイヤな思いがすると永野はいう。食い物のうらみはおそろしいものである。

エンジンの試作がまだ満足な状態になく、これを搭載する「橘花」の機体にいたっては、試作機すらかたちをなしていないのに、すでに量産計画がたてられており、設備、資材の不足だけでなく、食料調達の苦労までしなければならなかった永野らの負担は、たいへんなものだった。

その永野について、一つのエピソードがある。

昭和二十年二月から、横空付兼空技廠（二月十五日、第一技廠となる）付として、「橘花」の開発試験支援、整備技術の確立、整備基幹要員の養成などの任についた角信郎大尉は、それをわすれられない思い出としている。

「たぶん、昭和二十年四月ごろであったろう。ときの艦攻本部長渋谷隆太郎中将（機関学校十八期）と、航空本部長戸塚道太郎中将（兵学校三十八期）が、大秦野の実験場視察に来られたことがあった。

私もその末席にいたが、視察の途中、永野技術中佐と渋谷中将が、一瞬、はげしいやりとりをかわした。原因ははっきり覚えていないが、いずれにしても、開発の促進と艦船と航空のからみであろう。

そのとき戸塚中将から永野技術中佐にたいし、『永野君、身分をわきまえたまえ』と一言、ギョロリとした目でさとされたのを、はっきり覚えている」

一技術士官の発想から

「ネ二〇」は、試作機の完成までは順調だったが、その後、六月下旬に試作六号機による耐久運転をおえるまでに、なお圧縮機五種、燃焼室四種、タービン九種を、改良をくわえながら試作実験をおこなわなければならなかった。

「ネ二〇」の問題点は、圧縮力がたりない、燃焼室が振動する、推力軸受けが焼きつく、タービン翼が亀裂をおこすなどの四点が大きなものだったが、さきの三点については、永野のほか廠長顧問団のメンバーである東北帝大の沼知、棚沢両教授らの努力で、すぐに解決したが、タービン翼には最後まで苦労した。

現在のジェットエンジンでは、タービン翼はタービンのディスク（円板）本体にたいして、ゆるい嵌谷で取りつけられているが、そういうことに気づかなかったので亀裂問題は解決できず、やむなく翼（ブレード）をけずり、枚数を少なくして実験した。

この結果、地上静止スラストは四百七十五キログラムにへったが、なんとか耐久運転に合格するようになったので、さきの「ネ一二」Bにかえて、「ネ二〇」を「橘花」の装備エンジンにすることがきまった。

とはいえ、この耐久運転は全力五時間半、過回転一万二千回転では十分間というみじかいもので、これでは実用にたえられるかどうか、疑問視されるシロモノだったが、視察にきた

新編成の「橘花」部隊七二四空司令伊東祐満大佐と軍令部参謀の、

「どうせ特攻用だから二十～三十分もてばよろしい」の一言で、合格とみなされたのである。

この点について永野は、

「実験機の運転結果を総合判断すると、『ネ二〇』の寿命は、だいたい三十～四十時間、全力耐久十五時間程度と思われた。

戦争末期のドイツの噴進機（ジェットエンジンのこと）の寿命が実績五十～六十時間であったことや、初期の航空発動機が五十時間の耐久運転審査をなかなかパスしなかったことを考えると、この短命もそれほど異とするにはたらぬけれども、当時、すでに航空発動機の寿命の水準が千時間にたっしており、英国では、初期の噴進機でも七百時間から五百時間の耐久試験をおこなっていたことを思うと、まだ常識的な実用機の部類には入れられないものである」

と語っているが、その最大の原因は、よい耐熱材料がえられなかったことだ。

英米では常識だったニッケルやコバルトなどを主成分とする耐熱鋼などは、思いもよらなかったし、ふつうのステンレス鋼ですら、ニッケルをマンガンに置きかえて、ほかの配合成分でおぎなった代用材を使わなければならなかった。

燃焼室用の板材も、ニッケルクローム・ステンレス鋼はまだしも、ニッケル節約のため、高クローム・ステンレス鋼を使わざるをえなかったが、加工がむずかしいうえに、耐熱耐蝕性も貧弱で、当時、ピストンエンジンの集合排気管に使われていた軟鋼を、アルミ浸漬によって、表面に硬化耐蝕性をもたせた代用材を使うありさまだった。しかし、これとて数十時間以上の寿命は望むべくもなかった。

いちおう、耐久運転に合格したあとも、ふたたびギヤ式燃料ポンプ焼き付きの問題が発生したが、試験飛行用はピストン式のポンプでまにあわせることとし、二台の「ネ二〇」を太田の中島飛行機に送って、待ちうけていた「橘花」一号機に搭載したのは、昭和二十年六月の半ばであった。

「ネ二〇」は、わが国で大戦中じっさいに飛行機に搭載されて飛んだ唯一のジェットエンジンとなったが、これについて種子島は、『海鷲の航跡』の中で、つぎのように述べている。

「『ネ二〇』はBMWのたった一枚の写真（図面の）を参考にはしたが、けっしてそのコピーではない。

ジェットエンジンの原理の発見は、英国より少しはおくれていたが、完全に日本海軍の一技術士官の発想から出発している。これは一つの正しい史実である。『ネ一〇』をすて、『ネ二〇』に切りかえてから、あらゆる不利な条件下にありながら、半年で試験飛行にまでこぎつけたということは、当時、海軍の航空技術力が、いかに高いものであったかという確たる証拠である」

19 危険な飛行への報酬〈橘花機上、明暗を分けた決断〉

障害をのりこえて

実質的には、生産型「ネ二〇」A第一号機となった「ネ二〇」第六号機による耐久運転試験が終わり、七月には一式陸上攻撃機による空中実験が開始されたが、ちょうど時をおなじくして、「橘花」の機体のほうも、中島飛行機の手によって完成した。

「橘花」は、火薬ロケット推進による体当たり特攻機「桜花（おうか）」につづいて試作されたもので、パルスジェット装備の「梅花」や、陸軍のピストンエンジン式特攻機キ115「剣（つるぎ）」の海軍版である「藤花（とうか）」など、一連の〝花〟シリーズに象徴されるように、もともと特攻機として計画されたものだった。

試作の要求には、「わが本土に接近する敵の艦船を目標として、陸上基地から発進して体当たり撃沈する単座特攻機で、五百キロまたは八百キロ爆弾一個を携行、無線電信機一台を搭載、隧道式防空壕内に折りたたみ格納しうること、大量生産が容易なこと」（岡村純編著

『航空技術の全貌』上、原書房刊）とあるだけで、ほかの要求はいっさいなかった。

しかし、飛行機としてみれば、特攻以外に使い道のない「桜花」や「梅花」にくらべると、「橘花」は、ずっとまともな設計がされ、B29の空襲激化にともなって、その迎撃にも使うという意図があったようだ。

したがって、特殊攻撃機とはいっても、ちゃんとした爆弾投下装置をもち、「桜花」の〝マルダイ〟にたいして〝マルテン〟とよばれていた。

中島では、松村健一技師を設計主務者として、山田為治、大野和男技師らの補佐によって設計をはじめたが、難航したエンジンにくらべると、動く部分や高熱高圧にさらされる部分のない機体のほうは、とくに問題となるようなこともなく、作業は順調にはこんだ。

最初、「橘花」は全部スチール（鋼）でつくる予定だったが、薄鋼板を使うのに不安のあった主翼の一部を軽合金化することになり、強度計算と製図をやりなおした。それを徹夜でカバーしながら出図まで、わずか二週間という短期間でやりとげた。

とちゅうでエンジンが「ネ一二」から「ネ二〇」に変更になったときもたいへんだった。取りつけ部がかわり、重量も重くなるので、これまた強度計算と改造を超人的なはやさでやってのけた。

「橘花」は、横穴式トンネル（隧道）内に格納するために、外翼は上方に折りたたむようになっていたが、このときの外形寸法は幅五メートル（折りたたまないときは十メートル）、全長九・五メートル、全高三・一メートルで、全幅十二・四八メートル、全長十・六メートルのMe262にくらべるとかなり小さく、世界でもっとも小型の双発ジェット機となった。

機体構造は、できるだけかんたんなものとし、艤装も最小限とすることにより、生産工数を約一万五千人時かかった零銭の、三分の一にへらすことをねらったが、じっさいは半分にとどまった。

この機体は零戦とほぼ似かよったサイズではあったが、双発だったことを考えると、構造的にたいへんな進歩だったし、中島のみならず日本の機体設計のレベルが、それだけ高くなっていたことを物語っている。

昭和十九年十一月下旬から十二月上旬にかけて、一技廠飛行機部の中口博技術大尉らによる設計審査がおこなわれ、戦時下の緊急作業とあって、第一号機の実験結果をまたずに、いきなり二十五機の試作に入ったのは、エンジンの場合と同様だった。

だが、まがりなりにも「橘花」の作業が軌道に乗りはじめたやさきの、昭和二十年三月末から四月はじめにかけて、中島の太田および小泉の両製作所が空襲で大きな被害をうけ、すでに、太田の東二十キロほどにある佐野市の中学校に疎開していた設計陣につづいて試作現場も、戦時のため放置されたままになっていた農家の養蚕小屋に分散疎開した。

主翼、胴体など部品の生産は、これらの養蚕小屋で別個におこなわれ、そのうち比較的大きな小屋が総組み立てにあてられたが、設計者たちは佐野中学校から太田周辺の粕川にちらばっていた養蚕小屋の現場をかけまわった。といっても、いまのように完備した道路があって、クルマでひとっ走りというわけにはいかないし、B29や小型艦載機による空襲もひんぱんで、目的地に到達するだけでもひと苦労だった。

しかし、どんな障害も、「橘花」の完成にかけた関係者たちの熱意の前にはものの数ではなく、六月三十日（二十九日という記録もある）に第一号機が完成した。

日本最初の、もっとも近代的なジェット機が養蚕小屋で生まれたというのは、なんとも皮肉な話だが、零戦の前身である十二試艦上戦闘機の試作一号機が、四十キロはなれた飛行場まで、牛車ではこばれたのと同様、ひどく進んだ部分と立ちおくれた部分とが奇妙に同居していたのが、当時の日本の実態であった。

「橘花」はプロペラがないこと、そのために地上高が低いことをのぞけば、従来の双発機とあまりかわらない形をしており、仕上げもなかなか上等であった。

空襲をさけて機体は夜、木更津まではこばれ、試験飛行にそなえて整備がつづけられたが、はじめてのジェット機とあって勝手がわからず、しかも貴重な試作機なので、関係者たちの気の使いようは、なみなみならぬものがあったようだ。

エンジン開口部から異物を吸いこまないよう細心の注意をしたまではよかったが、整流おおいの取りつけナットがとびこんで、圧縮機をダメにしたり、燃料噴射弁の不良からタービン噴口を溶かすなど、小さなトラブルが絶えなかった。

それでもエンジンは、任務変更のないまま、七月一日付で七二四空整備分隊長になった角信郎大尉らの努力で、ほぼ完調な状態に仕上げられ、機体も、横空審査部副部員和田予備中尉によって滑走試験、ブレーキのならし、旋回試験など、地上でやれる各種試験をおえ、初の試験飛行を待つばかりとなった。

最初のジェット機試験飛行

日本で最初のジェット機の試験飛行をおこなうことになった、テストパイロットの高岡迪中佐は、兵学校六十期、飛行実験部戦闘機主務の小福田中佐の一期あとで、もともと艦爆のパイロットだった。

霞ヶ浦の教官時代には、二期後輩（六十二期）の志賀淑雄、飯田房太、周防元成中尉らを教えた。志賀と周防は、のちに飛行実験部で戦闘機担当となり、飯田は開戦時のハワイ空襲で被弾したのち自爆した。

彼らは、いずれ劣らぬりっぱな戦闘機乗りになったが、高岡自身は霞ヶ浦の操縦学生のとき、たまたま戦闘機無用論のさかんなときで、教官から「これからさきの戦争は攻撃第一、したがって主役は艦攻である」と洗脳されて、まよったことがあった。

そこで専攻をきめるとき、「希望ナシ」と書いたら艦攻にまわされた。のちに中攻のパイロットになるという暗黙の了解だったが、まもなく新しい機種である艦爆ができると、その研究をいいわたされ、一年間乗った空母「加賀」をおろされて横空にいった。

志賀たちの操縦教官をやったのはそのころだが、そのうち日華事変がはじまって、ふたたび艦隊にもどり、こんどは空母「蒼龍」乗り組みとなった。

「蒼龍」の艦爆分隊長として三年たった、昭和十六年八月、連合艦隊の航空部隊が鹿屋基地でハワイ空襲の特別訓練にはいる直前に横須賀鎮守府付となり、空技廠飛行実験部に配属された。

飛行実験部長は加藤唯雄大佐、陸上機班長は崎長嘉郎中佐、高岡は大尉の二年目だった。高岡が空技廠に着任して四ヵ月後に太平洋戦争がはじまったが、血気さかんな年ごろで、しかも緒戦の景気のいい話がポンポン入ってくるので、戦争に行きたくてしかたがない。

飛行実験部の仕事は危険が多いうえに神経を使う。しかも、戦時加俸はつかないから俸給はダウンする。にもかかわらず、戦地から帰ってきた人の歓迎会はこちら持ちで、彼らがS（エス、海軍の隠語で芸者のこと）を抱くのを指をくわえて見ていなければならない。

それなら、戦地に行ったほうがずっといいと思ったが、これがうまくいかない。第一線部隊にでていくには、後任者を二名ぐらい指名しなければならないが、だんだん戦争がはげしくなって、せっかく指名しても着任しないうちに戦死してしまう。

ジェット機橘花のテスト
パイロットだった高岡迪

そういうのを三回ぐらいくり返しているうちにとうとう戦地に行けず、最後まで飛行実験部暮らしをしてしまったというのが高岡の経歴だ。

高岡が担当した機種は、海軍大学校に入校する前任者の小牧一郎少佐（五十七期、のち中佐）のうけ持ちだった艦爆系と、第一線部隊に転出する柴田弥五郎少佐（五十六期、のち中佐）の艦攻系だったが、柴田少佐は十八年一月に七五一空飛行長で、小牧少佐は十九年三月、連合艦隊参謀としていずれも戦死しているから、戦地に行きたくてもいけなかった高岡は、あるいは幸運だったのかもしれない。

高岡は空技廠に入ったあと、九九式二号艦爆を手はじめに、「彗星」の各種改良型、「銀河」、「流星」艦攻、木製の「明星」艦爆練習機などの試験をうけ持ち、ドイツから輸入したハインケルHe119やユンカースJu88の評価テストにも関与した。

「橘花」のまえは特攻機「桜花」二二型で、「銀河」が高岡のうけ持ちだったことから空中実験全般の指揮をやらされたが、六月二十六日の初のテストに失敗、「桜花」のテストパイロット長野少尉が殉職するという傷ましい事故に遭遇した。

空技廠飛行実験部は、昭和十九年八月に横空審査部として職員は横空に転属となり、作業員は空技廠在職のまま横空審査部の仕事に従事するようになったが、このころの飛行実験部陸上班（べつに海上班もあった）は班長崎長中佐のもとに戦闘機、艦爆、艦攻、陸攻に区分され、それぞれに大尉あるいは少佐の部員が一名ずつ配属されていた。ただし、試作機の多い戦闘機だけは、とくに部員を二名としていた。

部員には、それぞれ複数の予備士官あるいは特務士官の副部員がつき、たとえば部分上昇試験、燃焼消費量の測定、安定性能試験など、ルーチンにそってやれる定常的なものについては、これらの副部員やシビリアンの計測員がやってくれる。しかし、最高速度試験とか急降下試験のような、重要かつ危険なものについては、絶対に主務部員がやる。

だれだって命が惜しいから、危険なテストはやりたがらないが、主務部員は立場上、それをやらざるをえない。特攻ジェット機である「橘花」は、これまでの機種区分のいずれにも属さないところから、だれのうけ持ちとするかについては、陸上班長の崎長中佐もかなりまよったようすだったが、長いキャリアを買って高岡に決定したものだ。

とうぜん、最初の試験飛行は高岡中佐がやることになり、その日は八月七日と知らされたが、六月二十六日の「桜花」一二二型テストでは長野少尉が死んでいるし、七月七日の「秋水」のテストで犬塚大尉が死んだことは、まだ記憶になまなましい。

いずれもロケット機による事故で、しかも初回のテストで起きている。ジェット機である「橘花」だって未経験の分野であることにかわりなく、高岡にとっては、それまでに経験したどんな試験飛行より危険に思われた。

とくに、試験飛行を言いわたされた前後の「秋水」の事故は、高岡にとってなんともイヤな思いがした。おのずと設計図や風洞試験のチェックなども、これまでになく慎重になるが、意識の底には、たえず未知の技術への恐怖があり、睡眠がおのずと浅くなった。

夜中にフトめざめて、どこか見落としがないだろうかと設計図が頭に浮かんだりしたが、「橘花」についていろいろ研究しているうちに、高岡はいくつかの疑問点を見出した。

「橘花」は試作期間を短縮させるため、主車輪に既存の零戦の車輪を使っていた。零戦は着陸速度が六十ノット以下、「橘花」は百ノット前後で、零戦でも効きがものたりなかったブレーキが、ほとんど役に立たないのではないかと考えられた。

「橘花」は滑走距離を短縮するため、離陸促進ロケット（ＪＡＴＯ）二個を使うことになっていたが、その取りつけ部は機体の重心点よりかなり下で、しかも推力線が重心よりかなり前方で、左右に交差するように取りつけられていた。

しかもこのロケットの推力は、一個につき八百キロもあり、もし離陸後もロケットの推力が残っていると機首を必要以上に持ち上げる結果となり、ロケットが停止したときに失速するおそれがあった。

したがって、推力線を機体の重心点の高さにできるだけちかづけて、機首上げのモーメントを少なくする必要があった。

これとはべつに、ロケットが片側一個だけしか点火しなかったときは、どちらか反対側に機体がまわされる危険も考えられ、いずれにしても、離陸促進ロケットの取りつけについては不安材料がいっぱいあった。

そのほか、アイドル回転数は約六千回転で、それ以上しぼるとエンジンが停止するおそれがあるにもかかわらず、六千回転のところにスロットルのストッパーがついていない。小型機としては、日本ではじめて採用された首車輪の地上における安定性や旋回性にたいする疑問など、不安材料は数えあげればキリがなかった。

高岡はそれらについて目をつぶることとし、とくに安全に関係があると考えられる主車輪の交換、すなわちブレーキがよく効くよう改良すること、離陸促進ロケットの推力線を、とくに上下方向について飛行機の重心にちかづけることの二点について申し入れたが、その改良には約六ヵ月かかるから、差しあたっては、現状のままでテストを実施してほしい、と押しきられた。

平時だったら、それでは危険で飛べないと逃げられるが、押しつまった戦局の中ではそれもいえず、そうこうしているうちに予定日は容赦なくちかづき、高岡も覚悟をきめた。

試験飛行の前日、地上でのテストをやった和田副部員の報告では、すべての作動は順調、日本で初の前輪式は安定性がきわめてよく、スピードがあると、安定性がよすぎて旋回がむずかしいとのことだった。あとは、すべて飛んでみなければわからない。

あけて八月七日は試験飛行にはうってつけの快晴、木更津飛行場を斜めに走る千八百メートルの滑走路に南南西の海側から五メートルの風がふき、条件は最適だった。機体は最軽荷重とし、離陸促進のための補助ロケットは使わないということで、高岡の懸念の一つは消えた。

この飛行は非公式だったので、試験飛行に立ちあうのは横空審査部と、機体をつくった中島飛行機のごく少数の関係者だけで、この歴史的な初飛行にしては、おそろしくひっそりしたものだったが、人びとの心は躍っていた。近海に敵機動部隊が接近中という緊迫した空気の中で、午前中に手ならしの滑走を終えた「橘花」は、いったん掩体壕に入れられた。高岡を囲んでの昼食はなごやかなもので、すでに心をきめていた高岡の落ちついた態度が、人びとを安心させた。

ちょうど午後一時、掩体壕からだされた「橘花」に高岡が乗りこみ、審査部と中島の関係者たちは、滑走路の始発点、中央部、終点の海岸ちかくに、それぞれ散って待機した。

ジェットエンジン特有のタービン音とともに、機は始動した。しだいに速度をはやめ、八百メートルあたりで、数回前後に揺れたのち離陸した。

重量をできるだけ軽くするため、燃料は地上滑走もふくめて十六分ぶんしかつんでいないので、この間に飛行機のおおよその素姓を見きわめなければならず、したがって着陸のやりなおしはきかない。高岡は極度の緊張状態の中にも、いままでだったら、とうぜんまわっているべきプロペラがないこと、振動が少なく音も静かなことを強く感じた。あまりにも静かすぎて、エンジンが動いているかどうかメーターを見なおしたほどで、なんとなく頼りないというのが高岡の印象だった。

高度六百メートルで約十分間の飛行後、エンジンがとまらないようスロットルを全部しぼらず、はうように飛行場に進入し、大丈夫となってはじめてエンジンをしぼって着地した。タキシングで出発点にもどってくると、全員が機のまわりに駆けよってきた。どの顔も喜びに輝いていたが、その中に目にいっぱい涙をためた種子島大佐を認めて、高岡は胸が熱くなった。

「橘花」は離陸、着陸ともに特異な癖もなく、百六十ノット程度の速度ではあるが、安定性、操縦性にも異状を認めず、このまま第二回飛行に入っても差しつかえなしとの高岡の所見にもとづき、次回の飛行は八月十一日と決定された。

「警戒管制下のくらい静かな夕食にビールで乾杯したが、われわれの心は白熱していた。翌朝、夜明け前に私は、終始、辛苦をともにした有田技師、芹沢良夫技術中尉（現、日本自動変速機社長）と三人で戸外にでて、真紅の太陽が東方に浮き上がるのを、「橘花」の格納掩体の上でながめた。そして、こんな感激の朝は二度とないことを、たがいに語りあった」

日本で初のジェット機の飛行に立ちあったそのときの感激を、永野治技術中佐はこう回想するが、テストパイロットの高岡は、この成功にたいして軍令部からサントリー一箱、木更津基地司令から松竹梅を一箱もらった。

「貴様たち、持っていっていいよ。オレに一本だけ残しておいてくれ」

そういって、高岡は協力してくれた人たちにわけてしまった。残された一本の松竹梅を持って、奥さんが疎開していた高山にいき、義父にあげたところひどく喜ばれた。物資が極度に欠乏していた終戦間ぎわとあって、一本の酒はこのうえない貴重品であった。そして、へたをすれば命を失いかねない危険な飛行の成功にたいする、それが唯一の報酬だったのである。

悔いの残った二回目の飛行

第二回目の飛行予定日がきまると、高岡はまたしても、はげしい緊張感におそわれた。なんとなれば、次回は燃料を満載しての飛行であり、もっとも気がかりな点として指摘していた離陸促進ロケットをつかって、離陸をおこなわなければならなかったからだ。

しかも、非公式に、ごく内輪の人たちの前でおこなわれた第一回とちがい、外部からお歴々がたくさん見にくる。失敗は絶対にゆるされないという重圧が、高岡の胸をしめつけた。

正式飛行予定日の八月十日は、早朝から敵機動部隊艦載機が関東地区をおそい、木更津基地にたいしても終日、銃爆撃がくり返された。

激しい銃撃のさなかに、永野は「橘花」の掩体の中に入ろうとしたが、「橘花」につんだ燃料にもし銃弾で火がついたら、即爆発だと高岡にいわれ、観念して掩体のわきの叢の中にふせた。

顔を上げて敵機を見ると、まるで自分めがけて射ってくるような気がしたが、さいわい「橘花」は無キズで、翌日の試験飛行には支障がなかった。

八月十一日、この日は台風の影響で変わりやすい横風の吹く驟雨模様の天気だったが、すでに軍令部、海軍省、航本、空技廠、それに陸軍からも、多数の高官および関係者が来ていたので、試験飛行を強行することになった。

七二四空整備分隊長角大尉によって、入念なウォームアップを終えた「橘花」に、高岡が乗りこんだ。

午後三時、「橘花」は、離陸のためスタートラインについた。スロットルを全開にしてエンジンをチェックした後、高岡はブレーキを離した。

最初の計算にしたがって滑走開始三秒後に、ロケット点火スイッチをおすと、轟音とともに強い加速度で背中がシートにおしつけられた。以下は高岡の談。

「ロケット点火と同時に、機首がいっぱいに起き（約二十五度くらいか）、尾部を滑走路にこすっているような気がした。そのまま加速しながら、機首が上がるのを押さえるべく無意識に操縦桿を前におした。

十秒か十一秒後、とつぜんロケット噴射がやんで機首が急に下がり、減速を感じた。

〈なにか異状が発生したか？〉

テストパイロットの本能で、とっさにエンジンを疑って計器を見たが、正常にまわってい

Me262の資料を参考に、空技廠と中島の協力で改設計された誕生した特殊攻撃機橘花。初飛行は終戦の数日前

る。ではドンと機首が落ちたので、前輪のパンクかとも考えた。いずれにせよ、減速は無気味なので、エンジンのスイッチを切った。まだ滑走路の中央なので、うまくすれば、滑走路いっぱいに停止できるだろう。

この判断の時間が約一秒、だが、結果は高岡の思惑どおりにいかなかった。

木更津の滑走路は、海にむかって下り勾配になっているうえに、ブレーキが零戦のものとあって、まるで効かない。まわりこもうと思っても、スピードがあるときは直進性がいいので、五度くらいしか向きがかわらない。しかも一方には格納庫、反対側には銃座があって、どちらにもまわりこめない。

しかたがないのでまっすぐに行ったら、行き足がとまらずに滑走路をとび出し、場周の溝に三脚をもぎ取られて、

海岸の砂地にのめりこんでしまった」

一部始終を見まもっていた永野技術中佐らが現場に急行すると、機体はたいした破損もなく、テストパイロットの高岡もぶじで、翼の上に降りたって機体を点検していた。永野はそのとき、高岡が、「錯覚かな」とつぶやくように言っていたのを聞いた。

このときの模様を撮影したフィルムをあとで見たところによると、離陸促進ロケットの噴射が終わる直前には、各車輪とも地面をはなれ、機体はすこし浮いていた。

そこでロケット噴射がとまって、頭上げモーメントがなくなり、離陸していたことに気づかなかった高岡が、いぜんとして操縦桿を前に押していたため、機首の前輪からドンと接地し、つづいて主車輪も接地したため、急激な減速が感じられたものとわかった。

はじめての経験で、機体の状態が正確につかめなかったこと、そして最初に要望したことがきちんと実施されていればと、高岡には悔いの残る飛行だった。

この試験飛行の前、高岡はジェット機の操縦がどんなものかを少しでも知ろうと、外国の雑誌にのった米空軍のジェット機の初飛行の記録を読んだ。

それによると、テストはカリフォルニア州のマロック陸軍航空基地（現エドワーズ空軍基地）でおこなわれたが、ここは長大な滑走路につづいて、乾あがった広い湖のあとがある。これが平坦でしかも堅いので、飛行試験に安心して使える。

そのとき高岡は、〈『橘花』もこんな広いところでやれたらなあ〉と、うらやましく思ったが、日本の現実はあまりにもかけ離れていた。

「橘花」の第二回目の試飛行失敗について、中島飛行機の中村勝治技師は、『海鷲の航跡』の中で、離陸促進ロケット装着を担当した同社の永井技師の談話として、つぎのように紹介している。

「『橘花』は構造上、ロケットを、重心よりかなり下方に取りつけなければならなかったのです。だから、離昇の場合、七、八秒でロケットが噴き終わると、とうぜん急に頭下げ姿勢になろうとするのです。そこで『ロケット作動中は抑え舵、ロケットが終わったら上げ舵をくわえる必要があることを、スタート直前に、パイロットによく注意してください』と、メモに書いて、飛行立ちあいの松村（健一技師、「橘花」設計主任）さんにわたしておいたのです。

それがよく高岡さんにつたわらなかったのでしょうね。離陸直後の急な頭下げを、なにか異常が起こったかと思って、抑え舵のまま海に突入したと聞いたときは、残念でたまりませんでした」

しかし、実際問題として、飛行機の離陸というもっとも緊張をようする状態のなかで、予測できないロケット停止の瞬間に、上げ舵に操縦を切りかえることなど、はたしてできるものかどうか。

かつて、帆足大尉が「雷電」で殉職した事故の例にまつまでもなく、異常がおきたらもとの状態にもどせというのが、テストパイロットの鉄則である。

「雷電」の事故原因は、帆足少佐の事故とおなじ現象に遭遇した三菱のパイロットが、とっさに脚下げ——異常がおきる前の状態にもどしたことにより、ぶじ着陸して判明した。
高岡にしても、もしこれが二度目だったら、的確な対応によって、うまく離陸できたのではないか。

戦後に生きる財産

事故後、警戒管制の暗やみの中で、ほとんど壊れていない機体の潮出し作業が、夜を徹しておこなわれた。同時に、二号機もすぐに手配され、失われた時間を取りもどすために、関係者たちは狂奔した。しかし、その努力はすぐに無用となった。それから四日目に戦いが終わったからである。

まるで終戦をまえにして、日本にもジェット機飛行の記録を一度でもとどめておこうとするかのような、「橘花」のあわただしい終焉であったが、二十五機発注された他の「橘花」試作機も、中島飛行機小泉製作所で完成途上にあり、うち二機は複座機に改修するため、七月八日、一技廠に送られた。

「橘花」は攻撃型のほか、三十ミリ機関銃二門装備の戦闘機型、複座の練習機型および偵察機型の計画もあった。生産計画は二十年末までに中島で二百機、九州飛行機、佐世保工廠、一技廠などで三百三十二機、あわせて五百三十二機というものだったが、機体はともかく、ほかのすべての日本機同様、エンジンが隘路になることは目に見えていた。

海軍主導の「橘花」とはべつに、陸軍でも双発ジェット戦闘機「キ２０１」の開発をすすめた。

機体設計は「橘花」とおなじ中島飛行機だが、設計はまったくべつで、外形は「橘花」よりずっとMe262に似ており（Me262を参考にしたから当然だが）、「橘花」よりやや大型の機体だった。

試作指示は「橘花」よりややおそく、昭和十九年十二月で、中島飛行機陸軍機設計部の渋谷巌、川端清之（富士重工専務）、森村技師らが担当し、エンジンはドイツのBMW003を原型とした「ネ二三〇」（中島・日立）、または「ネ一三〇」（石川島芝浦タービン）ターボジェットが使われる予定だった。

名称も「火龍」と名づけられ、昭和二十年八月下旬にモックアップ審査、二十一年二月に一号機完成（昭和二十年十二月に一号機、二十一年三月までに十八号機完成という説もある）という日程で、出図が終わったものから部品製作にかかったが、終戦ですべては御破算になってしまった。

終戦のちょうどその日、「橘花」の実施部隊である七二四空の木更津派遣隊は、厚木に移動することになっていた。夕刻、角信郎大尉以下、数十名の派遣隊が厚木に到着してみると、すでに終戦の詔勅がくだされた後にもかかわらず、基地は徹底抗戦をさけぶ兵士たちで殺気だち、騒然とした空気につつまれていた。

当時、七二四空本隊は、横空審査部の疎開先である青森県三沢基地にあったので、派遣隊長の角は、本部にいる司令伊東祐満大佐に今後の指示をうけたく思ったが、すでに通信は途絶して、連絡の手段がまったくなかった。

〈このままでは、ずるずると厚木の動きに巻きこまれるおそれがある〉

そう判断した角大尉は、独断で本隊に合流しようと決意し、三沢基地にむけて出発することにした。

出発にさいし、角は小園司令と副長に呼ばれて、

「伊東司令に徹底抗戦するよう、よろしくつたえてくれ」といわれ、楠公にあやかって「七生報国」ののぼりが林立する厚木基地をあとにしたのは、終戦から三日後の八月十八日であった。

三沢基地の本隊は、冷静な伊東司令のもとでさしたる混乱もなく、順調に復員業務がおこなわれた。角が基地を去ったのは、終戦の日から一ヵ月たった九月十五日であった。彼は去るにさいして約一年半、肌身はなさなかった護身用のピストルを、基地内の静寂な姉妹沼に投げた。

ピストルの沈んだあたり、ゆっくりひろがる波紋を見て、角は自分の戦争に終止符をうった。

その年の十二月、七二四空司令だった伊東大佐から元隊員たちのもとに、「橘花」をかたどったバッジが送られてきた。

「バッジにある数字の七二四は〝ナニシヨルダロウ〟で、バッジを見ていると、戦友の面影

が浮かんでくるではありませんか
　戦友各位殿　　旧司令　伊東祐満」

　バッジにそえられた文面には、そう書いてあった。

　たとえ欧米諸国におくれをとったとはいえ、非常な短期間で、完成まぢかにあった日本のジェット機「橘花」や「火龍」が、地上からまったく姿を消すことは残念なことだった。

　ところが、さいわいなことに破壊をまぬがれた「橘花」の一機が、アメリカにわたり生きていた。

　昭和四十四年（一九六九年）、首都ワシントン郊外のスミソニアン国立航空宇宙博物館飛行機集積所の片隅に、防錆処理のまま野づみされていた「橘花」を発見した私は、大きな感慨にとらわれた。

　それから数年後、スミソニアン博物館の友人から復元された「橘花」の写真が送られてきた。

　なぜかエンジンは圧縮機の部分がなく、ナセルもひとまわり小さくなっているのが気がかりだったが、機体そのものは美しく仕上げられており、日本にもたしかにジェット機が存在したことの生き証人としては、これでもじゅうぶんであろうと思われた。

　それだけではない。完全に消え去ったと思われたジェットエンジン「ネ二〇」も、またアメリカに残っていた一台が返還され、現在、ジェットエンジンでは世界でも有数の技術をほこる石川島播磨重工（ＩＨＩ）田無工場に参考品として展示されている。しかも、このエンジンは火を入れれば、いまでもまわる良好なコンディションにあるという。

「橘花」や「ネ二〇」の実在は、日本の技術史的遺産として、貴重きわまりないものだが、これらの開発にそそがれた関係者たちの努力と経験もまた、無形の財産として、戦後に役だったことは論をまたない。

戦後、永野技術中佐は石川島播磨重工に入って、ふたたびジェットエンジンをやるようになり、「橘花」をつくった中島飛行機の後継会社ともいうべき富士重工は、戦後初の国産ジェット機——航空自衛隊のＴ１Ｆ１練習機を開発した。

そして昭和三十三年一月十九日、そのＴ１Ｆ１の宇都宮飛行場における初飛行のパイロットこそ、十三年前にはじめて「橘花」で空に浮かんだ高岡であった。

あとがき

日本海軍について書かれたものはきわめて多い。だが、空技廠に関しては、ときにつけ足し程度に出ているくらいのもので、資料もほとんど残されていない。いきおい、かつて関係された方々の話を聞くことが重要なカギとなるが、当時もっとも若かった人でもすでに齢六十歳前後、中堅だった人びとの大部分が七十歳代、その上となると八十歳を越えた人も少なくない。

その意味ではいまが空技廠を知る手掛かりが得られる最後のチャンスかも知れず、とにかく取材を急ぐことにしたが、なかなか思うにまかせず、そのうちに亡くなられた方もあってホゾを噛んだことも再々だった。

それにしても、インタビューに応じて下さった方々が、高齢の方もふくめてきわめてお元気で、じつに広い分野にわたって活躍されていることに感嘆した。すでに現役をリタイアされて悠々自適の方も少なくないが、その生活態度のりっぱさに、かつての日本海軍技術者の矜持をかい間見る思いがして敬服のほかはなかった。

人の本当の評価は、その人が組織や肩書といったものを離れ、純粋に一個人となったときに定まるものだ。その意味では、海軍あるいは空技廠という大組織が消滅したあと、それぞれ各方面に迎えられ、あるいは自ら道を切り開いて大成した人びとは、人間としてもりっぱだと思う。すくなくとも、私がインタビューした限りでは、人間的にも魅力にあふれた人たちばかりであった。空技廠はなくなったけれども、良い人材をそろえ、また育てたものだと思わずにいられない。

終わりに、取材に協力いただいた多くの方々に紙上をかりて謝意を表したい。

碇　義　朗

単行本『海軍空技廠（全）』平成八年六月　光人社刊

NF文庫

海軍空技廠

二〇二一年四月二十日　第一刷発行

著　者　碇　義朗

発行者　皆川豪志

発行所　株式会社　潮書房光人新社

〒100-8077　東京都千代田区大手町一-七-二

電話／〇三-六二八一-九八九一(代)

印刷・製本　凸版印刷株式会社

定価はカバーに表示してあります
乱丁・落丁のものはお取りかえ
致します。本文は中性紙を使用

ISBN978-4-7698-3210-2　C0195

http://www.kojinsha.co.jp

NF文庫

刊行のことば

第二次世界大戦の戦火が熄(や)んで五〇年――その間、小社は夥しい数の戦争の記録を渉猟し、発掘し、常に公正なる立場を貫いて書誌とし、大方の絶讃を博して今日に及ぶが、その源は、散華された世代への熱き思い入れであり、同時に、その記録を誌して平和の礎とし、後世に伝えんとするにある。

小社の出版物は、戦記、伝記、文学、エッセイ、写真集、その他、すでに一、〇〇〇点を越え、加えて戦後五〇年になんなんとするを契機として、「光人社NF（ノンフィクション）文庫」を創刊して、読者諸賢の熱烈要望におこたえする次第である。人生のバイブルとして、心弱きときの活性の糧(かて)として、散華の世代からの感動の肉声に、あなたもぜひ、耳を傾けて下さい。

＊潮書房光人新社が贈る勇気と感動を伝える人生のバイブル＊

NF文庫

ケネディを沈めた男 元駆逐艦長と若き米大統領の死闘と友情

星　亮一

太平洋戦争中、敵魚雷艇を撃沈した駆逐艦天霧艦長花見少佐と、艇長ケネディ中尉――大統領誕生に秘められた友情の絆を描く。

工兵入門 技術兵科徹底研究

佐山二郎

歴史に登場した工兵隊の成り立ちから、日本工兵の発展とその各種機材にいたるまで、写真と図版四〇〇余点で詳解する決定版。

ドイツ最強撃墜王　ウーデット自伝

E・ウーデット著　濵口自生訳

第一次大戦でリヒトホーフェンにつぐエースとして名をあげ後に空軍幹部となったエルンスト・ウーデットの飛行家人生を綴る。

駆逐艦物語 修羅の海に身を投じた精鋭たちの気概

志賀博ほか

車引きを自称、艦長も乗員も一家族のごとく、敢闘精神あふれる駆逐艦乗りたちの奮戦と気質、そして過酷な戦場の実相を描く。

ドイツ軍の兵器比較研究 陸海空先端ウェポンの功罪

三野正洋

第二次大戦中、ジェット戦闘爆撃機、戦略ミサイルなどのハイテク兵器を他国に先駆けて実用化したドイツは、なぜ敗れたのか。

写真　太平洋戦争 全10巻　〈全巻完結〉

「丸」編集部編

日米の戦闘を綴る激動の写真昭和史――雑誌「丸」が四十数年にわたって収集した極秘フィルムで構築した太平洋戦争の全記録。